Analysis
Aufgaben

DMK | Deutschschweizerische Mathematikkommission des VSMP
(Verein Schweizerischer Mathematik- und Physiklehrkräfte)

Analysis

Aufgaben

orell füssli
verlag

Herausgeberin: DMK Deutschschweizerische Mathematikkommission des VSMP
(Verein Schweizerischer Mathematik- und Physiklehrkräfte), dmk.vsmp.ch

Autoren: Baoswan Dzung Wong, Marco Schmid, Regula Sourlier, Hansjürg Stocker, Reto Weibel
Gesamtleitung: Barbara Fankhauser

1. Auflage 2022
978-3-280-04200-7 Print
978-3-280-09235-4 E-Book

Satz und Grafiken: Marco Schmid, Baar
Titelbild: Atelier Tschachtli, Bern

Druck:
Beltz Grafische Betriebe GmbH, Bad Langensalza

Orell Füssli Verlag, www.ofv.ch
© 2022 Orell Füssli AG, Zürich
Alle Rechte vorbehalten

Die Deutsche Nationalbibliothek verzeichnet diese Publikation in der Deutschen Nationalbibliografie;
detaillierte bibliografische Daten sind im Internet unter www.dnb.de abrufbar.

Inklusive E-Book
Den Freischalt-Code finden Sie auf der Innenseite des Buchumschlags.

Zusätzliches Material steht als Download im E-Book
oder unter www.ofv.ch/analysis zur Verfügung.

Weiterer Werkbestandteil:
Analysis – Ausführliche Lösungen, 978-3-280-04201-4

Orell Füssli Verlag Lernmedien
lernmedien@orellfuessli.com
www.ofv.ch/lernmedien

Hinweise zur Benützung des Buches

Die vorliegende Aufgabensammlung ist für den Analysis-Unterricht im Grundlagenfach konzipiert und umfasst die gemäss dem «Kanon Mathematik» (math.ch/kanon) inhaltlich vorgegebenen Teile der Analysis, wie sie im vierjährigen Gymnasium thematisiert werden. Sie kann als direkte Fortsetzung der «Algebra 9/10» eingesetzt werden.

- Jedes Kapitel ausser Kapitel X beginnt mit Einstiegsfragen oder -aufgaben. Übungsaufgaben im Anschluss an die Theorieblöcke führen über Verständnisfragen hin zu diversen Anwendungen. Abgesehen von Kapitel X am Ende des Buches schliesst jedes Kapitel mit den Unterkapiteln «Vermischte Aufgaben» und «Kontrollaufgaben».

- Die farbig unterlegten Theorieblöcke sind knapp gehalten und können und sollen die Erarbeitung der mathematischen Zusammenhänge im Unterricht nicht ersetzen. Daher fehlen ausführliche Herleitungen.

- Das Buch bietet eine überaus umfangreiche und thematisch sehr vielfältige Aufgabensammlung. Es ist daher unumgänglich, eine geeignete und auf die jeweilige Klasse abgestimmte Auswahl für den Unterricht zu treffen.

- In den Unterkapiteln «Weitere Themen» werden Inhalte und Fragen aufgegriffen, die über das Grundlagenfach hinausgehen und punktuell mit interessierten Schülern und Schülerinnen sowie im Schwerpunkt- oder Ergänzungsfach behandelt werden können. Zu diesen Unterkapiteln gibt es weder «Vermischte Aufgaben» noch «Kontrollaufgaben».

- Im Kapitel X «Funktionen» am Ende des Buches werden gezielt jene Themen aus der «Algebra 9/10» repetiert und weiterentwickelt, die in den vorhergehenden Kapiteln aufgegriffen werden. Ein vollständiges Durcharbeiten dieses Kapitels wird in der Regel nicht nötig sein.

- Mit Ausnahme von Beweisen oder Begründungen sowie gewissen Grafiken sind die Resultate sämtlicher Aufgaben am Ende des Buches zusammengestellt. Die ausführlichen Lösungen aller Aufgaben sind in einem separaten Band erhältlich.

Besondere Markierung

Zu dieser Aufgabe ist ein Arbeitsblatt verfügbar. Die Arbeitsblätter können unter ofv.ch/analysis heruntergeladen werden.

Rückmeldungen zum Buch sind willkommen, seien es Hinweise auf Fehler, Ergänzungen, Lob oder Kritik. Meldungen sind mit dem Vermerk «Analysis» an lernmedien@orellfuessli.com zu richten.

April 2022   Das Autorenteam

Inhaltsverzeichnis

X Funktionen

Ergebnisse

Dank

Die folgenden Kolleginnen und Kollegen haben uns bei der Erstellung dieses Buches unterstützt, indem sie einzelne Kapitel im eigenen Unterricht erprobt und uns Rückmeldungen und Hinweise zum Verbessern gegeben haben:

Lucius Hartmann (KZO Wetzikon), Regula Hoefer (Gymnasium Kirchenfeld, Bern), Nora Mylonas (Alte Kanti Aarau), Andrea Peter (Kantonsschule Sursee), Rolf Peterhans (Kantonsschule Zug), Patrizia Porcaro (Gymnasium am Münsterplatz, Basel), Aline Steiner (Gymnasium Bäumlihof, Basel), Angela Vivot (Kantonsschule Kollegium Schwyz), Salome Vogelsang (Kantonsschule Frauenfeld), Josef Züger (Bündner Kantonsschule, Chur)

Bedanken möchten wir uns auch bei Hansruedi Künsch (ETH Zürich), der als Vertreter der Hochschule das Buch begutachtet und Rückmeldungen gegeben hat, sowie bei den Kollegen Markus Egli (Kantonsschule Uetikon am See) und Richard Schicker (Kantonsschule Zug), die ebenfalls als Fachlektoren gewirkt und uns mit hilfreichen Anregungen weitergebracht haben.

Baoswan Dzung Wong, Marco Schmid, Regula Sourlier-Künzle, Hansjürg
Stocker, Reto Weibel sowie Barbara Fankhauser (Projektleitung)

Vorwort der Herausgeberin

Mit dem «Kanon Mathematik» (math.ch/kanon) wurde 2016 im Auftrag der Kommission Gymnasium-Universität durch Vertreterinnen und Vertreter der Gymnasien und der Universitäten festgehalten, über welches mathematische Wissen und welche mathematischen Fertigkeiten Maturandinnen und Maturanden bei Studienbeginn verfügen sollen, die Mathematik nur im Grundlagenfach besucht haben. Daraufhin hat die Deutschschweizerische Mathematikkommission DMK begonnen, ihr gesamtes Unterrichtswerk an diese Anforderungen anzupassen. Wir sind stolz darauf, mit diesem Werk die Reihe der nach Themen gegliederten Aufgabensammlungen und Lehrbücher (Algebra, Geometrie, Stochastik und Analysis) abzuschliessen. Neben den unbestrittenen Inhalten zu Folgen und Reihen, Grenzwerten sowie Differential- und Integralrechnung soll dieses Buch Möglichkeiten aufzeigen, wie das Thema Differentialgleichungen auch im Grundlagenfach behandelt werden kann, ohne dabei auf verschiedenste Lösungsmethoden eingehen zu müssen.

Unser Dank gebührt den Autorinnen und Autoren, namentlich Baoswan Dzung Wong, Regula Sourlier-Künzle, Marco Schmid, Hansjürg Stocker und Reto Weibel. Marco Schmid hat zudem auch die Verantwortung für den Satz getragen, wofür ihm ein Extradank gebührt. Weiter geht der Dank an die Projektleiterin Barbara Fankhauser für ihre Koordinationstätigkeit und an das Team der Lernmedien beim Orell Füssli Verlag unter der Leitung von Monika Glavac. Schliesslich bedanken wir uns bei allen, die uns vor dem Erscheinen Rückmeldungen und Inputs zum Werk gegeben haben, sei es als Lektor oder sei es als Erproberin oder Erprober.

Ein grosses Dankeschön geht zudem an die «Stiftung zur Förderung der mathematischen Wissenschaften in der Schweiz» und an die «Akademie der Naturwissenschaften Schweiz» **scnat** akademie der naturwissenschaften für die finanzielle Unterstützung des Buchprojekts.

Für die Deutschschweizerische Mathematikkommission
Josef Züger, Präsident

1 Folgen und Reihen

1. *Woher sollen wir wissen, wie es weitergeht?* Wie könnten wohl die beiden nächsten Glieder der angegebenen Folgen von Zahlen jeweils lauten?

a) 1, 10, 100, 1000, 10'000, ...   b) 5, 7, 9, 11, 13, 15, 17, ...   c) 0, 3, 8, 15, 24, 35, ...

d) 3, 1, 4, 1, 5, 9, 2, 6, 5, ...   e) 1, 0, 2, 0, 0, 3, 0, 0, 0, 4, 0, ...   f) 1, 1, 2, 3, 5, 8, 13, ...

g) $\frac{1}{2}, \frac{1}{6}, \frac{1}{12}, \frac{1}{20}, \frac{1}{30}, \ldots$ h) 10, 16, 17, 32, 33, 35, ...   i) 1, 2, 4, 7, 11, 16, ...

j) 1, 2, 4, 8, ...   k) 1, 5, 12, 22, 35, 51, ...   l) 31, 28, 31, 30, 31, ...

m) 1, 5, 0, 4, 1, 7, ...   n) 0, 0, 0, 6, 24, ...   o) 2, 3, 5, 7, 11, 13, 17, ...

p) 2, 1, 4, 3, 6, 5, 8, ...   q) 2, 7, 15, 26, ...   r) 1, 2, 5, 10, ...

s) 4, 4, 4, 4, 4, 5, 6, 4, 4, ...   t) 0, 0, 4, 1, 4, 4, 4, 6, 6, 7, 7, ...

u) 2, 22, 122, 622, 3122 ...   v) 0, 1, 1, 0, 1, 0, 1, 0, 0, 0, ...

1.1 Einführung

Folgen

Eine *Folge* ist eine Liste von reellen Zahlen a_1, a_2, a_3, ..., a_n oder a_1, a_2, ..., a_k, ..., die in einer bestimmten Reihenfolge aufgeschrieben sind. Die einzelnen Zahlen der Form a_k, $k \in \mathbb{N}$, nennen wir die *Glieder* der Folge. Der *Index* k gibt die Position des Gliedes a_k innerhalb der Folge an, die wir allgemein mit (a_k) bezeichnen. Anders als bei den Zahlenmengen können die einzelnen Glieder einer Folge (a_k) durchaus denselben Wert aufweisen, allenfalls stimmen sogar alle Glieder miteinander überein: $a_1 = a_2 = \ldots = a_k = \ldots$, was bei jeder *konstanten Folge* der Fall ist.

Besitzt die Folge (Liste) ein letztes Glied a_n, und somit einen grössten Index $n \in \mathbb{N}$, so sprechen wir von einer *endlichen* oder *abbrechenden Folge*, gelegentlich auch von einer Folge der Länge n. Bricht die Folge (a_k) hingegen nicht ab und besitzt somit kein letztes Glied a_n, dann sprechen wir von einer *unendlichen Folge*. Dies ist uns von der Folge $1, 2, 3, \ldots, k, \ldots$ der natürlichen Zahlen her vertraut. Kann das allgemeine Glied $a_k \in \mathbb{R}$ durch einen Term mit dem Index k beschrieben werden, so sagen wir, die Folge (a_k) ist *explizit* definiert.

Beispiele für explizite Definitionen oder Darstellungen:
- $a_k = 2k - 1$, $k \in \mathbb{N}$ • $a_k = k^2 - 3k + 14$, $k \in \mathbb{N}$ • $a_k = \cos(k \cdot \pi)$, $k \in \mathbb{N}$

Der expliziten Darstellung einer Folge liegt im Prinzip eine Funktion $f : \mathbb{N} \longrightarrow \mathbb{R}$ zugrunde, die jedem Index $k \in \mathbb{N}$ das dazugehörige Glied $a_k \in \mathbb{R}$ zuordnet. Bei einer endlichen oder abbrechenden Folge (a_k) ist der Definitionsbereich D_f die endliche Teilmenge $\{1, 2, 3, \ldots, n\}$ aus $\mathbb{N}$.

Hängt das allgemeine Glied $a_k \in \mathbb{R}$ von einem oder mehreren seiner Vorgängerglieder und eventuell von k ab, so ist die dazugehörige Folge (a_k) *rekursiv* definiert. Um die Folge aufzustellen, braucht es also zusätzlich noch ein oder mehrere Startglieder.

Beispiele für rekursive Definitionen oder Darstellungen:
- $a_1 = 13$ und $a_k = 2a_{k-1} - 4$, $k > 1$ • $a_1 = 4$ und $a_{k+1} = 21 - 3a_k$, $k \in \mathbb{N}$
- $a_1 = 2$, $a_2 = 1$ und $a_{k+2} = a_{k+1} + a_k$, $k \in \mathbb{N}$ • $a_1 = 7$ und $a_{k+1} = a_k + k$, $k \in \mathbb{N}$

2. Diese Aufgabe bezieht sich auf die Beispiele in der vorhergehenden Box (Folgen).

    a) Notiere je die ersten sechs Glieder der drei explizit definierten Folgen.

    b) Notiere je die ersten fünf Glieder der vier rekursiv definierten Folgen.

3. Suche die explizite Darstellung a_k der gegebenen Folge für $k \in \mathbb{N}$.

    a) $2, 4, 6, 8, 10, \ldots$ b) $1, 3, 5, 7, 9, \ldots$ c) $2, 4, 8, 16, \ldots$ d) $1, 4, 9, 16, \ldots$

    e) $7, 14, 21, 28, 35, \ldots$ f) $8, 15, 22, 29, 36, \ldots$ g) $-13, -3, 7, 17, 27, \ldots$ h) $3, 9, 27, 81, \ldots$

4. Bestimme die explizite Darstellung des allgemeinen Gliedes a_k der gegebenen Folge für $k \in \mathbb{N}$.

    a) $1, \frac{1}{2}, \frac{1}{3}, \frac{1}{4}, \ldots$ b) $\frac{1}{2}, \frac{2}{3}, \frac{3}{4}, \frac{4}{5}, \ldots$

    c) $\frac{-2}{3}, \frac{4}{5}, \frac{-8}{7}, \frac{16}{9}, \frac{-32}{11}, \ldots$ d) $\frac{4}{7}, \frac{12}{15}, \frac{20}{23}, \frac{28}{31}, \ldots$

5. Berechne die beiden Glieder a_{50} und a_{51} der durch ihre ersten Glieder gegebenen Folge.

    a) $\frac{1}{4}, \frac{3}{8}, \frac{5}{12}, \frac{7}{16}, \frac{9}{20}, \ldots$ b) $\frac{3}{4}, \frac{4}{7}, \frac{1}{2}, \frac{6}{13}, \frac{7}{16}, \frac{8}{19}, \ldots$

6. Beschreibe die durch ihre ersten Glieder gegebene Folge rekursiv.

    a) $3, 7, 11, 15, 19, \ldots$ b) $6, 12, 24, 48, 96, \ldots$

    c) $6, 13, 27, 55, 111, \ldots$ d) $4, 11, 32, 95, 284, \ldots$

7. Von einer Folge (a_k) sind die beiden Startglieder und die Rekursionsformel zur Berechnung der übrigen Glieder gegeben. Notiere die ersten zehn Glieder und bestimme a_{100}, a_{101}, a_{102} und a_{107}.

    a) $a_1 = 1, a_2 = 3, a_{k+2} = a_{k+1} - a_k, k \geq 1$ b) $a_1 = 2, a_2 = 1, a_{k+2} = \dfrac{a_{k+1}}{a_k}, k \geq 1$

8. Von der Folge (a_k) sind die beiden Startglieder a_1 und a_2 sowie die folgende Rekursionsformel gegeben: $a_{k+2} = 2a_{k+1} - a_k; k \in \mathbb{N}$. Berechne aus den gegebenen Startgliedern die fünf Glieder a_3, a_4, a_5, a_6 und a_7 und suche die explizite Darstellung für das allgemeine Glied a_k, $k \in \mathbb{N}$.

    a) $a_1 = 3, a_2 = 7$ b) $a_1 = 7, a_2 = 3$ c) $a_1 = 0, a_2 = 1$ d) $a_1 = -5, a_2 = -4$

9. Die Folge (a_k) ist durch die Startglieder a_1 und a_2 sowie die folgende Rekursionsformel gegeben: $a_{k+2} = \frac{a_{k+1}^2}{a_k}$ $(k \in \mathbb{N})$. Berechne aus den angegebenen Startgliedern die fünf Glieder a_3, a_4, a_5, a_6 und a_7 und bestimme die explizite Darstellung für das allgemeine Glied a_k der Folge, $k \in \mathbb{N}$.

    a) $a_1 = 4, a_2 = 8$ b) $a_1 = 81, a_2 = 27$ c) $a_1 = 16, a_2 = -24$ d) $a_1 = -2, a_2 = -2$

10. Beschreibe die durch das allgemeine Glied a_k gegebene Folge rekursiv für $k \in \mathbb{N}$.

    a) $a_k = 2k + 34$ b) $a_k = 1 - 2k$ c) $a_k = (-3)^k$ d) $a_k = k^2$

11. Gib sowohl eine explizite als auch eine rekursive Darstellung der Folge mit periodischer bzw. zyklischer Struktur an.

    a) $1, -1, 1, -1, 1, -1, 1, -1, 1, \ldots$ b) $-1, 1, -1, 1, -1, 1, -1, 1, -1, \ldots$

    c) $1, 0, 1, 0, 1, 0, 1, 0, 1, \ldots$ d) $0, 1, 0, -1, 0, 1, 0, -1, 0, 1, 0, \ldots$

12. Von einer Folge (a_k) sind das erste Glied und die Rekursionsformel gegeben. Schreibe die ersten sechs Glieder der Folge auf und entwickle daraus eine explizite Darstellung für das allgemeine Glied a_k der Folge, $k \in \mathbb{N}$.

a) $a_1 = 1$, $a_{k+1} = \frac{a_k}{k+1}$ b) $a_1 = 1$, $a_{k+1} = a_k + \frac{1}{2^k}$

c) $a_1 = 1$, $a_{k+1} = a_k + (-1)^k \cdot \left(2k^2 + 2k + 1\right)$ d) $a_1 = 2$, $a_{k+1} = (-1)^{k+1} \cdot \frac{a_k}{2}$

13. Bestimme je die ersten fünf Glieder der rekursiv oder explizit gegebenen Folgen (a_k), (b_k) und (c_k) und vergleiche anschliessend diese drei Folgen miteinander ($k \in \mathbb{N}$).

a) $a_1 = 1$, $a_{k+1} = 10a_k + 1$; $b_1 = 1$, $b_{k+1} = b_k + 10^k$; $c_k = \frac{10^k - 1}{9}$

b) $a_1 = 1$, $a_{k+1} = a_k \cdot \frac{k}{k+1}$; $b_1 = 1$, $b_{k+1} = b_k - \frac{1}{k(k+1)}$; $c_k = \frac{1}{k}$

Reihen

Werden die ersten n Glieder einer gegebenen Folge (a_k) aufsummiert, so erhalten wir die *Partialsumme* s_n:

$$s_n = a_1 + a_2 + a_3 + \ldots + a_n = \sum_{k=1}^{n} a_k, \; n \in \mathbb{N}.$$

Zusätzlich definieren wir $s_1 = a_1$.

Die zur Folge (a_k) gehörende Folge (s_n) heisst *Reihe* oder *Partialsummenfolge*. Die Folge (s_n) lässt sich wie folgt rekursiv definieren bzw. darstellen: $s_1 = a_1$ und $s_{n+1} = s_n + a_{n+1}$, $n \in \mathbb{N}$.

Rechenregeln zum Summenzeichen:

$$\sum_{k=1}^{n}(a_k \pm b_k) = \sum_{k=1}^{n} a_k \pm \sum_{k=1}^{n} b_k \quad \text{und} \quad \sum_{k=1}^{n} c \cdot a_k = c \cdot \sum_{k=1}^{n} a_k$$

14. Berechne die ersten sechs Glieder der zur gegebenen Folge gehörigen Partialsummenfolge (s_n). Wie gross ist s_{100}?

a) $1, 3, 5, 7, 9, 11, 13, \ldots$ b) $1, -2, 3, -4, 5, -6, 7, \ldots$ c) $1, 2, 4, 8, 16, 32, 64, \ldots$

15. Die Folge ist durch das allgemeine Glied $a_k = 2k + 10$ ($k \in \mathbb{N}$) gegeben. Notiere die dazugehörige Partialsumme ohne Summenzeichen und rechne sie aus.

a) $\sum_{k=1}^{4} a_k$ b) $\sum_{k=1}^{11} a_k$ c) $\sum_{k=1}^{14} a_k$ d) $\sum_{k=5}^{14} a_k$ e) $\sum_{k=1}^{n} a_k$

16. Notiere die Summe mit dem Summenzeichen $\sum$. Die Summe muss nicht ausgerechnet werden.

a) $5 + 10 + 15 + 20 + 25 + 30 + 35$ b) $5 + 10 + 15 + 20 + \ldots + 250$

c) $25 + 30 + 35 + 40 + \ldots + 105$ d) $3 + 9 + 27 + 81 + 243$

e) $1 + 4 + 9 + 16 + \ldots + 400$ f) $0 + 3 + 6 + 9 + 12 + \ldots + 345$

17. Von einer Folge ist das allgemeine Glied a_k gegeben und s_n bezeichnet ihre n-te Partialsumme.

a) Berechne s_3 und s_8 für $a_k = \sqrt{k+1} - \sqrt{k}$ und stelle s_n als vereinfachten Term dar.

b) Berechne s_4 und s_9 für $a_k = \frac{1}{k^2} - \frac{1}{(k+1)^2}$ und stelle s_n als vereinfachten Term dar.

c) Berechne s_{15} für $a_k = \frac{1}{\sqrt{k}} - \frac{1}{\sqrt{k+1}}$ und stelle s_n als vereinfachten Term dar.

18. Mit (a_k) werde die Folge 1, 3, 5, 7, ... der ungeraden Zahlen bezeichnet.

    a) Beschreibe die Folge (a_k) sowohl rekursiv als auch explizit, $k \in \mathbb{N}$.

    b) Zur Reihe $a_1 + a_2 + a_3 + \dots$ gehört die durch $s_n = a_1 + a_2 + \dots + a_{n-1} + a_n$, $n \in \mathbb{N}$ definierte Partialsummenfolge (s_n) mit $s_1 = a_1$. Berechne die sieben Glieder $s_2, s_3, s_4, \dots, s_8$ der Folge (s_n) und gib einen einfachen Term für die n-te Partialsumme s_n an.

    c) Finde eine einfache geometrische Veranschaulichung deines Ergebnisses aus der vorherigen Teilaufgabe.

    d) Berechne $a_{11} + a_{12} + a_{13} + \dots + a_{1000}$ mit möglichst kleinem Rechenaufwand.

19. Die Folge (a_k) ist rekursiv definiert durch $a_1 = \frac{1}{2}$ und $a_{k+1} = a_k - \frac{2}{k(k+1)(k+2)}$, $k \in \mathbb{N}$.

    a) Berechne ohne Hilfe des Taschenrechners die fünf Glieder a_2, a_3, a_4, a_5 und a_6 dieser Folge.

    b) Berechne die fünf Startglieder der durch $s_n = a_1 + a_2 + \dots + a_{n-1} + a_n$ $(n \in \mathbb{N})$ gegebenen Partialsummenfolge (s_n) und gib für ein beliebiges $n \in \mathbb{N}$ einen einfachen Term für s_n an.

    c) Entwickle eine Formel für die explizite Darstellung des allgemeinen Gliedes a_k $(k \in \mathbb{N})$ der gegebenen Folge (a_k). *Tipp:* $s_n = (a_1 + a_2 + \dots + a_{n-1}) + a_n$.

20. Bestimme die Partialsumme $s_n = \sum_{k=1}^{n} a_k$ der Folge mit dem allgemeinen Glied $a_k = \ln\left(\frac{k+1}{k}\right)$.

1.2   Verschiedene Typen von Folgen und Reihen

Arithmetische Folgen und Reihen

Arithmetische Folge

Eine Folge (a_k) heisst *arithmetische Folge* (AF), wenn die Differenz d aufeinanderfolgender Glieder konstant und verschieden von 0 ist:

$$d = a_{k+1} - a_k, \; d \neq 0 \text{ ist konstant für jedes } k \in \mathbb{N}.$$

Für die rekursive Darstellung oder Definition einer AF erhalten wir daraus die folgende Rekursionsformel mit vorgegebenem Anfangsglied oder Startglied a_1:

$$a_{k+1} = a_k + d, \; k \in \mathbb{N}.$$

Die explizite Definition einer AF mit gegebenen Werten für a_1 und d lautet

$$a_k = a_1 + (k-1)\,d, \; k \in \mathbb{N}.$$

Daraus folgt weiter

$$d = \frac{a_k - a_1}{k - 1} = \frac{a_k - a_m}{k - m}, \; k > m \geq 1 \; (k, m \in \mathbb{N}).$$

Mit Ausnahme des ersten Gliedes a_1 (und eines allfälligen letzten Gliedes) ist jedes Glied einer AF das arithmetische Mittel seiner beiden Nachbarglieder:

$$a_k = \frac{a_{k-1} + a_{k+1}}{2}, \; k \geq 2.$$

---

21. Überprüfe, ob es sich bei der Folge um eine AF handelt oder nicht. Falls ja, gib die rekursive und die explizite Definition der Folge an.

a) 1, 4, 7, 10, 13, ...

b) 1, 2, 3, 4, 5, 6, ...

c) −2, 3, 8, 13, 18, 25, ...

d) 12, 20, 28, 36, ...

e) 17, 14, 11, 9, 6, 3, 0, ...

f) 50, 40, 30, 20, 10, 0, −10, −20, ...

22. Berechne das 5. Glied der gegebenen AF.

a) $a_1 = 6$, $a_{k+1} = a_k + 8$

b) 3, 7, 11, 15, ...

c) $a_k = 5 + (k-1) \cdot 7$

d) $a_1 = 34$, $d = 5$

23. Eine AF beginnt mit 2 und das 2775. Glied ist die Zahl 524'288.

a) Wie lauten die ersten drei Glieder der Folge?

b) Gesucht werden die rekursive und die explizite Definition der Folge.

24. Von einer AF kennt man zwei Glieder. Gib die explizite Definition der Folge an und berechne das gesuchte Glied.

a) $a_3 = 5$, $a_5 = 6$, $a_{20} = ?$

b) $a_{10} = 12$, $a_{20} = 18$, $a_4 = ?$

25. Zwischen den Zahlen 800 und 1575 sollen 24 Zahlen so eingeschoben werden, dass eine AF entsteht. Gesucht ist die rekursive Definition der entstehenden Folge.

26. Wie viele Glieder der AF mit $a_1 = \frac{1}{7}$ und $a_3 = \frac{1}{11}$ sind grösser als 0?

27. Bestimme m so, dass die Folge m, $m^2 + 3$, $4m^2 - 2m$, ... eine AF bildet.

28. Bei einer dreigliedrigen AF beträgt die Summe der drei Glieder 30 und die Summe der quadrierten Glieder liefert den Wert 318. Bestimme die drei Glieder einer solchen AF. *Tipp:* Notiere die dreigliedrige AF in der Form $m - d$, m, $m + d$.

Beispiel: Gesucht ist die Summe der ersten elf Glieder der AF 10, 17, 24, 31, 38, 45, 52, 59, 66, 73, 80, 87, 94, ... Gesucht ist also die Partialsumme $s_{11} = 10 + 17 + 24 + 31 + \ldots + 80$.

Um nicht mühsam alle Zahlen einzeln zusammenzählen zu müssen, benutzen wir folgende Idee: Wir schreiben die Summe zweimal auf: einmal in der gegebenen Form und einmal in umgekehrter Reihenfolge direkt darunter. Danach werden die übereinanderstehenden Summanden addiert:

$$\begin{array}{l} 10 + 17 + 24 + 31 + \ldots + 66 + 73 + 80 = s_{11} \\ 80 + 73 + 66 + 59 + \ldots + 24 + 17 + 10 = s_{11} \\ \hline 90 + 90 + 90 + 90 + \ldots + 90 + 90 + 90 = 2s_{11} \end{array} \quad +$$

Auf der linken Seite steht elfmal die Zahl 90, d. h. $2s_{11} = 11 \cdot 90 = 990$ und

$$s_{11} = \frac{11 \cdot 90}{2} = \frac{11}{2} \cdot 90 = \frac{11}{2} \cdot (10 + 80) = 495.$$

---

29. Berechne $20 + 27 + 34 + 41 + \ldots + 1490$ mit der Methode aus dem Beispiel in der grauen Box.

Arithmetische Reihe

Die zu einer AF gehörige Partialsummenfolge (s_n) mit $s_n = a_1 + a_2 + \ldots + a_n = \sum_{k=1}^{n} a_k$ heisst

arithmetische Reihe (AR). Für die explizite Darstellung einer AR gelten die beiden Formeln

$$s_n = \frac{n}{2}(a_1 + a_n) \quad \text{und} \quad s_n = n \cdot a_1 + \frac{n(n-1)}{2} \cdot d, \; n \in \mathbb{N}.$$

30. *Beweis der Summenformel.* Bestätige die beiden Summenformeln mit der Methode, die im Beispiel in der grauen Box beschrieben wird.

31. Durch welche Zahl ist das Fragezeichen zu ersetzen?

a) $1 + 2 + 3 + 4 + \ldots + 99 + 100 = ?$ b) $1 + 3 + 5 + 7 + \ldots + 97 + 99 = ?$

c) $53 + 56 + 59 + \ldots + 335 = ?$ d) $2 + 4 + 6 + 8 + \ldots, \; s_{50} = ?$

e) $a_1 = 0.5, \; d = 0.2, \; s_{45} = ?$ f) $a_2 = 48.8, \; a_{33} = 11.6, \; s_{50} = ?$

32. Von einer AF sind die beiden Glieder $a_1 = 8$ und $a_{10} = 71$ bekannt.

a) Wie lauten die ersten sieben Glieder der Folge?

b) Wie lautet das Glied a_{50}?

c) Wie gross ist die Summe der Glieder a_{21} bis und mit a_{50}?

33. Berechne die Summe

a) aller geraden Zahlen von 100 bis und mit 10'000.

b) aller ungeraden Zahlen von 999 bis und mit 9999.

c) aller durch 7 teilbaren Zahlen von 77 bis und mit 7777.

34. Gegeben ist eine AR. Berechne die Partialsummen s_{111} und allgemein s_n.

a) $7 + 9 + 11 + 13 + 15 + \ldots$ b) $12 + 14 + 16 + 18 + 20 + \ldots$

35. Berechne die Summe.

a) $\sum_{i=1}^{20} (1000 - 4i)$ b) $\sum_{i=0}^{12} \left(\frac{1}{2} + \frac{i}{4}\right)$ c) $\sum_{i=10}^{50} \left(10 + \frac{3i}{2}\right)$ d) $\sum_{i=0}^{24} 3\left(-7 + \frac{5i}{9}\right)$

36. Schreibe den Term mit dem Summenzeichen $\sum$ und rechne die Summe aus.

a) $3 + 6 + 9 + 12 + 15 + 18 + 21$ b) $45 + 40 + 35 + 30 + 25 + 20 + 15 + 10$

c) $7 + \frac{15}{2} + 8 + \frac{17}{2} + 9 + \frac{19}{2}$ d) $12 + 7 + 2 - 3 - \ldots - 48 - 53$

e) $\frac{1}{3} + \frac{2}{3} + 1 + \ldots + 15$ f) $-31 - 23 - 15 - \ldots + 41 + 49$

37. Die Summe des ersten, dritten und fünften Gliedes einer AF ist 33. Das Produkt der ersten drei Glieder ist 231. Berechne a_1 und die Differenz d der AF.

38. Sofia zersägt eine Dachlatte von 4 m Länge in zehn Teile. Dabei ist jeder Teil 6 cm länger als der zuvor abgesägte. Es bleibt kein Reststück übrig. Wie lang ist das kürzeste Stück?

39. Sabrina erhält von ihren Eltern ein zinsloses Darlehen von 120'000 Franken, das sie wie folgt in Raten zurückzahlen soll: Ende des ersten Jahres muss sie 6000 Franken zurückzahlen, danach jedes Jahr 500 Franken mehr als im Vorjahr. Nach wie vielen Jahren hat Sabrina das Darlehen zurückbezahlt? Wie hoch ist die letzte Rate, die sie bezahlen muss?

40. Auf einem Bahngeleise mit gleichmässigem Gefälle kommt ein Güterwagen ins Rollen. In der ersten Sekunde legt er 0.3 m zurück, in der zweiten 0.9 m, in der dritten 1.5 m und auch in jeder weiteren Sekunde legt er 0.6 m mehr zurück als in der vorhergehenden. Welche Strecke wird der Güterwagen in den ersten 30 Sekunden zurückgelegt haben? Wie viele Sekunden benötigt der Güterwagen für die ersten 120 m?

41. Frau M. Oney tritt eine neue Stelle in einem Unternehmen an, wobei sie zwischen den Lohnvarianten A und B wählen darf.

- *Variante A:* Das Jahresgehalt beträgt im ersten Jahr 120'000 Franken und der jährliche Lohnanstieg 8000 Franken.
- *Variante B:* Das Semestergehalt beträgt im ersten Semester 60'000 Franken und der halbjährliche Lohnanstieg 2000 Franken.

Welche Lohnvariante ist auf längere Sicht die vorteilhaftere? Berechne dazu für beide Varianten den Gesamtverdienst über eine Zeitspanne von zehn Jahren ab Stellenantritt (ohne Berücksichtigung allfälliger Zinsen).

Geometrische Folgen und Reihen

Geometrische Folge

Eine Folge (a_k) mit $a_k \neq 0$ heisst *geometrische Folge* (GF), wenn der Quotient q aufeinanderfolgender Glieder konstant und ungleich 0 und 1 ist:

$$q = a_{k+1} : a_k = \frac{a_{k+1}}{a_k}, \ q \text{ ist konstant für jedes } k \in \mathbb{N}, \ q \neq 0, \ q \neq 1.$$

Für die rekursive Darstellung oder Definition einer GF erhalten wir daraus die folgende Formel mit vorgegebenem Anfangsglied oder Startglied a_1:

$$a_{k+1} = a_k \cdot q, \ k \in \mathbb{N}.$$

Die explizite Definition einer GF mit gegebenen Werten für a_1 und q lautet

$$a_k = a_1 \cdot q^{k-1}, \ k \in \mathbb{N}.$$

Mit Ausnahme des ersten Gliedes a_1 (und eines allfälligen letzten Gliedes a_n) ist jedes Glied einer aus ausschliesslich positiven Gliedern bestehenden GF das geometrische Mittel seiner beiden Nachbarglieder:

$$a_k = \sqrt{a_{k-1} \cdot a_{k+1}}, \ k \geq 2.$$

Kommen negative Glieder in einer GF vor, so gilt:

$$|a_k| = \sqrt{a_{k-1} \cdot a_{k+1}}, \ k \geq 2.$$

42. Überprüfe, ob es sich bei der gegebenen Folge um eine geometrische Folge handelt oder nicht. Falls ja, gib die rekursive und die explizite Definition der Folge an.

a) 1, 4, 16, 64, 256, ...   b) 2, 3, 4.5, 6.75, 9, 13.5, ...

c) 2, 6, 18, 54, ...   d) −2, 6, −18, 54, −189, ...

e) 12, 6, 3, 1.5, ...   f) 10, −20, 40, −80, 160, ...

43. Von der GF (a_k) mit dem Quotienten q sind zwei Glieder gegeben. Berechne q und a_8.

a) $a_1 = 64$, $a_2 = 96$ b) $a_2 = 8$, $a_5 = 216$

c) $a_7 = 100$, $a_{10} = -12.5$ d) $a_4 = \frac{9}{2}$, $a_{26} = 9216$

44. Bilden die angegebenen Zahlen den Anfang einer GF? Wenn ja, berechne das 8. Glied.

a) 1, 1.1, 1.21, 1.331, ...   b) 0.1, 0.2, 0.4, ...   c) 24, −18, 12, ...

d) 0.9, 0.99, 0.999, ...   e) 0.9, 0.81, 0.729, ...   f) 12, −18, 27, ...

45. Drei Zahlen, von denen die zweite um 17 grösser ist als die erste, die dritte um 34 grösser als die zweite, bilden eine GF. Wie heissen die drei Zahlen?

46. Die Summe einer dreigliedrigen GF beträgt 9, das Produkt der drei Glieder liefert den Wert −216. Bestimme die drei Glieder einer solchen GF. *Tipp:* Notiere die drei Glieder der GF in der Form $\frac{m}{q}$, m, mq.

47. Wie viele Glieder der GF 8, 9, ... sind kleiner als 10^{12}? Es wird also der grösstmögliche Index $k \in \mathbb{N}$ gesucht, sodass für das k-te Glied der GF gilt: $a_k < 10^{12}$.

48. Wie viele Glieder der GF 2022, 2021, ... sind grösser als 1291?

49. Wie viele Glieder der GF 1, 1.1, ... liegen zwischen 1000 und 10'000?

50. a) Bei welcher jährlichen prozentualen Zunahme verdoppelt sich die Bevölkerung eines Landes innerhalb von 10 Jahren?

b) Nach wie vielen Jahren etwa verdoppelt sich die Bevölkerung eines Landes bei einer Wachstumsrate von 5 %?

51. Der Stromverbrauch in der Schweiz belief sich im Jahre 1980 auf $48.16 \cdot 10^9$ kWh, im Jahre 1988 auf $58.96 \cdot 10^9$ kWh.

a) Berechne die mittlere jährliche Zunahme in Prozent.

b) Berechne den Stromverbrauch im Jahr 2014 unter der Annahme, dass die mittlere jährliche Zunahme in Prozent derjenigen von 1980 bis 1988 entspricht, und vergleiche den Wert mit dem tatsächlichen Stromverbrauch im Jahr 2014 von $69.63 \cdot 10^9$ kWh.

52. Die beiden zwischen 1 und 10 liegenden Zahlen u und v sind so zu bestimmen, dass 1, u, v, 10 in dieser Reihenfolge eine viergliedrige GF bilden. Welche Werte nehmen u und v an, wenn sie ganzzahlig gerundet werden? Wo im Alltag treten diese Zahlenwerte auf?

Beispiel: Gesucht ist die Summe $1 + 3 + 9 + 27 + \ldots + 19'683 + 59'049$, deren Summanden eine GF bilden. In diesem Fall kann zur Summenbildung der folgende Ansatz verwendet werden:

$$
\begin{aligned}
s &= 1 + 3 + 9 + 27 + \ldots + 59'049 & & |- \\
3s &= 3 + 9 + 27 + \ldots + 59'049 + 177'147 & & |+ \\
\hline
3s - s &= 177'147 - 1 & & | : 2 \\
s &= 88'573
\end{aligned}
$$

53. Berechne die Summe $2 + 2 \cdot 0.5 + 2 \cdot 0.5^2 + 2 \cdot 0.5^3 + \ldots + 2 \cdot 0.5^{10}$ mit der Methode aus dem Beispiel in der grauen Box.

Geometrische Reihe

Die zu einer GF gehörige Partialsummenfolge (s_n) mit $s_n = a_1 + a_2 + \ldots + a_n = \sum\limits_{k=1}^{n} a_k$ heisst *geometrische Reihe* (GR). Für die explizite Darstellung einer GR gilt die Formel

$$
s_n = a_1 \frac{q^n - 1}{q - 1} = a_1 \frac{1 - q^n}{1 - q}, \ n \in \mathbb{N}, \ q \neq 1.
$$

54. *Beweis der Summenformel.* Beweise mit der oben beschriebenen Methode die Summenformel.

55. Berechne mit der Summenformel.

a) $32 + 48 + 72 + 108 + 162 + 243$ b) $2 - 6 + 18 - 54 + 162 - 486 + 1458 - 4374$

c) $\frac{2}{3} + \frac{4}{3} + \ldots + \frac{4096}{3}$ d) $-3'188'646 + 1'062'882 \mp \ldots - \frac{2}{3} + \frac{2}{9}$

56. Notiere die Summe mit dem Summenzeichen $\sum$ und rechne sie anschliessend aus.

a) $\frac{5}{4} + \frac{5}{2} + 5 + 10 + 20 + 40 + 80 + 160 + 320 + 640$

b) $7680 + 3840 + 1920 + \ldots + 0.9375$ c) $-4 + 12 - 36 + \ldots + 708'588$

d) $\frac{3}{2} + 1 + \ldots + \frac{256}{6561}$ e) $1 + \sqrt{3} + 3 + \ldots + 2187$

57. Berechne die Summe.

a) $\sum\limits_{i=1}^{11} (-4)^{i-1}$ b) $\sum\limits_{i=1}^{8} 2 \cdot 3^{i-1}$ c) $\sum\limits_{i=0}^{16} 4096 \cdot \left(\frac{3}{2}\right)^{i-1}$ d) $\sum\limits_{i=6}^{13} \frac{(-4)^{i-1}}{1024}$

58. Wie viele Glieder der GF $15, 16, \ldots$ müssen mindestens addiert werden, damit die Summe grösser als eine Milliarde ist?

59. Eine GF besteht aus zehn positiven Gliedern; sie beginnt mit 1 und endet mit 2. Berechne s_{10}.

60. *Das Sierpinski-Dreieck.* Die Folge (A_k) beschreibt die Flächeninhalte der folgenden Figuren.

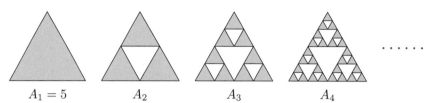

$$A_1 = 5 \qquad\qquad A_2 \qquad\qquad A_3 \qquad\qquad A_4$$

Bemerkung: Die Figuren zeigen die ersten vier Glieder eines bekannten *Fraktals*, das nach dem polnischen Mathematiker WACLAW FRANCISZEK SIERPINSKI (1882–1969) benannt ist.

a) Berechne A_2 und A_3.

b) Bestimme die explizite Formel für A_k.

c) Ab welchem $k \in \mathbb{N}$ ist A_k kleiner als 0.0001?

d) Wie viele gefärbte Dreiecke hat das k-te Glied bei der Konstruktion des Sierpinski-Dreiecks? Gib eine explizite Formel an.

e) Wie Teilaufgabe d), jedoch sollen diesmal die weissen Dreiecke gezählt werden.

   Tipp: Stelle zuerst eine rekursive Formel auf.

61. *Die berühmte Schachbrettaufgabe.* Der indische König Shihram soll Sissa, den Erfinder des Schachspiels, aufgefordert haben, sich eine Belohnung zu wünschen. Dieser erbat sich die Anzahl Reiskörner, die auf ein Schachbrett kämen, wenn man auf das erste Feld ein Korn legen würde, auf das zweite 2, auf das dritte 4, auf das vierte 8 usw. bis zum 64. Feld. Wie viele Körner schuldete nun König Shihram dem Erfinder?

1000 Körner Reis haben eine Masse von 20 g und ein Volumen von 25 cm³.

a) Die Jahresproduktion an Reis auf der ganzen Welt beträgt heute etwa 750 Millionen Tonnen. Rechne die geschuldete Menge Reis in Tonnen um und gib an, wie viele heutige Jahresproduktionen an Reis dafür nötig wären.

b) Diese Menge Reis werde gleichmässig auf der als Kugel gedachten Erde verteilt, deren Radius 6370 km beträgt. Wie dick würde diese Reisschicht?

1.3   Unendliche geometrische Folgen und Reihen

Unendliche geometrische Reihe

Für $|q| < 1$ streben die Glieder a_1, a_2, a_3, ... einer GF gegen 0. Die GF stellt eine sogenannte *Nullfolge* dar und es gilt: $a_k \to 0$ für $k \to \infty$. Die dazugehörige Reihe (s_n) strebt für $n \to \infty$ gegen einen Grenzwert s:

$$s_n = a_1 \frac{1 - q^n}{1 - q} \quad \longrightarrow \quad s = \frac{a_1}{1 - q} \quad \text{für } n \to \infty$$

Bemerkung: Die Zahl $s \in \mathbb{R}$ wird als *Grenzwert* der Reihe (s_n) bezeichnet, wenn die Glieder s_n für wachsendes n dem Wert s beliebig nahekommen.

Eine Folge, die einen Grenzwert hat, heisst *konvergent*. Andernfalls heisst sie *divergent*.

Eine konvergente Reihe kann auch mit dem Summenzeichen geschrieben werden:

$$a_1 + a_2 + a_3 + \ldots + a_k + \ldots = \sum_{k=1}^{\infty} a_k.$$

Hinweis: Ausführlicher auf den Begriff des Grenzwertes wird in Kapitel 2 eingegangen.

62. Berechne den Wert der unendlichen GR.

a) $6 + 2 + \frac{2}{3} + \ldots$ b) $1 - \frac{1}{2} + \frac{1}{4} - \frac{1}{8} \pm \ldots$ c) $200 + 120 + 72 + \ldots$ d) $2\sqrt{3} + 2 + \frac{2}{3}\sqrt{3} + \ldots$

e) $\displaystyle\sum_{k=1}^{\infty} \frac{3}{10^k}$ f) $\displaystyle\sum_{k=0}^{\infty} \left(\frac{-7}{8}\right)^k$ g) $\displaystyle\sum_{i=10}^{\infty} 50'000 \cdot (0.1)^{i-1}$ h) $\displaystyle\sum_{k=0}^{\infty} 38 \left(\frac{2}{3}\right)^{3k}$

63. Wir betrachten die Partialsumme $s_n = 1 + \frac{9}{10} + \left(\frac{9}{10}\right)^2 + \left(\frac{9}{10}\right)^3 + \ldots + \left(\frac{9}{10}\right)^{n-1}$.

a) Wie lautet eine explizite Formel für die Summe s_n?

b) Wie gross ist die Summe der ersten 100 Summanden?

c) Berechne den Grenzwert von s_n für $n \to \infty$.

64. Von einer geometrischen Reihe sind $a_5 = 0.0972$ und $q = 0.3$ bekannt. Berechne den Grenzwert s der unendlichen GR.

65. Von der GF (a_k) mit dem Quotienten q sind zwei Glieder gegeben. Berechne q und den Grenzwert s der dazugehörigen unendlichen GR.

a) $a_5 = 1296$, $a_8 = \frac{2187}{4}$ b) $a_3 = \frac{80}{3}$, $a_6 = \frac{-640}{81}$

66. Bestimme den Quotienten q einer unendlichen GR, wenn über deren Grenzwert s Folgendes bekannt ist:

a) Der Grenzwert s ist 6-mal so gross wie das erste Glied der GR.

b) Der Grenzwert s ist 4.5-mal so gross wie das zweite Glied der GR.

67. Bestimme die drei anschliessenden Glieder der GF $4 \cdot \sqrt{2} - 4$, $2 \cdot \sqrt{2} - 4$, ... und berechne, sofern vorhanden, den Grenzwert s der dazugehörigen GR.

68. *Periodische Dezimalbrüche.* Mit unendlichen geometrischen Reihen können periodische Dezimalbrüche in gewöhnliche Brüche umgewandelt werden.

Beispiel: $0.\overline{3} = 0.33333\ldots = 0.3 + 0.03 + 0.003 + 0.0003 + \ldots = \frac{3}{10} \cdot \frac{1}{1-\frac{1}{10}} = \frac{1}{3}$

Wandle mit diesem Verfahren den gegebenen Dezimalbruch in einen gewöhnlichen Bruch um.

a) $0.\overline{4}$ b) $0.\overline{17}$ c) $0.\overline{9}$ d) $4.5\overline{135}$

69. Für welche x-Werte konvergiert die GF?

a) $3,\ 15x,\ 75x^2,\ \ldots$ b) $2,\ 2x-4,\ 2x^2-8x+8,\ \ldots$

70. Kubinski baut gedanklich einen Turm aus einzelnen Würfeln mit den Kantenlängen $8\,\mathrm{cm}$, $4\,\mathrm{cm}$, $2\,\mathrm{cm}$, $1\,\mathrm{cm}$, ... Wie hoch wird dieser Turm höchstens? Welchen Rauminhalt haben alle diese Würfel zusammen?

71. Finn hat einen Knäuel Wolle. Er schneidet einen Meter Wollfaden ab. Danach schneidet er vom Knäuel ein Stück des Wollfadens ab, das nur noch $\frac{1}{3}$ so lang ist. Jedes weitere Stück, das er vom Knäuel abschneidet, ist $\frac{1}{3}$ so lang wie das vorherige. Wie lang wäre die Strecke, wenn Finn unendlich viele Stücke abschneiden könnte und alle diese Wollstücke aneinanderlegen würde?

72. Michèle zeichnet eine Spirale aus Halbkreisen, deren Radien eine unendliche GF bilden. Der erste Halbkreis hat den Radius $r_1 = 5\,\mathrm{cm}$, der zweite $r_2 = 4\,\mathrm{cm}$. Wie lang wird die Spirale?

73. Der links dargestellte spiralförmige Weg beginnt im Ursprung $(0\,|\,0)$ und besteht aus Strecken (wie abgebildet), deren Längen eine GF bilden. Wie lang ist der unendlich fortgesetzte Weg und wo liegt der Zielpunkt Z dieses spiralförmigen Wegs?

Zu Aufgabe 73:   *Zu Aufgabe 74:*

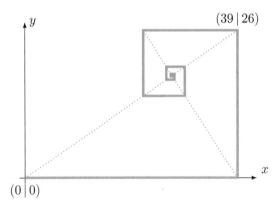
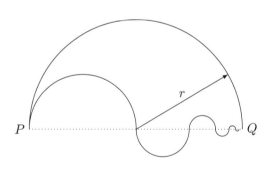

74. Der Schlangenweg von P nach Q setzt sich aus unendlich vielen Halbkreisbögen zusammen, deren Radien eine GF mit $q = \frac{1}{2}$ bilden. Ist der Schlangenweg oder der Halbkreisweg kürzer?

75. Um wie viel Prozent müssen die Glieder einer unendlichen GR mit dem Startglied $a_1 = 3.21$ von einem Glied zum jeweils nächstfolgenden mindestens abnehmen, damit die aufsummierte Reihe den Wert $s = 4.56$ nicht übertrifft?

76. *Geometrische Herleitung der Formel* $s = \frac{a_1}{1-q}$. Die Punkte P, Q, R, S, ... liegen rechts des Ursprungs O auf der positiven x-Achse, und zwar so, dass die Längen der Streckenabschnitte $a_1 = \overline{OP}$, $a_2 = \overline{PQ}$, $a_3 = \overline{QR}$, $a_4 = \overline{RS}$, ... Glieder einer fallenden GF sind, also einer mit $0 < q < 1$. Diese Strecken werden nun je um 90° um den jeweils links liegenden Anfangspunkt nach oben gedreht. Die gedrehten Endpunkte P', Q', R', S', ... haben somit die Koordinaten $P'(0\,|\,a_1)$, $Q'(a_1\,|\,a_2)$, $R'(a_1 + a_2\,|\,a_3)$, $S'(a_1 + a_2 + a_3\,|\,a_4)$, ... Erstelle eine passende Skizze und weise nach, dass alle diese Punkte P', Q', R', S', ... auf ein und derselben Geraden g liegen. Diese fallende Gerade g schneidet die x-Achse in einem Punkt $X(x_0\,|\,0)$. Zeige, dass die Abszisse x_0 dem Wert der Gesamtlänge $s = a_1 + a_2 + a_3 + \ldots$ der unendlichen GR dieser Streckenabschnitte entspricht.

77. In einem Quadrat mit Seitenlänge ℓ ist ein Weg, bestehend aus einzelnen Streckenabschnitten a_1, a_2, a_3, ... einbeschrieben (siehe linke Figur). Zeige sowohl algebraisch wie geometrisch, dass der unendlich fortgesetzte Weg folgende Länge hat: $L = \sum\limits_{k=1}^{\infty} a_k = 2\ell + \ell \cdot \sqrt{2} = \ell\left(2 + \sqrt{2}\right)$.

Zu Aufgabe 77:

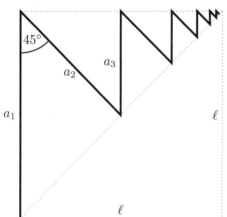

Zu Aufgabe 78:

78. In der obigen Figur rechts wurde dem äussersten Quadrat ein Kreis maximaler Grösse einbeschrieben. Diesem Kreis wird wiederum ein Quadrat einbeschrieben, diesem erneut ein Kreis und so weiter. Wie viel Prozent der Fläche des äussersten Quadrats machen die unendlich vielen schwarzen Flächen aus?

1.4   Weitere Themen

Arithmetische Folgen höherer Ordnung

> **Differenzen- und Stammfolgen**
>
> Sind a_1, a_2, ..., a_k, ... die Glieder einer gegebenen Folge (a_k), so wird jene Folge, die durch die Differenz $d_k = a_{k+1} - a_k$ aufeinanderfolgender Glieder definiert ist, als *1. Differenzenfolge* (1. DF) von (a_k) bezeichnet, $k \in \mathbb{N}$. Es können auch die Differenzenfolgen von Differenzenfolgen betrachtet werden, was dann zur 2., 3. oder allgemein k-ten Differenzenfolge (k. DF) führt. Die anfänglich gegebene Folge (a_k) wird *Stammfolge* genannt.
>
> *Beispiele:*
> - Stammfolge: 2, 5, 10, 17, 26, 37, 50, ...   • Stammfolge: 1, −1, 1, −1, 1, −1, 1, −1, 1, ...
>
>   1. DF: 3, 5, 7, 9, 11, 13, ...   1. DF: −2, 2, −2, 2, −2, 2, ...
>   2. DF: 2, 2, 2, 2, 2, ...   2. DF: 4, −4, 4, −4, 4, ...
>   3. DF: 0, 0, 0, 0, ...
> - Stammfolge: 1, 2, 4, 8, 16, 32, 64, 128, ...   • Stammfolge: 1, $\frac{1}{2}$, $\frac{1}{3}$, $\frac{1}{4}$, $\frac{1}{5}$, $\frac{1}{6}$, ...
>
>   1. DF: 1, 2, 4, 8, 16, 32, 64, ...   1. DF: $\frac{-1}{2}$, $\frac{-1}{6}$, $\frac{-1}{12}$, $\frac{-1}{20}$, $\frac{-1}{30}$, ...
>   2. DF: $\frac{1}{3}$, $\frac{1}{12}$, $\frac{1}{30}$, $\frac{1}{60}$, ...

79. Bestimme so weit wie möglich die 1. DF der durch ihre ersten paar Glieder gegebenen Stammfolge. Wie könnten die beiden nächsten Glieder der 1. DF lauten?

   a) 10, 11, 15, 24, 40, 65, ...   b) 3, 10, 15, 18, 19, 18, 15, ...

   c) 4, 6, 9, 14, 21, 32, 45, ...   d) 1, 2, 0, 3, 4, 2, 5, 6, ...

80. Von einer längeren Stammfolge sind nur die ersten paar Glieder bekannt. Bestimme anhand der leicht ersichtlichen Gesetzmässigkeit oder Struktur ihrer 1. DF die nächsten zwei Glieder der gegebenen Stammfolge.

   a) 106, 107, 105, 108, 104, 109, 103, 110, ...   b) $\frac{11}{60}$, $\frac{41}{60}$, $\frac{61}{60}$, $\frac{91}{60}$, $\frac{37}{20}$, $\frac{47}{20}$, ...

   c) 13, 14, 25, 27, 49, 52, 85, 89, ...   d) 6, 7, 9, 10, 8, 9, 11, 12, 10, 11, 13, ...

81. Anna, Bryan, Carla und Daniel sollen aus der 1. DF 1, 2, 4, 8, 16, 32, 64, 128, ... die Stammfolge «rekonstruieren». Sie haben je unterschiedliche Stammfolgen erhalten:

   Anna: 1, 2, 4, 8, 16, 32, 64, 128, ...   Bryan: 0, 1, 3, 7, 15, 31, 63, 127, ...
   Carla: 3, 4, 6, 10, 18, 34, 66, 130, ...   Daniel: −7, −6, −4, 0, 8, 24, 56, 120, ...

   Wem ist beim «Rekonstruieren» ein Fehler unterlaufen?

82. *Rekonstruktion der Stammfolge aus ihrer Differenzenfolge.* Verschiedene Stammfolgen können dieselbe 1. DF haben, anders gesagt: Zu jeder 1. DF gibt es unterschiedliche Stammfolgen. Welche Aussage lässt sich über zwei solche Stammfolgen machen, deren 1. DF identisch sind?

83. Gegeben ist die nicht abbrechende Zahlenfolge 2, 1, 4, 3, 6, 5, 8, 7, 10, ... mit dem allgemeinen Glied $a_k = k - (-1)^k$, $k \in \mathbb{N}$.

   a) Bestimme schrittweise die 1., 2., 3. und 4. DF dieser Folge.

   b) Welche Vermutung hast du bezüglich der 6. und der 7. DF?

   c) Wie lassen sich wohl die Glieder d_k der n-ten DF für $n \geq 2$ beschreiben? (ohne Beweis)

Arithmetische Folge höherer Ordnung

Eine Folge (a_k) heisst *arithmetische Folge n-ter Ordnung* (AFn), wenn ihre n-te DF konstant und ungleich 0 ist. Die weiter oben eingeführte AF ist demzufolge eine AF1, also eine arithmetische Folge 1. Ordnung. Eine AFn lässt sich explizit mit einer Polynomfunktion vom Grad n beschreiben, eine AF demzufolge mit einer linearen Funktion. Für das allgemeine Glied a_k einer AFn gilt: $a_k = c_n k^n + c_{n-1} k^{n-1} + \ldots + c_2 k^2 + c_1 k + c_0$, $c_n \neq 0$.

84. Gegeben ist die AF mit dem allgemeinen Glied $a_k = k^2 - k + 3$.

    a) Bestimme ein paar Glieder und zeige, dass es sich um eine AF2 handelt.

    b) Wie lautet das allgemeine Glied d_k der 1. DF?

85. Gegeben ist die Folge mit dem allgemeinen Glied $a_k = k^2 - 2k + 2$. Wie lautet das allgemeine Glied d_k ihrer 1. DF?

86. Gegeben sind die ersten paar Glieder einer AF2. Stelle eine explizite Formel für das allgemeine Glied a_k ($k \in \mathbb{N}$) auf und berechne damit a_{101}.

    a) $1, 3, 7, 13, 21, \ldots$ b) $10, 7, 2, -5, -14, \ldots$ c) $3, 3, 4, 6, 9, \ldots$

    d) $12, 11, 7, 0, -10, \ldots$ e) $2, 0, 0, 2, 6, \ldots$ f) $3, 3, 1, -3, -9, \ldots$

87. Gegeben sind die ersten paar Glieder einer AF3. Leite eine explizite Formel für das allgemeine Glied a_k ($k \in \mathbb{N}$) der gegebenen Folge her und berechne damit a_{22}.

    a) $0, 6, 24, 60, 120, \ldots$ b) $2, 9, 28, 65, 126, \ldots$

    c) $-8, -2, 0, 0, 0, \ldots$ d) $1, 0, -1, -8, -27, \ldots$

88. a) Das allgemeine Glied der 2. DF lautet $e_k = (-1)^k$, die 1. DF startet mit $d_1 = 3$ und die Stammfolge mit $a_1 = 4$. Notiere die ersten acht Glieder der Stammfolge.

    b) Das allgemeine Glied der 2. DF lautet $e_k = 6k + 6$, die 1. DF startet mit $d_1 = 7$ und die Stammfolge mit $a_1 = 1$. Notiere die ersten sechs Glieder der Stammfolge.

89. Das allgemeine Glied der 2. DF lautet $e_k = 3k + 12$, die 1. DF startet mit $d_1 = 5$ und die Stammfolge mit $a_1 = -10$. Notiere die ersten sechs Glieder der Stammfolge.

90. Wenn (s_n) die Reihe der Folge (a_k) ist, d. h. $s_n = \sum\limits_{k=1}^{n} a_k$, so stellt sich die Frage, ob nicht umgekehrt (a_k) die 1. DF von (s_n) sein müsste. Wie lautet die korrekte Antwort?

91. a) Gegeben ist eine beliebige GF. Was lässt sich dann über deren 1. DF sagen?

    b) Die 1. DF sei eine GF. Ist dann auch die dazugehörige Stammfolge eine GF?

92. Ist es zutreffend, dass die 3. Differenzenfolge einer AF4 eine AF1 ist? Begründe die Antwort.

93. Zeige, dass die Stammfolge eine AF5 sein muss, wenn deren 3. Differenzenfolge eine AF2 ist.

94. Was kannst du über die 5. Differenzenfolge einer AF2 sagen? Begründe deine Antwort.

95. Wie verändert sich die Ordnung einer AFn, wenn jedes Glied a_k der Folge

    a) um die Zahl $m > 0$ vergrössert wird?

    b) um die Zahl $m > 0$ verkleinert wird?

    c) mit der Zahl $m > 0$ vervielfacht wird?

96. Die Funktion f hat die Eigenschaft, dass die Funktionswerte $f(x_k)$ eine AFn ($n \in \mathbb{N}$) bilden, falls die Argumente x_k ($k \in \mathbb{N}$) eine solche bilden. Was lässt sich über die Funktion f sagen?

97. In einer Ebene liegen n Kreise so, dass sich jeder Kreis mit jedem anderen in zwei Punkten schneidet, sich aber nie drei oder mehr Kreise im selben Punkt schneiden. In wie viele Gebiete wird die Ebene durch die Kreise aufgeteilt? Gesucht sind eine rekursive und eine explizite Formel für die Anzahl der Gebiete.

98. F_k ist die Anzahl Punkte der k-ten Figur.

    a) Berechne F_4, F_5 und F_6.

    b) Gib eine Rekursionsformel für F_k an.

    c) Gib eine explizite Definition der Folge (F_k) an.

    d) Berechne F_{100}.

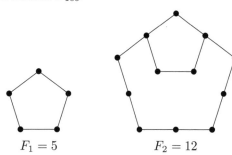 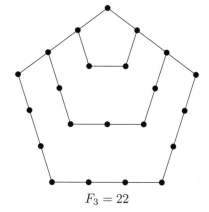

$F_1 = 5$ $F_2 = 12$ $F_3 = 22$

Die Koch-Kurve und die Koch-Schneeflocke

Die Koch-Kurve ist ein vom schwedischen Mathematiker HELGE VON KOCH (1870–1924) im Jahr 1904 entdecktes *Fraktal*. Die Koch-Kurve wird durch eine Iteration folgendermassen beschrieben:

1) Zunächst sei eine Strecke mit vorgegebener Länge gegeben.

2) Dann entfernt man das mittlere Drittel der Strecke und errichtet darüber ein gleichseitiges Dreieck.

3) Im nächsten Schritt wird dasselbe Vorgehen auf jeden der vier entstandenen Streckenabschnitte angewendet.

4) Diese Iteration wird nun beliebig oft wiederholt.

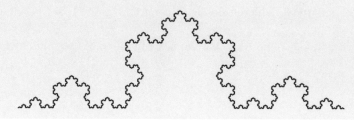

99. In unserem Beispiel soll die Startstrecke drei Einheiten lang sein: $a_0 = 3$. Die Folge (a_k) beschreibt die Länge der Koch-Kurve nach der k-ten Iteration, $k \in \mathbb{N}$.

$$k = 0 \qquad\qquad k = 1 \qquad\qquad k = 2 \qquad\qquad k = 3$$

a) Welche Werte haben a_1 und a_2?

b) Bestimme die explizite Formel für a_k, $k \in \mathbb{N}$.

c) Gegen welchen Wert a strebt die Länge der Koch-Kurve? Berechne also a_n für $n \to \infty$.

100. Wir starten mit einem gleichseitigen Dreieck mit Seitenlänge s. Über jeder Dreiecksseite wird
nun die in der Box beschriebene Konstruktion der Koch-Kurve angewendet. Dies ergibt die
sogenannte Koch-Schneeflocke.

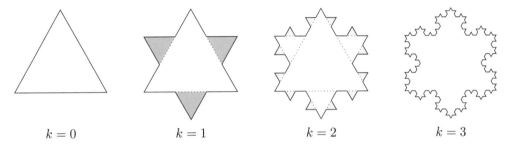

$$k = 0 \qquad\qquad k = 1 \qquad\qquad k = 2 \qquad\qquad k = 3$$

Im Folgenden beschreibt u_k den Umfang der
Schneeflocke nach der k-ten Iteration. A_k hingegen
gibt den Flächeninhalt eines der neu entstandenen
Dreiecke an $(k \in \mathbb{N}_0)$.

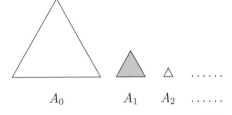

$$A_0 \qquad\quad A_1 \quad A_2 \quad \ldots\ldots$$

a) Bestimme das allgemeine Glied u_k. Wohin strebt der Wert von u_k für immer grösseres k?

b) Finde eine explizite Formel für A_k.

  Hinweis: Für die restlichen Teilaufgaben können die Formeln in Abhängigkeit vom Flächeninhalt A_0 angegeben werden – für eine kompaktere Darstellung.

c) Welcher Flächeninhalt ist bei der k-ten Schneeflocke im Vergleich mit der vorhergehenden,
  $(k-1)$-ten Schneeflocke dazugekommen?

d) Gib eine explizite Formel für den gesamten Flächeninhalt F_k der k-ten Schneeflocke an.

e) Welchem Wert F kommt die Folge (F_k) der Flächeninhalte für wachsendes k beliebig nahe?

Anwendung in der Finanzmathematik

Grundformel für die Rentenrechnung

Bei einem Zinssatz von $p\,\%$ lässt sich das Kapital K nach n Jahren bei einer jährlichen Einzahlung R wie folgt berechnen:

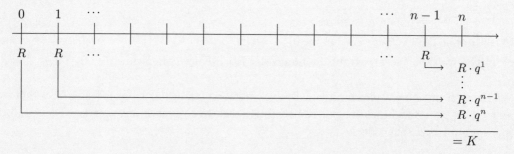

GR mit $q = 1 + \frac{p}{100} \;\Rightarrow\; K = R \cdot q + R \cdot q^2 + \ldots + R \cdot q^{n-1} + R \cdot q^n = R \cdot q \cdot \dfrac{q^n - 1}{q - 1}$

Bemerkung: Die gewählten Zinssätze in den folgenden Aufgaben dienen der Veranschaulichung und entsprechen nicht der aktuellen Realität.

101. Berechne bei einem festen Jahreszinssatz von $5\,\%$ den Wert, den ein Kapital von 1000 Franken

    a) in 10 Jahren haben wird.

    b) vor 10 Jahren hatte.

102. Ein Kapital von 3500 Franken wird bei einem Jahreszins von $1.2\,\%$ vierteljährlich verzinst.

    a) Wie gross ist das Kapital nach 6 Jahren?

    b) Wie gross wäre das Kapital nach 6 Jahren bei einer monatlichen Verzinsung?

103. Angenommen, du zahlst am Anfang jedes Jahres 2000 Franken bei einer Bank ein. Wie viel Geld hast du am Ende des 6. Jahres, d. h. noch vor deiner 7. Einzahlung, auf dem Konto? Die Bank bezahlt einen Jahreszins von $5\,\%$.

104. a) Ein Götti legt zur Geburt seines Patenkindes einen Betrag von 500 Franken auf ein Sparbuch, anschliessend an jedem Geburtstag einen Betrag von 200 Franken. Dies macht er bis zum 18. Geburtstag. Über welchen Betrag kann das Patenkind an seinem 20. Geburtstag verfügen, wenn die Bank einen Jahreszins von $4\,\%$ vergütet?

    b) Welchen Betrag muss eine Gotte zur Geburt ihres Patenkindes und danach jährlich bis zum 18. Geburtstag auf ein Sparbuch einzahlen, wenn das Patenkind an seinem 20. Geburtstag über einen Betrag von 10'000 Franken verfügen soll? Jahreszinssatz der Bank: $4.5\,\%$.

105. Herr Frei fasst zum Ende eines strengen Arbeitsjahres den Entschluss, sofort mit Sparen anzufangen, um in sieben Jahren ein Sabbatical einlegen zu können. Er berechnet, dass er für die in der Schweiz anfallenden Kosten (Miete, Versicherungen, Krankenkasse, ...) 50'000 Franken angespart haben muss. Wie viel muss er in den sieben Jahren jeweils zu Jahresbeginn auf ein Konto mit $1\,\%$ Zins einzahlen, um das Sabbatical finanzieren zu können?

106. Amana möchte eine Schuld von 100'000 Franken durch sechs Raten zu je 20'000 Franken tilgen. Sie leistet die Abzahlung jeweils zu Jahresende. Wie hoch ist die Restschuld, die sie am Ende des siebten Jahres noch zu bezahlen hat, wenn die Bank mit einem Zinssatz von 7 % rechnet?

107. Wie oft kann von einem Kapital von 100'000 Franken eine Jahresrente von 10'000 Franken bezogen werden, wenn die Bank zu 5 % verzinst? Die Rente wird jeweils am Jahresende ausbezahlt.

108. Zoé kauft in einem Onlineshop einen Fernseher für 2000 Franken. Sie muss eine Anzahlung von 200 Franken leisten und dann 6 monatliche Raten bezahlen. Der Anbieter verrechnet einen effektiven Jahreszins von 16 %. Wie gross ist eine Rate?

109. Wie gross muss ein Kapital sein, um davon 15-mal jeweils zu Jahresbeginn eine Jahresrente von 24'000 Franken beziehen zu können? Der Jahreszins der Bank beträgt 4.5 %.

Die Fibonacci-Zahlen

> LEONARDO VON PISA, genannt FIBONACCI (Fibonacci bedeutet «Sohn des Bonacci»), war ein italienischer Mathematiker und lebte ca. 1180–1250. Die sogenannten Fibonacci-Zahlen gehen auf ihn zurück.

110. FIBONACCI veröffentlichte 1202 sein «Liber abaci» (Buch über die Rechenkunst). Aus diesem Buch stammt die berühmte Kaninchenaufgabe:

Wir nehmen an, dass Kaninchen beliebig lange leben und dass ein Paar jeden Monat ein junges Paar wirft. Ein frisch geborenes Paar wirft erstmals nach zwei Monaten. F_k ist die Anzahl Paare, die zur Zeit k (in Monaten) vorhanden sind, wenn man das Gedankenexperiment zur Zeit $k = 0$ mit einem neugeborenen Paar beginnt.

a) Berechne die Fibonacci-Zahlen F_0, F_1, ..., F_{10}.

b) Suche eine Rekursionsformel für die Folge (F_k). Dabei soll F_{k+2} aus F_k und F_{k+1} berechnet werden.

111. «Wer A sagt, muss auch B sagen.» Mit den beiden Buchstaben A und B sollen «Wörter», bestehend aus n Buchstaben, gebildet werden. Dabei ist als Spielregel zu beachten, dass nach einem A immer ein B folgen muss. Ausserdem darf A nicht am Schluss eines «Wortes» stehen. W_k ist die Anzahl der «Wörter» der Länge k. Suche eine Rekursionsformel für W_k.

Beispiel: $W_4 = 5$, «Wörter»: $BBBB$, $BBAB$, $BABB$, $ABBB$, $ABAB$.

112. Ein Rechteck der Länge k und der Breite 2 soll mit Dominosteinen der Länge 2 und der Breite 1 belegt werden. Die Anzahl der so möglichen Muster sei M_k. Gib eine Rekursionsformel für M_k an. *Beispiel:* $M_5 = 8$

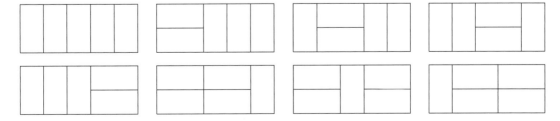

113. Eine Treppe hat $k \in \mathbb{N}$ Stufen. Andri kann mit einem Schritt eine oder zwei Stufen bewältigen. T_k ist die Anzahl der möglichen Schrittabfolgen, die Andri zur Auswahl stehen, um die Treppe hinaufzusteigen. Gib eine Rekursionsformel für T_k an.

114. Kannst du erklären, weshalb die in den Aufgaben 111, 112 und 113 untersuchten Folgen (W_k), (M_k) und (T_k) Glied für Glied übereinstimmen?

115. Notiere die ersten zehn Glieder der durch eine Rekursion gegebenen Zahlenfolge.

   a) $a_1 = 1$, $a_2 = 2$, $a_{k+2} = a_{k+1} + a_k$, $k \in \mathbb{N}$ b) $a_1 = 2$, $a_2 = 1$, $a_{k+2} = a_{k+1} + a_k$, $k \in \mathbb{N}$

   c) $a_1 = 3$, $a_2 = 4$, $a_{k+2} = a_{k+1} - a_k$, $k \in \mathbb{N}$ d) $a_1 = 2$, $a_2 = -1$, $a_{k+2} = a_{k+1} + a_k$, $k \in \mathbb{N}$

116. (F_n) ist die Folge der Fibonacci-Zahlen (siehe Aufgabe 110). Es werden zwei Folgen (a_n) und (b_n) definiert: $a_1 = 1$, $a_{k+1} = \frac{1}{a_k + 1}$ $(k \geq 1)$; $b_{k+1} = \frac{F_k}{F_{k+1}}$ $(k \geq 0)$.

   a) Berechne die ersten sechs Glieder der beiden Folgen (a_n) und (b_n).

   b) Beweise, dass die beiden Folgen (a_n) und (b_n) identisch sind.

   c) Man kann beweisen, dass a_n für $n \to \infty$ einen Grenzwert g hat $(g \in \mathbb{R}^+)$. Für grosse Werte von n gilt somit: $a_{n+1} \approx a_n \approx g$. Berechne g.

117. Jacques Philippe Marie Binet (1786–1856) publizierte 1843 eine Formel zur expliziten Berechnung der Glieder 1, 1, 2, 3, 5, 8, 13, … der Fibonacci-Folge, wobei anzufügen ist, dass Leonhard Euler (1707–1783), Daniel Bernoulli (1700–1782) und Abraham de Moivre (1667–1754) diese Formel schon gut hundert Jahre früher kannten. Die von Binet veröffentlichte Formel für die k-te Fibonacci-Zahl lautet wie folgt:

$$F_k = \frac{1}{\sqrt{5}} \cdot \left[\left(\frac{1 + \sqrt{5}}{2} \right)^{k+1} - \left(\frac{1 - \sqrt{5}}{2} \right)^{k+1} \right], \; k \geq 0$$

   a) Überprüfe diese Formel – möglichst ohne Taschenrechner – für $k = 0$, $k = 1$ und $k = 2$.

   b) Berechne F_{31}, F_{32}, F_{33} und zeige so rein numerisch, dass gilt: $F_{31} + F_{32} = F_{33}$.

   c) Die clevere Circa meint gegenüber ihrem Freund Exactus, dass ihr diese Formel zu kompliziert sei. Sie berechne einfach den Term $T_k = \frac{1}{\sqrt{5}} \left(\frac{1+\sqrt{5}}{2} \right)^{k+1}$ und runde dann auf die nächste natürliche Zahl auf oder ab. Was hältst du von Circas Methode?

118. In dieser Aufgabe bezeichnen wir die Fibonacci-Folge 1, 1, 2, 3, 5, 8, 13, … mit (u_k), $k \in \mathbb{N}$.

   a) Bestimme die 1. DF der Fibonacci-Folge (u_k). Was fällt auf?

   b) Mit den drei aufeinanderfolgenden Fibonacci-Zahlen u_{k-1}, u_k, u_{k+1} lässt sich der folgende Term bilden: $T(k) = u_{k-1} \cdot u_{k+1} - u_k^2$, $k > 1$. Berechne den Wert von $T(k)$ für $k = 4, 5, 6, 10$ und 13. Was fällt dir auf? Beschreibe deine Feststellung möglichst genau.

   c) Betrachte die Partialsumme $s_n = u_1 + u_2 + \ldots + u_n$ und berechne die speziellen Werte s_4, s_7, s_8 und s_{11}. Hast du eine Vermutung, wie sich der Wert von s_n durch eine einfache Formel bestimmen lässt? *Tipp:* Vergrössere die ausgerechneten Summenwerte um 1.

   d) Berechne die Summe $U(n) = \sum_{k=1}^{n} u_{2k-1}$ für $n = 2, 3, 4, 8$ und 11. Welche einfache Formel gilt für den Wert dieser Summe?

Vollständige Induktion

119. Notiere die beiden nächsten Zeilen im Zahlenschema und überprüfe sie. Hast du eine Vermutung, wie die n-te Zeile lauten könnte?

a) $2 \qquad\qquad = 1 \cdot 2$

$\quad 2 + 4 \qquad\quad = 2 \cdot 3$

$\quad 2 + 4 + 6 \qquad = 3 \cdot 4$

$\quad 2 + 4 + 6 + 8 \ = 4 \cdot 5$

b) $1 \qquad\qquad = \frac{1 \cdot 2}{2}$

$\quad 1 + 2 \qquad\quad = \frac{2 \cdot 3}{2}$

$\quad 1 + 2 + 3 \qquad = \frac{3 \cdot 4}{2}$

$\quad 1 + 2 + 3 + 4 \ = \frac{4 \cdot 5}{2}$

c) $1 \qquad\qquad\quad = 2 - 1$

$\quad 1 + \frac{1}{2} \qquad\qquad = 2 - \frac{1}{2}$

$\quad 1 + \frac{1}{2} + \frac{1}{4} \qquad = 2 - \frac{1}{4}$

$\quad 1 + \frac{1}{2} + \frac{1}{4} + \frac{1}{8} \ = 2 - \frac{1}{8}$

Vollständige Induktion

Prinzip der vollständigen Induktion: Wenn M eine Menge natürlicher Zahlen ist mit der Eigenschaft, dass die Zahl 1 zur Menge M gehört und mit jeder natürlichen Zahl k auch die nachfolgende Zahl $(k + 1)$ zur Menge M gehört, dann besteht die Menge M aus allen natürlichen Zahlen, d. h. $M = \mathbb{N}$.

Beweisverfahren der vollständigen Induktion: Um die Gültigkeit einer Aussage für alle natürlichen Zahlen zu beweisen, muss Folgendes gezeigt werden:

1. *Verankerung/Induktionsanfang:* Die Aussage gilt für die Zahl 1.

2. *Vererbung/Induktionsschritt:* Wenn die Aussage für eine natürliche Zahl k gilt, dann gilt sie auch für die natürliche Zahl $(k + 1)$.

Aus der Verankerung und der Vererbung folgt mit dem Prinzip der vollständigen Induktion, dem sogenannten *Induktionsschluss*, die Gültigkeit der Aussage für alle natürlichen Zahlen.

Verfahren in Kurzform: Die Aussage $A(n)$ sei für alle $n \in \mathbb{N}$ zu beweisen:

1. Verankerung: $A(1)$ ist wahr.

2. Vererbung: $A(1) \Rightarrow A(1 + 1) = A(2)$ ist wahr, $A(2) \Rightarrow A(2 + 1) = A(3)$ ist wahr, $A(3) \Rightarrow A(3 + 1) = A(4)$ ist wahr, $A(4) \Rightarrow A(4 + 1) = A(5)$ ist wahr, ...

Beispiel: Beweis der Aussage $A(n)$: $s_n = 1 + 2 + 3 + 4 + \ldots + n = \frac{n \cdot (n+1)}{2}$, $n \in \mathbb{N}$

1. Verankerung: $s_1 = 1 = \frac{1 \cdot 2}{2} \Rightarrow A(1)$ ist wahr.

2. Vererbung: $s_{k+1} = 1 + 2 + 3 + \ldots + k + (k + 1) = s_k + (k + 1) = \frac{k \cdot (k+1)}{2} + \frac{2(k+1)}{2}$

$\qquad = \frac{(k+1)(k+2)}{2}$, d. h. $A(k) \Rightarrow A(k + 1)$

Im Sinne des Induktionsschlusses folgt, dass die Aussage $A(n)$ für alle $n \in \mathbb{N}$ wahr ist.

Bemerkungen:

- Gelegentlich ist es beweistechnisch einfacher, die Vererbung von $(k-1)$ nach k durchzuführen.

- Das Beweisverfahren wird oft auch «Schluss von k nach $k + 1$» genannt.

- Wird nur die Vererbung ohne Verankerung gezeigt, so ist die Formel nicht bewiesen.

- Bei der Vererbung ist der Wahrheitswert von $A(k)$ nicht relevant. Wichtig ist, dass Folgendes gezeigt wird: Wenn $A(k)$ gilt, dann gilt auch $A(k + 1)$. Die Wahrheit von $A(k + 1)$ wird aus jener von $A(k)$ hergeleitet.

120. Beweise in den Aufgaben 119 a) und 119 c) die Formel für die n-te Zeile mit vollständiger Induktion.

121. Stelle eine Vermutung über die n-te Zeile im Zahlenschema auf und beweise sie mit vollständiger Induktion.

a) $\begin{aligned} 2 &= 3^1 - 1 \\ 2 + 6 &= 3^2 - 1 \\ 2 + 6 + 18 &= 3^3 - 1 \\ 2 + 6 + 18 + 54 &= 3^4 - 1 \end{aligned}$

b) $\begin{aligned} 1 \cdot 2 &= (1 \cdot 2 \cdot 3) : 3 \\ 1 \cdot 2 + 2 \cdot 3 &= (2 \cdot 3 \cdot 4) : 3 \\ 1 \cdot 2 + 2 \cdot 3 + 3 \cdot 4 &= (3 \cdot 4 \cdot 5) : 3 \\ 1 \cdot 2 + 2 \cdot 3 + 3 \cdot 4 + 4 \cdot 5 &= (4 \cdot 5 \cdot 6) : 3 \end{aligned}$

122. Finde eine Formel für s_n, $n \in \mathbb{N}$, und beweise sie mit vollständiger Induktion. Gehe dazu analog vor wie in der vorhergehenden Aufgabe: Stelle ein Zahlenschema auf und leite daraus eine Formel für die n-te Zeile ab.

a) $s_n = 1 + 3 + 5 + \ldots + (2n - 1)$

b) $s_n = \frac{1}{1 \cdot 2} + \frac{1}{2 \cdot 3} + \frac{1}{3 \cdot 4} + \ldots + \frac{1}{n \cdot (n+1)}$

c) $s_n = \frac{1}{1 \cdot 3} + \frac{1}{3 \cdot 5} + \frac{1}{5 \cdot 7} + \ldots + \frac{1}{(2n-1)(2n+1)}$

d) $s_n = 1 + \frac{1}{3} + \frac{1}{6} + \frac{1}{10} + \ldots + \frac{2}{n(n+1)}$

e) $s_n = 1 \cdot 1! + 2 \cdot 2! + 3 \cdot 3! + 4 \cdot 4! + \ldots + n \cdot n!$

f) $s_n = 1^3 + 2^3 + 3^3 + 4^3 + \ldots + n^3$

123. Suche anhand der ersten Glieder eine einfache Formel für das allgemeine Glied a_k der rekursiv gegebenen Folge und beweise die gefundene Formel mit vollständiger Induktion.

a) $a_1 = 2$, $a_{k+1} = a_k + 2k + 1$; $k \in \mathbb{N}$

b) $a_1 = \frac{1}{2}$, $a_{k+1} = a_k + \frac{1}{(k+1)(k+2)}$; $k \in \mathbb{N}$

124. Bestimme eine einfache Formel für das Produkt $P_n = \left(1 - \frac{1}{2}\right)\left(1 - \frac{1}{3}\right)\left(1 - \frac{1}{4}\right) \ldots \left(1 - \frac{1}{n}\right)$, $n \geq 2$, und beweise sie durch vollständige Induktion.

125. Für die AR und die GR gilt für $n \in \mathbb{N}$ die Summenformel $s_n = n \cdot a_1 + \frac{n(n-1)}{2} \cdot d$ bzw. $s_n = a_1 \frac{1-q^n}{1-q}$; vergleiche S. 6 und S. 9. Beweise diese beiden Summenformeln mit vollständiger Induktion.

126. Beweise die Aussage mittels vollständiger Induktion.

a) $a_n = n^2 + n$ ist für alle $n \in \mathbb{N}$ durch 2 teilbar.

b) $a_n = 7^n - 1$ ist für alle $n \in \mathbb{N}$ durch 6 teilbar.

c) $a_n = n^2 - n + 3$ ist für alle $n \in \mathbb{N}$ stets eine ungerade Zahl.

d) $a_n = n^3 + 3n^2 + 2n$ ist für alle $n \in \mathbb{N}$ durch 6 teilbar.

127. Beweise die Aussage mittels vollständiger Induktion.

a) Die Ungleichung $2^n \geq n + 1$ ist für alle $n \in \mathbb{N}$ erfüllt.

b) Die Ungleichung $2^n > 2n + 1$ ist für alle natürlichen Zahlen $n \geq 3$ erfüllt.

128. Für welche $n \in \mathbb{N}$ ist $2^n > n^2$? Beweise deine Vermutung mit vollständiger Induktion.

129. Beweise mit vollständiger Induktion:

$$\left(1 + x\right)\left(1 + x^2\right)\left(1 + x^4\right) \cdots \left(1 + x^{(2^n)}\right) = \frac{1 - x^{\left(2^{n+1}\right)}}{1 - x}, \; x \neq 1, \; n \in \mathbb{N}_0$$

130. *Notwendigkeit der Verankerung bei der vollständigen Induktion.* Gegeben ist die Aussage $A(n)$. Zeige, dass beim induktiven Beweis die Vererbung von n nach $n+1$ für alle $n \in \mathbb{N}$ funktioniert, die Aussage jedoch für kein $n \in \mathbb{N}$ gültig ist.

a) $A(n)$: $\frac{1}{2} + \frac{1}{4} + \frac{1}{8} + \ldots + \frac{1}{2^n} = 2 - \frac{1}{2^n}$ b) $A(n)$: $12^n + 1$ ist durch 11 teilbar.

131. Für welche Werte von $n \in \mathbb{N}$ ist die Aussage $A(n)$ wahr, wenn

a) $A(1)$ wahr ist und aus der Wahrheit von $A(n)$ die Wahrheit von $A(n+2)$ folgt?

b) $A(1)$ wahr ist und falls aus der Gültigkeit von $A(n)$ jene von $A(2n)$ folgt?

c) $A(1)$ und $A(2)$ wahr sind und, falls $A(n)$ und $A(n+1)$ wahr sind, auch $A(n+2)$ wahr ist?

d) $A(1)$ wahr ist und die Folgerung $A(n) \Rightarrow A(n+1)$ für alle $n \geq 4$ gilt?

Zu 132–134: Finde eine Formel für die Anzahl A_n mit $n \in \mathbb{N}$ und beweise sie mit vollständiger Induktion.

---

132. A_n ist die maximale Anzahl Punkte, in denen sich n Kreise in der Ebene schneiden.

133. A_n ist die maximale Anzahl endlicher Gebiete, die von n Geraden in der Ebene begrenzt werden.

134. A_n ist die Anzahl Gebiete, die von n Geraden in allgemeiner Lage in der Ebene gebildet werden. (Allgemeine Lage: Keine zwei Geraden sind parallel zueinander und keine drei Geraden haben einen gemeinsamen Punkt.)

135. Was ist falsch am folgenden «Induktionsbeweis» der Aussage, wonach n beliebige Punkte stets auf ein und derselben Geraden liegen? ($n \in \mathbb{N}$)

1. Verankerung: $n = 1$: Ein einzelner Punkt liegt stets auf einer Geraden.

2. Vererbung: Annahme: n beliebige Punkte liegen alle auf ein und derselben Geraden.

Zu zeigen: $(n+1)$ beliebige Punkte liegen ebenfalls auf einer Geraden.

Beweis: Von den $(n+1)$ Punkten $P_1, P_2, \ldots, P_n, P_{n+1}$ liegen die ersten n Punkte $P_1, P_2, \ldots, P_n$ laut der Annahme auf einer Geraden g. Aber auch die n Punkte $P_2, P_3, \ldots, P_{n+1}$ liegen gemäss Annahme auf einer Geraden, also liegt auch P_{n+1} auf derselben Geraden wie etwa P_2 und P_3, nämlich auf g. Folglich liegen alle $(n+1)$ Punkte $P_1, P_2, \ldots, P_n, P_{n+1}$ auf dieser Geraden g.

1.5   Vermischte Aufgaben

136. Ist die Folge arithmetisch, geometrisch oder weder noch? Falls es sich um eine AF oder GF handelt, gib die explizite und die rekursive Definition der Folge an.

a) $3, 5, 9, 15, 23, \ldots$ b) $40, 30, 22.5, 16.875, \ldots$

c) $3, 7, 11, 15, \ldots$ d) $5, -15, 45, -135, \ldots$

137. Definiere die Folge $3, 33, 333, 3333, \ldots$ sowohl explizit als auch rekursiv.

138. Bestimme a_3, a_4, a_5, a_6 aus $a_1 = 1$, $a_2 = m$ und der Rekursionsformel $a_{k+2} = 2a_{k+1} - a_k$. Um welche Art von Folge handelt es sich bei (a_k)? Gib eine explizite Formel für das allgemeine Glied a_k an, $k \in \mathbb{N}$.

139. Die Folge (a_k) ist durch die Startglieder a_1 und a_2 sowie die Rekursionsformel $a_{k+2} = \frac{a_k a_{k+1}}{2a_k - a_{k+1}}$ ($k \in \mathbb{N}$) gegeben. Berechne aus den gegebenen Startgliedern die fünf Glieder a_3 bis a_7. Gib eine explizite Darstellung für das allgemeine Glied a_k ($k \in \mathbb{N}$) an.

a) $a_1 = \frac{1}{3}, a_2 = \frac{1}{4}$ b) $a_1 = \frac{1}{6}, a_2 = \frac{1}{5}$ c) $a_1 = \frac{1}{9}, a_2 = \frac{1}{11}$ d) $a_1 = \frac{1}{2}, a_2 = -\frac{1}{3}$

140. Die natürlichen Zahlen 4, 40 und 121 sind Glieder einer AF. Welche grösste Differenz d aufeinanderfolgender Glieder kann eine solche Folge haben?

141. Mit $a = \frac{s+t}{2}$ und $g = \sqrt{st}$ bezeichnen wir das arithmetische bzw. geometrische Mittel der beiden verschiedenen reellen Zahlen $s > t > 0$. Ist die angegebene Zahlenfolge eine AF, eine GF oder weder noch?

a) s, a, t b) s, g, t c) t^2, g^2, s^2 d) st, as, s^2

e) $s + t, a, 0$ f) $1, g, st$ g) a^5, a^4, a^3 h) $10g, 20g, 30g$

i) $s, 2a, 3t$ j) $s - t, s, 2a$ k) $\frac{t}{s}, g^2, s^3 t$ l) $s - t, 4a^2 - 2g^2, s + t$

142. a) Gegeben sei die AF (a_k) mit der Differenz d. Um was für eine Folge handelt es sich dann bei der Folge (b_k) mit dem allgemeinen Glied $b_k = 10^{a_k}$?

b) Um was für eine Folge handelt es sich bei der Folge (b_k) mit dem allgemeinen Glied $b_k = \ln(a_k)$, wenn a_k das allgemeine Glied einer GF mit dem Quotienten q ist?

143. Beweise, dass die drei Zahlen 1, 2 und 10 nie die Glieder einer geometrischen Folge sein können.

144. Ein Kartenhaus mit acht Etagen hat die Form eines Dreiecks. Aus wie vielen Karten besteht dieses Kartenhaus?

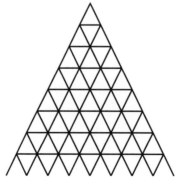

145. Eine mögliche Strategie beim Roulette ist, immer auf Rot zu setzen und bei Nicht-Rot (Verlust des Einsatzes) den Einsatz in der nächsten Spielrunde zu verdoppeln.

    a) Zeige, dass man mit dieser Strategie den Anfangseinsatz gewinnt, sobald das erste Mal Rot kommt. *Bemerkung:* Im Gewinnfall erhält man einen 1:1-Gewinn.

    b) Wie viel Geld müsste man zur Verfügung haben, um bei einem Anfangseinsatz von 5 Franken 20-mal hintereinander verlieren zu können?

146. Das folgende *Fraktal* wird iterativ konstruiert, indem auf drei der vier Seiten ein Quadrat mit $\frac{1}{3}$ der Seitenlänge angefügt wird. Dieser Konstruktionsschritt wird auf den neu entstandenen Quadraten fortgesetzt und beliebig oft wiederholt. Die ersten drei Iterationen sind unten dargestellt. Das erste Quadrat soll die Seitenlänge 1 m haben.

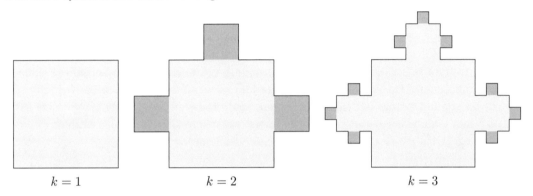

$k = 1$ $k = 2$ $k = 3$

    a) Prüfe, ob die Folge der Flächeninhalte konvergiert, und berechne allenfalls den gesamten Flächeninhalt.

    b) Prüfe, ob die Folge der Umfänge konvergiert, und berechne allenfalls den gesamten Umfang.

147. Die beiden Quadrate mit dem Buchstaben «Z» beziehungsweise der Zickzacklinie sind kongruent. Die unendlich vielen Abschnitte der Zickzacklinie verlaufen abwechslungsweise horizontal und diagonal und ihre Längen bilden eine GF mit dem Quotienten $q = \frac{\sqrt{2}}{2}$, wie unschwer zu erkennen ist; denn auf die ganze obere Seite folgt die halbe Diagonale, dann eine halbe Seite und so alternierend weiter. Zeige ohne Rechnung, dass die Länge der Zickzacklinie exakt der Länge des Streckenzuges entspricht, der den Buchstaben «Z» bildet.

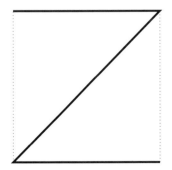 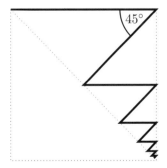

148. Ein Gefäss enthält 20 Liter Alkohol. Nun wird zehnmal nacheinander 1 Liter aus dem Gefäss entnommen und jedes Mal durch 1 Liter gewöhnliches Wasser ersetzt. Wie viele Liter Alkohol enthält die Mischung aus Alkohol und Wasser nach dieser zehnmaligen Entnahme noch?

149. Die beiden Dörfer U und V liegen $119\,\text{km}$ voneinander entfernt. Alina marschiert von U nach V und legt am ersten Tag $20\,\text{km}$ zurück, am zweiten $18\,\text{km}$, am dritten $16\,\text{km}$ und auch an jedem weiteren Tag $2\,\text{km}$ weniger als am Vortag. Zwei Tage später macht sich ihre Freundin Bianca von V aus auf den Weg und wandert Alina entgegen. An ihrem ersten Tag legt sie $10\,\text{km}$ zurück, am zweiten $13\,\text{km}$ und am dritten $16\,\text{km}$, marschiert also jeden Tag $3\,\text{km}$ weiter als am Vortag. Wo zwischen U und V werden sich Alina und Bianca treffen?

150. Gegeben ist die Potenzfunktion mit der Gleichung $y = p(x) = ax^r$ $(a \neq 0,\ r \in \mathbb{R})$. Bilden auch die Funktionswerte $p(x_k)$ eine GF, falls die Argumente x_k $(k \in \mathbb{N})$ eine solche bilden?

151. Im Jahr 2014 wurde durch Messungen geschätzt, dass übers Jahr total 2 Millionen Tonnen eines bestimmten Kontaminats in die Atmosphäre emittiert werden. Wegen der ständig wachsenden Wirtschaftsleistung prognostiziert man einen jährlichen Anstieg der Emissionen um $5\,\%$. Wann werden die Emissionen die kritische Grenze von 8 Millionen Tonnen pro Jahr überschreiten?

152. Gabriel traf mit seiner Mutter folgende Abmachung: Wenn er im ersten Schuljahr (Primar) einen Notendurchschnitt von mindestens 5 im Endjahreszeugnis hat, bekommt er 5 Franken. Ende jedes Schuljahres ist die Belohnung für einen 5er-Notenschnitt um 10 Franken höher. Wie viel Geld erhält Gabriel insgesamt von seiner Mutter, wenn er es schafft, in allen Endjahreszeugnissen (Jahrgänge 1 bis 12) einen Notenschnitt von 5 oder höher zu erzielen?

153. Welche drei unterschiedlichen Zahlen u, v und w mit der Summe 3 bilden in der Reihenfolge u, v, w eine AF und in der Reihenfolge v, w, u eine GF?

154. Beweise, dass die quadratische Gleichung $ax^2 + bx + c = 0$ $(a \neq 0)$
    a) sicher eine Lösung $x = -1$ hat, wenn die drei Zahlen a, $\frac{b}{2}$ und c eine AF bilden.
    b) immer eine Doppellösung besitzt, falls die drei Zahlen a, $\frac{b}{2}$ und c eine GF bilden.

155. Notiere so weit wie möglich die entsprechende Reihe $a_1 + a_2 + a_3 + a_4 + a_5 + \dots$, wenn die Partialsummenfolge (s_n) gegeben ist $(n \in \mathbb{N})$.
    a) 5, 13, 24, 38, 55   b) 2, 4, 8, 16, 32, 64   c) 1, 1, 2, 2, 3, 3, 4, 4, 5
    d) 1, 0, 1, 0, 1, 0, 1   e) 32, 16, 24, 20, 19   f) 1, -1, 2, -2, 3, -3, 4

156. Ist die unendliche Reihe $\frac{1}{1} + \frac{2}{2} + \frac{3}{4} + \frac{4}{8} + \frac{5}{16} + \frac{6}{32} + \dots = \sum_{k=1}^{\infty} \frac{k}{2^{k-1}}$ konvergent oder divergent? Bei Konvergenz ist auch der dazugehörige Grenzwert zu bestimmen.

157. Berechne für $|x| < 1$ die Summe der unendlichen Reihe. *Tipp:* Zerlege die gegebene Reihe in zwei Teilreihen.
    a) $2 + 5x + 2x^2 + 5x^3 + 2x^4 + 5x^5 + \dots$ b) $2 - 3x + 2x^2 - 3x^3 + 2x^4 - 3x^5 \pm \dots$
    c) $x + x^2 - x^3 - x^4 + x^5 + x^6 - - + + \dots$

158. Das allgemeine Glied einer Folge (a_k) lautet $a_k = 0.5k^2 - 12k + 3$. Welchen Wert hat das kleinste Glied der Folge?

159. Welches ist das grösste Glied der gegebenen Folge?
    a) $a_k = -3k^2 + 42k - 7$ b) $b_k = -3k^2 + 32k$

160. Für eine beliebige Zahl $m \in \mathbb{N}$ gilt:

$$\frac{m}{99} = \frac{m}{100 - 1} = \frac{\frac{m}{100}}{1 - \frac{1}{100}} = \frac{m}{100} + \frac{m}{100^2} + \frac{m}{100^3} + \frac{m}{100^4} + \cdots$$

Für $m = 72'485$ beispielsweise ist $\frac{72'485}{99} = 724.85 + 7.25 + 0.07 + \ldots \approx 732.17$.

Das exakte Resultat lautet $\frac{72'485}{99} = 732.171717\ldots$, also ist 732.17 ein guter Näherungswert.

Berechne anhand dieser Methode den Quotienten auf zwei Nachkommastellen genau.

a) $6084 : 99$ b) $90'765 : 99$ c) $560'435 : 9999$

d) $3075 : 101$ e) $81'259 : 101$ f) $458'694 : 10'001$

Zu 161–163: Es kommen Begriffe vor, welche in Kapitel 1.4 «Weitere Themen» behandelt werden.

- Die vollständige Induktion wird ab Seite 21 behandelt.
- Der Ausdruck AF2 steht für eine arithmetische Folge 2. Ordnung (siehe Box *Arithmetische Folge höherer Ordnung* auf Seite 15).

---

161. Ausgehend von der Funktion u mit $u(x) = 2x - 1$ definieren wir schrittweise und rekursiv $w_1 = u$, $w_2 = u \circ w_1 = u \circ u$, $w_3 = u \circ w_2 = u \circ u \circ u$, $\ldots$, $w_{n+1} = u \circ w_n = \underbrace{u \circ u \circ \ldots \circ u}_{(n+1) \text{ Funktionsterme}}$, $n \in \mathbb{N}$.

a) Bestimme die Funktionsterme $w_2(x)$, $w_3(x)$ und $w_4(x)$.

b) Zeige, dass für $n = 1, 2, 3, 4$ gilt: $w_n(x) = 2^n x - (2^n - 1)$.

c) Trifft es zu, dass der Punkt $W(1 \mid 1)$ für alle $n \in \mathbb{N}$ auf dem Funktionsgraphen von w_n liegt?

d) Beweise die in b) angegebene Formel für $w_n(x)$ für alle $n \in \mathbb{N}$ durch vollständige Induktion.

162. In dieser Aufgabe soll die Formel für die Anzahl A_n von Schnittpunkten hergeleitet werden, in denen sich n Geraden ($n \in \mathbb{N}$) maximal schneiden können. Bestimme mit einer Skizze und durch Abzählen die Anzahl A_n von Schnittpunkten für $n = 1, 2, \ldots, 6$. Untersuche die erhaltene Zahlenfolge $A_1, A_2, \ldots, A_6$ und entwickle daraus eine Formel für das allgemeine Glied A_n. Beweise schliesslich die gefundene Formel für A_n durch vollständige Induktion.

163. Ausgehend von einer endlichen oder unendlichen Folge (a_k) betrachten wir die Funktion f, die jedem Index k den Wert des dazugehörigen Gliedes zuordnet: $f(k) = a_k$, mit $k \in \mathbb{N}$.

a) Was lässt sich über die Punkte des Funktionsgraphen von f sagen, wenn (a_k)

    i) eine AF ist?   ii) eine GF ist?   iii) eine AF2 ist?

b) Stelle f für die folgenden konkreten Fälle von Folgen (a_k) je in einem Koordinatensystem grafisch dar und nimm an, dass die vorgegebenen Folgen die Länge $n = 8$ aufweisen.

    i) AF: $15, 13.25, 11.5, \ldots$ ii) GF: $8, 4, 2, 1, \ldots$ iii) AF2: $0, 3, 8, 15, 24, \ldots$

1.6 Kontrollaufgaben

164. Berechne weitere drei Glieder der rekursiv definierten Folge (a_k).

a) $a_1 = 9$, $a_{k+1} = 2a_k - 1$

b) $a_1 = -1$, $a_{k+1} = \frac{-a_k}{2}$

c) $a_1 = 2$, $a_{k+1} = a_k^2 - 1$

d) $a_1 = 2$, $a_2 = 3$, $a_{k+2} = 2a_{k+1} + a_k$

165. Die Folge (a_k) ist durch die beiden Startglieder a_1 und a_2 sowie die Rekursion $a_{k+2} = 2a_{k+1} - a_k$ ($k \in \mathbb{N}$) gegeben. Notiere die Glieder a_3, a_4 und a_5 und bestimme die explizite Darstellung für das allgemeine Glied a_k.

a) $a_1 = 2$, $a_2 = 4$

b) $a_1 = 3$, $a_2 = 1$

166. Wie viele vierstellige natürliche Zahlen enden auf die Ziffer 6?

167. Ist die Folge arithmetisch, geometrisch oder weder noch? Falls es sich um eine AF oder GF handelt, sind die folgenden drei Punkte zu bearbeiten:

- Begründe, warum es sich um eine AF oder GF handelt.
- Berechne das 15. Glied.
- Gib die rekursive und die explizite Definition der Folge an.

a) $3, -6, 12, -24, 48, \ldots$

b) $2, -4, 6, -8, 10, \ldots$

c) $1, 2, 4, 8, 15, \ldots$

d) $765, 654, 543, 432, 321, \ldots$

e) $2, -6, 18, -54, 162, -486, \ldots$

f) $-1, 3, -5, 7, -9, 11, \ldots$

g) $1, 2, -4, -8, 16, 32, -64, -128, \ldots$

h) $-765, -654, -543, -432, -321, \ldots$

168. Definiere die Folge sowohl explizit als auch rekursiv.

a) $1, 4, 7, 10, 13, \ldots$

b) $6, 13, 20, 27, 34, \ldots$

c) $2^2, 2^3, 2^4, 2^5, \ldots$

169. Bestimme das allgemeine Glied s_n der Partialsummenfolge (s_n), die zur

a) AR $37 + 30 + 23 + \ldots$ gehört.

b) GR $16 + 12 + 9 + \ldots$ gehört.

170. Schreibe die Summe, bestehend aus Gliedern einer AF oder GF, mit dem Summenzeichen $\sum$ und rechne sie danach aus.

a) $15 + 18 + 21 + \ldots + 84$

b) $4 + 12 + 36 + \ldots + 972$

c) $15'360 - 23'040 + 34'560 \mp \ldots - 1'328'602.5$

d) $17 + 11 + 5 - 1 - \ldots - 31 - 37$

171. Berechne aus den gegebenen Informationen einer AF die gesuchten Grössen.

a) Gegeben: $a_1 = 9$, $a_2 = 11$. Gesucht: a_{48} und s_{48}.

b) Gegeben: $a_1 = 34$, $d = -6$. Gesucht: Index $i \in \mathbb{N}$, falls $a_i = -80$.

c) Gegeben: $a_8 = -2$, $a_{24} = 12$. Gesucht: a_1 und die Summe von $\sum\limits_{k=8}^{24} a_k$.

172. a) Wie viele Glieder der AF $10, 18, \ldots$ sind kleiner als 1000?

b) Wie viele der Glieder der Folge mit $u_1 = 4$, $u_{k+1} = u_k + 1.25$ sind kleiner als 10^4?

173. Bei welcher dreigliedrigen AF mit der Differenz $d = 12$ beträgt die Summe ihrer 3 Glieder 345?

174. Eine AF beginnt mit 3, endet mit 37 und hat die Summe 400. Wie viele Glieder hat die Folge?

175. Eine AF mit Differenz $d = 3$ beginnt mit 5 und endet mit 302. Wie viele Glieder hat die Folge?

176. Die AF 975, 957, ... besteht aus lauter positiven Gliedern. Wie viele Glieder kann diese AF höchstens umfassen und welchen Wert hat in diesem Fall das letzte und kleinste Glied a_n?

177. Berechne aus den gegebenen Informationen einer GF die gesuchten Grössen.

    a) Gegeben: $a_4 = 27$, $q = 0.3$. Gesucht: a_1 und s_9.

    b) Gegeben: $a_1 = 3840$, $q = \frac{3}{2}$. Gesucht: Index $i \in \mathbb{N}$, für $a_i = 98'415$.

    c) Gegeben: $a_{11} = 162$, $a_{15} = 1458$. Gesucht: q und a_1.

    d) Gegeben: $a_1 = 0.2$, $q = 2$. Gesucht: Index $i \in \mathbb{N}$, wenn $s_i = 26'214.2$.

178. a) Wie viele Glieder der GF 1000, 999, ... sind grösser als 1?

    b) Wie viele Glieder der Folge (u_n) mit $u_1 = 1024$, $u_{k+1} = 0.5 \cdot u_k$ sind grösser als 0.1?

    c) Wie viele Glieder der Folge mit $a_k = 4 \cdot 3^{k-1}$ müssen mindestens addiert werden, wenn diese Summe grösser als 10^4 werden soll?

179. Es gibt beliebig viele dreigliedrige GF mit der Eigenschaft, dass das Produkt $a_1 \cdot a_2 \cdot a_3$ den Wert 27'000 hat. Bei allen möglichen GF mit dieser Eigenschaft hat das mittlere Glied a_2 jedoch stets den gleichen Wert. Wie gross ist der Wert von a_2?

180. Von einer GF sind $a_7 = \frac{729}{32}$ und $q = \frac{3}{4}$ bekannt. Berechne den Grenzwert s der unendlichen GR.

181. Berechne den Grenzwert der nicht abbrechenden GR $\sqrt{12} + \sqrt{6} + \sqrt{3} + \ldots$

182. Gegeben ist ein Quadrat mit Seitenlänge 100 cm, in welches weitere Quadrate einbeschrieben sind (siehe Skizze). $Q_1, Q_2, Q_3, \ldots$ ist die Folge der Flächeninhalte der einbeschriebenen Quadrate, deren Seitenlängen eine GF bilden.

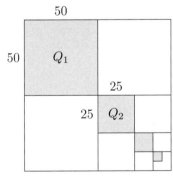

    a) Berechne Q_1, Q_2 und Q_3.

    b) Bestimme die explizite Formel für Q_n.

    c) Ab welchem $n \in \mathbb{N}$ ist der Flächeninhalt Q_n kleiner als 10^{-34} cm^2?

    d) Berechne die Summe der Flächeninhalte der ersten acht Quadrate.

    e) Welchen Wert erhält man, wenn die Flächeninhalte aller Quadrate zusammengezählt werden?

183. Berechne den Grenzwert der unendlichen GR.

    a) $18.9 + 12.6 + 8.4 + \ldots$ b) $18 - 6 + 2 \mp \ldots$ c) $\sum\limits_{k=1}^{\infty} \frac{3}{4^k}$ d) $\sum\limits_{k=0}^{\infty} 6 \cdot \left(\frac{-2}{5}\right)^k$

184. Für welche Werte von $m \in \mathbb{R}$ $(m \neq 0)$ konvergiert die unendliche GR $4m + 6m^2 + 9m^3 + \ldots$?

2   Grenzwerte

1. *Unendliche geometrische Reihe.* Welcher Zahl nähern sich
die Partialsummen von $\frac{1}{2} + \frac{1}{4} + \frac{1}{8} + \frac{1}{16} + \ldots$?

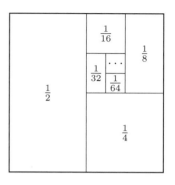

$\frac{1}{2} + \frac{1}{4} + \frac{1}{8} = \frac{7}{8} = 0.875$

$\frac{1}{2} + \frac{1}{4} + \frac{1}{8} + \ldots + \frac{1}{64} = \frac{63}{64} = 0.984375$

$\frac{1}{2} + \frac{1}{4} + \frac{1}{8} + \ldots + \frac{1}{512} = \frac{511}{512} = 0.998046875$

$\frac{1}{2} + \frac{1}{4} + \frac{1}{8} + \ldots + \frac{1}{65'536} = \frac{65'535}{65'536} = 0.9999847412109375$

$\vdots$

2. *Zeitliche Entwicklung der Temperatur eines Körpers*

   a) Lena nimmt einen Apfel aus dem Kühlschrank und legt ihn auf den Küchentisch. Der Apfel
   wird langsam wärmer. Welche Temperatur wird der Apfel nicht überschreiten?

   b) Louis stellt seine heisse Tasse Kaffee zur Abkühlung auf den Küchentisch. Der Kaffee und
   die Tasse kühlen langsam ab. Welche Temperatur werden der Kaffee und die Tasse nicht
   unterschreiten?

2.1   Grenzwerte von Folgen

Zu **3–5**: Untersuche, ob sich die Folge einer bestimmten Zahl nähert, d. h., ob die Folge einen
sogenannten Grenzwert hat, und gib den allfälligen Grenzwert an. In einigen Fällen sind die
Formeln für unendliche geometrische Folgen und Reihen nützlich.

3. a) $0.3,\ 0.33,\ 0.333,\ 0.3333,\ \ldots$ b) $1,\ 1+\frac{1}{2},\ 1+\frac{1}{2}+\frac{1}{4},\ 1+\frac{1}{2}+\frac{1}{4}+\frac{1}{8},\ \ldots$

   c) $1,\ 1-\frac{1}{2},\ 1-\frac{1}{2}+\frac{1}{4},\ 1-\frac{1}{2}+\frac{1}{4}-\frac{1}{8},\ \ldots$ d) $3+\frac{1}{2},\ 3-\frac{1}{4},\ 3+\frac{1}{8},\ \ldots$

4. a) $\frac{1}{10},\ \frac{1}{100},\ \frac{1}{1000},\ \frac{1}{10'000},\ \ldots$ b) $1.9,\ 1.99,\ 1.999,\ 1.9999,\ \ldots$

   c) $\frac{2}{3},\ \left(\frac{2}{3}\right)^2,\ \left(\frac{2}{3}\right)^3,\ \left(\frac{2}{3}\right)^4,\ \ldots$ d) $\sqrt{2},\ \sqrt[3]{3},\ \sqrt[4]{4},\ \sqrt[5]{5},\ \ldots$

5. a) $0,\ 0.1,\ 0.12,\ 0.123,\ 0.1234,\ \ldots$ b) $0,\ 0.10,\ 0.10100,\ 0.101001000,\ \ldots$

   c) $1,\ 2,\ 1,\ 2,\ 1,\ 2,\ \ldots$ d) $2,\ 2,\ 2,\ 2,\ 2,\ 2,\ \ldots$

Grenzwert einer Folge

Eine Zahl $a \in \mathbb{R}$ heisst *Grenzwert* der Folge (a_k), wenn die Glieder a_k für wachsendes k dem
Wert a beliebig nahekommen und beliebig nahe bleiben ($k \in \mathbb{N}$).

Notation: $a_k \longrightarrow a$ für $k \longrightarrow \infty$ oder $\displaystyle\lim_{k \to \infty} a_k = a$

Beispiel: $a_k = \frac{1}{k}$. Der Wert des Bruchs $\frac{1}{k}$ wird für wachsendes k immer kleiner und bleibt beliebig nahe bei der Zahl 0. Die Folge (a_k) mit $a_k = \frac{1}{k}$ hat den Grenzwert 0, kurz $\lim\limits_{k \to \infty} \frac{1}{k} = 0$.

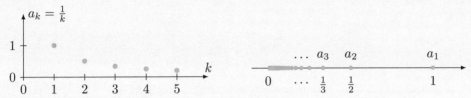

Eine Folge, die einen Grenzwert hat, heisst *konvergent*; falls kein Grenzwert existiert, wird sie als *divergent* bezeichnet. Eine Folge hat höchstens einen Grenzwert.

Eine Folge (a_k) heisst *bestimmt divergent* für $k \to \infty$, wenn die Glieder a_k entweder gegen ∞ oder gegen $-\infty$ streben.

Eine Folge (a_k) heisst *unbestimmt divergent* für $k \to \infty$, wenn die Folgenglieder a_k für $k \to \infty$ weder gegen einen festen Wert noch gegen ∞ oder $-\infty$ streben.

Beispiele zur Divergenz:

- $\lim\limits_{k \to \infty} \sqrt{k} = \infty$; bestimmte Divergenz

- $\lim\limits_{k \to \infty} (-1)^k$ existiert nicht; unbestimmte Divergenz

- $\lim\limits_{k \to \infty} (-2)^k$ existiert nicht; unbestimmte Divergenz

Zu **6–8**: Welchen Grenzwert, sofern vorhanden, hat die Folge (a_k)? Notiere allenfalls einige Glieder der Folge und begründe deine Vermutung.

6. a) $a_k = \dfrac{2k+1}{k} = 2 + \dfrac{1}{k}$ b) $a_k = \dfrac{4k-3}{k} = 4 - \dfrac{3}{k}$ c) $a_k = \dfrac{3k+1}{k}$

d) $a_k = 5 + (-1) \cdot \dfrac{1}{k}$ e) $a_k = 6 + (-1)^k \cdot \dfrac{1}{k}$ f) $a_k = \dfrac{2 + (-1)^k}{k}$

7. a) $a_k = \dfrac{5}{k+5}$ b) $a_k = \dfrac{7}{2k-1}$ c) $a_k = \dfrac{k-10}{10}$

8. a) $a_k = \left(\dfrac{4}{5}\right)^k$ b) $a_k = 3 + \left(\dfrac{-7}{8}\right)^k$ c) $a_k = 2 + \left(\dfrac{4}{3}\right)^k$

9. Frisch aufgebrühter Tee in einer Kanne hat eine Temperatur von 94 °C. Der Vorgang des Abkühlens hängt ab von der Beschaffenheit der Kanne (Material und Grösse der Oberfläche) sowie vom Temperaturunterschied zwischen dem Tee und seiner Umgebung. Die Umgebungstemperatur beträgt 24 °C und der Temperaturunterschied zwischen der Umgebung und dem Tee verringert sich pro Minute stets um $\frac{1}{3}$ seines Wertes.

a) Bestimme eine explizite Formel für die Folge (a_k), welche die zeitliche Entwicklung des Temperaturunterschieds beschreibt. Dabei ist a_k der Temperaturunterschied in °C zur Zeit k mit $k \in \mathbb{N}_0$ in Minuten.

b) Wie verhalten sich die Glieder der Folge (a_k) mit zunehmendem Index? Welcher Temperatur nähert sich der Tee in der Kanne langsam an?

Zu **10–12**: Genauere Definition des Grenzwertes einer Folge: Eine Zahl $a \subset \mathbb{R}$ heisst *Grenzwert* der Folge (a_k), wenn es zu jedem noch so schmalen Streifen der Breite ε um den Grenzwert a herum einen Index n gibt, ab dem dann wirklich alle Folgenglieder innerhalb dieses Streifens liegen (siehe Figur).

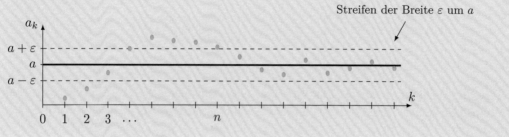

10. Bestimme den Grenzwert a der Folge (a_k) und berechne den kleinsten Index n, ab dem alle a_k weniger als 0.01 von a entfernt sind.

a) $a_k = \dfrac{1}{k(k+1)}$ \hfill b) $a_k = 2^{-k^2}$

11. Ab welchem Index n sind alle a_k weniger als 10^{-3} bzw. 10^{-10} vom Grenzwert von (a_k) entfernt?

a) $a_k = 1 + \dfrac{1}{k}$ \hfill b) $a_k = 7 - \dfrac{1}{\sqrt{k}}$ \hfill c) $a_k = \dfrac{k+1}{2k}$

12. Ab welchem Index n sind alle $a_k = \frac{5k-1}{k}$ weniger als 0.02 vom Grenzwert von (a_k) entfernt?

13. Berechne den kleinsten Index n, ab dem alle Glieder der bestimmt divergenten Folge (a_k) grösser oder gleich 10^6 sind.

a) $a_k = 10k^5$ \hfill b) $a_k = \lg(100k)$ \hfill c) $a_k = 2\sqrt{5k-1}$

14. a) Notiere je das allgemeine Glied a_k von zwei unterschiedlichen Folgen (a_k) mit dem Grenzwert $\lim\limits_{k \to \infty} a_k = 2$.

b) Gib eine Folge (a_k) mit $0 < a_k < 1$ und $\lim\limits_{k \to \infty} a_k = \frac{1}{2}$ an.

15. Ja oder Nein?

a) Ist die Folge (a_k) mit $a_k = (-1)^k$ konvergent?

b) Ist die konstante Folge (a_k) mit $a_k = c \in \mathbb{R}$ konvergent?

c) Gibt es konvergente arithmetische Folgen?

d) Gibt es konvergente geometrische Folgen?

e) Gibt es Folgen, die weder konvergent noch divergent sind?

16. Ist die Aussage korrekt? Was meinst du?

a) $\lim\limits_{k \to \infty} \frac{1}{k-1000}$ existiert nicht, denn für $k = 1000$ ist der Bruch nicht definiert.

b) $\lim\limits_{k \to \infty} \sqrt{1 - \frac{1000}{k}}$ existiert nicht, denn für $k = 1,2,3,\dots,999$ ist die Wurzel nicht definiert.

Grenzwertsätze

Wenn (a_k) und (b_k) konvergente Folgen mit $\lim\limits_{k\to\infty} a_k = a$ und $\lim\limits_{k\to\infty} b_k = b$ sind, dann gilt:

1) $\lim\limits_{k\to\infty} (a_k \pm b_k) = \lim\limits_{k\to\infty} a_k \pm \lim\limits_{k\to\infty} b_k = a \pm b$ 2) $\lim\limits_{k\to\infty} (a_k \cdot b_k) = \lim\limits_{k\to\infty} a_k \cdot \lim\limits_{n\to\infty} b_k = a \cdot b$

3) $\lim\limits_{k\to\infty} \dfrac{a_k}{b_k} = \dfrac{\lim\limits_{k\to\infty} a_k}{\lim\limits_{k\to\infty} b_k} = \dfrac{a}{b}$, wenn $b \neq 0$

Beispiele:

- $\lim\limits_{k\to\infty} \dfrac{4k^2 - 3}{2k^2 + 3k} = \lim\limits_{k\to\infty} \dfrac{k^2\left(4 - \frac{3}{k^2}\right)}{k^2\left(2 + \frac{3}{k}\right)} = \dfrac{\lim\limits_{k\to\infty}\left(4 - \frac{3}{k^2}\right)}{\lim\limits_{k\to\infty}\left(2 + \frac{3}{k}\right)} = \dfrac{\lim\limits_{k\to\infty} 4 - \lim\limits_{k\to\infty} \frac{3}{k^2}}{\lim\limits_{k\to\infty} 2 + \lim\limits_{k\to\infty} \frac{3}{k}} = \dfrac{4 - 0}{2 + 0} = 2$

- $\lim\limits_{k\to\infty} (\ln(k+1) - \ln(k)) = \lim\limits_{k\to\infty} \ln\left(\frac{k+1}{k}\right) = \lim\limits_{k\to\infty} \ln\left(1 + \frac{1}{k}\right) = \ln\left(\lim\limits_{k\to\infty}\left(1 + \frac{1}{k}\right)\right) = \ln(1) = 0$

Vier wichtige Grenzwerte:

i) $\lim\limits_{k\to\infty} \sqrt[k]{a} = 1, \ a > 0$ ii) $\lim\limits_{k\to\infty} \sqrt[k]{k} = 1$

iii) $\lim\limits_{k\to\infty} \dfrac{k^m}{a^k} = 0, \ a > 1, \ m \in \mathbb{R}$ iv) $\lim\limits_{k\to\infty} \dfrac{\log_a(k)}{k^m} = 0, \ a > 1, \ m > 0$

17. Die Folge (a_k) ist durch das allgemeine Glied a_k gegeben. Berechne $\lim\limits_{k\to\infty} a_k$.

a) $a_k = \dfrac{2k^2 - 4k}{k^2 + 3k - 5}$ b) $a_k = \dfrac{3k - 21}{4k^2}$ c) $a_k = \dfrac{-k^2}{5k^2 + k}$

d) $a_k = \dfrac{(-1)^k \cdot 8}{k^2 + 1}$ e) $a_k = \dfrac{4k + 3 \cdot (-1)^k}{2k}$ f) $a_k = \dfrac{5\sqrt{k} - 3}{\sqrt{k}}$

g) $a_k = \dfrac{2 + 7\sqrt{k}}{4\sqrt{k} + 41}$ h) $a_k = \dfrac{(2k - 1)^3}{(k - 1)^3}$ i) $a_k = \dfrac{(2k - 1)^4}{1 - k^4}$

18. Bestimme, sofern vorhanden, den Grenzwert und notiere bei Divergenz die Art der Divergenz.

a) $\lim\limits_{k\to\infty} \left(\dfrac{1 - 4k^3}{5k^3 + 4k - 2}\right)$ b) $\lim\limits_{k\to\infty} \left(\dfrac{2k^2 - 3k + 4}{5 - 6k}\right)$ c) $\lim\limits_{k\to\infty} \left(\dfrac{2k + (-1)^k \cdot 5k}{k}\right)$

19. Von einer Folge kennt man das allgemeine Glied a_k. Berechne $\lim\limits_{k\to\infty} a_k$.

a) $a_k = \dfrac{1}{3^k + 3^{-k}}$ b) $a_k = e^{\frac{1}{k}}$ c) $a_k = \dfrac{k^3}{3^k}$

20. Berechne, sofern vorhanden, den Grenzwert und notiere bei Divergenz die Art der Divergenz.

a) $\lim\limits_{k\to\infty} \sqrt[k]{5}$ b) $\lim\limits_{k\to\infty} \dfrac{4k^5}{3^k}$ c) $\lim\limits_{k\to\infty} \dfrac{\ln(k)}{7k^3}$

d) $\lim\limits_{k\to\infty} \dfrac{5^k - 2}{3k^2}$ e) $\lim\limits_{k\to\infty} \dfrac{4^k}{\ln(k)}$ f) $\lim\limits_{k\to\infty} \ln\left(\dfrac{k + 1}{k^2}\right)$

21. Konvergiert die Folge (a_k)? Begründe und gib den Grenzwert bzw. die Art der Divergenz an.

a) $a_k = (-1)^k + 5$ b) $a_k = \left(5 + (-1)^k\right) \cdot \frac{2}{k^2}$ c) $a_k = \cos\left(\frac{1}{k}\right)$

d) $a_{k+1} = a_k + 4, \quad a_1 = 2$ e) $a_{k+1} = a_k \cdot \frac{1}{4}, \quad a_1 = 100$ f) $a_{k+1} = a_k \cdot 1.1, \quad a_1 = -11$

22. Die Folge (a_k) ist durch das allgemeine Glied a_k gegeben. Bestimme den Grenzwert der Folge.

a) $a_k = e^{1-k}$ b) $a_k = e^{-2k} \cdot \cos\left(\frac{1}{k}\right)$ c) $a_k = \dfrac{1000}{1 + 999 \cdot e^{-k/2}}$

23. Bestimme $\lim\limits_{k \to \infty} \frac{4 \cdot k^m}{7 \cdot k^\ell}$ für $m,\, \ell \in \mathbb{N}$. Unterscheide die Fälle $m > \ell$, $m = \ell$ und $m < \ell$.

24. Berechne den vom Wert des Parameters $a \in \mathbb{R}$ abhängigen Grenzwert.

a) $\lim\limits_{k \to \infty} \dfrac{a^2 k}{a^2 k - 1}$ b) $\lim\limits_{k \to \infty} \dfrac{ak}{a^2 k + 2}$

25. Gegeben ist die Folge (a_k) mit $a_k = \frac{2k-1}{k+3}$. Berechne $\lim\limits_{k \to \infty} a_k$ und konstruiere dann anhand der Folge (a_k) eine Folge (b_k) mit $\lim\limits_{k \to \infty} b_k = 4$, indem du nur eine elementare Operation anwendest.

26. Die Euler'sche Zahl $e = 2.718281828\ldots$ lässt sich als Grenzwert darstellen: $e = \lim\limits_{n \to \infty} \left(1 + \frac{1}{n}\right)^n$. Bestimme damit den Grenzwert. *Tipp:* In d) ist die Substitution $m = \frac{n}{2}$ nützlich.

a) $\lim\limits_{n \to \infty} \left(1 + \dfrac{1}{n}\right)^{2n}$ b) $\lim\limits_{n \to \infty} \left(1 + \dfrac{1}{n}\right)^{-n}$ c) $\lim\limits_{n \to \infty} \left(1 + \dfrac{1}{3n}\right)^{3n}$ d) $\lim\limits_{n \to \infty} \left(1 + \dfrac{2}{n}\right)^{n}$

Grenzwert einer unendlichen Reihe

Wenn die zur Folge (a_k) gehörende Partialsummenfolge (s_n) mit $s_n = a_1 + a_2 + \ldots + a_n = \sum\limits_{k=1}^{n} a_k$ einen Grenzwert s hat, dann heisst die dazugehörige *unendliche Reihe* $\sum\limits_{k=1}^{\infty} a_k$ konvergent. Es gilt:

$$s = \lim_{n \to \infty} s_n = \lim_{n \to \infty} \sum_{k=1}^{n} a_k = \sum_{k=1}^{\infty} a_k.$$

---

27. Berechne.

a) $\sum\limits_{k=1}^{\infty} \left(\dfrac{3}{4}\right)^{k-1}$ b) $\sum\limits_{k=1}^{\infty} \dfrac{3^k - 1}{6^k}$ c) $\lim\limits_{n \to \infty} \sum\limits_{k=1}^{n} \dfrac{1}{\left(\sqrt{2}\right)^k}$ d) $\lim\limits_{n \to \infty} \sum\limits_{k=1}^{n} (-1)^{k+1} \cdot \dfrac{3}{2^k}$

28. Bestimme den Grenzwert $\lim\limits_{n \to \infty} \left(\frac{1}{n^2} + \frac{2}{n^2} + \frac{3}{n^2} + \ldots + \frac{n-1}{n^2} + \frac{n}{n^2}\right)$.
Tipp: Verwende $1 + 2 + 3 + \ldots + n = \frac{n(n+1)}{2}$.

29. *Die harmonische Reihe.* Aus $\lim\limits_{k \to \infty} a_k = 0$ darf nicht geschlossen werden, dass $\sum\limits_{k=1}^{\infty} a_k$ existiert.

Beispiel: $a_k = \frac{1}{k}$. Zwar ist $\lim\limits_{k \to \infty} a_k = 0$, aber die harmonische Reihe $\sum\limits_{k=1}^{\infty} a_k$ divergiert, denn

$$\sum_{k=1}^{\infty} \frac{1}{k} = 1 + \frac{1}{2} + \left(\frac{1}{3} + \frac{1}{4}\right) + \left(\frac{1}{5} + \frac{1}{6} + \frac{1}{7} + \frac{1}{8}\right) + (\ldots) + \ldots$$

$$> 1 + \frac{1}{2} + \left(\frac{1}{4} + \frac{1}{4}\right) + \left(\frac{1}{8} + \frac{1}{8} + \frac{1}{8} + \frac{1}{8}\right) + (\ldots) + \ldots = 1 + \frac{1}{2} + \frac{1}{2} + \frac{1}{2} + \ldots = \infty$$

a) Konvergiert die Reihe $\frac{1}{100} + \frac{1}{101} + \frac{1}{102} + \ldots$?

b) Konvergiert die Reihe $\frac{1}{11} + \frac{1}{111} + \frac{1}{1111} + \ldots$?

2.2 Grenzwerte von Funktionen

Grenzwert einer Funktion für $x \to \infty$ bzw. $x \to -\infty$

Die Zahl $b \in \mathbb{R}$ heisst *Grenzwert* der Funktion f für $x \to \infty$ bzw. $x \to -\infty$, wenn die Funktionswerte $f(x)$ für auf der x-Achse nach rechts bzw. links strebendes x dem Wert b beliebig nahekommen und beliebig nahe bleiben.

Notation: $\lim\limits_{x \to \infty} f(x) = b$ bzw. $\lim\limits_{x \to -\infty} f(x) = b$

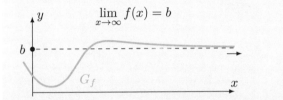
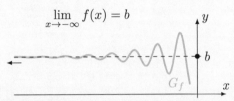

Bemerkung: Die folgenden Aussagen gelten auch im Fall $x \to -\infty$.

- Der Grenzwert einer Funktion für $x \to \infty$ ist eindeutig. Eine Funktion, die für $x \to \infty$ einen Grenzwert hat, heisst *konvergent* für $x \to \infty$. Falls kein Grenzwert existiert, heisst sie *divergent* für $x \to \infty$.

- $x \to \infty$ meint, dass x gegen ∞ strebt (x wird beliebig gross), aber niemals ∞ ist.

- Eine Funktion heisst *bestimmt divergent* für $x \to \infty$, wenn die Funktionswerte für $x \to \infty$ entweder gegen ∞ oder gegen $-\infty$ streben.

- Eine Funktion heisst *unbestimmt divergent* für $x \to \infty$, wenn die Funktionswerte für $x \to \infty$ weder gegen einen festen Wert noch gegen ∞ oder $-\infty$ streben.

Beispiele zur Divergenz:

- $\lim\limits_{x \to \infty} x^3 = \infty$; bestimmte Divergenz

- $\lim\limits_{x \to \infty} \ln(x) = \infty$; bestimmte Divergenz

- $\lim\limits_{x \to -\infty} x^2 = \infty$; bestimmte Divergenz

- $\lim\limits_{x \to \infty} \sin(x)$ existiert nicht; unbestimmte Divergenz

---

30. Bestimme die beiden Grenzwerte.

a) $\lim\limits_{x \to \infty} \frac{1000}{x}$; $\lim\limits_{x \to -\infty} \frac{1000}{x}$ 　　b) $\lim\limits_{x \to \infty} \frac{x}{x^3}$; $\lim\limits_{x \to -\infty} \frac{x}{x^3}$ 　　c) $\lim\limits_{x \to \infty} \frac{1}{\sqrt{x}}$; $\lim\limits_{x \to -\infty} \frac{1}{\sqrt{-x}}$

31. Bestimme, sofern vorhanden, den Grenzwert und notiere bei Divergenz die Art der Divergenz.

a) $\lim\limits_{x \to \infty} \dfrac{1}{x^2 + 1}$ 　　b) $\lim\limits_{x \to -\infty} (2^x + 1)$ 　　c) $\lim\limits_{x \to \infty} \cos(x)$ 　　d) $\lim\limits_{x \to \infty} \dfrac{x^2 + 1}{x}$

32. Wahr oder falsch? Begründe.

a) Wenn $\lim\limits_{x \to \infty} f(x) = 3$ ist, dann hat die Funktion f nie den Funktionswert 3.

b) Wenn $\lim\limits_{x \to \infty} f(x) = 3$ ist, dann kommt für laufend grösser werdende Werte von x der Funktionswert $f(x)$ dem Grenzwert 3 beliebig nahe und bleibt beliebig nahe.

c) Wenn $\lim\limits_{x \to \infty} f(x) = 3$ ist, dann kommt für laufend grösser werdende Werte von x der Funktionswert $f(x)$ dem Grenzwert 3 kontinuierlich immer näher.

Grenzwertsätze

Wenn die beiden Grenzwerte $\lim\limits_{x\to\infty} f(x) = u$ und $\lim\limits_{x\to\infty} g(x) = v$ existieren, dann gilt:

1) $\lim\limits_{x\to\infty} (f(x) \pm g(x)) = \lim\limits_{x\to\infty} f(x) \pm \lim\limits_{x\to\infty} g(x) = u \pm v$

2) $\lim\limits_{x\to\infty} (f(x) \cdot g(x)) = \lim\limits_{x\to\infty} f(x) \cdot \lim\limits_{x\to\infty} g(x) = u \cdot v$

3) $\lim\limits_{x\to\infty} \dfrac{f(x)}{g(x)} = \dfrac{\lim\limits_{x\to\infty} f(x)}{\lim\limits_{x\to\infty} g(x)} = \dfrac{u}{v}$, wenn $v \neq 0$

Bemerkung: Die Sätze sind auch im Fall $x \to -\infty$ gültig.

Beispiele:

- $\lim\limits_{x\to\infty} \dfrac{3x^2+3}{4x^2+3x} = \lim\limits_{x\to\infty} \dfrac{x^2\left(3+\frac{3}{x^2}\right)}{x^2\left(4+\frac{3}{x}\right)} = \dfrac{\lim\limits_{x\to\infty}\left(3+\frac{3}{x^2}\right)}{\lim\limits_{x\to\infty}\left(4+\frac{3}{x}\right)} = \dfrac{\lim\limits_{x\to\infty} 3 + \lim\limits_{x\to\infty} \frac{3}{x^2}}{\lim\limits_{x\to\infty} 4 + \lim\limits_{x\to\infty} \frac{3}{x}} = \dfrac{3+0}{4+0} = \dfrac{3}{4}$

- $\lim\limits_{x\to\infty} \dfrac{\sqrt{x^4+1}}{3x^2+x} = \lim\limits_{x\to\infty} \dfrac{x^2\sqrt{1+\frac{1}{x^4}}}{x^2\left(3+\frac{1}{x}\right)} = \dfrac{\lim\limits_{x\to\infty}\sqrt{1+\frac{1}{x^4}}}{\lim\limits_{x\to\infty}\left(3+\frac{1}{x}\right)} = \dfrac{1}{3}$

- $\lim\limits_{x\to-\infty} \dfrac{\sqrt{1-x}-1}{x} = \lim\limits_{x\to-\infty}\left(\dfrac{\sqrt{1-x}-1}{x} \cdot \dfrac{\sqrt{1-x}+1}{\sqrt{1-x}+1}\right) = \lim\limits_{x\to-\infty} \dfrac{1-x-1}{x(\sqrt{1-x}+1)} = \lim\limits_{x\to-\infty} \dfrac{-1}{\sqrt{1-x}+1} = 0$

Zwei wichtige Grenzwerte:

i) $\lim\limits_{x\to\infty} \dfrac{x^k}{a^x} = 0, \ a > 1, \ k \in \mathbb{R}$ ii) $\lim\limits_{x\to\infty} \dfrac{\log_a(x)}{x^k} = 0, \ a > 1, \ k > 0$

---

33. Bestimme, sofern vorhanden, den Grenzwert des Funktionsterms für $x \to \infty$.

a) $\dfrac{x}{3x-1}$ b) $\dfrac{1-x^2}{x}$ c) $\dfrac{3x^7-4x^5}{2x^7+7x^6}$ d) $\dfrac{3-x^3}{2x^3+x^2}$

e) $\dfrac{6+3\sqrt{x}}{\sqrt{x}}$ f) $\dfrac{2x^2}{\sqrt{x}}$ g) $\dfrac{\sqrt{x}-x^2}{\sqrt{x}+x^2}$ h) $\dfrac{x^4+2\sqrt{x}}{3x^4-\sqrt{x}}$

34. Berechne den Grenzwert.

a) $\lim\limits_{x\to\infty} \dfrac{\sqrt{2x^2+1}}{x-1}$ b) $\lim\limits_{x\to\infty} \dfrac{2x-3}{\sqrt{x^2+1}}$ c) $\lim\limits_{x\to\infty} \dfrac{\sqrt[4]{x}+1}{\sqrt[3]{x}+1}$ d) $\lim\limits_{x\to\infty} \dfrac{5x-\sqrt{x+1}}{x+1}$

35. Bestimme durch geschicktes Erweitern den Grenzwert von $\sqrt{2x+1} - \sqrt{2x}$ für $x \to \infty$.

36. Welchen Wert hat $\lim\limits_{x\to\infty} f(x)$?

a) $f(x) = \dfrac{2+3\cdot 2^x}{2^x \cdot 4 - 1}$ b) $f(x) = \dfrac{5^{-x}+3}{8-2\cdot 5^{-x}}$.

37. Berechne.

a) $\lim\limits_{x\to\infty} \dfrac{x^3+\sin(x)}{x^3}$ b) $\lim\limits_{x\to-\infty} \dfrac{x^2-\sin(x)}{x^3}$ c) $\lim\limits_{x\to\infty} \dfrac{\cos(x)-3x}{1-2x}$

38. Bestimme die beiden Grenzwerte und vergleiche.

a) $\lim\limits_{x \to \infty} \dfrac{2x^6 - 3x^5 + 7x^3 + 4x - 8}{5x^6 + 8x^5 - 9x^4 + 11x^2}$; $\lim\limits_{x \to -\infty} \dfrac{2x^6 - 3x^5 + 7x^3 + 4x - 8}{5x^6 + 8x^5 - 9x^4 + 11x^2}$

b) $\lim\limits_{x \to \infty} \dfrac{10x^8 - 4x^7 + 12}{x^9 + 3x^6 + 4}$; $\lim\limits_{x \to -\infty} \dfrac{10x^8 - 4x^7 + 12}{x^9 + 3x^6 + 4}$

c) $\lim\limits_{x \to \infty} \dfrac{\sqrt{x+1}}{x-1}$; $\lim\limits_{x \to -\infty} \dfrac{\sqrt{x+1}}{x-1}$

d) $\lim\limits_{x \to \infty} \dfrac{x^9 + x^4}{e^x}$; $\lim\limits_{x \to -\infty} \dfrac{x^9 + x^4}{e^x}$

39. Bestimme, sofern vorhanden, den Grenzwert.

a) $\lim\limits_{x \to \infty} \left(\dfrac{2.46x^2 - 4.68x}{1.23x^2 + 4.56} \right)^2$

b) $\lim\limits_{x \to \infty} \sqrt{\dfrac{8x^2 - 5}{2x^2 + 3x}}$

c) $\lim\limits_{x \to \infty} \left(\dfrac{12 - 3x}{6x + 54} \right)^{-7}$

d) $\lim\limits_{x \to \infty} \left(\dfrac{x^2 - 3x + 5}{8x^2 - 13} \right)^{\frac{1}{3}}$

40. Ist $f(x)$ für $x \to \infty$ bzw. für $x \to -\infty$ divergent oder konvergent? Falls konvergent, bestimme den Grenzwert.

a) $f(x) = 3^{-x}$
b) $f(x) = e^{-x}$
c) $f(x) = 3^{-x-2}$
d) $f(x) = 3^{-5x^2 - 2}$

e) $f(x) = 3^x$
f) $f(x) = e^x$
g) $f(x) = 3^{x-10}$
h) $f(x) = e^{x^2 - 1}$

41. Ist $f(x)$ für $x \to \infty$ divergent oder konvergent? Falls konvergent, bestimme den Grenzwert.

a) $f(x) = \dfrac{3^x}{x^5 + 1}$
b) $f(x) = \dfrac{\lg(x)}{\sqrt{x}}$
c) $f(x) = \dfrac{x^3 - 1}{x \cdot \ln(x)}$
d) $f(x) = \dfrac{\left(\frac{1}{2}\right)^x}{\frac{1}{x^2}}$

42. Bestimme den Grenzwert des Funktionsterms für $x \to \infty$ bzw. für $x \to -\infty$.

a) $\dfrac{x^4 + x^2 + 6}{9 - x^4}$
b) $\dfrac{\sqrt{x^2 - 9}}{x}$
c) $\dfrac{\sqrt[3]{8x^6 + 5}}{3x^2 - 4x}$
d) $\dfrac{\lg(x)}{x^5 + 7}$

43. Bestimme die Parameter a, b und c so, dass gilt: $\lim\limits_{x \to \infty} \dfrac{ax^b + 4x^5 + cx^3 - 1}{2x^3 - 11x^2 + 5} = 3$.

44. Gegeben ist der Funktionsterm $f(x) = \dfrac{4x^4 - 6x^3 + 7}{2x^m + 5x + 1}$.

Bestimme den Exponenten $m \in \mathbb{N}_0$ so, dass die folgenden Grenzwerte resultieren, oder erkläre, weshalb es kein m mit diesem Grenzwert gibt.

a) $\lim\limits_{x \to \infty} f(x) = 2$
b) $\lim\limits_{x \to \infty} f(x) = 0$
c) $\lim\limits_{x \to -\infty} f(x) = -2$

d) $\lim\limits_{x \to -\infty} f(x) = -\infty$
e) $\lim\limits_{x \to -\infty} f(x) = \infty$

Grenzwert einer Funktion an einer Stelle $a \in \mathbb{R}$

Die Zahl b heisst *Grenzwert* der Funktion f
an der Stelle a, wenn die Funktionswerte $f(x)$
dem Wert b beliebig nahekommen und dort
bleiben, sobald x dem Wert a beliebig nahe-
kommt.

... dann strebt
$f(x)$ gegen b

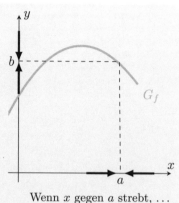

Wenn x gegen a strebt, ...

Notation: $f(x) \longrightarrow b$ für $x \longrightarrow a$ oder $\lim\limits_{x \to a} f(x) = b$

Bemerkungen:

- $x \to a$ meint, dass x gegen a strebt. x kann grösser oder
  kleiner als a sein, nimmt aber den Wert a nie an. Es gilt
  also stets: $x \neq a$.

- Der Grenzwert von f an der Stelle a kann existieren, auch wenn f an der Stelle $x = a$ gar
  nicht definiert ist. (Wichtig ist, dass f in der Umgebung von a definiert ist.)

- Der Grenzwert von f an der Stelle a kann sich vom Funktionswert von f an der Stelle a
  unterscheiden.

- Eine Funktion heisst *bestimmt divergent* für $x \to a$, wenn die Funktionswerte für $x \to a$
  entweder gegen ∞ oder gegen $-\infty$ streben.

  Eine Funktion heisst *unbestimmt divergent* für $x \to a$, wenn die Funktionswerte für $x \to a$
  weder gegen einen festen Wert noch gegen ∞ oder $-\infty$ streben.

  Beispiele zur Divergenz:

  - Bestimmte Divergenz: $\lim\limits_{x \to 0} \frac{1}{x^2}$ • Unbestimmte Divergenz: $\lim\limits_{x \to 0} \frac{1}{x^3}$, $\lim\limits_{x \to 0} \sin\left(\frac{1}{x^2}\right)$

45. Bestimme den Grenzwert der Funktion f an der Stelle a.

a) $f(x) = 2x - 6$; $a = 3$

b) $f(x) = 3x^2 + 5x - 1$; $a = 1$

c) $f(x) = \frac{x-2}{x}$; $a = 2$

d) $f(x) = x$; $a = -3$

e) $f(x) = x$; $a \in \mathbb{R}$ beliebig

f) $f(x) = 3$; $a = 1$

46. Berechne $\lim\limits_{x \to a} f(x)$ und notiere bei Divergenz die Art der Divergenz.

a) $f(x) = \dfrac{2(x-1)}{x-1}$; $a = 1$

b) $f(x) = \dfrac{3x(x-2)}{x-2}$; $a = 2$

c) $f(x) = \dfrac{4x}{x+4}$; $a = -4$

d) $f(x) = \dfrac{(x-3)^3}{x-3}$; $a = 3$

e) $f(x) = \dfrac{x+1}{x}$; $a = 0$

f) $f(x) = \dfrac{x(x-7)}{(x-7)^2}$; $a = 7$

Berechnung von einfachen Grenzwerten

Die Grenzwertsätze für $x \to \pm\infty$ sind auch für $x \to a$ mit $a \in \mathbb{R}$ gültig.

Beispiel: Grenzwertbestimmung durch Umformen (Faktorisieren)

Gegeben ist die Funktion f mit $f(x) = \frac{x^2 - 4}{x-2}$. Bestimme $\lim\limits_{x \to 2} f(x)$.

$$\lim_{x \to 2} \frac{x^2 - 4}{x - 2} = \lim_{x \to 2} \frac{(x-2)(x+2)}{x - 2} \stackrel{x \neq 2}{=} \lim_{x \to 2} (x + 2) = 4$$

Beispiel: Grenzwertbestimmung mit der h-Methode

Gegeben ist die Funktion f mit $f(x) = \frac{x^3-1}{x-1}$. Bestimme $\lim\limits_{x\to 1} f(x)$.

$x \to 1$ wird umgeschrieben zu $x = 1 + h$ mit $h \to 0$ und in den Funktionsterm eingesetzt. Anschliessend wird $\lim\limits_{h\to 0} f(1+h)$ durch Umformen bestimmt.

$$\lim_{x\to 1}\frac{x^3-1}{x-1} = \lim_{h\to 0}\frac{(1+h)^3-1}{(1+h)-1} = \lim_{h\to 0}\frac{h(3+3h+h^2)}{h} \overset{h\neq 0}{=} \lim_{h\to 0}(3+3h+h^2) = 3$$

47. Bestimme den Grenzwert.

   a) $\lim\limits_{x\to 2}\dfrac{(2-x)(2+x)}{2-x}$

   b) $\lim\limits_{x\to 1}\dfrac{10(x-1)(x+1)}{1-x}$

   c) $\lim\limits_{x\to 3}\dfrac{8(x-3)}{x^2-9}$

   d) $\lim\limits_{x\to -2}\dfrac{x^2+3x+2}{x^2+2x}$

48. Bestimme die beiden Grenzwerte und gib bei Divergenz die Art der Divergenz an.

   a) $\lim\limits_{x\to 4}\dfrac{x-4}{x^2-16}$; $\quad \lim\limits_{x\to -4}\dfrac{x-4}{x^2-16}$

   b) $\lim\limits_{x\to 5}\dfrac{5+x}{25-x^2}$; $\quad \lim\limits_{x\to -5}\dfrac{5+x}{25-x^2}$

   c) $\lim\limits_{x\to 7}\dfrac{49-x^2}{7+x}$; $\quad \lim\limits_{x\to -7}\dfrac{49-x^2}{7+x}$

   d) $\lim\limits_{x\to 1}\dfrac{13x^2-13}{x-1}$; $\quad \lim\limits_{x\to -1}\dfrac{13x^2-13}{x-1}$

49. Bestimme die beiden Grenzwerte und notiere bei Divergenz die Art der Divergenz.

   a) $\lim\limits_{x\to 1}\dfrac{x^2+4x-5}{x^2-1}$

   b) $\lim\limits_{x\to 1}\dfrac{x^2+4x-5}{x^2-2x+1}$

   c) $\lim\limits_{x\to -9}\dfrac{x^2+7x-18}{x^2-81}$

   d) $\lim\limits_{x\to -2}\dfrac{12x^2+24x}{x^2+10x+16}$

   e) $\lim\limits_{x\to 2}\dfrac{3x^2-6x}{6-5x+x^2}$

   f) $\lim\limits_{x\to 4}\dfrac{2x^2-14x+24}{12x-7x^2+x^3}$

50. Berechne.

   a) $\lim\limits_{h\to 0}\dfrac{(1+h)^2-1}{h}$

   b) $\lim\limits_{h\to 0}\dfrac{(2+h)^3-8}{h}$

   c) $\lim\limits_{h\to 0}\dfrac{\frac{1}{(2-h)^2}-\frac{1}{4}}{h}$

51. Berechne einmal *ohne* die h-Methode und einmal *mit* der h-Methode.

   a) $\lim\limits_{x\to 1}\dfrac{x^3-x^2+x-1}{x^2-1}$

   b) $\lim\limits_{x\to 1}\dfrac{x^3+x^2-x-1}{x^2-1}$

52. Berechne.

   a) $\lim\limits_{x\to 1}\dfrac{(x+1)^2-4}{x-1}$

   b) $\lim\limits_{x\to 3}\dfrac{(x+3)^2-36}{x-3}$

   c) $\lim\limits_{x\to 2}\dfrac{(2+x)^2-16}{2-x}$

   d) $\lim\limits_{x\to p}\dfrac{(p+x)^2-4p^2}{p-x}$

53. Bestimme den Grenzwert durch geschicktes Erweitern.

   a) $\lim\limits_{x\to 0}\dfrac{\sqrt{1-x}-1}{x}$

   b) $\lim\limits_{x\to 0}\dfrac{\sqrt{x^2+9}-3}{x^2}$

   c) $\lim\limits_{x\to -4}\dfrac{\sqrt{x^2+9}-5}{x+4}$

54. Sind die beiden Gleichungen für $x \in \mathbb{R}$ korrekt? Begründe.

$$\frac{x^2+x-12}{x-3} = x+4; \qquad \lim_{x\to 3}\frac{x^2+x-12}{x-3} = \lim_{x\to 3}(x+4)$$

Zu **55–57**: Bestimme den Grenzwert oder beschreibe die Art der Divergenz.

55. a) $\lim\limits_{x\to 1}\dfrac{x^2+1}{x-2}$

b) $\lim\limits_{x\to 0}\dfrac{x^2-1}{x-2}$

c) $\lim\limits_{x\to 2}\dfrac{x^2-4}{x-2}$

d) $\lim\limits_{x\to -4}\dfrac{x-2}{x^2-4}$

e) $\lim\limits_{x\to 3}\dfrac{x^2-4x+3}{x^2-9}$

f) $\lim\limits_{x\to 1}\dfrac{x^2-4x+3}{x^2-9}$

56. a) $\lim\limits_{x\to 1}\dfrac{1-\sqrt{x}}{1-x}$

b) $\lim\limits_{x\to 6}\dfrac{x^2-36}{x^4-1296}$

c) $\lim\limits_{x\to 0}\dfrac{x^2-4x+4}{x^5+2x^4+x^3}$

d) $\lim\limits_{x\to -1}\dfrac{x^2-4x+4}{x^5+2x^4+x^3}$

e) $\lim\limits_{x\to 0}\dfrac{\frac{1}{2+x}-\frac{1}{2}}{x}$

f) $\lim\limits_{x\to 0}\dfrac{(4+x)^3-64}{x}$

57. a) $\lim\limits_{x\to 0}\dfrac{(x+2)^4-2^4}{2x}$

b) $\lim\limits_{x\to 0}\dfrac{(x+5)^4-5^4}{5x}$

c) $\lim\limits_{x\to 0}\dfrac{(x+m)^4-m^4}{mx}$

58. Berechne die beiden Grenzwerte und vergleiche.

a) $\lim\limits_{x\to 0}\dfrac{\sqrt{x+2}-\sqrt{2}}{x}$, $\quad\lim\limits_{x\to 2}\dfrac{\sqrt{x}-\sqrt{2}}{x-2}$

b) $\lim\limits_{x\to 0}\dfrac{\sqrt{x+m}-\sqrt{m}}{x}$, $\quad\lim\limits_{x\to m}\dfrac{\sqrt{x}-\sqrt{m}}{x-m}$

59. In dieser Aufgabe wird jeweils vorausgesetzt, dass die gesuchten Grenzwerte existieren.

a) Für die Funktion u gilt: $\lim\limits_{x\to 3}\frac{u(x)-2}{x-1}=4$. Gesucht ist der Grenzwert $\lim\limits_{x\to 3}u(x)$.

b) Gegeben sind die beiden Grenzwerte $\lim\limits_{x\to 5}\frac{f(x)-4}{x-5}=3$ und $\lim\limits_{x\to 5}\frac{g(x)-4}{x-5}=6$. Berechne daraus die Grenzwerte $\lim\limits_{x\to 5}f(x)$ und $\lim\limits_{x\to 5}g(x)$.

c) Gegeben sind die beiden Grenzwerte $\lim\limits_{x\to 0}u(x)=3$ und $\lim\limits_{x\to 0}v(x)=-4$. Berechne daraus den Grenzwert $\lim\limits_{x\to 0}\frac{2\cdot u(x)-v(x)}{u(x)+5}$.

60. *Wenn der Rechner versagt.* Gegeben ist der Funktionsterm $f(x)=\frac{\sqrt{x^2+16}-4}{x^2}$ mit $x\neq 0$.

a) Berechne $\lim\limits_{x\to 0}f(x)$ mittels Termumformungen.

b) Die nebenstehende Tabelle ist mit einem Taschenrechner erstellt worden. (Da $x^2\geq 0$ ist, enthält die Tabelle nur positive x-Werte.)

Überprüfe die Tabelle mit deinem Taschenrechner. Welchen Wert vermutest du für den Grenzwert $\lim\limits_{x\to 0}f(x)$ anhand der Tabelle?

c) Kommentiere deine Resultate in a) und b).

d) Welcher umgeformte Term aus a) liefert mit den x-Werten der Tabelle in b) mit dem Taschenrechner korrekte Näherungswerte für den Grenzwert?

x	$f(x)$
1	0.123105...
0.5	0.124515...
0.1	0.124980...
0.01	0.124999...
0.001	0.125000...
0.0001	0.125000...
10^{-5}	0.125000...
10^{-6}	0.100000...
10^{-7}	0.000000...
10^{-8}	0.000000...

61. *Geometrische Grenzwertberechnung.* Mithilfe der nebenstehenden Figur soll $\lim\limits_{x\to 0} \frac{\sin(x)}{x}$ berechnet werden.

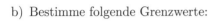

a) Erläutere die folgenden Schritte:

$$F_{\Delta OAB} \leq F_{\text{Sektor } AOB} \leq F_{\Delta OAC}$$

$$\overset{(1)}{\Rightarrow} \frac{\sin(x)}{2} \leq \frac{x}{2} \leq \frac{\tan(x)}{2} \quad \overset{(2)}{\Rightarrow} \frac{\sin(x)}{2} \leq \frac{x}{2} \leq \frac{\sin(x)}{2\cos(x)}$$

$$\overset{(3)}{\Rightarrow} 1 \leq \frac{x}{\sin(x)} \leq \frac{1}{\cos(x)} \quad \overset{(4)}{\Rightarrow} 1 \geq \frac{\sin(x)}{x} \geq \cos(x)$$

$$\overset{(5)}{\Rightarrow} \lim_{x\to 0} \frac{\sin(x)}{x} = 1$$

b) Bestimme folgende Grenzwerte: (i) $\lim\limits_{x\to 0} \frac{\sin^2(x)}{x}$ (ii) $\lim\limits_{x\to 0} \frac{\sin(2x)}{x}$ (iii) $\lim\limits_{x\to 0} \frac{\tan(x)}{x}$

2.3   Weitere Themen

Weitere Eigenschaften von Folgen sowie Sätze über konvergente Folgen und Reihen

Weitere Eigenschaften von Folgen

Eine Folge mit Grenzwert 0 heisst *Nullfolge.* Entsprechend kann der Grenzwert einer beliebigen Folge (a_k) neu formuliert werden: (a_k) hat den Grenzwert a $\Leftrightarrow$ $(a_k - a)$ ist eine Nullfolge

Eine nicht konstante Folge (a_k) heisst *monoton wachsend* (bzw. *fallend*), wenn für alle $k \in \mathbb{N}$ gilt: $a_{k+1} \geq a_k$ (bzw. $a_{k+1} \leq a_k$).

Eine Folge (a_k) heisst *streng monoton wachsend* (bzw. *fallend*), wenn für alle $k \in \mathbb{N}$ gilt: $a_{k+1} > a_k$ (bzw. $a_{k+1} < a_k$).

Eine Folge (a_k) heisst *alternierend*, wenn zwei aufeinanderfolgende Glieder stets verschiedene Vorzeichen haben, d.h., wenn für alle $k \in \mathbb{N}$ gilt: $a_{k+1} \cdot a_k < 0$.

Eine Folge (a_k) heisst *nach unten und nach oben beschränkt*, wenn es zwei Zahlen m und M gibt, sodass für alle Glieder a_k gilt: $m \leq a_k \leq M$ für alle $k \in \mathbb{N}$.

62. Ist die durch das allgemeine Glied a_k ($k \in \mathbb{N}$) definierte Folge eine Nullfolge?

a) $a_k = (-0.99)^k$ b) $a_k = \frac{\sqrt{k}}{\sqrt[3]{k}}$ c) $a_k = \frac{k^2}{2^k}$ d) $a_k = \frac{k^{-3}}{\left(\frac{1}{3}\right)^k}$ e) $a_k = \frac{\ln(k)}{k}$

63. Ist die durch das allgemeine Glied a_k ($k \in \mathbb{N}$) definierte Folge eine Nullfolge?

a) $a_k = \frac{2 \cdot 3^k - 3 \cdot 2^k}{6^k}$ b) $a_k = \frac{1}{2} - \sum_{i=1}^{k} \left(\frac{1}{2^i} - \frac{1}{2^{i+1}} \right)$

64. Untersuche, ob die durch das allgemeine Glied a_k, $k \in \mathbb{N}$, gegebene Folge monoton wachsend oder monoton fallend ist. *Tipp:* Untersuche bei c) und d) die Differenz $a_{k+1} - a_k$.

a) $a_k = \frac{3}{k+1}$ b) $a_k = \frac{1}{2k+1} - \frac{1}{2k-1}$

c) $a_k = \frac{3k}{2k-1}$ d) $a_k = \frac{2k}{2k+1}$

65. Untersuche die Folge mit dem allgemeinen Glied $a_k = \frac{1}{3k+4}$ auf Monotonie und Beschränktheit.

   a) $a_k = \frac{1}{3k+4}$ b) $a_k = \frac{k}{k^2+1}$

66. Untersuche die Folge mit dem allgemeinen Glied a_k auf Monotonie und Beschränktheit.

   a) $a_k = \frac{1}{3k+4}$ b) $a_k = \frac{k}{k^2+1}$; *Tipp:* Untersuche $a_k - a_{k+1}$.

67. Untersuche das Monotonieverhalten der rekursiv beschriebenen Folge.

   a) $a_1 = 1$, $a_{k+1} = a_k + 2(3 - 4k)$; $k \in \mathbb{N}$ b) $a_1 = 4$, $a_{k+1} = a_k + \dfrac{1}{k+1} - \dfrac{1}{k}$; $k \in \mathbb{N}$

68. Begründe oder widerlege durch ein Gegenbeispiel.

   a) Jede streng monoton wachsende Folge ist divergent.

   b) Eine alternierende Folge kann nicht konvergieren.

   c) Wenn die Folge (a_k) monoton fallend ist, dann ist die Folge $(-a_k)$ monoton wachsend.

   d) Eine konvergente alternierende Folge ist immer eine Nullfolge.

69. Begründe oder widerlege durch ein Gegenbeispiel.

   a) Wenn die Folge (a_k) mit $a_k \neq 0$ divergiert, dann ist die Folge $\left(\frac{1}{a_k}\right)$ eine Nullfolge.

   b) Wenn die Folge (a_k) divergiert, dann divergiert auch die Folge (a_k^2).

   c) Wenn die Folge (a_k) mit $a_k > 0$ monoton wachsend ist, dann ist die Folge $\left(\frac{1}{a_k}\right)$ monoton fallend.

70. Gib eine explizite Beschreibung einer Folge (a_k) an, welche die beschriebene Eigenschaft besitzt.

   a) Die Folge konvergiert von oben gegen 5.

   b) Die Folge konvergiert und ihre Glieder oszillieren um den Wert -1.

71. Begründe oder widerlege durch ein Gegenbeispiel.

   a) Jede monotone Folge ist konvergent.   b) Jede konvergente Folge ist monoton.

   c) Jede beschränkte Folge ist konvergent.   d) Jede divergente Folge ist nicht beschränkt.

   e) Jede Nullfolge ist monoton fallend.

   f) Jede Folge ohne obere Schranke ist monoton wachsend.

   g) Der Grenzwert einer Folge ist gleichzeitig eine obere und untere Schranke.

   h) Jede konvergente Folge besitzt Glieder, die ungleich ihrem Grenzwert sind.

Sätze über konvergente Folgen und Reihen

- Jede konvergente Folge ist beschränkt.

- Jede monoton wachsende und nach oben beschränkte Folge ist konvergent.

- Jede monoton fallende und nach unten beschränkte Folge ist konvergent.

- Wenn $\lim\limits_{n\to\infty} \sum\limits_{k=1}^{n} a_k$ existiert, dann ist $\lim\limits_{k\to\infty} a_k = 0$.

   Anders formuliert: Wenn $\lim\limits_{k\to\infty} a_k \neq 0$ ist, dann existiert $\lim\limits_{n\to\infty} \sum\limits_{k=1}^{n} a_k$ nicht.

72. Zeige, dass die Folge monoton und beschränkt ist, und bestimme damit ihren Grenzwert.

a) $a_1 = 2$, $a_{k+1} = \dfrac{a_k + 6}{2}$, $k \in \mathbb{N}$

b) $a_1 = 2$, $a_{k+1} = \dfrac{1 + a_k}{2}$, $k \in \mathbb{N}$

73. Begründe den Satz im obigen grünen Kasten: Wenn $\displaystyle\lim_{n\to\infty} \sum_{k=1}^{n} a_k$ existiert, dann ist $\displaystyle\lim_{k\to\infty} a_k = 0$.

74. Konvergiert die angegebene unendliche Reihe?

a) $\displaystyle\sum_{k=1}^{\infty} \dfrac{k^2}{5k^2 + 4}$

b) $\dfrac{1}{3} + \dfrac{2}{5} + \dfrac{3}{7} + \dfrac{4}{9} + \ldots$

c) $\dfrac{1}{1 + \frac{1}{2}} + \dfrac{1}{1 + \frac{1}{4}} + \dfrac{1}{1 + \frac{1}{8}} + \dfrac{1}{1 + \frac{1}{16}} + \ldots$

d) $\dfrac{1 \cdot 2}{3 \cdot 4} + \dfrac{3 \cdot 4}{5 \cdot 6} + \dfrac{5 \cdot 6}{7 \cdot 8} + \dfrac{7 \cdot 8}{9 \cdot 10} + \ldots$

Rechts- und linksseitiger Grenzwert einer Funktion an einer Stelle $a \in \mathbb{R}$

$\displaystyle\lim_{x\to a^-} f(x)$ wird als *linksseitiger* Grenzwert und $\displaystyle\lim_{x\to a^+} f(x)$ als *rechtsseitiger* Grenzwert bezeichnet. Dabei heisst rechtsseitig, dass x auf dem Zahlenstrahl von rechts her gegen a strebt, und linksseitig bedeutet, dass x auf dem Zahlenstrahl von links her gegen a strebt.

Weitere Notationen: $\displaystyle\lim_{x\to a^-} f(x) = \lim_{x\uparrow a} f(x)$; $\displaystyle\lim_{x\to a^+} f(x) = \lim_{x\downarrow a} f(x)$

Es gilt: $\displaystyle\lim_{x\to a} f(x) = b \in \mathbb{R} \Leftrightarrow \lim_{x\to a^-} f(x) = \lim_{x\to a^+} f(x) = b$

In Worten: Die Funktion f hat an der Stelle a genau dann den Grenzwert b, wenn der links- sowie der rechtsseitige Grenzwert beide übereinstimmen und gleich b sind.

Bemerkung: Für Stellen a am Rand eines Intervalls genügt dabei der rechts- bzw. linksseitige Grenzwert an der Stelle a.

Beispiel: Gegeben ist der Funktionsgraph G_f. Ausgefüllte Punkte sind Kurvenpunkte, nicht ausgefüllte Punkte sind keine Kurvenpunkte, also Lücken.

Es ist: $\displaystyle\lim_{x\to 2^-} f(x) = 3$, $\displaystyle\lim_{x\to 2^+} f(x) = 1$,
d. h., $\displaystyle\lim_{x\to 2} f(x)$ existiert nicht.

Es ist: $\displaystyle\lim_{x\to 5^-} f(x) = 2$, $\displaystyle\lim_{x\to 5^+} f(x) = 2$,
d. h., $\displaystyle\lim_{x\to 5} f(x) = 2$, wobei hier $f(5) = 1.5 \neq 2$ ist.

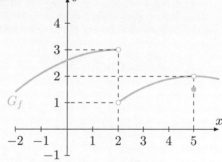

Bemerkung: Die Grenzwertsätze zum Rechnen mit Grenzwerten für $x \to \pm\infty$ sind auch für rechts- und linksseitige Grenzwerte gültig.

75. Stimmen die beiden Grenzwerte überein, sofern sie überhaupt existieren?

a) $\lim\limits_{x\uparrow 4} \dfrac{x^2-16}{x-4},\ \lim\limits_{x\downarrow 4} \dfrac{x^2-16}{x-4}$ b) $\lim\limits_{x\uparrow -1} \dfrac{1+x}{1-x^2},\ \lim\limits_{x\downarrow -1} \dfrac{1+x}{1-x^2}$ c) $\lim\limits_{x\uparrow 1} \dfrac{1-x}{1-x^2},\ \lim\limits_{x\downarrow 1} \dfrac{1-x}{1-x^2}$

76. Gegeben ist $f(x) = \begin{cases} 3-x, & x < 2 \\ \frac{x}{2}+1, & x \geq 2 \end{cases}$

a) Bestimme $\lim\limits_{x\to 4^+} f(x)$ und $\lim\limits_{x\to 4^-} f(x)$. Existiert $\lim\limits_{x\to 4} f(x)$?

b) Bestimme $\lim\limits_{x\to 2^+} f(x)$ und $\lim\limits_{x\to 2^-} f(x)$. Existiert $\lim\limits_{x\to 2} f(x)$?

77. Stimmen die beiden Grenzwerte überein, sofern sie überhaupt existieren?

a) $\lim\limits_{x\to 0^-} \dfrac{x}{|x|},\ \lim\limits_{x\to 0^+} \dfrac{x}{|x|}$ b) $\lim\limits_{x\to 0^-} 2^{\frac{1}{x}},\ \lim\limits_{x\to 0^+} 2^{\frac{1}{x}}$

78. Bestimme den rechts- und linksseitigen Grenzwert bei den nicht definierten Stellen der Funktion.

a) $f(x) = \dfrac{2}{x}$ b) $f(x) = \dfrac{x^2-9}{x-3}$ c) $f(x) = 5^{\frac{1}{x}}$

79. Berechne $\lim\limits_{x\to a^-} f(x)$ und $\lim\limits_{x\to a^+} f(x)$ und vergleiche.

a) $f(x) = \dfrac{x^2+1}{x-2},\ a = 2$ b) $f(x) = \dfrac{x^2+2x+1}{x+1},\ a = -1$

c) $f(x) = e^{-\frac{1}{x}},\ a = 0$ d) $f(x) = e^{-\frac{1}{x^2}},\ a = 0$

e) $f(x) = \dfrac{|1+x|-1}{x},\ a = 0$ f) $f(x) = \dfrac{|x|-1}{x^2-1},\ a = -1$

80. Wahr oder falsch? Achte auf den Definitionsbereich des Funktionsterms.

a) $\lim\limits_{x\to 1^-} \sqrt{x} = 1$ b) $\lim\limits_{x\to 0^+} \sqrt{x} = 0$ c) $\lim\limits_{x\to 0} \sqrt{x} = 0$

d) $\lim\limits_{x\to 0} \sqrt[3]{x} = 0$ e) $\lim\limits_{x\to 3} \sqrt[4]{7(x-3)} = 0$ f) $\lim\limits_{x\to \pi} \sin\left(\frac{1}{x-\pi}\right) = 1$

81. Die Funktion ist an der Stelle x_0 nicht definiert. Existiert dort der Grenzwert?

a) $f(x) = \dfrac{x^2-1}{x-1},\ x_0 = 1$ b) $f(x) = \dfrac{x+2}{x^2-4},\ x_0 = -2$

c) $f(x) = \dfrac{1}{1-e^{\frac{1}{x}}},\ x_0 = 0$ d) $f(x) = \dfrac{1}{1-e^{-\frac{1}{x^2}}},\ x_0 = 0$

e) $f(x) = x\sqrt{1+\dfrac{1}{x^2}},\ x_0 = 0$ f) $f(x) = \dfrac{\sin(x)}{\cos(x)},\ x_0 = \frac{\pi}{2}$

82. Ist die Funktion f für $x \to a$ divergent oder konvergent? Falls sie konvergent ist, bestimme den Grenzwert. Achte auf den Definitionsbereich der Funktion.

a) $f(x) = \ln(x+2),\ a = 0$ b) $f(x) = \ln(5x),\ a = 0$ c) $f(x) = \ln(x^3-1),\ a = 1$

83. Berechne, sofern vorhanden, den Grenzwert.

a) $\lim\limits_{x\to -2} \dfrac{2-|x|}{x+2}$ b) $\lim\limits_{u\downarrow 4} \dfrac{4-u}{|4-u|}$ c) $\lim\limits_{x\to 0^-} \left(\dfrac{1}{x} - \dfrac{1}{|x|}\right)$ d) $\lim\limits_{x\to 0^+} \left(\dfrac{1}{x} - \dfrac{1}{|x|}\right)$

2.4 Vermischte Aufgaben

Zu Kapitel 2.1: Grenzwerte von Folgen

84. Ist die Folge $\frac{1}{2}$, $\frac{1}{4}$, $\frac{3}{4}$, $\frac{1}{8}$, $\frac{3}{8}$, $\frac{5}{8}$, $\frac{7}{8}$, $\frac{1}{16}$, ... konvergent oder divergent?

85. Bestimme $\lim\limits_{n\to\infty} \sqrt[n]{a^n + b^n}$ für $0 < a < b$.

86. Von einer Folge (a_k) ist die dazugehörige Partialsumme $s_n = \sum\limits_{k=1}^{n} a_k = \frac{n-1}{n+1}$ gegeben. Bestimme a_n sowie $\lim\limits_{n\to\infty} s_n$.

87. Durch das allgemeine Glied $a_k = \frac{1}{k} - \frac{1}{k+1}$ $(k \in \mathbb{N})$ wird die Folge (a_k) explizit beschrieben.

    a) Berechne die vier Glieder a_5, a_7, a_{15} und a_{99} ohne Taschenrechner und die vier Glieder a_{110}, a_{1110}, a_{11110} und a_{111110} mithilfe eines Taschenrechners.

    b) Berechne die ersten fünf Glieder s_1, s_2, s_3, s_4 und s_5 der Partialsummenfolge (s_n) mit $s_n = a_1 + a_2 + \ldots + a_{n-1} + a_n$ und beschreibe s_n mit einem möglichst einfachen Term.

    c) Bestimme, sofern vorhanden, die beiden Grenzwerte $\lim\limits_{k\to\infty} a_k$ und $\lim\limits_{n\to\infty} s_n$.

    d) Zeige, dass die Reihe $\sum\limits_{k=1}^{\infty} \frac{1}{(k+1)^2}$ konvergiert. *Tipp:* Vergleiche die Glieder dieser Reihe mit den Gliedern der Reihe $\sum\limits_{k=1}^{\infty} \left(\frac{1}{k} - \frac{1}{k+1} \right)$ aus den obigen Teilaufgaben.

88. Eric notiert: $\frac{1}{3} = \frac{1}{5} + \frac{2}{15} = \frac{1}{5} + \frac{1}{25} + \frac{7}{75} = \frac{1}{5} + \frac{1}{25} + \frac{1}{125} + \frac{32}{375} = \frac{1}{5} + \frac{1}{25} + \frac{1}{125} + \frac{1}{625} + \ldots$

Überprüfe Erics Rechnung mithilfe der Formel für unendliche geometrische Reihen. Kommentiere und begründe.

89. Gegeben ist $\sum\limits_{n=1}^{\infty} \frac{1}{n^2} = \frac{\pi^2}{6}$ (Leonhard Euler, 1735).

    a) Wie lautet der Grenzwert, wenn nur über die geraden natürlichen Zahlen n summiert wird?

    b) Wie lautet der Grenzwert, wenn nur über die ungeraden $n \in \mathbb{N}$ summiert wird?

90. Die Fibonacci-Folge (f_n) ist rekursiv definiert: $f_1 = 1$, $f_2 = 1$, $f_{n+1} = f_n + f_{n-1}$, $n \geq 2$. Mithilfe dieser Folge beschrieb Fibonacci das Wachstum einer Kaninchenpopulation (siehe erste Aufgabe beim Thema «Die Fibonacci-Zahlen» auf Seite 19).

    a) Bestimme die ersten zwölf Glieder der Fibonacci-Folge.

    b) Bestimme die ersten zehn Glieder der Quotienten-Folge (q_n) mit $q_n = \frac{f_{n+1}}{f_n}$, $n \geq 1$.

    c) Notiere die ersten zehn Glieder der Folge (q_n) als Dezimalzahlen. Was vermutest du?

    d) Bestimme eine Rekursionsformel für q_n.

    e) Bestimme $\lim\limits_{n\to\infty} q_n$ unter der Annahme, dass die Folge (q_n) konvergiert mit Grenzwert $q > 0$.

    f) Zeige, dass die Folge (q_n) tatsächlich einen Grenzwert hat. Untersuche dazu die Differenzen aufeinanderfolgender Glieder.

    g) Hängt der Grenzwert q aus Teilaufgabe e) von der Wahl der Werte für f_1 und f_2 ab?

    h) Entwickle den Grenzwert q in einen unendlichen Kettenbruch und gib die ersten vier Näherungsbrüche an.

Zu Kapitel 2.2: Grenzwerte von Funktionen

91. Wahr oder falsch? Begründe.

a) $\lim\limits_{x \to a} f(x) = G$ bedeutet: Wenn x_2 näher bei a ist als x_1, dann ist $f(x_2)$ näher bei G als $f(x_1)$.

b) Ob $\lim\limits_{x \to a} f(x)$ existiert, hängt davon ab, wie bzw. ob $f(a)$ definiert ist.

c) $\lim\limits_{x \to 1} \dfrac{x^2 + 6x - 7}{x^2 + 5x - 6} = \dfrac{\lim\limits_{x \to 1}(x^2 + 6x - 7)}{\lim\limits_{x \to 1}(x^2 + 5x - 6)}$ d) $\lim\limits_{x \to 1} \dfrac{x - 3}{x^2 + 2x - 4} = \dfrac{\lim\limits_{x \to 1}(x - 3)}{\lim\limits_{x \to 1}(x^2 + 2x - 4)}$

e) Wenn $\lim\limits_{x \to a} f(x) = \infty$ und $\lim\limits_{x \to a} g(x) = \infty$, dann ist $\lim\limits_{x \to a}(f(x) - g(x)) = 0$.

f) Wenn $\lim\limits_{x \to a} f(x) = \infty$ und $\lim\limits_{x \to a} g(x) = \infty$, dann ist $\lim\limits_{x \to a} \dfrac{f(x)}{g(x)} = 1$.

g) Wenn $\lim\limits_{x \to \infty}(f(x) - g(x)) = 0$, dann ist $\lim\limits_{x \to \infty} \dfrac{f(x)}{g(x)} = 1$.

92. In dieser Aufgabe wird jeweils vorausgesetzt, dass die gesuchten Grenzwerte existieren.

a) Von der Funktion f ist bekannt, dass gilt: $\lim\limits_{x \to -2} \dfrac{f(x)}{x^2} = 1$. Berechne daraus die beiden Grenzwerte $\lim\limits_{x \to -2} f(x)$ und $\lim\limits_{x \to -2} \dfrac{f(x)}{x}$.

b) Die Funktion g hat die Eigenschaft, dass $\lim\limits_{x \to 0} \dfrac{g(x)}{x^2} = 1$ ist. Welche Werte ergeben sich daraus für $\lim\limits_{x \to 0} g(x)$ und $\lim\limits_{x \to 0} \dfrac{g(x)}{x}$?

93. Bestimme $\lim\limits_{x \to 0} f(x)$, wenn gilt:

a) $\lim\limits_{x \to 0} \dfrac{4 - f(x)}{x} = 1$ b) $\lim\limits_{x \to -4}\left(x \cdot \lim\limits_{x \to 0} f(x)\right) = 2$

94. *Interessanter Funktionsverlauf*: Löse diese Aufgabe möglichst ohne Taschenrechner.

Gegeben sind: $f_1(x) = 2^{\frac{1}{x}}$, $f_2(x) = \dfrac{1}{1 + 2^{\frac{1}{x}}}$, $f_3(x) = 2^{\frac{-1}{x^2}}$.

Alle drei Funktionen f_1, f_2 und f_3 weisen an derselben Stelle x_0 ihre einzige Definitionslücke auf. Bestimme zuerst diese gemeinsame Definitionslücke. Untersuche und charakterisiere anschliessend das Verhalten von f_1, f_2 und f_3 in der Umgebung dieser Stelle x_0. Skizziere schliesslich von Hand – je in einem separaten Koordinatensystem – in der Umgebung von x_0 den groben Verlauf der Funktionsgraphen von f_1, f_2 und f_3 und zeichne auch allfällige Asymptoten ein.

95. Aus der Disziplin der Optik stammt die Linsengleichung $\frac{1}{b} + \frac{1}{g} = \frac{1}{f}$. Wird ein Gegenstand an einer Linse abgebildet, so gibt sie den Zusammenhang zwischen Bildweite b, Gegenstandsweite g und Brennweite f an. Berechne die Bildweite, wenn der Gegenstand beliebig weit von der Linse entfernt ist, d. h. ins Unendliche wandert.

96. Zwei Massenpunkte mit den Massen m_1 und m_2 liegen auf der x-Achse an den Stellen x_1 und x_2. Der Schwerpunkt der beiden Massenpunkte liegt auf der x-Achse an der Stelle $s = \frac{x_1 \cdot m_1 + x_2 \cdot m_2}{m_1 + m_2}$.

a) Wie verschiebt sich der Schwerpunkt, wenn m_2 beliebig gross wird?

b) Wie verschiebt sich der Schwerpunkt, wenn m_1 beliebig gross wird?

97. *Fixpunktverfahren.* Sei $x_1 = c$, $x_2 = f(x_1)$, $x_3 = f(x_2) = f(f(c))$, $\ldots$, $x_{n+1} = f(x_n)$, wobei f eine stetige Funktion ist. Wenn der Grenzwert $\lim\limits_{n \to \infty} x_n = L$ existiert, dann ist nach den Grenzwertsätzen $f(L) = L$, d. h., L ist eine Lösung der Fixpunktgleichung $x = f(x)$.

Beispiel: Löse $2x^3 + 5x - 5 = 0$. Durch Umformen ergibt sich die Fixpunktgleichung $x = 1 - 0.4 \cdot x^3$. Der Schnittpunkt der Geraden $y = x$ mit der Kurve $f(x) = 1 - 0.4x^3$ liefert die Lösung. Der spiralförmige Weg führt zum Schnittpunkt.

Die x-Koordinaten der Ecken dieses Weges werden mit $x_1 = c = 1$, $x_{n+1} = 1 - 0.4 \cdot x_n^3$ rekursiv berechnet: $x_1 = 1$, $x_2 = 0.6$, $x_3 = 0.9136, \ldots$, $x_{30} = 0.79720, \ldots$

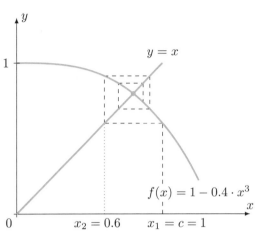

a) Löse die Gleichung $x = 0.5 - 0.1x^3$ mit dem Fixpunktverfahren auf drei Nachkommastellen genau. Starte mit $x_1 = 1$.

b) Finde mit dem Fixpunktverfahren einen Näherungswert mit sieben wesentlichen Ziffern für die Lösung der Gleichung $x = 2 + e^{-x}$. Starte mit $x_1 = 2$.

c) Löse die Gleichung $\cos(x) - x = 0$ mit dem Fixpunktverfahren auf fünf Nachkommastellen genau. Wähle selbst einen geeigneten Startwert.

2.5   Kontrollaufgaben

Zu Kapitel 2.1: Grenzwerte von Folgen

98. Untersuche, ob die Folge einen Grenzwert hat, und gib gegebenenfalls den Grenzwert an.

a) $\frac{10}{11}$, $\left(\frac{10}{11}\right)^2$, $\left(\frac{10}{11}\right)^3$, $\left(\frac{10}{11}\right)^4$, $\ldots$ b) $(-2) - \frac{1}{2}$, $(-2) + \frac{1}{3}$, $(-2) - \frac{1}{4}$, $(-2) + \frac{1}{5}$, $\ldots$

99. Ab welchem Index n sind alle $a_k = \frac{1}{k^2}$ weniger als 10^{-6} vom Grenzwert der Folge (a_k) entfernt?

100. a) Ist die Folge $a_k = (-1)^k$ konvergent?

b) Ist die Folge $a_k = (-3)^k$ unbestimmt divergent?

c) Gib ein Beispiel einer bestimmt divergenten Folge an.

101. Die Folge (a_k) ist durch das allgemeine Glied a_k gegeben. Bestimme im Fall der Konvergenz den Grenzwert der Folge für $k \to \infty$ und gib im Fall der Divergenz die Art der Divergenz an.

a) $a_k = 10 - \dfrac{3}{k}$ b) $a_k = \dfrac{6k - 5k^2}{4k^2}$ c) $a_k = \dfrac{1 - k^4}{2k^3}$

d) $a_k = \dfrac{3k^2}{k^2 + k + 1}$ e) $a_k = \dfrac{4k + 3k \cdot (-1)^k}{2k}$ f) $a_k = \dfrac{1 - 2\sqrt{k}}{4\sqrt{k} - 3}$

102. Die Folge (a_k) ist durch das allgemeine Glied a_k gegeben. Bestimme den Grenzwert.

a) $a_k = \mathrm{e}^{-\frac{1}{k}}$　　　　　　b) $a_k = \frac{k^{10}}{2^k}$　　　　　　c) $a_k = \frac{\ln(k)}{\sqrt{k}}$

d) $a_k = \cos\left(-\frac{1}{k}\right)$　　　e) $a_k = \sqrt[k]{\frac{1}{k}}$　　　　　f) $a_k = \sqrt[k]{k} + \frac{1}{k}$

103. Konvergiert die Folge (a_k)? Begründe und gib den Grenzwert bzw. die Art der Divergenz an.

a) $a_k = a_{k-1} \cdot \frac{1}{3}, \quad a_1 = -3$　　　　　　b) $a_{k+1} = a_k - 2, \quad a_1 = 1000$

104. Berechne den Grenzwert der unendlichen Reihe $\sum\limits_{k=1}^{\infty} \frac{1}{\left(\sqrt{5}\right)^k}$.

Zu Kapitel 2.2: Grenzwerte von Funktionen

105. Bestimme die beiden Grenzwerte und vergleiche.

a) $\lim\limits_{x \to \infty} \frac{2x+3}{x+1}, \quad \lim\limits_{x \to -\infty} \frac{2x+3}{x+1}$　　　　b) $\lim\limits_{x \to -\infty} \frac{7x}{x-7}, \quad \lim\limits_{x \to \infty} \frac{7x}{x-7}$

106. Bestimme den Grenzwert.

a) $\lim\limits_{x \to -\infty} \frac{x^2-1}{3x^2+x+1}$　　　b) $\lim\limits_{x \to \infty} \frac{x}{\sqrt{x^2+1}}$　　　c) $\lim\limits_{x \to \infty} \frac{\sqrt{x}+1}{\sqrt{x}+2}$

107. Ist die Funktion f für $x \to \infty$ divergent oder konvergent? Falls konvergent, bestimme den Grenzwert.

a) $f(x) = \frac{x}{\sqrt{2x}}$　　　b) $f(x) = \frac{x^7 - \cos(x)}{3x^5 - 1}$　　c) $f(x) = \frac{-x^3+2x}{2x^3+x^2}$　　d) $f(x) = \frac{2^x+1}{3 \cdot 2^x - 1}$

108. Ist die Funktion f für $x \to \infty$ divergent oder konvergent? Wie ist es im Fall $x \to -\infty$? Falls konvergent, bestimme den Grenzwert.

a) $f(x) = \mathrm{e}^{x-2}$　　　b) $f(x) = \left(\frac{1}{2}\right)^{-x-2}$　　c) $f(x) = 3^{x^2}$　　d) $f(x) = \ln\left(\frac{x-10}{x}\right)$

Zu **109–113**: Bestimme, sofern vorhanden, den Grenzwert.

109. a) $\lim\limits_{x \to 4} \frac{(x-4)(x+5)}{x-4}$　　　　　b) $\lim\limits_{x \to 2} \frac{(x-2)(x+7)}{x^2-4}$

110. a) $\lim\limits_{x \to 3} \frac{x^2-9}{x-3}$　　　　　　　b) $\lim\limits_{x \to -5} \frac{x^2-25}{x+5}$

111. a) $\lim\limits_{h \to 0} \frac{(x+h)^2 - x^2}{h}$　　　　b) $\lim\limits_{x \to 0} \frac{(x+h)^2 - x^2}{h}$

112. a) $\lim\limits_{h \to 0} \frac{(3+h)^3 - 27}{h}$　　　　b) $\lim\limits_{x \to 3} \frac{x^3-27}{x-3}$

113. a) $\lim\limits_{x \to 7} \frac{x^2-6x-7}{x^2-5x-14}$　　　b) $\lim\limits_{x \to \infty} \frac{x^2}{\ln(x)}$

3   Differentialrechnung

3.1   Einleitung

1. 📄 *Was uns ein Weg-Zeit-Diagramm über die Geschwindigkeit verraten kann.* Anhand des Graphen im nachfolgenden Weg-Zeit-Diagramm kann die Länge des Weges s abgelesen werden, den ein Massenpunkt bis zum Zeitpunkt t zurückgelegt hat. Nach 5 Sekunden beispielsweise hat er 2 Meter zurückgelegt. Die folgenden vier Teilaufgaben sind in der angegebenen Reihenfolge anhand des Diagramms auf zeichnerisch-rechnerischem Weg zu lösen.

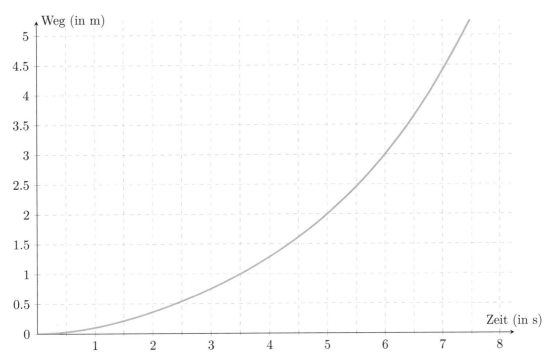

a) Wie gross ist die mittlere Geschwindigkeit v_1, mit der sich der Massenpunkt während der ersten sechs Sekunden bewegt? Gesucht ist mit anderen Worten die durchschnittliche Geschwindigkeit im Zeitintervall $[0; 6]$. *Hinweis:* $v_{\text{Mittel}} = \frac{\text{zurückgelegter Weg}}{\text{benötigte Zeit}}$.

b) Berechne die durchschnittlichen Geschwindigkeiten v_2 und v_3, mit welchen der Massenpunkt in den beiden Zeitintervallen $[0; 3]$ respektive $[3; 6]$ unterwegs ist.

c) Mit welchen mittleren Geschwindigkeiten v_4, v_5, v_6 und v_7 durchläuft der Massenpunkt die sukzessive kürzer werdenden Zeitintervalle $[1.25; 6]$, $[2.5; 6]$, $[3.5; 6]$ respektive $[5; 6]$? (Genauigkeit: eine Nachkommastelle)

d) Versuche jetzt, die zur Zeit $t = 6$ gehörende Momentangeschwindigkeit $v = v(6)$ des Massenpunktes zu bestimmen. Gesucht ist mit anderen Worten die Geschwindigkeit v, mit der sich der Massenpunkt zum Zeitpunkt $t = 6$ bewegt.

2. *Algebraische Ausdrücke geometrisch interpretieren.* Der dargestellte Graph G_f beschreibt den Verlauf einer Funktion f im angegebenen Bereich.

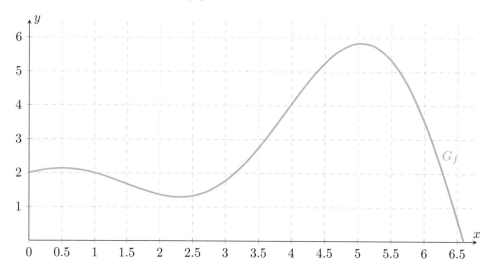

Welcher der beiden Ausdrücke ist grösser? Oder sind sie gleich gross? Ersetze ... durch $<$, $>$ oder $=$. Du kannst die Frage auch beantworten, ohne die numerischen Werte der Ausdrücke zu bestimmen.

a) $\dfrac{f(4) - f(1)}{4 - 1}$ ... 0

b) $\dfrac{f(2) - f(1)}{2 - 1}$ ... 0

c) $\lim\limits_{x \to 4} \dfrac{f(x) - f(4)}{x - 4}$ ... 0

d) $\lim\limits_{x \to 6} \dfrac{f(x) - f(6)}{x - 6}$ ... 0

e) $\dfrac{f(2) - f(1)}{2 - 1}$ ... $\dfrac{f(6) - f(5)}{6 - 5}$

f) $\lim\limits_{x \to 3} \dfrac{f(x) - f(3)}{x - 3}$ ... $\lim\limits_{x \to 4} \dfrac{f(x) - f(4)}{x - 4}$

g) $\lim\limits_{x \to 0.5} \dfrac{f(x) - f(0.5)}{x - 0.5}$ ... $\lim\limits_{x \to 5} \dfrac{f(x) - f(5)}{x - 5}$

3. 📄 *Wie schnell ist die rollende Kugel unterwegs?* Wir betrachten eine Kugel, die eine schiefe Ebene hinunterrollt. Die dazugehörige Weg-Zeit-Funktion s habe die Gleichung $s(t) = 0.25t^2$ (s in Metern und t in Sekunden).

a) Zeichne für $0 \leq t \leq 5$ den Graphen der Funktion s in ein Koordinatensystem ein.

b) Mit welcher durchschnittlichen oder mittleren Geschwindigkeit v_{Mittel} rollt die Kugel im Zeitintervall $[1; 3]$ die schiefe Ebene hinunter? *Hinweis:* $v_{\text{Mittel}} = \frac{\text{zurückgelegter Weg}}{\text{benötigte Zeit}}$.

c) Wie lässt sich der in b) berechnete Wert v_{Mittel} anhand des Graphen aus Teilaufgabe a) auch rein geometrisch interpretieren?

d) Wie könnte die Geschwindigkeit der rollenden Kugel zum Zeitpunkt $t_0 = 1$ bestimmt werden, die sogenannte Momentangeschwindigkeit eine Sekunde nach dem Start? Hast du eine clevere Idee, wie dies rechnerisch oder zeichnerisch bewerkstelligt werden könnte?

e) Berechne für die immer kleiner werdenden Zeitintervalle $[t_0; t]$ die entsprechenden Durchschnittsgeschwindigkeiten v_{Mittel} und übertrage diese in die Tabelle.

t_0	$t, (t > t_0)$	$s(t_0)$	$s(t)$	$v_{\text{Mittel}} = \frac{\Delta s}{\Delta t} = \frac{s(t)-s(t_0)}{t-t_0}$
1	1.2			
1	1.1			
1	1.05		.	
1	1.001			

Hast du eine Vermutung bezüglich der Momentangeschwindigkeit v_{mom} zum Zeitpunkt $t_0 = 1$, wenn du die Zahlenwerte in der letzten Kolonne betrachtest?

f) Notiere diese Momentangeschwindigkeit v_{mom} zum Zeitpunkt $t_0 = 1$ formelmässig als Grenzwert der Durchschnittsgeschwindigkeiten v_{Mittel}. Berechne dann diesen Grenzwert und überprüfe, ob das Ergebnis deine Vermutung aus der vorhergehenden Teilaufgabe e) bestätigt.

g) Der in Teilaufgabe f) berechnete Wert v_{mom} kann anhand des Graphen aus Teilaufgabe a) auch rein geometrisch interpretiert werden. Mit welcher geometrischen Grösse stimmt v_{mom} überein?

h) Bestimme eine Formel zur Berechnung der Momentangeschwindigkeit $v(t_0)$ zu einem beliebig vorgegebenen Zeitpunkt t_0. Berechne damit jeweils die Momentangeschwindigkeit $v(t_0)$ für $t_0 = 0, 2, 3$ und 4.

Differenzenquotient – mittlere Änderungsrate

Der Ausdruck $m_s = \frac{\Delta y}{\Delta x} = \frac{f(b)-f(a)}{b-a}$ heisst *Differenzenquotient* oder *mittlere Änderungsrate* der Funktion f im Intervall $[a; b]$.

Geometrisch entspricht m_s der *Steigung der Sekante s* durch die Punkte $(a \mid f(a))$ und $(b \mid f(b))$. Diese ist gleichzeitig ein geeignetes Mass für die *durchschnittliche Änderungsrate* der Funktion f im Intervall $[a; b]$.

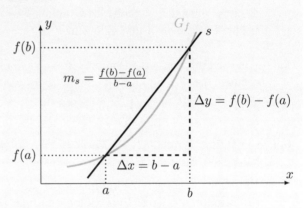

Momentane Änderungsrate

Der Grenzwert $\lim\limits_{\Delta x \to 0} \frac{\Delta y}{\Delta x}$ gibt die *momentane Änderungsrate* der Funktion f an der Stelle a an. Ausführlicheres dazu auf Seite 54.

4. Stellen wir uns den Graphen einer Funktion als Höhenprofil einer Strasse vor. x soll dabei die horizontale Distanz vom Ausgangspunkt A angeben und y den Höhenunterschied im Vergleich zum Ausgangspunkt A.

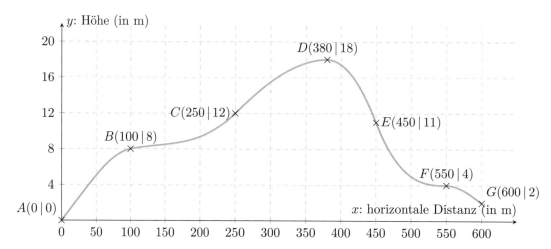

a) Berechne die Steigung der Sekante durch die gegebenen Punkte.

   i) A und B ii) C und D iii) D und E iv) F und G

b) Welche dieser Sekanten hat die grösste bzw. die kleinste Steigung?

c) Gib das Intervall an, in welchem der Graph steigt bzw. fällt.

d) In welchen Punkten beträgt die Steigung des Graphen null?

e) Welche durchschnittliche Steigung wurde zurückgelegt, wenn man dem Verlauf des Graphen von A nach G folgt? Kannst du anhand dieser durchschnittlichen Steigung zwischen A und G etwas über den Verlauf des Graphen bzw. das Aussehen des Höhenprofils zwischen den beiden Positionen A und G sagen?

5. Gib für die Funktion f die Definitionsmenge an und berechne die mittlere Änderungsrate in den Intervallen $I_1 = [-2; 0]$ und $I_2 = [2; 7]$.

   a) $f(x) = x^2 - 1$ b) $f(x) = -x^2 + x + 1$ c) $f(x) = 2\sqrt{x+2}$ d) $f(x) = \frac{6}{x+3}$

6. Die Funktion T mit $T(t) = 75 \cdot 3^{-0.05t} + 20$ beschreibt die Temperatur einer Tasse Tee in Abhängigkeit der Zeit (T in Grad Celsius und t in Minuten).

a) Berechne die mittlere Abkühlungsrate, also die durchschnittliche Änderung der Temperatur pro Minute, für die Zeitintervalle $[5; 40]$ und $[15; 50]$.

b) Was bedeuten diese Werte? Beschreibe in Worten.

c) Zeichne den Graphen der Funktion T und die beiden Sekanten, die zu den in a) betrachteten Intervallen gehören. Woran ist bei diesen Sekanten zu erkennen, dass die mittlere Abkühlungsrate im Intervall $[5; 40]$ grösser ist als im Intervall $[15; 50]$?

7. Die Funktion $N = N(t)$ beschreibt die Grösse einer Bakterienkultur zur Zeit t. Wir nehmen an, dass während der Vermehrung keine Bakterien sterben. Beschreibe die Bedeutung der folgenden Grössen.

   a) $N(t_1) - N(t_0)$ b) $\dfrac{N(t_1) - N(t_0)}{t_1 - t_0}$ c) $\lim\limits_{t_1 \to t_0} \dfrac{N(t_1) - N(t_0)}{t_1 - t_0}$

8. In sauberem Meerwasser verliert das Licht pro Meter Tiefe erfahrungsgemäss 75 % seiner Leuchtkraft L. Mit $L(x)$ werde die Leuchtkraft in x Metern unter der Meeresoberfläche bezeichnet, wobei $L(0) = 1 = 100\,\%$ für die volle Leuchtkraft steht.

a) Bestimme die Funktionsgleichung für die Leuchtkraft $L = L(x)$.

b) Welche Bedeutung hat der Ausdruck $L(x_2) - L(x_1)$? Berechne $L(5) - L(2)$.

c) Berechne die mittlere Änderungsrate der Leuchtkraft pro Meter zwischen den Tiefen $2\,\mathrm{m}$ und $5\,\mathrm{m}$.

d) Welche Bedeutung hat der Term $\lim\limits_{\Delta x \to 0} \frac{L(5+\Delta x) - L(5)}{\Delta x}$?

9. Unter der mittleren Inflationsrate einer Währung wird deren Kaufkraftschwund pro Zeiteinheit verstanden, meist pro Monat oder pro Jahr. Mit $W = W(t)$ werde im Folgenden die Kaufkraft des Schweizer Frankens zum Zeitpunkt t bezeichnet.

a) Drücke die mittlere Inflationsrate $I_{[t_1;t_2]}$ des Schweizer Frankens für das Zeitintervall $[t_1;t_2]$ durch eine Formel aus.

b) Definiere und beschreibe die momentane Inflationsrate $I(t_1)$ zum Zeitpunkt t_1 mit einer Formel.

10. Bei einer chemischen Reaktion $A + B \to C$ entsteht aus zwei chemischen Stoffen A und B ein neuer Stoff C. Im Folgenden werde mit $M = M(t)$ die vorhandene Menge des Stoffes C zum Zeitpunkt t bezeichnet. Unter der mittleren Reaktionsgeschwindigkeit $\nu_R = \nu_R(t)$ wird die Änderung der Stoffmenge pro Zeiteinheit verstanden, im vorliegenden Fall die Zunahme der Stoffmenge von C.

a) Entwickle eine Formel, mit der die mittlere Reaktionsgeschwindigkeit ν_R (also die mittlere Zunahme der Stoffmenge von C pro Zeiteinheit) für das Zeitintervall $[t_0; t_0 + \Delta t]$ berechnet werden kann.

b) Wie lässt sich daraus die momentane Reaktionsgeschwindigkeit zum Zeitpunkt t_0 bestimmen?

11. Die Masse eines schweren Gases, das sich in einem stehenden kreiszylindrischen Gefäss mit einer Querschnittsfläche vom Inhalt Q befindet, ist vertikal nicht gleichmässig verteilt, d. h., die Dichte ist nicht überall gleich. Mit $m = m(z)$ werde die Masse jener Gasmenge bezeichnet, die sich zwischen dem oberen Zylinderrand und der Tiefe z befindet (siehe Skizze).

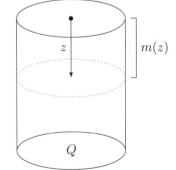

a) Drücke die mittlere Dichte $\rho_{[z_0;z]}$ des Gases im Abschnitt zwischen z_0 und z ($z_0 < z$) durch eine Formel aus.

b) Definiere und beschreibe die Gasdichte ρ_{z_0} an der Stelle z_0 anhand einer Formel.

12. Wahr oder falsch? Wenn der Radius eines Kreises von r_1 auf r_2 anwächst, dann ist die durchschnittliche Änderungsrate der Kreisfläche

a) kleiner als $2\pi r_2$.   b) grösser als $2\pi r_1$.   c) gleich $2\pi \cdot \frac{r_1 + r_2}{2}$.

13. Ein frei fallender Körper bewegt sich nach dem Gesetz $s = \frac{1}{2} g\, t^2$, wobei g die Fallbeschleunigung ist (Fallstrecke s in Metern, Zeit t in Sekunden, setze $g = 10\,\mathrm{m/s^2}$).

   a) Bestimme die mittlere Geschwindigkeit des Körpers für den Zeitraum zwischen $t_0 = 5$ und $t_1 = 5 + \Delta t$, wobei $\Delta t = 1,\ 0.1,\ 0.05,\ 0.001$ ist.

   b) Wie gross ist die Momentangeschwindigkeit des Körpers zur Zeit $t_0 = 5$?

   c) Stelle eine Formel für die Momentangeschwindigkeit des Körpers zu einem beliebigen Zeitpunkt $t_0 \geq 0$ auf.

14. Die Länge des bis zum Zeitpunkt t zurückgelegten Weges s eines Teilchens wird durch die Funktionsgleichung $s(t) = 5t^2 + 2t + 1$ beschrieben (t in Sekunden und s in Metern).

   a) Welche Strecke hat das Teilchen bis zur Zeit $t = 5$ zurückgelegt?

   b) Bestimme die durchschnittliche Geschwindigkeit des Teilchens im Zeitintervall $[3; 7]$.

   c) Kannst du die momentane Geschwindigkeit des Teilchens zur Zeit $t = 9$ angeben?

Lokale oder momentane Änderungsrate – Differentialquotient – Ableitung

Gegeben ist die Funktion f mit der Gleichung $y = f(x)$. Unter der *Ableitung* $f'(x_0)$ dieser Funktion f an der Stelle x_0 versteht man den Grenzwert des Differenzenquotienten

$$f'(x_0) = \lim_{h \to 0} \frac{f(x_0 + h) - f(x_0)}{h}$$

sofern dieser existiert. Die Bestimmung dieses Grenzwertes heisst *differenzieren* oder *ableiten* und falls dieser Grenzwert existiert, heisst die Funktion f differenzierbar an der Stelle x_0.

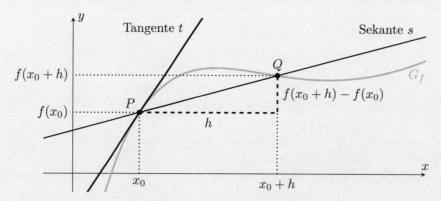

Wenn der Punkt Q auf der Kurve nach P wandert, was von links her oder von rechts her geschehen kann, dann geht die Sekante s in die Tangente t über.

Die Tangente t im Punkt $P(x_0 \,|\, y_0)$ an die Kurve mit der Gleichung $y = f(x)$ ist jene Gerade durch P, deren Steigung m_t mit dem Wert $f'(x_0)$ der Ableitung übereinstimmt, für die also gilt: $m_t = f'(x_0)$.

Die Ableitung $f'(x_0)$ wird auch *Differentialquotient* oder *lokale* bzw. *momentane Änderungsrate* der Funktion f an der Stelle x_0 genannt.

Wir sehen am Graphen oben, dass wir durch das Überführen von h gegen 0 aus der Sekantensteigung die Tangentensteigung an der Stelle x_0 bzw. im Punkt $P(x_0 \,|\, f(x_0))$ erhalten.

Weitere Ableitungsnotationen: $y' = \lim\limits_{\Delta x \to 0} \dfrac{\Delta y}{\Delta x} = \dfrac{dy}{dx}$ bzw. $f'(x) = \lim\limits_{\Delta x \to 0} \dfrac{\Delta f}{\Delta x} = \dfrac{d}{dx} f(x) = \dfrac{df}{dx}$

Hinweise:

- Der Differentialquotient ist trotz des Namens ein Grenzwert und kein Quotient.

- Es ist durchaus möglich, dass die Tangente t in $P(x_0 \,|\, y_0)$ die Kurve an einer anderen Stelle $x \neq x_0$ schneidet oder ein weiteres Mal berührt.

- Ist die Funktion f an jeder Stelle ihres Definitionsbereichs differenzierbar, dann ist auch die Ableitung f' in diesem Bereich eine Funktion von x.

15. Gegeben ist die Funktion f mit der Gleichung $y = f(x) = x^2$.

    a) Berechne die drei folgenden Differenzenquotienten:

       i) $\dfrac{f(4+2) - f(4)}{2}$
       ii) $\dfrac{f(4+h) - f(4)}{h}$, $h \neq 0$
       iii) $\dfrac{f(x_0 + h) - f(x_0)}{h}$, $h \neq 0$

    b) Berechne die drei folgenden Differenzenquotienten:

       i) $\dfrac{f(6) - f(4)}{6 - 4}$
       ii) $\dfrac{f(x_1) - f(4)}{x_1 - 4}$, $x_1 \neq 4$
       iii) $\dfrac{f(x_1) - f(x_0)}{x_1 - x_0}$, $x_1 \neq x_0$

    c) Berechne die drei folgenden Differentialquotienten:

       i) $\lim\limits_{h \to 0} \dfrac{f(4+h) - f(4)}{h}$
       ii) $\lim\limits_{x_1 \to 4} \dfrac{f(x_1) - f(4)}{x_1 - 4}$
       iii) $\lim\limits_{h \to 0} \dfrac{f(x_0 + h) - f(x_0)}{h}$

    Was bedeuten diese drei Grenzwerte für die Funktion f? Gib auch eine geometrische Interpretation an.

16. Wie gross ist die lokale Änderungsrate der Funktion $f(x) = \frac{1}{x}$ an der Stelle a?

    a) $a = 1$
        b) $a = 2$
        c) $a = 5.5$

17. Bestimme durch Berechnen des Differentialquotienten den Ausdruck $f'(\dots)$.

    a) $f'(2)$, wenn $f(x) = x^2$
    b) $f'(5)$, wenn $f(x) = \frac{1}{x^2}$
    c) $f'(-1)$, wenn $f(x) = x^3$

18. Bestimme die Ableitung der Funktion f an der Stelle a mithilfe des Differenzenquotienten.

    a) $f(x) = 7x - 4$; $a = 5$
        b) $f(x) = x^2 + 1$; $a = -1$
    c) $f(x) = c = \text{const.}$; $a = 0$
        d) $f(x) = mx + q$; $a = 3$

19. Berechne durch Ausführung des Grenzübergangs die Ableitung $\frac{d}{dx} f(x)$ der Funktion f mit der Gleichung $y = f(x) = \frac{x}{x+1}$ an der Stelle $a = 1$.

20. Der angegebene Grenzwert liefert die Ableitung einer Funktion f an einer vorgegebenen Stelle x_0. Gib eine möglichst einfache solche Funktion f samt dazugehöriger Stelle x_0 an.

a) $\lim\limits_{h\to 0} \dfrac{\sqrt{49+h}-7}{h}$
b) $\lim\limits_{h\to 0} \dfrac{2^{5+h}-32}{h}$
c) $\lim\limits_{\Delta x\to 0} \dfrac{\lg(100+\Delta x)-2}{\Delta x}$

d) $\lim\limits_{\Delta x\to 0} \dfrac{\sin\left(\frac{5\pi}{6}+\Delta x\right)-\frac{1}{2}}{\Delta x}$
e) $\lim\limits_{x\to 3} \dfrac{x^4-81}{x-3}$
f) $\lim\limits_{x\to \frac{1}{5}} \dfrac{\frac{1}{x}-5}{x-\frac{1}{5}}$

21. Bestimme die Ableitungsfunktion der gegebenen Funktion mithilfe des Differenzenquotienten.

a) $f(x) = x$
b) $f(x) = x^2$
c) $f(x) = x^3$

d) $f(x) = 3x^2 + 4$
e) $f(x) = \frac{x}{2}$
f) $f(x) = 2x^3 - x^2 + 1$

g) $f(x) = \sqrt{x}$
h) $f(x) = ax^2 + bx$
i) $f(x) = \frac{c}{x}$

22. Die Funktion f ist durch ihre Funktionsgleichung gegeben. Bestimme daraus den durch $\frac{f(x+h)-f(x-h)}{2h}$ definierten *symmetrischen Differenzenquotienten* sowie den dazugehörigen *symmetrischen Differentialquotienten*.

a) $f(x) = x^2$
b) $f(x) = x^3$
c) $f(x) = x^{-1} = \frac{1}{x}$
d) $f(x) = x^2 - x$

23. Gegeben sind die Kurve k mit der Gleichung $y = \frac{x}{x+1}$ mit $x > -1$ sowie die Punkte $A\left(1 \mid \frac{1}{2}\right)$, $B\left(\frac{1}{2} \mid \frac{1}{3}\right)$, $C\left(\frac{1}{3} \mid \frac{1}{4}\right)$, $D\left(\frac{1}{4} \mid \frac{1}{5}\right)$, $E\left(\frac{1}{5} \mid \frac{1}{6}\right)$ und $O(0\mid 0)$. Weise nach, dass die Punkte A, B, ..., E und O auf k liegen, und übertrage sie in ein passendes Koordinatensystem. Skizziere dann die durch alle diese Punkte verlaufende Kurve k bis in den Ursprung. Zeichne weiter die Sekanten AO, BO, ..., EO ein und berechne je deren Steigung. Welcher Wert ergibt sich durch Ausführen des Grenzübergangs für die Steigung m_O der Kurve k im Ursprung O?

24. Wir betrachten ein Quadrat mit der Seitenlänge a und die Funktion F mit der Gleichung $F(a) = a^2$, welche die Fläche des Quadrats der Seitenlänge a berechnet. Die Länge a der Quadratseite wird um Δa vergrössert. Mache eine Skizze.

a) Bestimme den Flächenzuwachs geometrisch anhand der Skizze und auch rechnerisch.

b) Wie gross ist der mittlere Flächenzuwachs pro Längeneinheit (Differenzenquotient $\frac{\Delta F}{\Delta a}$)?

c) Wie gross ist der aktuelle Flächenzuwachs pro Längeneinheit (Differentialquotient $\frac{\mathrm{d}F}{\mathrm{d}a}$)?

25. Wir betrachten einen Kreis mit Radius r und die Funktion $F = F(r)$ zur Berechnung der Fläche des Kreises in Abhängigkeit vom Radius r. Berechne die momentane Änderungsrate $\frac{\mathrm{d}F}{\mathrm{d}r}$ für die Kreisfläche $F(r)$. Welche Bedeutung hat der erhaltene Term?

26. Ist die folgende Aussage zutreffend? «Falls die Funktionswerte von $y = w(x)$ im Intervall $a \leq x \leq b$ für wachsendes x monoton zunehmen, nehmen auch die Funktionswerte der dazugehörigen Ableitungsfunktion $y' = w'(x)$ in diesem Intervall $a \leq x \leq b$ monoton zu.»

27. Wahr oder falsch? Eine zylinderförmige Vase wird gleichmässig mit Wasser gefüllt. Dabei nimmt die Wasserhöhe h in der Vase kontinuierlich zu. Die momentane Änderungsrate der Wassermenge in der Vase als Funktion von h ist

i) konstant.
ii) proportional zu h.
iii) proportional zu h^2.

3.2 Graphisches Ableiten

28. Die Grafiken I bis IV zeigen die ursprünglichen Graphen von vier Funktionen f, die Grafiken a) bis d) die Graphen der vier Ableitungsfunktionen f'. Welcher f-Graph gehört zu welchem f'-Graphen?

I
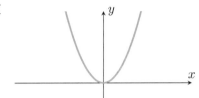

II
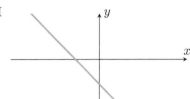

III

IV
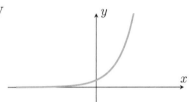

a)
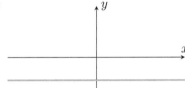

b)
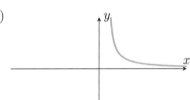

c)
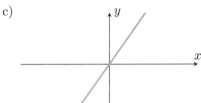

d)
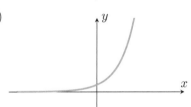

29. Skizziere den Graphen der Ableitungsfunktion f' der dargestellten Funktion f.

a)
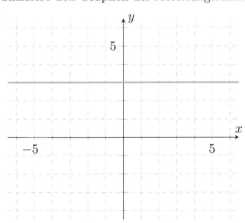

b)
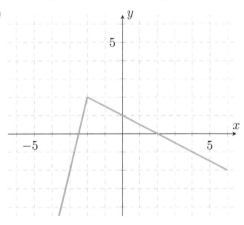

30. 📄 Skizziere den Graphen der Ableitungsfunktion f' der dargestellten Funktion f.

a)
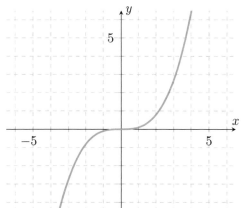

b)
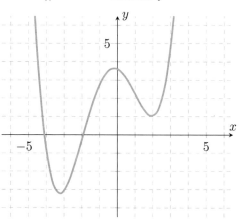

c)
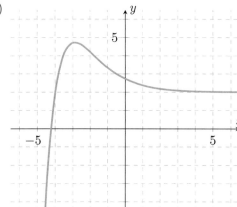

d)
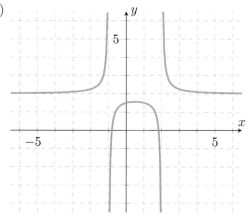

31. 📄 Skizziere den Graphen der Ableitungsfunktion f' der dargestellten Funktion f.

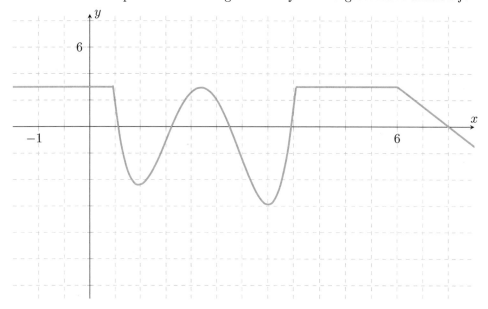

32. 📄 Gegeben ist der Graph der Ableitungsfunktion f'. Skizziere einen möglichen Graphen der Funktion f.

a)

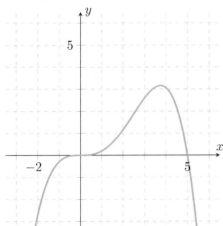

b)

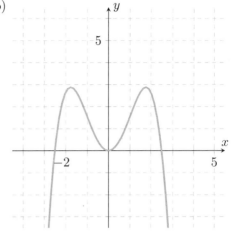

33. Ausgangspunkt für diese Aufgabe sind die Graphen G_f und G_g zweier Funktionen f respektive g (mit übereinstimmenden Definitionsbereichen $D_f = D_g = D$) sowie die dazugehörigen Graphen $G_{f'}$ respektive $G_{g'}$ ihrer Ableitungen. Sind die Aussagen in den folgenden Teilaufgaben wahr?

a) Wenn $G_{f'} = G_{g'}$ gilt, die beiden Graphen $G_{f'}$ und $G_{g'}$ also zusammenfallen, dann gilt auch $G_f = G_g$.

b) Wenn der Funktionsgraph G_f durch Spiegelung an der y-Achse in den Graphen G_g übergeht, so gilt dies auch für die dazugehörigen Graphen $G_{f'}$ und $G_{g'}$ ihrer Ableitungen.

c) Gilt für die beiden Funktionsterme von f und g für alle $x \in D$ die Beziehung $g(x) = -f(x)$, so liegen die dazugehörigen Ableitungsgraphen $G_{f'}$ respektive $G_{g'}$ symmetrisch zur x-Achse.

d) Liegen die beiden Graphen G_f und G_g zueinander punktsymmetrisch zum Ursprung, so gilt dies auch für die dazugehörigen Graphen $G_{f'}$ und $G_{g'}$ ihrer Ableitungen.

e) Liegt der Graph G_g um eine Einheit tiefer als G_f, so gilt dies auch für den Ableitungsgraphen $G_{g'}$ im Vergleich zu $G_{f'}$.

34. Welcher der folgenden Graphen gehört zur Funktion f, für die gilt: $f'(x) = 2x$ und $f(1) = 4$?

Graph 1

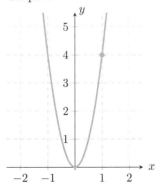

Graph 2

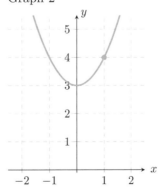

Graph 3

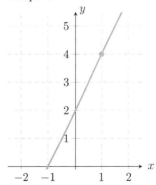

35. Welcher der folgenden Graphen gehört zur Funktion mit der Gleichung $y = f(x)$, für die gilt: $\frac{dy}{dx} = -x$ und $f(-1) = 1$?

Graph 1

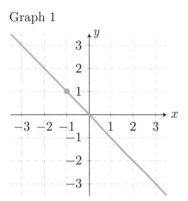

Graph 2

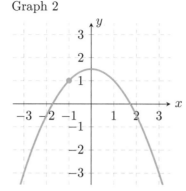

Graph 3

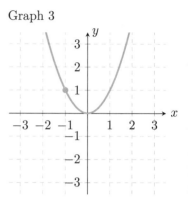

36. 📄 Die Kurven der Funktionen f und g sind gemäss Figur gegeben:

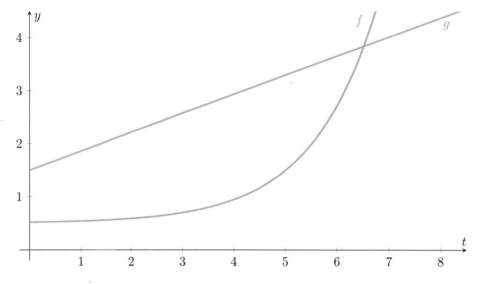

Die dazugehörigen Funktionsterme $f(t)$ und $g(t)$ geben je die Position eines sich bewegenden Körpers zum Zeitpunkt t an. Wann bewegen sich die beiden Körper im Zeitintervall $[0; 8]$ genau gleich schnell? Löse diese Aufgabe anhand der gegebenen Figur rein zeichnerisch.

3.3 Ableitungsregeln

Summen-, Faktor- und Potenzregel

Summenregel: $(f(x) \pm g(x))' = f'(x) \pm g'(x)$ Kurznotation: $(f \pm g)' = f' \pm g'$

Faktorregel: $(c \cdot f(x))' = c \cdot f'(x)$ Kurznotation: $(c \cdot f)' = c \cdot f'$

Potenzregel: $(x^n)' = n \cdot x^{n-1}$, $n \in \mathbb{R}$;   speziell gilt: $\left(\frac{1}{x}\right)' = \frac{-1}{x^2}$ und $(\sqrt{x})' = \frac{1}{2\sqrt{x}}$

Ableitung einer Konstanten c: $(c)' = 0$

37. Wende zur Bestimmung von $f'(x)$ die passenden Ableitungsregeln an.

a) $f(x) = 12$

b) $f(x) = -9x$

c) $f(x) = x^{16}$

d) $f(x) = 3x - 1$

e) $f(x) = x^3 + 11$

f) $f(x) = 7x^2 + 2x - 3$

g) $f(x) = -\frac{1}{10}x^5$

h) $f(x) = \frac{1}{2}x^3 - 2x - 7$

i) $f(x) = \frac{1}{12}x^4 - \frac{1}{9}x^3 - \frac{1}{11}$

j) $f(x) = \frac{1}{x^5}$

k) $f(x) = \sqrt[4]{x}$

l) $f(x) = -3\sqrt[5]{x}$

38. Wende zur Bestimmung von $g'(t)$ die passenden Ableitungsregeln an.

a) $g(t) = -2t^2 + 3t - 6$

b) $g(t) = t^2 + 5t^3$

c) $g(t) = -3t^4 - 3t - 3t^{-2}$

d) $g(t) = at^4 + bt^2$

e) $g(t) = 2a\sqrt{t} + b$

f) $g(t) = 3x^2t^3$

39. Wende zur Bestimmung von $\frac{\mathrm{d}y}{\mathrm{d}x}$ die passenden Ableitungsregeln an.

a) $y = -4x^5 + 2x$

b) $y = \frac{9}{x^2}$

c) $y = \frac{1}{2}x^3 - 4$

d) $y = 1.25x^{\frac{4}{5}} - 1.5x^{\frac{2}{3}}$

e) $y = \sqrt[3]{x} + \sqrt[5]{x}$

f) $y = \sqrt{x} - 6\sqrt[3]{x}$

40. Von den beiden Funktionen f und g ist je die Gleichung ihrer Ableitungsfunktion bekannt: $\frac{\mathrm{d}}{\mathrm{d}x}f(x) = 2x + 3$ bzw. $\frac{\mathrm{d}}{\mathrm{d}x}g(x) = 1 - 4x$. Bestimme damit $\frac{\mathrm{d}y}{\mathrm{d}x}$ für das angegebene y.

a) $y = 5f(x)$

b) $y = f(x) - g(x)$

c) $y = \frac{1}{2}f(x) + \frac{1}{4}g(x) - \frac{7}{4}$

41. Forme den Funktionsterm so um, dass du die Ableitungsfunktion y' mit der Summen-, Faktor- oder Potenzregel bestimmen kannst.

a) $y = x(x^2 + 1)$

b) $y = x^3(x - 2)$

c) $y = (3x - 1)^2$

d) $y = \dfrac{4x^3 + 3x^2}{x}$

e) $y = \dfrac{2x^2 - 3x + 1}{x}$

f) $y = \dfrac{x^3 - 6}{x^2}$

42. Leite nach der Funktionsvariable ab. Interpretiere die Funktion und ihre Ableitung geometrisch.

a) $V(a) = a^3$

b) $O(h) = 2\pi \cdot r^2 + 2\pi \cdot r \cdot h$

c) $A(r) = \pi \cdot r^2$

d) $V(r) = \frac{4}{3}\pi \cdot r^3$

43. Gegeben ist die Funktion $h: x \mapsto h(x) = 2x - 1$. Wie lautet der vereinfachte Term für die verlangte Ableitungsfunktion?

a) $\frac{\mathrm{d}}{\mathrm{d}x}(2h(x))$

b) $\frac{\mathrm{d}}{\mathrm{d}x}(h(x))^2$

c) $\frac{\mathrm{d}}{\mathrm{d}x}h(2x)$

d) $\frac{\mathrm{d}}{\mathrm{d}x}h(-x)$

e) $\frac{\mathrm{d}}{\mathrm{d}x}h(x^2)$

f) $\frac{\mathrm{d}}{\mathrm{d}x}(h(x) + x^2)$

44. Gegeben ist die Ableitungsfunktion f'. Finde einen möglichen Term für die Funktion f.

a) $f'(x) = 2x$

b) $f'(x) = 8x^3 + 3$

c) $f'(x) = x^5 - x^3 + x$

45. Bei der ersten Prüfung zum Thema «Ableiten einfacher Funktionen» hat Leonie aus Zeitgründen bei ihrer Banknachbarin Gabriela «gespickt» und bei Aufgabe 8 direkt das Resultat $y' = 3x^2 - 1$ auf ihr Blatt geschrieben. Allerdings ärgerte sich Leonie nach der Prüfung, da sie nicht bemerkt hatte, dass sie nicht die gleiche Prüfungsserie lösen musste wie Gabriela. Könnte Leonie grosses Glück haben und ihr Resultat gleichwohl richtig sein, obwohl sie und Gabriela unterschiedliche Funktionen ableiten mussten?

46. Für welchen Wert von q hat der Graph der Funktion f mit $f(x) = \frac{-3}{8}x^4 + qx^3 - x + 1$ im Punkt $P(2\,|\,y)$ die Steigung $m = -1$?

Produkt- und Quotientenregel

Produktregel: $(f(x) \cdot g(x))' = f'(x) \cdot g(x) + f(x) \cdot g'(x)$

Quotientenregel: $\left(\dfrac{f(x)}{g(x)}\right)' = \dfrac{f'(x) \cdot g(x) - f(x) \cdot g'(x)}{(g(x))^2}, \quad g(x) \neq 0$

Kurznotation: $(f \cdot g)' = f' \cdot g + f \cdot g' \;$ bzw. $\; \left(\frac{f}{g}\right)' = \frac{f' \cdot g - f \cdot g'}{g^2}$

47. Differenziere mit der Produktregel. Achte auf die Funktionsvariable.

a) $f(x) = x^2(1 - 3x^2)$

b) $g(z) = (z^2 - z + 1)(1 - z)$

c) $h(t) = (4 + 3t^2)(7 - 4t^3) + 1$

d) $f(x) = 3x^2\sqrt{x}$

e) $h(x) = (x^2 - 1)\sqrt{x}$

f) $g(u) = (2u + 1)\sqrt[5]{u^2}$

g) $f(z) = (z^3 - 2)(4z + \sqrt{z})$

h) $f(x) = (2x^2 + 5x + 3)^2$

48. Leite nach der Funktionsvariable ab.

a) $f(x) = x(a - x)$

b) $f(x) = a(1 - x)$

c) $f(x) = ax^3(1 - ax)$

d) $g(t) = \sqrt{t} \cdot (t + a)$

e) $g(t) = t^2\left(a + \frac{1}{t}\right)$

f) $g(t) = (t^2 + a^2)^2$

49. Gegeben ist die Funktion f mit der Gleichung $y = f(x) = (x^2 + 1)(3x - 4)$.

a) Bestimme die Ableitung von f ein erstes Mal wie folgt: Zuerst den Funktionsterm $f(x)$ ausmultiplizieren und vereinfachen und dann ableiten.

b) Bestimme f' auch noch auf folgende Weise: Zuerst die Produktregel anwenden, dann erst ausmultiplizieren und vereinfachen.

50. Der Term einer Funktion f ist auf zweierlei Weise dargestellt; einmal vereinfacht, das andere Mal als Produkt. Die Funktion soll differenziert werden. Zeige, dass es keine Rolle spielt, welcher der beiden Funktionsterme abgeleitet wird, dass es also aufs Gleiche hinausläuft, wenn der erste Term direkt abgeleitet wird und der zweite anhand der Produktregel.

a) $f(x) = x^3 = x \cdot x^2$

b) $f(x) = x^4 = x^2 \cdot x^2$

51. Zeige mit einem einfachen Gegenbeispiel, dass die Aussage $(f(x) \cdot g(x))' = f'(x) \cdot g'(x)$ im Allgemeinen nicht gilt.

52. Es gelte: $g(x) = k \cdot f(x)$. Zeige mit der Produktregel, dass gilt: $g'(x) = k \cdot f'(x)$.

53. Sind f und g zwei Funktionen, so haben wir für die Ableitung ihres Produktes folgende Regel gefunden (Kurznotation): $(f \cdot g)' = f' \cdot g + f \cdot g'$.

a) Entwickle eine entsprechende Regel für die Ableitung P' eines Produktes P aus drei Faktoren: $P(x) = f(x) \cdot g(x) \cdot h(x)$; oder kurz: $P = f \cdot g \cdot h$. Im Term für P' dürfen nur noch f, g und h sowie deren Ableitungen f', g' und h' vorkommen.

Verwende die gefundene Regel, um die Funktion $P(x) = x^3(x + 1)(x^2 - 1)$ abzuleiten. Der Term muss nicht vereinfacht werden.

b) Entwickle eine entsprechende Regel für die Ableitung des speziellen Produktes P, das aus drei gleichen Faktoren aufgebaut ist: $P(x) = f^3(x) = (f(x))^3 = f(x) \cdot f(x) \cdot f(x)$.

Verwende die gefundene Regel, um die Funktion $P(x) = (2x - 1)^3$ abzuleiten.

54. Benutze die Produktregel und die Gleichung $x = \sqrt{x} \cdot \sqrt{x}$ für $x \geq 0$, um die Ableitung von $\sqrt{x}$ zu bestimmen.

55. Leite mit der Quotientenregel ab.

a) $f(x) = \dfrac{x - 1}{x + 1}$ b) $f(x) = \dfrac{3x^2 + 1}{x}$ c) $f(x) = \dfrac{1 - 2x}{3x + 4}$ d) $f(x) = \dfrac{x^2 + 1}{2x}$

e) $g(x) = \dfrac{x - 1}{3x}$ f) $g(x) = \dfrac{3x}{1 - x}$ g) $g(x) = \dfrac{1}{x + 1}$ h) $g(x) = \dfrac{3}{1 + x^2}$

i) $v(t) = \dfrac{3}{2t - 1}$ j) $v(t) = \dfrac{t^2}{3t - 1}$ k) $v(t) = \dfrac{t^3 - 1}{t^3 + 2}$ l) $v(t) = \dfrac{t}{1 - 3t^2}$

m) $w(t) = \dfrac{t^2 - 2}{t - 1}$ n) $w(t) = \dfrac{1 + 4t^3}{2 - 4t^3}$ o) $w(t) = \dfrac{t + 2}{\sqrt{t}}$ p) $w(t) = \dfrac{1}{1 - t} - \dfrac{1}{1 + t}$

56. Beweise mit der Quotientenregel, dass $\left(x^{-1}\right)' = -x^{-2}$.

57. Leite die Funktion f mit $f(x) = \frac{p(x)}{q(x)}$ (mit $q(x) \neq 0$) ab, und zwar ohne direkte Verwendung der Quotientenregel. Multipliziere dazu die Funktionsgleichung beidseitig mit $q(x)$, leite dann beidseitig nach x ab und löse schliesslich nach $f'(x)$ auf.

58. Zeige mit einem Gegenbeispiel, dass die Aussage $\left(\frac{f(x)}{g(x)}\right)' = \frac{f'(x)}{g'(x)}$ im Allgemeinen nicht gilt.

Höhere Ableitungen I

Die Ableitung der differenzierbaren Funktion f wird bekanntlich mit f' bezeichnet. Von der Funktion f' kann in der Regel erneut die Ableitung gebildet werden, diese heisst 2. Ableitung von f und wird mit f'' bezeichnet. Und von dieser Funktion f'' lässt sich die sogenannte 3. Ableitung f''' bilden etc. Für die n-te Ableitung schreiben wir $f^{(n)}$; $n \in \mathbb{N}$.

Beispiel: $f(x) = x^2 + x$, $f'(x) = 2x + 1$, $f''(x) = 2$, $f'''(x) = 0$, $f^{(4)}(x) = 0$.

Weitere Notation: $y'' = \frac{d^2 y}{dx^2} = \frac{d}{dx}\left(\frac{dy}{dx}\right) = \frac{d}{dx}(y'(x))$, analog für die n-te Ableitung: $y^{(n)} = \frac{d^n y}{dx^n}$.

59. Bestimme die 2. Ableitung der gegebenen Funktion.

a) $f(x) = 3x^5 + 4x - 2$ b) $f(x) = \frac{1}{12}x^4 - \frac{1}{6}x^3 + \frac{1}{2}x^2$ c) $f(x) = (5x - 2)^2$

60. Bestimme $\frac{d^2 y}{dx^2} = \frac{d}{dx}\left(\frac{dy}{dx}\right)$.

a) $y = 4x^3 - 21$ b) $y = x^3 - 4x^2 + 5x - 1$

61. Bestimme die 2. Ableitung der gegebenen Funktion. Achte auf die Funktionsvariable.

a) $x \mapsto 3x^6 - 4x + 5$ b) $x \to \frac{1}{24}x^4 + \frac{1}{18}x^3 - \frac{1}{8}x^2$

c) $x \mapsto (2x^3 - 3)(x^4 - 2x^3 + 7)$ d) $x \mapsto (ax - b)^3$

e) $x \mapsto 3xt^2 - tx^2$ f) $t \mapsto 3xt^2 - tx^2$

62. 📄 Skizziere den Graphen der 2. Ableitung f'' der dargestellten Funktion f.

a)
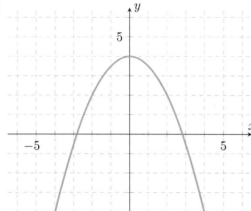

b)
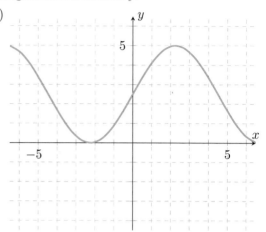

c)
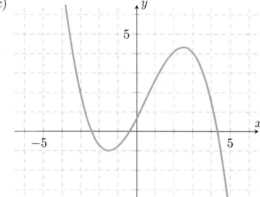

d)
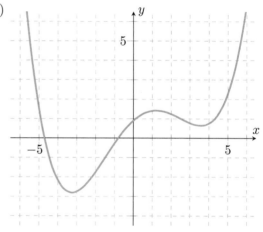

63. a) Bestimme die Ableitungen f', f'', $f^{(3)}$, $f^{(4)}$ und $f^{(5)}$ der angegebenen Funktion.

   i) $f(x) = x^3$ ii) $f(x) = x^4$ iii) $f(x) = x^5$ iv) $f(x) = x^6$

b) Wie lautet die 5. Ableitung $f^{(5)}$ für die Funktion $f(x) = x^n$, $n \in \mathbb{N}$ mit $n \geq 5$?

c) Lässt sich eine Potenzfunktion f mit $f(x) = x^n$ ($n \in \mathbb{N}$) beliebig oft ableiten?

64. Gib eine möglichst einfache Funktionsgleichung $y = f(x)$ für den gegebenen Term an.

   a) $y' = x^2$ b) $y'' = x^2$ c) $y''' = x^2$

65. Bestimme die ersten drei Ableitungen y', y'' und y'''.

   a) $y = x^n$ b) $y = n \cdot x^{n-1}$ c) $y = \frac{x^n}{n!}$

66. Es sei $u(x) = k \cdot f(x)$, wobei k eine beliebige Konstante ist. Zeige, dass die Aussage korrekt ist.

   a) $u''(x) = k \cdot f''(x)$ b) $u'''(x) = k \cdot f'''(x)$

67. Es sei $v(x) = f(x) \cdot g(x)$. Ist die Aussage korrekt? Wenn nicht, wie müsste sie korrigiert werden?

   a) $v''(x) = f''(x) \cdot g(x) + f'(x) \cdot g''(x)$
   b) $v'''(x) = f'''(x) \cdot g(x) + f''(x) \cdot g'(x) + f'(x) \cdot g''(x) + f(x) \cdot g'''(x)$

68. Leite die Polynomfunktion p so oft ab, bis das Resultat zum ersten Mal 0 ergibt.

    a) $p(x) = -2x^2 + 1$ b) $p(x) = 9 - x + 5x^3$ c) $p(x) = x^5$

    d) Wie oft muss eine Polynomfunktion n-ten Grades abgeleitet werden, bis das Resultat zum ersten Mal 0 ergibt?

Kettenregel

Kettenregel: $(f\,(g(x)))' = f'\,(g(x)) \cdot g'(x)$ Kurznotation: $(f \circ g)' = (f' \circ g) \cdot g'$

Oder für $y = f(u)$ und $u = g(x)$: $\dfrac{dy}{dx} = \dfrac{dy}{du} \cdot \dfrac{du}{dx}$

Merksatz: «äussere Ableitung mal innere Ableitung»

69. Bestimme die Ableitung y' mit der Kettenregel.

    a) $y = (4 - 3x)^2$ b) $y = (x^2 + 1)^3$ c) $y = (1 - x^2 + x^3)^4$

    d) $y = 4 \cdot (3 - x^2)^{-1}$ e) $y = (x^3 + 21)^{-4}$ f) $y = \dfrac{10}{(10 - x^{10})^{10}}$

70. Differenziere die Funktion w.

    a) $w(x) = \sqrt{6x + 1}$ b) $w(x) = 3 \cdot \sqrt{x^2 - 1}$ c) $w(x) = (\sqrt{x} + 1)^4$

    d) $w(t) = \dfrac{2}{\sqrt{2 - t^2}}$ e) $w(t) = \sqrt{\dfrac{t - 1}{t + 1}}$ f) $w(t) = \sqrt{1 + \sqrt{t}}$

71. Leite die Funktion nach der Funktionsvariable ab.

    a) $f(x) = \left(\dfrac{1 - x}{1 + x}\right)^2$ b) $g(t) = \dfrac{(1 - t)^2}{1 + t^2}$ c) $h(u) = \dfrac{3u^2 + 1}{(2u + 1)^2}$

72. Für die Funktionen f und g gelte der folgende Zusammenhang: $f(x) = g(ax + b)$; a, b, $x \in \mathbb{R}$. Weise nach, dass sich daraus für die beiden Ableitungen f' und g' der folgende Zusammenhang ergibt: $f'(x) = a \cdot g'(ax + b)$.

73. Gegeben sind die beiden Funktionen f und g mit den Funktionstermen $f(x) = x^2 + 1$ und $g(x) = (x + 1)^2$. Bestimme die Ableitung der gegebenen Funktion.

    a) $p(x) = f(g(x))$ b) $q(x) = g(f(x))$ c) $r(x) = f(f(x))$ d) $s(x) = g(g(x))$

74. Leite die Funktion nach der Funktionsvariable ab.

    a) $f(x) = (3x^5 + 7x)^2$ b) $g(x) = \dfrac{-2}{(1 - 2x^2)^3}$ c) $f(t) = 2t^3(1 - 7t^2)^2$

    d) $g(t) = \dfrac{3t}{(t - 1)^2}$ e) $f(x) = \dfrac{x}{\sqrt{x + 1}}$ f) $g(t) = \dfrac{(2t + 1)^2}{3t}$

75. Bestimme den Wert des Parameters $a \in \mathbb{R}$ so, dass für die Funktion f gilt: $f'(1) = 24$.

    a) $f(x) = (2x - a)^3$ b) $f(x) = \dfrac{-6}{\sqrt{ax}}$ c) $f(x) = \dfrac{2a}{a - 4x}$

76. Gegeben ist die Funktion f. Bestimme anhand der Kettenregel die Gleichung von P'.

a) $P(x) = (f(x))^2$ b) $P(x) = (f(x))^3$ c) $P(x) = (f(x))^n$

77. Für die durch $w = w(x) = \sqrt{x}$ definierte Wurzelfunktion w gilt für $x > 0$ die Gleichung $w^2 = x$. Bestimme w' durch beidseitiges Ableiten dieser Gleichung. Wie lautet der Term für die Ableitung $w' = w'(x) = (\sqrt{x})'$?

78. Gegeben sind die drei Funktionen $u(x)$, $v(x)$ und $w(x)$ mit $x \in \mathbb{R}$. Leite die Formel zur Bestimmung der Ableitung f' der verketteten Funktion f her, für die gilt:
$f(x) = (u \circ v \circ w)(x) = u(v(w(x)))$.

Hinweis: In der gesuchten «Kettenregel» für f' dürfen nur die Funktionen u, v und w sowie deren Ableitungen u', v' und w' enthalten sein.

79. Gegeben sind die zwei Funktionen $u(x)$ und $v(x)$, wobei $v(x) \neq 0$ ist.

a) Bestimme die Ableitung f' der durch $f(x) = \frac{1}{v(x)}$ gegebenen Funktion f mithilfe der Kettenregel.

b) Bestimme die Ableitung f' der durch $f(x) = \frac{u(x)}{v(x)} = u(x) \cdot \frac{1}{v(x)}$ gegebenen Funktion f anhand der Produktregel und der vorherigen Teilaufgabe.

80. Wahr oder falsch? Argumentiere. Wie müsste korrigiert werden, falls die Formel falsch ist?

a) $(f(-x))' = -f'(x)$ b) $\left(f\left(\frac{1}{x}\right)\right)' = \frac{1}{f'(x)}$

Winkel-, Exponential- und Logarithmusfunktionen

Ableitungen der Grundfunktionen

Winkelfunktionen (x im Bogenmass):

$$\sin'(x) = (\sin(x))' = \cos(x) \qquad\qquad \cos'(x) = (\cos(x))' = -\sin(x)$$

$$\tan'(x) = (\tan(x))' = 1 + \tan^2(x) = \frac{1}{\cos^2(x)}$$

Exponentialfunktionen:

$$(e^x)' = e^x \qquad\qquad (e^{ax})' = ae^{ax} \qquad\qquad (b^x)' = b^x \cdot \ln(b)$$

Logarithmusfunktionen:

$$\ln'(x) = (\ln(x))' = \frac{1}{x} \qquad\qquad\qquad \log_b'(x) = (\log_b(x))' = \frac{1}{x \cdot \ln(b)}$$

---

81. Bestimme $f'(x)$.

a) $f(x) = \sin(x) - \cos(x)$ b) $f(x) = 3\sin(x) + 5\cos(x)$ c) $f(x) = \frac{1}{3}\sin(x) - 3$

d) $f(x) = 1 - \cos(x)$ e) $f(x) = x + \cos(x)$ f) $f(x) = \frac{\sin(x)}{\pi}$

82. Bestimme die Gleichung der Ableitungsfunktion.

    a) $f(t) = -5\sin(t) + t^2$ b) $f(t) = -\sqrt{2} \cdot \sin(t)$ c) $f(t) = 2\sqrt{t} - \frac{1}{3}\cos(t)$

    d) $g(t) = \sqrt{3} \cdot \sin(t)$ e) $g(t) = \frac{1}{t^2} - \pi \cdot \sin(t)$ f) $g(t) = \frac{-1}{\sqrt{2}} \cdot \cos(t) + \pi$

83. Bestimme die Ableitung y'.

    a) $y = x \cdot \sin(x)$ b) $y = \cos(x) \cdot 2x^3$ c) $y = \frac{1}{x^2} \cdot \sin(x) + 3x$

    d) $y = (x^2 - 3x + 1) \cdot \cos(x)$ e) $y = \sqrt{x} \cdot \cos(x) - 2$ f) $y = \sin(x) \cdot \cos(x)$

84. Bestimme die Ableitung y'.

    a) $y = \dfrac{\sin(x)}{x}$ b) $y = \dfrac{2x}{\cos(x)}$ c) $y = \dfrac{-2\cos(x)}{\sqrt{x}}$

    d) $y = \dfrac{\pi}{\sin(t)} + 2$ e) $y = \dfrac{t^3 + 2t}{\cos(t)}$ f) $y = \dfrac{\cos(t)}{\sin(t)} + t^2$

85. Beweise unter Verwendung von $\tan(x) = \frac{\sin(x)}{\cos(x)}$ die Formel $(\tan(x))' = 1 + (\tan(x))^2 = \frac{1}{(\cos(x))^2}$.

86. Bestimme $\frac{\mathrm{d}}{\mathrm{d}t} f(t)$.

    a) $f(t) = t - \tan(t)$ b) $f(t) = t \cdot \tan(t)$ c) $f(t) = \dfrac{1}{\tan(t)}$

87. Bestimme die Ableitungsfunktion f' der Funktion f.

    a) $f(x) = \sin(2x)$ b) $f(x) = \sin(x^2 + x)$ c) $f(x) = \cos(\pi \cdot x)$

    d) $f(x) = \cos(x^2)$ e) $f(x) = \tan(x^2)$ f) $f(x) = \sin(\sqrt{x})$

    g) $f(x) = \cos^2(x)$ h) $f(x) = \tan^2(x)$ i) $f(x) = \sqrt{\sin(x)}$

88. Leite nach der Funktionsvariable ab.

    a) $f(x) = \dfrac{\sin(x)}{1 + \cos(x)}$ b) $f(t) = \dfrac{1 + \sin(t)}{1 - \cos(t)}$ c) $f(u) = \frac{1}{2} \cdot \cos^3(u)$

    d) $f(x) = \dfrac{1}{x \cdot \cos(x)}$ e) $f(t) = t \cdot \sin(t^2)$ f) $f(u) = \cos\left(\dfrac{1-u}{1+u}\right)$

89. Leite die gegebene Funktion ab.

    a) $f(x) = \mathrm{e}^{-2x}$ b) $g(x) = \mathrm{e} + \mathrm{e}^{x^2}$ c) $h(x) = \mathrm{e}^{\frac{1}{x}} + x^2$

    d) $f(t) = 3 \cdot \mathrm{e}^{-\frac{t^2}{2}}$ e) $g(t) = t^2 \cdot \mathrm{e}^{1-t}$ f) $h(t) = \sqrt{\mathrm{e}^t}$

90. Bestimme $\frac{\mathrm{d}y}{\mathrm{d}x}$.

    a) $y = 6^x$ b) $y = 5^{-x}$ c) $y = \frac{1}{2} \cdot 3^{2x} + 7$

    d) $y = 3x \cdot 10^x$ e) $y = \dfrac{2^x}{x}$ f) $y = (2\mathrm{e})^x$

91. Bestimme y'.

    a) $y = \ln(2 - 3x)$ b) $y = \lg(x + 1)$ c) $y = 3x^2 + \frac{1}{4} \cdot \mathrm{lb}(x^2)$

    d) $y = \dfrac{t}{\ln(t)}$ e) $y = \sqrt{t} \cdot \ln(t)$ f) $y = \ln(2 + \sqrt{t})$

92. Leite die gegebene Funktion ab.

a) $f(x) = \dfrac{1}{1 + \mathrm{e}^x}$

b) $g(x) = \mathrm{e}^{-x} + \dfrac{x}{\mathrm{e}^x}$

c) $h(x) = \ln\!\left(\dfrac{1}{x}\right) + \sqrt{2}$

d) $f(u) = \ln\!\left(\dfrac{u}{u-1}\right)$

e) $g(u) = \ln\!\left(\dfrac{\cos(u)}{\mathrm{e}^{3u}}\right)$

f) $h(u) = 10^{\frac{2u}{u+1}}$

g) $f(x) = \dfrac{\mathrm{e}^x}{x^2 - 4} + \pi^2$

h) $g(x) = \log_3(\cos(x))$

i) $h(x) = \sin(x) \cdot \ln(x)$

j) $f(u) = u^{\mathrm{e}} \cdot \mathrm{e}^{-u}$

k) $g(u) = \ln\!\left(\dfrac{\sqrt{u^2 + 1}}{u + 1}\right)$

l) $h(u) = \sin(\ln(\cos(u)))$

93. Sei $f(x) = a^x$ mit $a > 0$. Zeige, dass für die Ableitung gilt: $f'(x) = f'(0) \cdot f(x)$.

94. Leite aus der Beziehung $\mathrm{e}^{\ln(x)} = x > 0$ die Formel für die Ableitung der Funktion $y = \ln(x)$ her.

95. Gegeben ist eine Funktion f mit der Gleichung $y = f(x)$. Leite die Funktion g mit der Gleichung $g(x) = \ln(f(x))$ nach x ab.

96. Leite nach der Funktionsvariable ab.

a) $y(t) = A \cdot \sin(\omega \cdot t) + c$

b) $y(t) = \dfrac{A}{2\omega}\, t \cdot \sin(\omega \cdot t)$

c) $y(t) = a \cdot \mathrm{e}^{-\lambda \cdot t}$

97. Leite die Funktion $y = \ln(x) - \ln(2x) + \ln(3x) - \ln(4x)$ ab.

98. Differenziere nach x.

a) $f(x) = x^x$

b) $g(x) = x^{\sin(x)}$

c) $h(x) = \sqrt[x]{x}$

d) $i(x) = x^{\sqrt{x}}$

e) $j(x) = x^{(\mathrm{e}^x)}$

f) $k(x) = \log_x(2)$

Höhere Ableitungen II

99. Gegeben ist die Funktion f mit der Gleichung $f(x) = x \cdot \mathrm{e}^x$. Diese Aufgabe ist vollständig und in der angegebenen Reihenfolge zu lösen.

i) Bestimme $f'(x)$ und $f''(x)$.

ii) Welchen Term vermutest du für die 4. Ableitung $f^{(4)}(x)$? Verifiziere oder falsifiziere deine Vermutung.

iii) Wie lautet wohl der Term für $f^{(n)}(x)$, also für die n-te Ableitung der Funktion f?

iv) Beweise deine Vermutung durch vollständige Induktion.

100. Gegeben ist die Funktion f mit $f(x) = x^2 \cdot \mathrm{e}^x$. Berechne die ersten vier Ableitungen $f'(x)$, $f''(x)$, $f'''(x)$ und $f^{(4)}(x)$. Wie lautet der Term für $f^{(n)}(x)$, d. h. die n-te Ableitung von f?

101. Ausgangspunkt für diese von i) bis iii) vollständig zu lösende Aufgabe ist die Sinusfunktion mit der Gleichung $y = \sin(x)$.

i) Bestimme die folgenden höheren Ableitungen: $y^{(3)}$, $y^{(4)}$ und $y^{(5)}$.

ii) Wie lauten die 11., die 101. und die 1001. Ableitung der Sinusfunktion?

iii) Entwickle aus der 1001. Ableitung von $y = \sin(x)$ die 1001. Ableitung der Cosinusfunktion.

102. Bestimme die ersten sechs Ableitungen von $y = x \cdot \sin(x)$. Welche Vermutung ergibt sich daraus für die 12. und 13. Ableitung von $y = x \cdot \sin(x)$? Und wie lautet wohl die 25. Ableitung von y?

Erste Anwendungen

In der Physik ist die Zeit t eine häufig vorkommende Funktionsvariable. Im Zusammenhang mit dem Weg $s = s(t)$, der Geschwindigkeit $v = v(t)$ oder der Beschleunigung $a = a(t)$ werden die Ableitungen nach t gelegentlich nicht mit Ableitungsstrichen gekennzeichnet, sondern mit Punkten, und zwar wie folgt: $v(t) = \frac{\mathrm{d}}{\mathrm{d}t}s(t) = \dot{s}(t)$ und $a(t) = \frac{\mathrm{d}}{\mathrm{d}t}v(t) = \dot{v}(t) = \ddot{s}(t)$.

103. Bei geradlinigen Bewegungsabläufen wird die Position des sich bewegenden Massenpunktes meist durch die sogenannte *Wegkoordinate* $s(t)$ beschrieben, wobei $s(0)$ die Startposition markiert. Bestimme für den angegebenen Bewegungsablauf sowohl die Geschwindigkeit $v(t) = \dot{s}(t)$ des Massenpunktes als auch seine Beschleunigung $a(t) = \ddot{s}(t)$ in Abhängigkeit der Zeit t.

a) Vertikaler Wurf: $s(t) = s_0 + v_0 \cdot t - \frac{g}{2} \cdot t^2$; $g \,\widehat{=}\,$ Fallbeschleunigung

b) Freie ungedämpfte Schwingung: $s(t) = C \cdot \cos(\omega_0 t + \varphi)$

104. Der Verlauf einer Viruserkrankung werde durch die Funktion V mit $V(t) = \frac{10^6}{8}(6t^2 - t^3)$ modelliert. Dabei ist t die Zeit (in Tagen) seit Infektionsbeginn und V die Anzahl der sogenannten Virionen in 1 Milliliter Blut.

a) Für welche Werte von t kann man mit diesem Modell rechnen?

b) Berechne $V'(t)$. Was ist die Bedeutung der 1. Ableitung V'?

c) Zeichne die Graphen G_V und $G_{V'}$ in ein Koordinatensystem ein.

d) Interpretiere den Verlauf der beiden Graphen. Wann ist $V'(t) = 0$, $V'(t) < 0$ oder $V'(t) > 0$? Was bedeutet dies?

105. Die von der Zeit t abhängige Entfernung $s(t)$ eines Körpers von einem festen Punkt F wird durch die folgende Bewegungsgleichung beschrieben: $s(t) = -0.25t^2 + 4t$; t in Sekunden, s in Metern.

a) Zu welchen Zeitpunkten befindet sich der Körper beim Punkt F?

b) Welche Geschwindigkeiten $v = v(t)$ weist der Körper nach $t_1 = 2\,\mathrm{s}$, $t_2 = 5\,\mathrm{s}$ und nach $t_3 = 13\,\mathrm{s}$ auf? Wie ist ein allfälliges negatives Vorzeichen zu interpretieren?

c) Berechne die Beschleunigung $a = a(t)$, die auf diesen Körper wirkt.

106. In einer Tempo-30-Zone schwingt sich Olev auf sein E-Bike und fährt zügig los, wobei sich seine Geschwindigkeit v (in km/h) in den ersten t Sekunden der Startphase wie folgt verändert: $v = v(t) = \frac{30t^2}{t^2+2}$. *Hinweis:* Alle Resultate sind jeweils auf höchstens eine Nachkommastelle genau zu runden.

a) Wie schnell ist Olev nach $t = 1$, $t = 2$, $t = 3$ und nach $t = 7$ Sekunden unterwegs?

b) Berechne je die durchschnittliche Geschwindigkeitsveränderung (pro Sekunde) für die drei folgenden Zeitintervalle in Sekunden: $[0; 3]$, $[3; 6]$ und $[6; 9]$.

c) Stelle eine Formel auf für die Beschleunigung $a = a(t)$, die zum Zeitpunkt t auf das E-Bike wirkt, und berechne damit die Beschleunigungswerte $a(0.5)$, $a(1)$, $a(1.5)$ und $a(5)$ in m/s^2.

d) Bestimme $\lim\limits_{t \to \infty} v(t)$.

107. Die nachstehenden Graphen zeigen die Position $s = s(t)$, die Geschwindigkeit $v = v(t) = \dot{s}$ und die Beschleunigung $a - a(t) - \ddot{s}$ eines Körpers, der sich entlang der y-Achse als Funktion der Zeit t bewegt. Welcher der drei Graphen A, B und C gehört zu s, v respektive a?

Zu Aufgabe 107:   *Zu Aufgabe 108:*

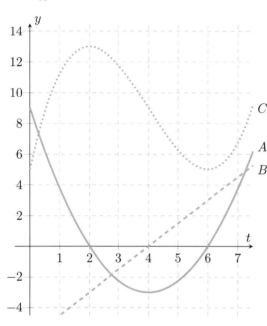   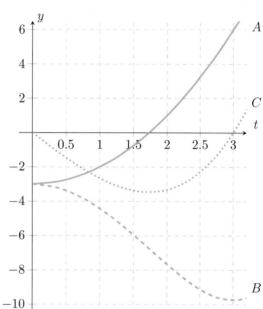

108. Die dargestellten Graphen zeigen die Position $s = s(t)$, die Geschwindigkeit $v = v(t)$ und die Beschleunigung $a = a(t)$ eines Fahrzeugs, das sich entlang der y-Achse in Abhängigkeit der Zeit t bewegt. Welcher der drei Graphen A, B und C gehört zu s, v bzw. a?

109. Ein Federpendel, an welchem eine Masse m angehängt ist, bewegt sich auf und ab. Die Funktion mit der Gleichung $s(t) = 3 + \cos(\pi \cdot t)$ beschreibt den Abstand der angehängten Masse m von der Decke, an der das Pendel befestigt ist (siehe Abbildung).

a) Was ist die maximale (bzw. minimale) Auslenkung der Masse?

b) Bestimme die 1. und 2. Ableitung $\dot{s}(t)$ und $\ddot{s}(t)$. Was bedeuten die beiden Ableitungen physikalisch?

c) Skizziere den Graphen von $\dot{s}(t)$ für eine volle Periode.

d) Berechne $\dot{s}(0)$, $\dot{s}\left(\frac{1}{2}\right)$, $\dot{s}(1)$ und $\dot{s}\left(\frac{3}{2}\right)$ und interpretiere die Zahlenwerte.

110. Die Anzahl Bakterien in einer Petrischale entwickelt sich in Abhängigkeit der Zeit t (in Tagen) und wird mit der Grösse N (in 1000 pro cm^2) angegeben. Das Wachstumsverhalten dieser Bakterienkultur wird durch die Funktion N wie folgt modelliert:

$$N(t) = \frac{100}{1 + 99 \cdot e^{-\frac{4}{5}t}}$$

a) Wie viele Bakterien pro cm^2 sind es zu Beginn der Zeitmessung?

b) Nach wie vielen Tagen etwa sind es 60'000 Bakterien pro cm^2?

c) Wie gross ist die momentane Tageszunahme in der Mitte des 3. Tages (in 1000 pro cm^2)?

111. In einem einfachen Stromkreis hängen die Spannung U (in Volt, V), die Stromstärke I (in Ampere, A) und der eingebaute Widerstand R (in Ohm, Ω) wie folgt zusammen: $U = R \cdot I$. Im Folgenden nehmen wir an, dass die eingestellte Spannung U kontinuierlich um $1\,\text{V/s}$ abnimmt, der Widerstand hingegen konstant um $4\,\Omega\text{/s}$ zunimmt. Wie gross ist die Änderungsrate für die Stromstärke I, wenn der Stromkreis zum fraglichen Zeitpunkt unter einer Spannung von $30\,\text{V}$ steht und der eingefügte Widerstand $40\,\Omega$ misst? Nimmt die Stromstärke zu oder nimmt sie ab?

112. Ein Drehlicht rotiert gleichmässig und braucht für eine Umdrehung 4 Sekunden. Die beiden stark gebündelten Lichtstrahlen treffen abwechselnd auf eine Mauer, die 10 Meter von der Lichtquelle entfernt ist.

a) Bestimme in Abhängigkeit der Streckenlänge $s = s(t) \geq 0$ die Geschwindigkeit $v = v(t)$, mit welcher der Lichtfleck über die Mauer wandert.

b) Berechne je die Geschwindigkeit des Lichtflecks für die beiden Streckenlängen $s_1 = 0\,\text{m}$ und $s_2 = 10\,\text{m}$.

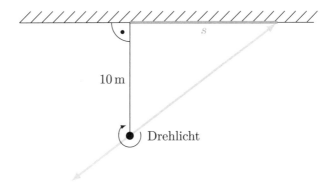

Die Beschleunigung $a = a(t)$ ist bei alltäglichen Bewegungsabläufen nicht immer konstant. Drei typische Beispiele: Fahrt im Personenlift, abrupter Stopp mit einem Fahrzeug oder Startphase beim 100-Meter-Lauf. Allen Beispielen gemeinsam ist, dass entweder auf eine Ruhephase eine Bewegungsphase folgt oder umgekehrt, meist sogar mit schnellem Wechsel. In der Bewegungsphase ist $a = a(t) \neq 0$, in der Ruhephase hingegen gilt: $a = a(t) = 0$.

Da die Beschleunigung $a(t)$ also nicht immer den gleichen Wert hat, wissen wir, dass deren Ableitung $a'(t)$ nicht immer konstant gleich null ist, sondern sich in Abhängigkeit der Zeit t verändern kann und daher eine Funktion von t darstellt. Die durch $j(t) = a'(t)$ definierte kinematische Funktion heisst *Ruck* und wird in der Einheit m/s^3 angegeben. Die Funktionsbezeichnung j leitet sich von den englischen Begriffen «jerk» oder «jolt» ab.

113. Bekanntlich hängt die Geschwindigkeit $v = v(t)$ von der Beschleunigung $a = a(t)$ ab.

a) Welcher Zusammenhang besteht zwischen der Geschwindigkeitsfunktion $v(t)$ und der kinematischen Funktion $j(t)$, dem Ruck?

b) Bestimme $j(t)$ für $v(t) = \sin(t)$.

c) Gib eine möglichst einfache Geschwindigkeitsfunktion $v(t)$ an, für die gilt: $j(t) = 1.2t$.

114. a) Da die in der Zeit t zurückgelegte Wegstrecke $s = s(t)$ von der Beschleunigung $a = a(t)$ abhängig ist, muss es auch einen Zusammenhang zwischen den beiden Funktionen $s(t)$ und $j(t)$ geben. Wie lautet dieser Zusammenhang?

b) Bestimme den Ruck $j(t)$ für die Situation des freien Falls, wenn also gilt: $s(t) = \frac{1}{2}gt^2$.

c) Für welche möglichst einfache Wegfunktion $s = s(t)$ gilt $j(t) = 3t$?

115. a) Eine Kugel wird mit der Startgeschwindigkeit v_0 vertikal nach oben geschossen. Was lässt sich über den Ruck $j(t)$ in der Steigphase sagen, wenn $s(t)$ die zunehmende Höhe ab Erdboden beschreibt?

b) Was lässt sich über den Geschwindigkeitsverlauf $v(t)$ sagen, wenn $j(t)$ sehr stark negativ ist?

116. a) ▤ Gegeben ist der Graph G_a der Beschleunigungsfunktion a. Skizziere in der gleichen Figur mit einer anderen Farbe den Verlauf der Ruckfunktion j.

Zu a)   *Zu b)*

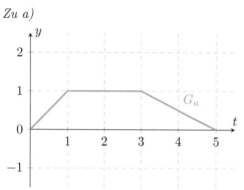
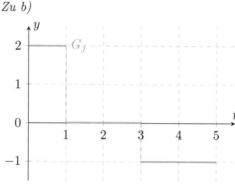

b) ▤ Gegeben ist der Graph G_j der Ruckfunktion j. Ergänze in der Grafik mit einer zweiten Farbe den Verlauf jener Beschleunigungsfunktion a, für die gilt: $a(0) = 0$.

117. Die Grafiken zu den Aufgaben 107 und 108 auf Seite 70 stellen beide die Verläufe der drei Funktionen s, v und a dar. Überlege dir für jede Grafik, was du über den jeweiligen Verlauf der Ruckfunktion j ganz sicher sagen kannst.

Erste Bekanntschaft mit Differentialgleichungen

Eine *Differentialgleichung*, abgekürzt *DGL*, ist eine Gleichung, welche einen mathematischen Zusammenhang beschreibt, der zwischen einer unbekannten Funktion $y = y(x)$, deren ersten oder höheren Ableitungen y', y'', ... sowie der Funktionsvariable x besteht.

Beispiele:

- $y' = x + y$ • $y'' + y = 0$ • $y' = -y^2$ • $xy' - y = 0$ • $2yy' = 1$

Erfüllt die Funktion $y = y(x)$ eine vorgegebene DGL, so heisst diese Funktion *Lösung* der DGL. Differentialgleichungen haben in der Regel unendlich viele Lösungen.

Beispiele:

- $y = y(x) = 2x$ ist eine Lösung der DGL $xy' - y = 0$.
- $y = \mathrm{e}^x$ ist eine Lösung der DGL $y' = y$; auch $y = 3.21 \cdot \mathrm{e}^x$ ist eine Lösung derselben DGL.
- $y = \cos(x)$ ist eine Lösung der DGL $y'' + y = 0$; auch $y = \sin(x)$ ist eine Lösung dieser DGL.

Hinweis: In Kapitel 4.7 auf Seite 152 wird das Thema DGL nochmals aufgegriffen.

Bemerkung: Differentialgleichungen spielen eine zentrale Rolle bei der Modellierung von Vorgängen in den Naturwissenschaften, der Technik und in der Ökonomie.

118. Gegeben sind eine Differentialgleichung und eine Funktion $y = y(x)$. Weise nach, dass die angegebene Funktion eine Lösung der DGL ist.

a) $xy' - y = 0$, $y = 4x$

b) $xy' - y + 1 = 0$, $y = 1 - x$

c) $y' = \frac{2y}{x}$, $y = 2x^2$

d) $xy' - 2y + 4 = 0$, $y = x^2 + 2$

e) $y' = x - y + 1$, $y = x + 12e^{-x}$

f) $yy' - x = 0$, $y = \sqrt{x^2 - 1}$

119. Ist die angegebene Funktion $y = y(x)$ eine Lösung der gegebenen Differentialgleichung?

a) $y'' - 9y = 0$, $y = 12 \cdot e^{3x}$

b) $y'' - 4y = 0$, $y = e^{2x} - e^{-2x}$

c) $y'' + 4y = 0$, $y = \sin(2x)$

d) $y'' + 16y = 0$, $y = 3 \cdot \sin(4x) - 5 \cdot \cos(4x)$

e) $2yy' + 1 = 0$, $y = \sqrt{x}$

f) $y' = (y - 2)^2$, $y = 2 + \frac{1}{x+3}$

120. Für welchen Wert von $k \in \mathbb{R}$ ist die durch ihre Gleichung gegebene Funktion y eine Lösung der DGL?

a) $xy' - y + 12 = 0$, $y = k - x$

b) $xy' - 2y + 10 = 0$, $y = x^2 + k$

c) $y' = \frac{3}{2x+1}$, $y = k \cdot \ln(2x + 1)$; $2x + 1 > 0$

d) $y' = 1 - y$, $y = e^{kx} + 1$

e) $y' = x - y + 1$, $y = x + ke^{-x}$

f) $y'' + 9y = 0$, $y = \sin(kx)$; $k \neq 0$

121. Bestimme in der Differentialgleichung den Wert der Konstanten $m \in \mathbb{R}$ so, dass die durch ihre Gleichung gegebene Funktion y eine Lösung der DGL ist.

a) $xy' - y + m = 0$, $y = 3x + 21$

b) $xy' - 2y + m = 0$, $y = \frac{1}{3}x^2 - 1$

c) $y' = \frac{m}{4x-2}$, $y = 3 \cdot \ln(2x - 1)$; $2x - 1 > 0$

d) $y' = y - 2x + m$, $y = x + e^{-x}$

e) $y' = m - y$, $y = e^{-x} + 1001$

f) $y'' + my = 0$, $y = \cos(-2x)$

122. Bei Bewegungsabläufen werden der zurückgelegte Weg s, die Geschwindigkeit v und die Beschleunigung a meistens je als Funktion der Zeit t beschrieben, also in der Form $s = s(t)$, $v = v(t)$ und $a = a(t)$.

a) Die physikalischen Abhängigkeiten zwischen $s(t)$ und $v(t)$, zwischen $v(t)$ und $a(t)$ oder zwischen $s(t)$ und $a(t)$ lassen sich als Differentialgleichungen der Form $T(f, g) = 0$ beschreiben; dabei steht $T(f, g)$ für einen Term, in dem f und g für die vorkommenden Funktionen oder deren Ableitungen stehen. Notiere drei möglichst einfache Differentialgleichungen der Form $T(s, v) = 0$, $T(v, a) = 0$ und $T(s, a) = 0$.

b) Beim freien Fall ist $a = g$ die Fallbeschleunigung. Zeige, dass $s = s(t) = \frac{1}{2}gt^2$ eine Lösung der Differentialgleichung $s'' - g = 0$ ist. Diese DGL hat noch weitere Lösungen. Welche?

123. Zeige, dass die in der Lösung von Aufgabe 112 vorkommende Funktion s mit $s(t) = 10 \tan\left(\frac{\pi}{2}t\right)$ eine Lösung der folgenden Differentialgleichung ist: $\dot{s}(t) = \frac{\pi}{20}s^2(t) + 5\pi$.

3.4   Tangente, Normale und Schnittwinkel

Tangente und Normale

Für die Tangente t und die Normale n an den Graphen G_f einer Funktion f mit der Gleichung $y = f(x)$ an der Stelle a gelten die folgenden Beziehungen:

- Steigung der Tangente t: $m_t = f'(a) = \tan(\varphi)$, $\varphi \,\widehat{=}\,$ Steigungswinkel der Tangente
- $n \perp t \;\Rightarrow\; m_t \cdot m_n = -1 \;\Rightarrow\;$ Steigung der Normale n: $m_n = \frac{-1}{m_t} = \frac{-1}{f'(a)}$

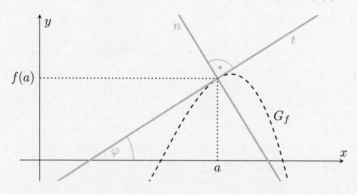

Schnittwinkel

Wenn sich die Kurven k_1 und k_2 in einem Punkt S schneiden, so ist der Schnittwinkel σ der beiden Kurven definiert als der (spitze) Zwischenwinkel, den die beiden Kurventangenten t_1 und t_2 im Schnittpunkt S miteinander einschliessen.

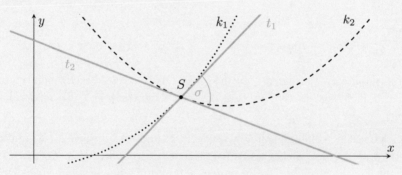

Polynomfunktionen

124. Gegeben ist die Parabel mit der Gleichung $y = x^2 + 4$. Bestimme die Gleichung der Parabeltangente t im angegebenen Punkt P.

a) $P(3 \,|\, y_P)$ \hspace{3cm} b) $P(-2 \,|\, y_P)$

125. Bestimme die Tangente und die Normale an den Graphen der Funktion f mit der Gleichung $f(x) = 2x^3 - 7x^2 + 3$ im Punkt $P(3 \,|\, -6)$.

126. Gegeben ist die Funktion f mit $f(x) = 2x^3 - 14x + 9$. In welchen Punkten des Graphen G_f ist die Tangente parallel zur Geraden g: $y = 10x - 8$?

127. Berechne den Parameterwert k so, dass die Tangente an den Graphen der Funktion mit der Gleichung $f(x) = 2x^3 + kx - 3$ an der Stelle $x = 2$ die Steigung 4 hat.

128. Gegeben ist die Funktion f mit $f(x) = 1 - 3x + 12x^2 - 8x^3$. Bestimme die Gleichung derjenigen Tangente t an den Graphen von f, welche parallel zur Tangente an der Stelle $x = 1$ ist.

129. In welchem Punkt P des Graphen von f mit $f(x) = 2x^2 - 12x + 13$ ist die Tangente parallel zur x-Achse?

130. Bestimme die Gleichungen der horizontalen Tangenten an den Graphen der Funktion f mit dem Funktionsterm $f(x) = 2x^3 + 3x^2 - 12x + 1$.

131. Gegeben ist die Kurve k mit $k(x) = 2\left(\frac{x}{3} - 2\right)^3$. Die Tangente im Kurvenpunkt P schneidet die Gerade $g(x) = \frac{-1}{2}x + 7$ rechtwinklig. Bestimme P und die Gleichung der Tangente.

132. Gegeben ist die Kurve k mit der Gleichung $y = k(x) = x^3 - 4x^2 + 1$.

    a) Weise nach, dass der Punkt $K(1\,|-2)$ auf der Kurve k liegt, und bestimme die Gleichung der Kurventangente t_K in diesem Punkt K.

    b) In welchem Kurvenpunkt $E \in k$ verläuft die dazugehörige Kurventangente t_E parallel zur x-Achse?

    c) In welchem Kurvenpunkt $P \in k$ verläuft die dazugehörige Kurventangente t_P parallel zur Geraden $g\colon y = 3x - 12$?

133. Die Sehne s der Parabel mit der Gleichung $y = x^2 - 2x + 3$ verbindet die beiden Kurvenpunkte $P(1\,|\,y_P)$ und $Q(3\,|\,y_Q)$. Bestimme die Gleichung der Parabeltangente t, die parallel zu dieser Sehne s verläuft.

134. Gegeben sind die beiden Funktionsterme $f(x) = x^3 - x - 2$ und $g(x) = x^2 - 3$. Zeige, dass sich die Graphen G_f und G_g an der Stelle $x_0 = 1$ berühren.

135. Weise nach, dass sich die beiden Kurven mit den Gleichungen $y = k(x) = \frac{1}{3}x^3 - 4x + \frac{28}{3}$ und $y = p(x) = \frac{-1}{2}x^2 + 2x + 2$ berühren.

136. Für welchen Wert von a berührt der Graph G_f von f mit $f(x) = \frac{1}{2}x^2 + ax + 4.5$ die x-Achse?

137. An welchen Stellen des Graphen zu $y = x^n$ haben die beiden dazugehörigen Tangenten die Steigung 1 bzw. n? ($n \in \mathbb{N}$)

138. Beweise die Aussage.

    a) Alle Parabeln p_a mit der Gleichung $y = ax^2 - x + 1$ ($a \neq 0$) berühren sich in einem einzigen Punkt B. Dieser Berührpunkt B ist also unabhängig vom Parameter a.

    b) Alle kubischen Parabeln $p_k\colon y = kx^3 + x + 3$ ($k \neq 0$) berühren sich in einem einzigen Punkt.

139. In welchem Kurvenpunkt K wird der Graph der Funktion mit der Gleichung $y = \frac{1}{8}x^3$ von seiner Tangente t an der Stelle $x = -2$ geschnitten?

140. Gegeben ist die Gleichung einer Polynomfunktion. Bestimme die Gleichung der Tangente im Schnittpunkt des Funktionsgraphen mit der y-Achse. Fällt dir etwas auf?

   a) $y = 4x^2 + 3x - 1$ b) $y = 7x^4 - 8x^3 + 9x^2 - 10x + 11$

   c) $y = 2x^5 - 4x^3 + 6x$ d) $y = 101x^{100} - 99$

   e) $y = a_n x^n + a_{n-1} x^{n-1} + a_{n-2} x^{n-2} + \ldots + a_2 x^2 + a_1 x + a_0;\ a_n \neq 0,\ n \in \mathbb{N}$

141. Die Parabel p mit $y = 2 - \frac{1}{2}x^2$ schneidet die x-Achse im Punkt R rechts vom Ursprung. In diesem Punkt R wird die Tangente t an die Parabel p gelegt und die Normale n zur Parabel p errichtet.

   a) In welchen Punkten T und N schneiden die Tangente t bzw. die Normale n die y-Achse?

   b) In welchem Punkt S schneidet die Normale n die Parabel p ein zweites Mal?

142. Gegeben ist die kubische Parabel k mit der Gleichung $y = k(x) = x^3 - x^2 + x - 1$. Bestimme die Gleichung für die Kurventangente t an der Stelle $x_0 = 1$ und berechne die Koordinaten des Schnittpunktes S, an dem diese Tangente t die kubische Parabel k (auch noch) schneidet.

143. Durch die beiden Punkte $U\left(u \mid u^2\right)$ und $V\left(v \mid v^2\right)$, die auf der Normalparabel liegen, wird je die Parabeltangente t_u bzw. t_v gelegt. Berechne die Abszisse x_S des Schnittpunktes S dieser beiden Parabeltangenten t_u und t_v.

144. Gegeben ist die Funktion f mit der Gleichung $f(x) = x^2 + 9$. Bestimme die Gleichungen derjenigen Tangenten an den Graphen von f, die durch den Nullpunkt gehen.

145. Gegeben sind die Funktion f mit $y = f(x) = x^2 + 4$ und der Punkt P, der nicht auf dem Graphen G_f liegt. Bestimme die Gleichung der Tangente an G_f, die durch den Punkt P verläuft.

   a) $P(0 \mid 0)$ b) $P(-2 \mid 4)$ c) $P(2 \mid 7)$

146. Gegeben sind die Parabel mit der Gleichung $y = \frac{1}{2}x^2$ und ein Punkt P. Suche die Gleichung der zur Parabel normalen Gerade durch P.

   a) $P(6 \mid 0)$ b) $P(-12 \mid 6)$ c) $P(0 \mid 5)$

147. Unter welchem spitzen Winkel schneidet der Graph der Funktion f die x-Achse?

   a) $f(x) = -x^2 + 4$ b) $f(x) = 2x^2 + 6x - 20$

   c) $f(x) = 0.2x^3 + 0.8x^2 - x$ d) $f(x) = x^5 - 2x^3 + x$

148. Gegeben ist die Kurve mit der Gleichung $y = \frac{1}{3}x^3$.

   a) In welchen Kurvenpunkten schliesst die dazugehörige Tangente einen $45°$-Winkel mit der x-Achse ein?

   b) Begründe, weshalb die Kurvensteigung an keiner Stelle negativ sein kann.

149. Unter welchem (spitzen) Winkel schneiden sich die beiden Parabeln, von denen je die Funktionsgleichung bekannt ist?

   a) $y = f(x) = x^2 - \frac{1}{2};\ y = g(x) = -x^2$

   b) $y = f(x) = 0.5x^2 + 3x + 14;\ y = g(x) = 0.5x^2 + 4x + 13$

150. Für welchen Wert des Koeffizienten $a > 0$ schneiden sich die beiden Parabeln mit den angegebenen Gleichungen orthogonal, d. h. rechtwinklig?

a) $f(x) = x^2$
    $g(x) = \frac{1}{2} - ax^2$

b) $f(x) = ax^2$
    $g(x) = 1 - \frac{1}{3}x^2$

c) $f(x) = ax^2$
    $g(x) = -\frac{1}{4}x^2 + a$

151. Gegeben sind die Kurve k mit der Gleichung $y = k(x) = 0.5x^3 - 4x^2 + 9x - 4$ und die fallende Gerade g mit der Gleichung $y = g(x) = 4 - x$. Welche der beiden folgenden Aussagen ist wahr?

a) Die Gerade g berührt die Kurve k an der Stelle $x_1 = 2$.

b) Die Kurve k wird von g an der Stelle $x_2 = 4$ orthogonal, d. h. rechtwinklig, geschnitten.

152. Die Parabel p mit der Gleichung $y = p(x) = ax^2$ $(a \neq 0)$ und die Gerade g mit der Gleichung $y = g(x) = mx$ $(m \neq 0)$ verlaufen beide durch den Ursprung und schneiden sich in einem zweiten Punkt S. Weise nach, dass der Schnittwinkel, unter dem die Gerade g die Parabel p in diesem Punkt S schneidet, nur von der Steigung m der Geraden abhängig ist, nicht aber vom Parameter a in der Parabelgleichung. *Beachte:* Für diesen Nachweis ist es nicht nötig, den Schnittwinkel zu bestimmen.

Allgemeinere Funktionen

Zu **153–156**: Bestimme sowohl die Gleichung der Tangente als auch die Gleichung der Normalen im Punkt P der Kurve k.

153. a) $k\colon y = \dfrac{2}{x+2}$; $P(-1 \,|\, y_P)$ b) $k\colon y = \dfrac{x^2-1}{x-3}$; $P\big(\frac{1}{3} \,\big|\, y_P\big)$ c) $k\colon y = \dfrac{x}{x^2+4}$; $P(-2 \,|\, y_P)$

154. a) $k\colon y = \sqrt{3x+1}$; $P(1 \,|\, y_P)$ b) $k\colon y = \frac{1}{x} + \sqrt{x}$; $P(4 \,|\, y_P)$ c) $k\colon y = \sqrt{x^2-7}$; $P(4 \,|\, y_P)$

155. a) $k\colon y = \tan(x)$;
    $P\big(\frac{\pi}{4} \,\big|\, y_P\big)$

b) $k\colon y = \sin(x)$;
    $P\big(\frac{\pi}{3} \,\big|\, y_P\big)$

c) $k\colon y = \sin(x)\cos(x)$;
    $P\big(\frac{\pi}{4} \,\big|\, y_P\big)$

156. a) $k\colon y = 2\mathrm{e}^x + 1$; $P(0 \,|\, y_P)$ b) $k\colon y = \ln\big(\frac{x}{4}\big)$; $P(4 \,|\, y_P)$ c) $k\colon y = x\ln(x)$; $P(1 \,|\, y_P)$

157. Bestimme die Gleichungen der horizontalen Tangenten an den Graphen der Funktion f mit dem Funktionsterm $f(x) = 2\sqrt{x} + \frac{1}{\sqrt{x}}$.

158. Von einem beliebigen Punkt P der Kurve mit der Gleichung $y = \frac{1}{x}$ $(x \neq 0)$ werden die Lote auf die x- und auf die y-Achse gefällt, deren Fusspunkte mit X bzw. Y bezeichnet sind. Zeige, dass die Strecke $\overline{XY}$ in jedem Fall parallel zur Tangente im Kurvenpunkt P verläuft.

159. Jede Tangente t an die Kurve mit der Gleichung $y = \frac{1}{x}$ $(x \neq 0)$ schneidet die beiden Koordinatenachsen je in einem Punkt X bzw. Y. Weise nach, dass der Berührpunkt B der Kurventangente t stets der Mittelpunkt der Verbindungsstrecke $\overline{XY}$ ist.

160. Gegeben ist die Funktion f mit $f(x) = \mathrm{e}^{3x}$. In welchem Punkt ist die Tangente an den Graphen von f parallel zur Geraden $g\colon y = x$? Wie lautet die Funktionsgleichung der Tangente in diesem Punkt?

161. Zeige, dass sich die Exponentialkurve mit der Gleichung $y = f(x) = e^{x-2}$ und die Parabel mit der Gleichung $y = g(x) = \left(\frac{x}{2}\right)^2$ an der Stelle $x = 2$ berühren. In welchem Punkt schneidet die gemeinsame Tangente der beiden Kurven die x-Achse?

162. An der Stelle $x = e^2$ wird die Tangente t an die Kurve mit $y = f(x) = \ln(x)$ gelegt. An welcher Stelle x_0 schneidet die Tangente t die x-Achse?

163. Wie gross muss die Konstante q sein, damit sich die beiden Kurven mit den Gleichungen $y = s(t) = \sin(t)$ und $y = c(t) = q - \cos(t)$ innerhalb des Bereichs $0 \le t \le \frac{\pi}{2}$ berühren?

164. Gegeben sind die Funktion f mit $y = f(x)$ und der Punkt P, welcher nicht auf dem Graphen G_f liegt. Bestimme die Gleichung der Tangente an G_f, die durch den Punkt P verläuft.

a) $f(x) = \dfrac{4}{x+4}$; $\quad P(0\,|\,0)$
b) $f(x) = \dfrac{x}{2-x}$; $\quad P(-2\,|\,-5)$
c) $f(x) = e^{\frac{x}{2}}$; $\quad P(0\,|\,0)$
d) $f(x) = \sqrt{2x+3}$; $\quad P(-6\,|\,0)$

165. Bestimme die Schnittpunkte und die Schnittwinkel des Graphen G_f mit den Koordinatenachsen.

a) $f(x) = \dfrac{x}{x-1}$
b) $f(x) = \dfrac{1-x^2}{2(x^2+1)}$
c) $f(x) = (x+1)e^x$
d) $f(x) = e^{-x}\cos(x)$, $\quad -\pi \le x \le \pi$

166. Unter welchen Winkeln schneiden sich die Kurven k_1 und k_2?

a) $k_1\colon y = f(x) = \dfrac{2}{x^2+1}$

  $k_2\colon y = g(x) = x^2$

b) $k_1\colon y = f(x) = \cos(x)$, $\; 0 \le x \le \frac{\pi}{2}$

  $k_2\colon y = g(x) = \sin(x)$, $\; 0 \le x \le \frac{\pi}{2}$

167. Berechne die Schnittwinkel der Kurven k_1 und k_2 mit den angegebenen Gleichungen.

a) $y = k_1(x) = \dfrac{3-x}{(x-2)^2}$

  $y = k_2(x) = x-3$

b) $y = k_1(x) = e^{\frac{-(x+1)}{2}}$

  $y = k_2(x) = e^{-x^2}$

c) $y = k_1(x) = \ln(x+3)$

  $y = k_2(x) = \ln(7-x)$

168. Für welchen Wert des positiven Koeffizienten a schneiden sich die beiden Graphen mit den Gleichungen $y = f(x) = ax^2$ und $y = g(x) = \frac{1}{x}$ orthogonal, d. h. rechtwinklig?

169. Die Kurve k ist durch die Gleichung $y = \frac{x^2+1}{x}$ $(x \ne 0)$ gegeben.

a) Berechne die Steigung m der Geraden g, die durch den Ursprung verläuft und die Kurve k orthogonal, also rechtwinklig, schneidet.

b) Zeige, dass die Gerade g eine Winkelhalbierende der beiden Asymptoten an die Kurve k ist.

170. Zeige: Die Graphen von $y = \cos(x)$ und $y = \tan(x)$ schneiden sich rechtwinklig.

171. a) Unter welchen Winkeln schneidet der Graph der Funktion $y = e^x - e$ die beiden Koordinatenachsen?

b) Berechne die beiden Schnittwinkel σ_1 und σ_2, welche die Exponentialkurve $k\colon y = e^x - 1$ mit der zur x-Achse parallelen Geraden $g_1\colon y = 1$ bzw. der zur y-Achse parallelen Geraden $g_2\colon x = 1$ einschliesst.

172. Gegeben sind die Parabel p mit $p(x) = a - \frac{1}{2}x^2$ und die Logarithmuskurve ℓ mit $\ell(x) = b + \ln(x)$. Zeige, dass sich die beiden Kurven p und ℓ orthogonal, also rechtwinklig, schneiden, und zwar unabhängig von den gewählten Werten der beiden Parameter a, $b \in \mathbb{R}$.

173. Der Punkt $P(x_0 \mid y_0)$ sei ein allgemeiner Punkt auf der Kurve k mit der Gleichung $y = f(x)$.

    a) Bestätige, dass die Gleichung für die Kurventangente t in P das folgende Aussehen hat:
$$t: y = f(x_0) + f'(x_0) \cdot (x - x_0) = f'(x_0) \cdot x + f(x_0) - x_0 \cdot f'(x_0).$$

    b) Wie lautet die Gleichung für die Kurvennormale n im Punkt P?

174. Wahr oder falsch? Der Graph von $f(x) = |x|$ hat an der Stelle $(0 \mid 0)$

    a) eine Tangente mit der Gleichung $y = 0$.

    b) unendlich viele Tangenten.

    c) keine Tangente.

    d) zwei Tangenten mit den Gleichungen $y = x$ und $y = -x$.

3.5 Spezielle Punkte und Eigenschaften von Kurven

Es sei f eine Funktion und $P(x_0 \mid f(x_0))$ ein Punkt auf dem Graphen G_f der Funktion f.

Nullstellen

f hat in x_0 eine Nullstelle	$f(x_0) = 0$

Extremalstellen, Wachstumsverhalten

	Notwendiges Kriterium	Hinreichendes Kriterium
f hat ein (lokales) Maximum in x_0, P ist ein Hochpunkt von G_f	$f'(x_0) = 0$	$f'(x_0) = 0$ $f''(x_0) < 0$
f hat ein (lokales) Minimum in x_0, P ist ein Tiefpunkt von G_f	$f'(x_0) = 0$	$f'(x_0) = 0$ $f''(x_0) > 0$
f ist monoton wachsend auf $]a; b[$	$f'(x_0) \geq 0$ für alle $x_0 \in]a; b[$	
f ist monoton fallend auf $]a; b[$	$f'(x_0) \leq 0$ für alle $x_0 \in]a; b[$	
f ist streng monoton wachsend auf $]a; b[$	Hinreichendes Kriterium: $f'(x_0) > 0$ für alle $x_0 \in]a; b[$	
f ist streng monoton fallend auf $]a; b[$	Hinreichendes Kriterium: $f'(x_0) < 0$ für alle $x_0 \in]a; b[$	

Wendestellen, Krümmungsverhalten

	Notwendiges Kriterium	Hinreichendes Kriterium
f hat eine Wendestelle in x_0, P ist ein Wendepunkt von G_f	$f''(x_0) = 0$	$f''(x_0) = 0$ $f'''(x_0) \neq 0$
f hat an der Stelle x_0 einen Terrassenpunkt, P ist ein Terrassenpunkt von G_f	$f'(x_0) = 0$ $f''(x_0) = 0$	$f'(x_0) = 0$ $f''(x_0) = 0$ $f'''(x_0) \neq 0$
G_f ist auf $]a; b[$ linksgekrümmt (konvex)	Hinreichendes Kriterium: $f''(x_0) > 0$ für alle $x_0 \in]a; b[$	
G_f ist auf $]a; b[$ rechtsgekrümmt (konkav)	Hinreichendes Kriterium: $f''(x_0) < 0$ für alle $x_0 \in]a; b[$	

Für die Definitionen der Begriffe *Pol*, *Lücke*, *Asymptote* und *asymptotische Näherungsfunktion* siehe Kapitel X.4 «Gebrochenrationale Funktionen» auf Seite 205.

Vorzeichenwechselkriterium

Gegeben sind eine Funktion f und eine Stelle x_0.

- Gilt $f'(x_0) = 0$ und wechselt f' an der Stelle x_0 das Vorzeichen, dann ist x_0 eine (lokale) Extremalstelle der Funktion f.

Wechsel des Vorzeichens von $+$ nach $-$
$\Rightarrow$ Hochpunkt

Wechsel des Vorzeichens von $-$ nach $+$
$\Rightarrow$ Tiefpunkt

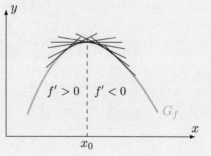
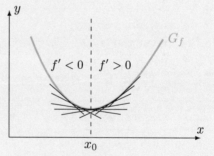

- Gilt $f''(x_0) = 0$ und wechselt f'' an der Stelle x_0 das Vorzeichen, dann ist x_0 eine Wendestelle der Funktion f.

Unter Symmetrie verstehen wir in diesem Abschnitt ausschliesslich eine allfällige Symmetrie des Graphen bezüglich der y-Achse bzw. des Ursprungs.

175. 📄 Von einer allgemeinen Funktion f ist der Graph G_f gegeben.

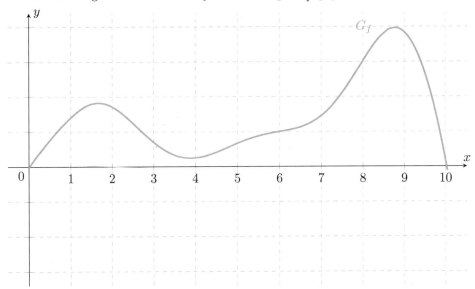

a) Skizziere in derselben Figur die Graphen der beiden Ableitungsfunktionen f' und f''.

b) Wie können anhand dieser zwei skizzierten Ableitungsfunktionen die folgenden sechs Merkmale des Graphen G_f im Intervall $[0; 10]$ charakterisiert werden?

1) Steigen und Fallen	2) Links- und Rechtskrümmung
3) Maximum	4) Minimum
5) Wendepunkt	6) Terrassenpunkt

Polynomfunktionen

176. Bestimme die Extrema der Funktion f mit $f(x) = x^3 + 6x^2 - 15x + 19$.

177. Bestimme alle Tiefpunkte der Funktion mit der Gleichung $y = \frac{1}{4}x^4 - \frac{1}{8}x^3 - 2x^2 + \frac{3}{2}x + 5$.

178. Wir betrachten den Graphen G_f einer Funktion f im Intervall $I = [-3.5; 1.5]$.

a) An welchen Stellen (x-Koordinaten) liegt eine Extremalstelle vor?

b) An welcher Stelle im Intervall I befindet sich das globale Maximum bzw. das globale Minimum?

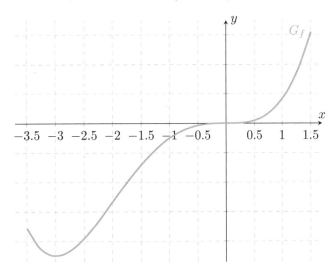

179. Gegeben ist die Funktion f mit $f(x) = x^3 + 3x^2 - 4$.

a) Bestimme vom Graphen der Funktion f alle Tief-, Hoch- und Wendepunkte.

b) Gib jeweils die Intervalle an, in welchen der Graph der Funktion f monoton steigt bzw. fällt.

c) Skizziere den Graphen G_f.

d) An welchen Stellen nimmt die Funktion f ihr globales Maximum bzw. ihr globales Minimum an, wenn die Funktion im Intervall $I = [-2.5; 2.5]$ betrachtet wird?

180. Gegeben ist die Funktion p mit $p(x) = -2x^3 - 6x^2 + 8$. Bestimme von dieser Funktion den Definitions- und Wertebereich, die Null-, Extremal- und Wendestellen sowie die Symmetrie.

181. Von der Funktion f ist die Funktionsgleichung $y = f(x) = 3x^4 - 8x^3 + 6x^2$ gegeben.

a) Berechne in den Wendepunkten der Funktion f die Geradengleichungen der Tangenten.

b) In welchem Intervall ist der Graph von f links- bzw. rechtsgekrümmt?

182. Beim vorgezeichneten Kurvenstück der Funktion f soll für $f(a)$, $f'(a)$ und $f''(a)$ je angegeben werden, ob der dazugehörige Wert negativ, null oder positiv ist.

a)   b)   c)   d)

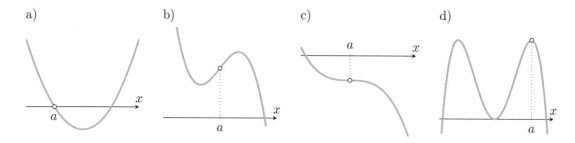

183. Von einer Funktion g ist der Graph der 1. Ableitung g' gegeben. Was kannst du über das Monotonieverhalten der Funktion g aussagen? Wo befinden sich Extremalstellen?

a) g' ist eine Polynomfunktion 3. Grades.   b) g' ist eine Polynomfunktion 4. Grades.

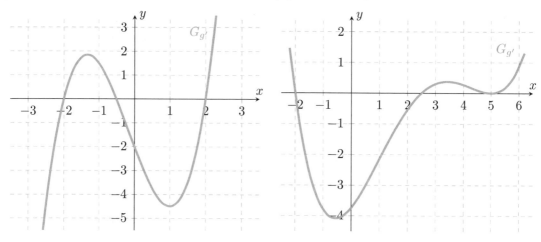

184. Von einer Funktion f ist der Graph der 2. Ableitung f'' gegeben. Was kannst du über das Krümmungsverhalten der Funktion f aussagen? Wo befinden sich Wendestellen?

a) f'' ist eine Polynomfunktion 2. Grades.

b) f'' ist eine Polynomfunktion 3. Grades.

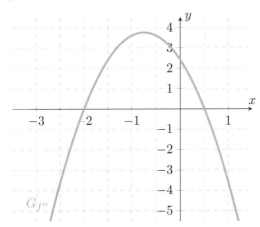 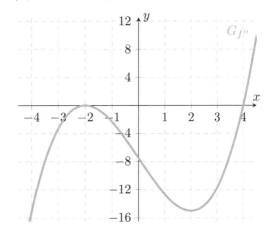

185. Wie gross muss der Parameter a gewählt werden, damit die Funktion f mit $f(x) = ax^4 - 2x^2$ bei $x = \frac{2}{3}$ einen Wendepunkt hat?

186. Für welche Werte von a hat f_a mit $f_a(x) = x^5 + ax^3 + x$ nur einen einzigen Wendepunkt?

187. Weshalb hat eine Funktion f mit der Gleichung $y = f(x)$ an der Stelle x_0 nicht zwingend ein lokales Extremum, obwohl x_0 eine Lösung der Gleichung $f'(x) = 0$ ist?

188. Sind die folgenden Aussagen über Polynomfunktionen wahr oder falsch? Begründe.

a) Zwischen zwei Extremalstellen liegt stets eine Wendestelle.

b) Zwischen zwei Wendestellen liegt stets eine Extremalstelle.

c) Ist der Graph symmetrisch zur y-Achse, dann ist $x = 0$ eine Extremalstelle.

189. Wahr oder falsch? Begründe.

a) Wenn $f''(a) = 0$ ist, dann hat der Graph von f an der Stelle $x = a$ einen Wendepunkt.

b) Wenn $f'(a) = 0$ ist, dann hat f an der Stelle $x = a$ entweder ein lokales Maximum oder ein lokales Minimum.

c) Wenn f an der Stelle $x = a$ ein globales Minimum hat, dann ist $f'(a) = 0$.

d) Jeder Terrassenpunkt von f ist auch ein Wendepunkt von f.

190. a) Ist es möglich, dass eine Funktion f an einer bestimmten Stelle ein Minimum hat, obwohl die zweite Ableitung f'' an dieser Stelle nicht positiv ist?

b) Gib erstens Bedingungen an, die für das Vorliegen eines Maximums einer Funktion f an einer Stelle notwendig sind, und zweitens solche, die für ein Maximum hinreichend sind.

191. Adi meint, dass es zur Bestimmung der Wendestelle einer Funktion f genüge, die 2. Ableitung f'' im Hinblick auf die gesuchte Stelle gleich null zu setzen. Mit anderen Worten: Die Bedingung $f'' = 0$ sei hinreichend. Seine Schwester Ida widerspricht ihm und erklärt, dass $f'' = 0$ bloss eine notwendige Bedingung sei für das Vorhandensein eines Wendepunktes, nicht aber eine hinreichende. Wer hat recht, Adi oder Ida?

192. Im Zusammenhang mit der durch $y = f(x) = 5.4x^3 - 32.1x^2 + cx + d$ gegebenen Funktion f meint Lena, dass sie die Wendestelle numerisch nicht exakt berechnen könne, da sie ja die Werte der Koeffizienten c und d nicht kenne. Dies sei doch überhaupt nicht notwendig, entgegnet Nael. Es sei hinreichend, die Koeffizienten von x^3 und x^2 zu kennen, im vorliegenden Fall also 5.4 und -32.1. Hat Lena recht oder Nael?

193. Ist der mathematische Satz umkehrbar? Falls nicht, so ist ein Gegenbeispiel anzugeben.

a) Hat die Funktion f an der Stelle x_0 ein Extremum, so ist $f'(x_0) = 0$.

b) Hat der Graph der Funktion f an der Stelle x_0 einen Wendepunkt, so ist $f''(x_0) = 0$.

194. Beweise die Aussage über Polynomfunktionen 3. Grades mit der Gleichung $y = ax^3 + bx^2 + cx + d$.

a) Wenn bei einer Polynomfunktion 3. Grades das quadratische Glied bx^2 fehlt, so liegt der Wendepunkt des dazugehörigen Graphen auf der y-Achse.

b) Wenn bei einer Polynomfunktion 3. Grades das lineare Glied cx fehlt, nicht jedoch das quadratische bx^2, so liegt ein Extremum des dazugehörigen Graphen auf der y-Achse.

195. a) Beweise den Satz: Wenn die Funktion f eine Polynomfunktion 4. Grades ist, so hat der Graph von f immer mindestens eine horizontale Tangente.

b) Ist die Umkehrung des Satzes in Teilaufgabe a) auch richtig? Falls nicht, so ist ein Gegenbeispiel anzugeben.

196. Die im Wendepunkt der Kurve mit der Gleichung $y = x^3 - 4.2x + 1.5$ errichtete Kurvennormale schneidet die Kurve in zwei weiteren Punkten. Berechne die Koordinaten dieser Schnittpunkte und zeige, dass der Wendepunkt die Strecke zwischen den beiden Schnittpunkten halbiert.

197. Beim Untersuchen der Funktion f mit der Gleichung $f(x) = -\frac{1}{3}x^3 - 1.1x^2 + 3.2x + 2$ hat Luana die folgenden Abszissen für die lokalen Extrema erhalten: $x_1 = -3.2$ und $x_2 = +1.0$. Wie kann sie jetzt ohne zusätzliche Rechnung herausfinden, welcher der beiden Werte zum Hochpunkt und welcher zum Tiefpunkt gehört?

198. Diskutiere die Funktion und skizziere den Funktionsgraphen (Definitions- und Wertebereich, Nullstellen, Hoch-, Tief-, Wende- und Terrassenpunkte, Symmetrie).

a) $f(x) = \frac{1}{3}x^3 - x$
b) $f(x) = 3x^4 + 4x^3$
c) $f(x) = 2 - \frac{5}{2}x^2 + 4x^4$
d) $f(x) = \frac{1}{10}x^5 - \frac{4}{3}x^3 + 6x$
e) $f(x) = \frac{1}{6}(x+1)^2(x-2)$
f) $f(x) = (x-1)(x+2)^2$
g) $f(x) = x^3 - 2x^2 + x$
h) $f(x) = \frac{1}{8}x^4 - \frac{3}{4}x^3 + \frac{3}{2}x^2$

Weitere Funktionen

199. Gegeben ist die Funktion $f(x) = x^2 + \frac{a}{x}$ mit $a \in \mathbb{R}$. Für welchen Wert des Parameters a hat der Graph der Funktion f an der Stelle $x = -1$ einen Tiefpunkt?

200. Gegeben ist die gebrochenrationale Funktion k mit der Gleichung $y = k(x) = \frac{12}{x^2+3}$.

a) Diskutiere die Funktion k (Definitions- und Wertebereich, Null-, Extremal- und Wendestellen, Symmetrie) und skizziere den Graphen von k samt allfälligen Asymptoten.

b) Bestimme die Gleichungen sämtlicher Wendetangenten.

201. Gegeben ist die gebrochenrationale Funktion g mit der Gleichung $y = g(x) = \frac{x-2}{x+1}$.

    a) Diskutiere die Funktion g (Definitions-, Wertebereich, Nullstellen, Polstellen, Asymptoten) und skizziere den Graphen von g.

    b) Begründe, weshalb die Funktion g weder Extremal- noch Wendestellen aufweist.

    c) Bestimme die Gleichung der Kurventangente t im Schnittpunkt des Graphen mit der y-Achse und berechne den spitzen Winkel φ, unter dem der Graph von g die x-Achse schneidet.

202. Gegeben ist die gebrochenrationale Funktion g mit der Gleichung $y = g(x) = \frac{Z(x)}{N(x)}$. Diese enthält das Zählerpolynom $Z(x) = x^3 + x^2 - 5x + 3$ und das Nennerpolynom $N(x) = 2x^2 + 8x$.

    a) Diskutiere die Funktion g (Nullstellen, Polstellen, Extrema, Wendepunkte, Asymptoten) und zeichne den Funktionsgraphen.

    b) In welchem Punkt P schneidet die schiefe Asymptote den Funktionsgraphen?

203. Untersuche die Kurve $k\colon y = \frac{(2x-1)(3-x)}{x^2}$.

    a) Bestimme die Schnittpunkte von k mit der x-Achse sowie die Extremalpunkte, die Polstellen und die Asymptoten. Zeichne die Kurve.

    b) Wie lauten die Funktionsgleichungen der Tangenten an die Kurve k in deren Nullstellen?

    c) Berechne die Steigungen der Tangenten an k, die durch den Ursprung $(0\,|\,0)$ verlaufen.

204. Gegeben ist eine Funktion f durch $x \mapsto \frac{x^3}{x^2+12}$.

    a) Bestimme von der Funktion f den Definitionsbereich, die Null-, Extremal- und Wendestellen sowie das asymptotische Verhalten und die Symmetrien. Skizziere den Graphen G_f und seine Asymptote(n).

    b) Welchen Abstand hat der Punkt $P\big(\sqrt{2}\,\big|\,y_P\big)$ auf G_f zur Asymptote?

205. Für welche Werte von $x > 0$ ist der Graph der Funktion f mit $f(x) = \sqrt{x} - \ln(x)$

    a) streng monoton fallend?   b) rechtsgekrümmt?

206. Begründe, weshalb die Funktion $y = \frac{\cos(x)}{1+\sin(x)}$, $x \neq \frac{3\pi}{2} + 2k\pi$, kein einziges Extremum aufweist.

> Zu **207–211**: Diskutiere die Funktion und skizziere den Funktionsgraphen (Definitions- und Wertebereich, Nullstellen, Hoch-, Tief-, Wende- und Terrassenpunkte, Polstellen, Symmetrie, asymptotisches Verhalten).

207. a) $f(x) = \dfrac{2x}{1+x^2}$ b) $f(x) = \dfrac{4}{1+x^2}$

     c) $g(t) = \dfrac{t}{t+1}$ d) $g(t) = \dfrac{t+1}{t}$

     e) $h(x) = \dfrac{x^3}{x^2-4}$ f) $h(x) = \left(\dfrac{x-1}{x+1}\right)^2$

208. a) $f(x) = \frac{x}{2} + \sqrt{x}$ b) $f(x) = x^2 + \sqrt{x}$

     c) $g(t) = 4t - \dfrac{1}{\sqrt{t}}$ d) $g(t) = \dfrac{1}{t} - \dfrac{1}{\sqrt{t}}$

209. a) $f(t) = \sin(t) + 2\cos(t)$ b) $f(t) = \sin(t) \cdot \cos(t)$

      c) $g(t) = \cos(t) + \cos(2t)$ d) $g(t) = \frac{\cos(t)}{1-\cos(t)}$

210. a) $f(x) = xe^{-x}$ b) $f(x) = e^x(x-1)^2$

      c) $g(t) = te^{-t^2}$ d) $g(t) = \frac{t}{2} + e^t$

211. a) $f(x) = x\ln(x)$ b) $f(x) = \frac{\ln(x)}{x}$ c) $f(x) = \frac{x}{\ln(x)}$

3.6   Aufstellen von Funktionsgleichungen

Polynomfunktionen

212. Der Graph einer Polynomfunktion 3. Grades hat im Punkt $P(2\,|\,1)$ einen Terrassenpunkt und schneidet die x-Achse im Punkt $A(4\,|\,0)$. Bestimme die Funktionsgleichung.

213. Der Graph einer Polynomfunktion 4. Grades berührt die x-Achse bei $x = 0$. Im Punkt $T(3\,|\,9)$ ist ein Terrassenpunkt. Bestimme die Funktionsgleichung.

214. Der Graph einer Polynomfunktion 3. Grades hat einen Wendepunkt bei $W(1\,|\,2)$ und berührt die x-Achse bei $x = 2$. Bestimme die Funktionsgleichung.

215. Bestimme eine Polynomfunktion 3. Grades mit einer Nullstelle bei $x = -2$. Der Punkt $P(0\,|\,y_P)$ ist ein Wendepunkt und die Wendetangente t hat die Gleichung $x - 3y + 6 = 0$.

216. Wie lautet die Gleichung der Polynomfunktion 5. Grades, deren zum Ursprung punktsymmetrischer Graph in $P(1\,|\,8)$ einen Terrassenpunkt hat?

217. Eine zum Ursprung punktsymmetrische Polynomfunktion 3. Grades hat im Punkt $M(3\,|\,-6)$ ein Minimum. Bestimme die Funktionsgleichung.

218. Der Graph einer zum Nullpunkt symmetrischen Polynomfunktion 5. Grades hat ein Extremum im Punkt $P(3\,|\,6)$ und bei $x = 1$ die Steigung $m = \frac{40}{27}$. Bestimme die Funktionsgleichung.

219. Eine zur y-Achse symmetrische Polynomfunktion 4. Grades verläuft durch den Ursprung und hat einen Wendepunkt bei $W(1\,|\,2.5)$. Bestimme die Funktionsgleichung.

220. Der Graph einer zum Ursprung symmetrischen Polynomfunktion 5. Grades hat in $M(3\,|\,6)$ ein Maximum und schneidet die x-Achse bei $x = \sqrt{15}$. Bestimme die Funktionsgleichung.

221. Eine zur y-Achse symmetrische Polynomfunktion 4. Grades berührt bei $x = 4$ die x-Achse und schneidet die y-Achse bei 10.24. Bestimme die Funktionsgleichung.

222. Bestimme die Gleichung einer kubischen Polynomfunktion k, welche bei $x_0 = 1$ eine doppelte Nullstelle aufweist und deren Graph G_k die Gerade g mit der Gleichung $y = 2 - 2x$ im Schnittpunkt mit der y-Achse berührt. Unter welchem Winkel schneidet G_k die x-Achse?

223. Die Punkte $A(1\,|\,0)$ und $B(-1\,|\,0)$ sind Wendepunkte des Graphen der Funktion f mit $f(x) = x^4 + bx^3 + cx^2 + dx + e$. Bestimme alle Schnittpunkte dieser Kurve mit der x-Achse sowie die Extrema.

224. a) Skizziere den Graphen G_f jener Polynomfunktion 3. Grades mit der Gleichung $y = f(x)$, die folgende Eigenschaften aufweist:

  i) $f(-3) = f(0) = 0$ ii) $f(-2) = 4$ iii) $f(-1) = 2$
  iv) $f'(-2) = f'(0) = 0$ v) $f''(-1) = 0$

  b) In Teilaufgabe a) werden deutlich mehr Angaben zum Graphen von f gemacht als eigentlich nötig wären, nämlich sieben. Wie viele Angaben würden genügen, um die Funktionsgleichung von f und somit auch den dazugehörigen Graphen eindeutig zu bestimmen?

225. Wähle a so, dass der Graph der Funktion f mit $f(x) = \frac{1}{2}(x^4 - ax^2)$ bei $x = 1$ einen Wendepunkt hat. Wo liegt der andere Wendepunkt? Bestimme auch noch die Extrema.

226. Eine Polynomfunktion f hat an der Stelle $x = 1$ eine doppelte Nullstelle und es ist $f''(x) = 6x$. Bestimme die Gleichung dieser Polynomfunktion und zeichne ihren Graphen.

227. Bestimme die Gleichung einer Funktion f mit einem lokalen Maximum im Punkt $(1\,|\,1)$ und einem lokalen Minimum im Punkt $(-1\,|\,-1)$.

228. Die Figur stellt den Graphen G_f einer Funktion f dar. Bestimme die Gleichung von f, wenn der Übergang vom Parabelbogen zur Strecke s an der Stelle $(2\,|\,0)$ knickfrei ist.

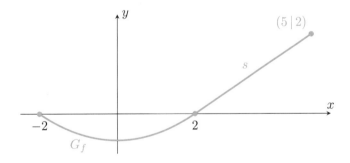

229. Gegeben sind die geradlinigen Strassenabschnitte $u = P(-3\,|\,2)Q(-1\,|\,0)$ und $w = R(1\,|\,0)S(5\,|\,2)$. Es soll eine krummlinige Verbindungsstrasse v von Q nach R gebaut werden, und zwar so, dass die Übergänge in Q und R «knickfrei» werden. Beschreibe den Strassenverlauf von v mit einer kubischen Polynomfunktion, die diese Eigenschaft an den beiden Übergangsstellen Q und R in die daran anschliessenden geradlinigen Strassenabschnitte nach P respektive S besitzt.

230. Zum Zeitpunkt $t = 0$ habe ein zum Landen ansetzendes Flugzeug die Flughöhe H und zum Zeitpunkt $t = T$ setze es auf dem Boden auf. Die Flughöhe $h = h(t)$ beim Übergang zwischen dem horizontalen Anflug und der horizontalen Landung, also im Zeitintervall $0 \le t \le T$, lässt sich recht gut mit einer Polynomfunktion 3. Grades modellieren. Weise nach, dass sich die Flughöhe h im fraglichen Zeitintervall anhand der folgenden Funktion beschreiben lässt:

$$h = h(t) = H \cdot \left(2\left(\frac{t}{T}\right)^3 - 3\left(\frac{t}{T}\right)^2 + 1 \right)$$

231. Eine Strasse verläuft geradlinig von $F(-3\,|\,8)$ nach $G(0\,|\,2)$, von dort aus krummlinig nach $Z(1\,|\,0)$ und dann weiter entlang der (positiven) x-Achse.

    a) Entwickle die Gleichung eines zwischen G und Z liegenden Kurvenbogens so, dass die beiden Übergänge in G und Z knickfrei werden.

    b) Verbessere das krummlinige Kurvenstück zwischen G und Z so, dass die beiden Übergänge bei G und Z «ruckfrei» befahren werden können.

Weitere Funktionen

232. Bestimme die beiden Koeffizienten a und b so, dass der Graph der Funktion f mit $f(x) = \frac{ax^2-1}{bx}$ im Punkt $P(-1\,|\,-8)$ die Steigung 16 hat.

233. Gegeben sind die im I. Quadranten liegende Hälfte einer Parabel mit der Gleichung $y = f(x) = ax^2$ $(a > 0;\ x \geq 0)$ und die Exponentialkurve mit $y = g(x) = \mathrm{e}^x$ $(x \in \mathbb{R})$.

    a) Bestimme den Koeffizienten a so, dass sich die beiden Kurven an der Stelle $x_0 = 2$ berühren.

    b) Weise nach, dass der gefundene Wert für a auch ohne Angabe der Berührstelle x_0 bestimmt werden kann.

234. Stelle die Gleichung einer gebrochenrationalen Funktion auf, die bei $x = -1$ einen Pol hat, bei $x = 3$ eine doppelte Nullstelle und deren Graph an der Stelle $x = 0$ die Steigung -11 aufweist.

235. Gegeben ist die Funktion f durch $x \mapsto \frac{9(x^2+ax+b)}{x^2}$.

    a) Berechne die Parameter a und b so, dass f die Nullstellen $x = 4$ und $x = 12$ hat.

    b) Diskutiere die Funktion f (Polstellen, Extrema, Wendepunkte, Asymptoten) und zeichne ihren Graphen für $x > 0$.

236. Welchen Wert muss der Koeffizient $a \in \mathbb{R}$ haben, damit die Kurve mit der Funktionsgleichung $y = f(x) = \frac{ax-1}{x-1}$

    a) an der Stelle $x = 2$ eine zur Geraden $g\colon 3x + y - 5 = 0$ parallele Tangente hat?

    b) an der Stelle $x = -1$ eine durch den Ursprung verlaufende Tangente t aufweist?

237. Bestimme die Gleichung einer möglichst einfachen Funktion f, die an der Stelle $x = -1$ einen Pol ohne Vorzeichenwechsel hat, an der Stelle $x = 2$ eine doppelte Nullstelle aufweist und deren Graph G_f den Ursprung mit einem Steigungswinkel von $+45°$ passiert.

238. Welchen Wert müssen die beiden Parameter a und b haben, damit die durch $f(x) = \frac{a}{x^2+b}$ gegebene Funktion f ein Maximum mit dem Wert 4 aufweist und die Wendestelle $x = 1$ hat?

239. Gegeben sind die Exponentialkurve und die Logarithmuskurve mit den Gleichungen $y = f(x) = \mathrm{e}^{x-u} + v$ und $y = g(x) = \ln(x)$. Berechne die beiden Parameter u und v so, dass sich die beiden Kurven an der Stelle x_0 berühren, und notiere auch die Funktionsgleichung für f.

    a) $x_0 = 1$ b) $x_0 = \mathrm{e}$

Welcher Funktionsansatz führt zum Ziel?

240. Gegeben ist die Parabel p mit der Gleichung $y = p(x) = -x^2 + 6x = x(6-x)$. Die Abszisse des Punktes $Q(x \mid 0)$ erfülle die Bedingung $0 \leq x \leq 6$; der Punkt Q auf der x-Achse liegt also irgendwo zwischen den beiden Nullstellen $x_1 = 0$ und $x_2 = 6$ der Parabel p. Der Punkt $P(x \mid y)$ liegt senkrecht über Q auf der Parabel und hat folglich dieselbe Abszisse x wie der Punkt Q. Im Folgenden betrachten wir das Dreieck OPQ; dabei ist O der Ursprung des Koordinatensystems.

a) Bestimme eine Formel $F = F(x)$, mit welcher der Flächeninhalt F des Dreiecks OPQ in Abhängigkeit von der Abszisse x von Q für $0 \leq x \leq 6$ berechnet werden kann. Erstelle eine Wertetabelle für die ganzzahligen Werte $x = 0, 1, 2, \ldots, 6$.

b) Wie lautet die analoge Formel $u = u(x)$ für den Umfang u des Dreiecks OPQ?

241. Die Brennstoffkosten für den Antrieb eines Frachtschiffes sind annähernd proportional zur dritten Potenz seiner Geschwindigkeit v. Für einen bestimmten Schiffstyp betragen sie erfahrungsgemäss 125 Franken pro Stunde, wenn das Schiff mit einer Geschwindigkeit von $v_0 = 10\,\mathrm{km/h}$ unterwegs ist. Die geschwindigkeitsunabhängigen Kosten belaufen sich auf 2000 Franken pro Stunde. In der Funktionsgleichung $y = B(v)$ gibt der Funktionsterm die von v abhängigen gesamten Betriebskosten pro gefahrenem Kilometer an.

a) Bestimme den Funktionsterm $B(v)$ für die gesamten Betriebskosten.

b) Erstelle für $v = 5, 10, 15, 20, 25, 30, 35, 40$ (in km/h) eine Wertetabelle für die anfallenden Betriebskosten auf Franken genau und skizziere den wesentlichen Verlauf der Funktion B samt ihrer Asymptote und der asymptotischen Näherungsfunktion.

242. *Subtangente.* Wenn $P(x \mid y)$ ein Punkt auf der Kurve f mit der Gleichung $y = f(x)$ ist, dann begrenzen die x-Achse, die Kurventangente t im Kurvenpunkt P sowie das Lot von P auf die x-Achse im Allgemeinen ein rechtwinkliges Dreieck mit einer Kathete auf der x-Achse, der sogenannten *Subtangente*. Die Länge s dieser Subtangente hängt von der Kurvengleichung und von der Abszisse x des Punktes P ab. Sie kann also auch als eine Funktion von x dargestellt werden: $s = s(x)$. Bestimme für die gegebene Kurvengleichung die Funktionsgleichung $s = s(x)$ zur Bestimmung der Länge der Subtangente.

a) $y = x^2$ b) $y = \mathrm{e}^x$ c) $y = \sqrt{x}$ d) $y = \frac{1}{x}$ e) $y = x^n$ f) $y = \sin(x)$

3.7   Extremwertaufgaben

Einfache Funktionen

243. Ein Rechteck hat den Umfang $u = 60\,\text{cm}$. Über *beiden* Schmalseiten und *einer* Längsseite werden Quadrate nach aussen errichtet. Bei welchen Abmessungen des Rechtecks ist die Summe der drei Quadratflächen extremal? Handelt es sich beim Extremum um ein Minimum oder ein Maximum?

244. Von einem rechteckigen Stück Karton mit den Seitenlängen a und b wird an jeder Ecke ein Quadrat mit der Seitenlänge x weggeschnitten. Durch Auffalten der vorstehenden Rechtecke lässt sich aus dem Reststück eine oben offene Schachtel bilden. Für welches x ist deren Volumen maximal, wenn gilt:

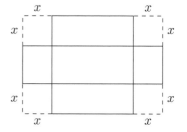

   a) $a = b = 12\,\text{cm}$?   b) $a = 15\,\text{cm}$, $b = 24\,\text{cm}$?

245. Es soll ein Flyer gedruckt werden mit einem Text, der $A\,\text{cm}^2$ Platz benötigt. Der Seitenrand soll oben und unten je $a\,\text{cm}$ und seitlich je $b\,\text{cm}$ betragen. Bei welchen Abmessungen des Blattes ist der Papierverbrauch am geringsten?

   a) $A = 150$, $a = 3$, $b = 2$ b) allgemein

246. Familie Ziegler will angrenzend an eine $12\,\text{m}$ lange Scheunenwand eine Weide für ihre Ziegen abstecken. Dafür steht ihr ein Zaun mit der Länge ℓ zur Verfügung. Wie muss diese rechteckige Weide dimensioniert werden, damit Zieglers Ziegen möglichst viel Weidefläche erhalten, wobei entlang der Scheunenwand natürlich kein Zaun benötig wird?

Löse diese Extremalwertaufgabe für die Zaunlängen

   i) $\ell_1 = 18\,\text{m}$ ii) $\ell_2 = 30\,\text{m}$ iii) $\ell_3 = 42\,\text{m}$

und beachte dabei, dass es zwei grundlegend verschiedene Einzäunungsmöglichkeiten gibt.

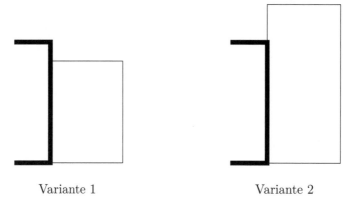

             Variante 1   Variante 2

247. Ein Quader mit dem Volumen $V = 25\,\text{m}^3$ und einer Kante $a = 5\,\text{m}$ soll eine minimale Oberfläche haben. Wie lang sind die beiden anderen Kanten?

248. Aus einem $120\,\text{cm}$ langen Draht soll das Kantenmodell eines Quaders hergestellt werden, bei dem eine Kante dreimal so lang wie eine andere und der Rauminhalt möglichst gross ist. Wie muss man die Länge der Kanten wählen? Wie gross ist das maximale Volumen?

249. Ein Geschenkpaket mit quadratischer Grundfläche muss einen Inhalt von $4\,\mathrm{dm}^3$ aufweisen. Wie sind die Kantenlängen zu wählen, damit möglichst wenig Schnur zum Umwickeln benötigt wird? *Hinweis:* Die quadratischen Flächen werden dabei kreuzweise, die vier anderen nur einfach umwickelt.

250. Ein zylindrisches Litergefäss soll aus möglichst wenig Blech hergestellt werden. Welche Ausmasse hat ein solches Gefäss

    a) mit Deckel?   b) ohne Deckel?

251. Ein Stück Draht der Länge ℓ wird in zwei Teile zerschnitten. Aus dem einen wird ein Quadrat, aus dem anderen ein Kreis geformt. Wie muss man schneiden, damit die Summe der Flächeninhalte der beiden Figuren

    a) minimal wird?   b) maximal wird?

252. Die Zahl $160 = u + v$ soll so in zwei positive Summanden u und v zerlegt werden, dass der Term $T = u^3 + v^2$ einen minimalen Wert hat. Berechne die beiden Summanden u und v und begründe, warum die gefundene Lösung einen minimalen Wert für T liefert. Diese Aufgabe soll auf zwei Arten gelöst werden:

    1) Der zu minimierende Term wird als Funktion der Variable u aufgefasst: $T = T(u)$.

    2) Fasse umgekehrt den zu minimierende Term als Funktion der Variable v auf: $T = T(v)$.

253. Eine Onlinehändlerin kann von einem sehr gefragten Artikel monatlich a Stück verkaufen; dabei beträgt der Reingewinn b Franken pro verkauftem Stück. Da erfahrungsgemäss tiefere Preise den Absatz fördern, nimmt sie einfachheitshalber an, dass eine Preissenkung von Fr. 1.–, Fr. 2.–, Fr. 3.–, ... ihren monatlichen Umsatz proportional erhöhen würde, also um c Stück, $2c$ Stück, $3c$ Stück, ... Bei welcher Preissenkung pro Stück kann sie unter dieser vereinfachten Annahme den grössten Gewinn erwarten?

    a) $a = 200$, $b = 10$, $c = 50$ b) $a = 500$, $b = 13$, $c = 50$

    c) $a = 1000$, $b = 10$, $c = 100$ d) $a = 1000$, $b = 8$, $c = 100$

254. Ein Discounter stellt Lampenschirme her. Pro Schirm benötigt er 5.4 m Draht, um ein quadratisches Prisma samt kreuzförmiger Aufhängevorrichtung herzustellen. Der quadratische Boden und die Mantelfläche des Prismas werden mit Stoff bespannt. Bestimme die Ausmasse eines solchen Lampenschirms, wenn – aus rein dekorativen Motiven – möglichst viel Stoff verbraucht werden soll.

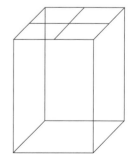

255. Der Rauminhalt eines Bürogebäudes mit Flachdach und quadratischem Grundriss soll $12'000\,\mathrm{m}^3$ betragen. Der Wärmeverlust pro Quadratmeter Dachfläche sei dreimal so gross wie jener pro Quadratmeter Wandfläche. Mit welchen Abmessungen hat das Gebäude den kleinsten Wärmeverlust?

256. An welchen Stellen im Intervall $-2 \leq x \leq 1$ weist die Tangente an den Graphen G_f der Funktion f mit $y = f(x) = 2x^3 + 6x^2 + 12x - 5$ die grösste Steigung auf und wo die kleinste?

257. Wir betrachten Quadrate $OPQR$ mit der Ecke O im Ursprung. Die Ecke P liegt auf der Geraden g mit der Gleichung $y = 2.4x + 33.8$. Berechne den kleinstmöglichen Flächeninhalt A, den ein solches Quadrat $OPQR$ haben kann.

258. Gegeben sind die Funktionen f und g mit den Gleichungen $f(x) = \frac{1}{4}x^2$ bzw. $g(x) = 6$. Deren Graphen schliessen ein Gebiet ein. In dieses Gebiet wird ein Rechteck gelegt, dessen Seiten parallel zu den Koordinatenachsen liegen. Wie lang und wie breit ist das Rechteck mit maximalem Flächeninhalt? Wie gross ist der maximale Flächeninhalt?

259. Die Parabel mit der Gleichung $y = \frac{1}{4}x^2 + 4$ und die zur y-Achse parallele Gerade an der Stelle $x_0 = 8$ begrenzen im I. Quadranten ein krummliniges Gebiet, aus dem ein Rechteck mit grösstmöglichem Inhalt ausgeschnitten werden soll. Die Seiten dieses Rechtecks sollen parallel zu den Koordinatenachsen verlaufen. Auf welcher Höhe y_h muss der zur x-Achse parallele Schnitt ausgeführt werden, damit der Flächeninhalt F des schliesslich ausgeschnittenen Rechtecks maximal wird?

260. Der (innere) Querschnitt eines Strassentunnels hat die Form eines Rechtecks mit aufgesetztem Halbkreis; seine Fläche beträgt $60\,\mathrm{m}^2$. Wie breit ist dieser Tunnel, wenn die Querschnittsfläche minimalen Umfang hat?

261. Einem geraden Kreiskegel mit dem Grundkreisdurchmesser d und der Höhe h ist ein Zylinder einzubeschreiben. Wie hoch ist dieser im Verhältnis zur Kegelhöhe, wenn

a) sein Volumen   b) seine Mantelfläche

möglichst gross sein soll?

262. Aus einem kreisförmigen Stück Papier wird ein Sektor mit dem Zentriwinkel α ausgeschnitten und daraus eine kegelförmige Tüte gebildet. Für welchen Winkel α fasst die Tüte am meisten?

263. Gegeben sind die Parabel mit der Gleichung $y = f(x) = 16 - x^2$ und der Punkt $A(-1\,|\,0)$. Der variable Punkt $B(x\,|\,0)$ liegt rechts von A auf der x-Achse (d. h. $-1 < x < 4$) und der Punkt $C(x\,|\,y)$ oberhalb von B auf der Parabel. $D(-1\,|\,y)$ schliesslich ist der vierte Punkt des Rechtecks $ABCD$; er liegt im Allgemeinen nicht auf der Parabel. Welche maximale Fläche F kann dieses Rechteck $ABCD$ annehmen?

264. Aus einem zylindrischen Stamm mit Durchmesser $d = 30\,\mathrm{cm}$ soll ein Balken mit rechtwinkligem Querschnitt gesägt werden, der eine möglichst grosse Tragfähigkeit hat. Untersuchungen haben gezeigt, dass die Tragfähigkeit proportional ist zum Produkt der Breite b und des Quadrats der Höhe h, also zu bh^2. Wie müssen die Breite b und die Höhe h des Balkens gewählt werden, damit dessen Tragfähigkeit maximal wird?

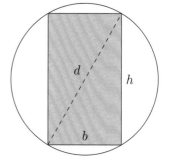

Weitere Funktionstypen

265. Für positive Zahlen a begrenzt die Gerade g mit der Gleichung $y = 2a - (4 + a^3)x$ zusammen mit den beiden Koordinatenachsen ein rechtwinkliges Dreieck Δ. Die Lage von g hängt dabei nur vom Parameter a ab.

   a) Für welchen Parameterwert a verläuft die dazugehörige Gerade g durch den Punkt $G(2 \,|\, {-}8)$?

   b) Wie gross kann die von a abhängige Fläche F_Δ des rechtwinkligen Dreiecks Δ höchstens werden?

266. In eine halbkugelförmige Traglufthalle mit dem Radius $R = 12.3\,\mathrm{m}$ soll ein Drehzylinder mit dem Radius r und der Höhe h gestellt werden. Wie gross müssen r und h gewählt werden, damit das Zylindervolumen V maximal wird? Diese Aufgabe soll auf die beiden folgenden Varianten gelöst werden:

   1) Das Zylindervolumen wird als Funktion des Zylinderradius r betrachtet: $V = V(r)$.

   2) Das Zylindervolumen wird als Funktion der Zylinderhöhe h betrachtet: $V = V(h)$.

267. Gegeben sind die fallende Gerade g mit der Gleichung $y = g(x) = 16 - 0.5x$ und der Punkt $A(-1 \,|\, 0)$. Der variable Punkt B liegt rechts von A auf der x-Achse und der Punkt C vertikal über B auf der fallenden Geraden g. Welche Gesamtlänge weist der aus den beiden Streckenabschnitten $\overline{AC}$ und $\overline{CB}$ zusammengesetzte «Knick-Weg» mindestens auf?

268. Von einer Erdölraffinerie R, die an einer von West nach Ost geradlinig verlaufenden Küste liegt, soll eine Pipeline zum Verteilzentrum V im Landesinneren gebaut werden. V liegt $16\,\mathrm{km}$ östlich und $12\,\mathrm{km}$ nördlich von R. Von R aus soll die Pipeline zuerst ostwärts entlang der Küste geführt werden, ab einer geeigneten Stelle dann gradlinig ins Landesinnere nach V. Mit welchen minimalen Baukosten ist zu rechnen, wenn die Verlegungskosten entlang der Küste $15'000$ Euro je Kilometer betragen und im Landesinneren $25'000$ Euro?

269. An einem $120\,\mathrm{m}$ breiten Fluss liegt die Fabrik F. Am gegenüberliegenden Ufer befindet sich $435\,\mathrm{m}$ weiter flussaufwärts das Elektrizitätswerk E. Von E muss eine Stromleitung nach F verlegt werden; zuerst ein Stück weit entlang dem Flussufer auf dem Land, dann geradlinig durch den Fluss hindurch. Welche minimalen Baukosten müssen auf alle Fälle budgetiert werden, wenn das Verlegen des Stromkabels im Wasser 273 Franken je Meter kostet, auf dem Land dagegen nur 105 Franken?

270. Ein Komet K fliegt auf einer Bahn mit der Gleichung $k \colon y = 0.2 \cdot x^2$ an der Erde $E(0 \,|\, 2.6)$ vorbei. Berechne die erdnächste(n) Position(en) des Kometen.

271. Welcher Punkt der Kurve mit der Gleichung $y = x^5 + 1$ liegt am nächsten beim Ursprung?

272. Welcher Punkt P auf der Parabel mit der angegebenen Gleichung hat vom gegebenen Punkt Q den kleinsten Abstand?

   a) $y = 0.25x^2$; $Q(0|3)$ b) $y = 0.5x^2$; $Q(6|0)$

273. Ein romanisches Kirchenfenster besteht aus einem Rechteck (Breite: $50\,\mathrm{cm}$; Höhe: $100\,\mathrm{cm}$) mit aufgesetztem Halbkreis. Wie breit ist ein diesem Fenster einbeschriebenes Rechteck mit

   a) maximalem Umfang?   b) maximalem Flächeninhalt?

274. Gegeben sind die drei Punkte $U(-6\,|\,0)$, $V(6\,|\,0)$ und $W(0\,|\,w)$ sowie ein vierter Punkt Y, der unterhalb von W auf der y-Achse liegt. Wird Y mit den drei gegebenen Punkten geradlinig verbunden, so entsteht ein auf dem Kopf stehendes Y. Auf welcher Höhe h über der x-Achse muss der «Verzweigungspunkt» Y liegen, damit die Längensumme ℓ der drei Strecken $\overline{YU}$, $\overline{YV}$ und $\overline{YW}$ minimal wird? Beantworte diese Frage für die beiden Punkte $W_1(0\,|\,8)$ und $W_2(0\,|\,3)$, also für $w_1 = 8$ und $w_2 = 3$.

275. Einer Halbkugel (Radius $R = 12.3\,\text{m}$) soll ein stehender Zylinder (Radius r, Höhe h) so einbeschrieben werden, dass die aus der Mantelfläche und der (oberen) Deckfläche des Zylinders gebildete Gesamtfläche extremal wird. Wie gross ist diese extremale Gesamtfläche? Handelt es sich beim gefundenen Extremum um ein Minimum oder um ein Maximum?

276. Ein gleichschenkliges Dreieck mit dem Umfang $U = 10\,\text{cm}$ rotiere um seine Höhe. Wie lang ist seine Grundlinie, wenn der entstehende Kegel maximales Volumen hat?

277. In einem Quadrat der Seitenlänge $10\,\text{cm}$ liegt auf halber Höhe die horizontale Strecke u, deren Enden, wie in der Figur ersichtlich, durch vier gleich lange Verbindungsstrecken v mit den Quadratecken verbunden sind. Welchen gleichen Winkel φ muss die Strecke u mit den vier Verbindungsstrecken v je einschliessen, damit die Summe aus der Länge von u und den Längen aller Verbindungsstrecken v minimal wird?

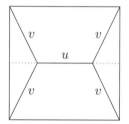

278. Zwei Korridore von $2\,\text{m}$ und $6.75\,\text{m}$ Breite stossen rechtwinklig aneinander. Wie lang darf eine Stange höchstens sein, wenn sie horizontal um die von den Korridoren gebildete Ecke transportiert werden soll?

279. Einer Halbkugel mit Radius R ist ein Kreiskegel einbeschrieben, dessen Spitze S im Zentrum M der Halbkugel liegt und dessen Volumen maximal ist. Berechne den *halben* Öffnungswinkel φ dieses «voluminösen» Kreiskegels auf Zehntelgrad genau.

280. Einem Halbkreis (Radius $r = 55.9\,\text{cm}$) ist ein Rechteck einbeschrieben; zwei Ecken liegen auf dem Halbkreisdurchmesser und zwei auf dem Halbkreisbogen. Wie lang und wie breit ist das einbeschriebene Rechteck mit maximalem Umfang?

281. Aus vier Brettern, je von der Länge l und der Breite b, soll eine Wasserrinne mit grösstmöglichem Fassungsvermögen gebaut werden. Die beiden Randbretter links und rechts sollen vertikal ausgerichtet sein. Wie gross sind die Winkel zwischen je zwei benachbarten Brettern?

282. An der Geraden g mit der Gleichung $y = \mathrm{e} \cdot x + 5$ hängen im Bereich des I. Quadranten Wassertröpfchen, die parallel zur vertikal gedachten y-Achse nach unten fallen und von der Logarithmuskurve mit der Gleichung $y = \ln(x)$ gestoppt und «aufgesogen» werden. Die fallenden Wassertröpfchen legen unterschiedlich lange Strecken zurück, bis sie von der Logarithmuskurve aufgefangen werden. Wie viele Längeneinheiten misst die kürzeste aller möglichen Fallstrecken?

283. Auf dem Graphen der Funktion $f(x) = \mathrm{e}^{\frac{-1}{3}x+1}$ liegt im I. Quadranten der Eckpunkt P eines Rechtecks. Bestimme die Koordinaten von P so, dass das Rechteck, von dem zwei Seiten auf den Koordinatenachsen liegen, einen möglichst grossen Flächeninhalt besitzt.

Ökonomische Anwendungen

Begriffe

- *Gesamtkostenfunktion:* Die Gesamtkostenfunktion K wird häufig durch eine Polynomfunktion beschrieben, wobei $K(x)$ die Kosten für die Produktionseinheit/-menge x angibt. $K(x)$ setzt sich aus *variablen Kosten* und *Fixkosten* zusammen.

  Beispiel: $K(x) = K_v(x) + K_f = 0.1x^3 - 12x^2 + 60x + 98$

  Hier sind $K_v(x) = 0.1x^3 - 12x^2 + 60x$ die variablen Kosten (z. B. von der Produktionsmenge oder dem Output abhängig) und $K_f = 98$ die Fixkosten (z. B. Miete, Löhne, Versicherungen).

- *Grenzkosten:* Die Grenzkosten beschreiben den Kostenzuwachs bei einer Steigerung der abgesetzten Menge um eine hinreichend kleine Menge. Es handelt sich somit um die 1. Ableitung der Gesamtkostenfunktion ($= K'(x)$).

- *Stückkosten/Durchschnittskosten pro Stück:* Gesamtkosten dividiert durch die Produktionsmenge x, d. h. $k(x) = \frac{K(x)}{x}$.

- *Preis-Absatz-Funktion:* Bei der Preis-Absatz-Funktion p handelt es sich um den Zusammenhang zwischen dem Preis $p(x)$ und der absetzbaren Menge x. Grundsätzlich lautet die gängige Annahme: Je höher der Preis steigt, desto geringer wird die nachgefragte Menge.

- *Erlösfunktion:* Die Erlösfunktion E (oder auch Ertragsfunktion oder Umsatzfunktion) gibt den Gesamtumsatz $E(x)$ an, der durch die verkaufte Produktionsmenge x generiert wird, kurz: Gesamtumsatz = Preis pro Produktionseinheit · Produktionsmenge.

Wichtiger Hinweis: Die in den Aufgaben gewählten Funktionsansätze für die Kostenfunktion K sind meist sehr ungenau, auch wenn sie grosso modo das zu Beschreibende korrekt wiedergeben. Dies hängt immer damit zusammen, dass bei der Modellierung viele der möglichen Einflussfaktoren nur unvollständig berücksichtigt werden können oder überhaupt nicht bekannt sind. Dem gleichen Effekt unterliegen auch andere Funktionen, auch wenn die jeweils konkret gewählten Funktionsansätze durchaus plausibel erscheinen. Oder im Sinne der Aussage des britischen Statistikers GEORGE BOX (1919–2013): «Essentially, all models are wrong – but some are useful.»

284. Eine Polynomfunktion K, welche die folgenden Bedingungen erfüllt, heisst *ertragsgesetzliche Gesamtkostenfunktion*.

1) K ist für $x \geq 0$ streng monoton steigend.
2) K besitzt im I. Quadranten einen Wendepunkt (Wechsel von Rechts- zu Linkskrümmung).
3) Es gilt: $K(0) \geq 0$.

Löse die folgenden Teilaufgaben.

a) Interpretiere diese drei Bedingungen. Was bedeuten sie?
b) Überprüfe, ob die Kostenfunktion $K(x) = \frac{1}{5000}x^3 - \frac{1}{50}x^2 + 4x + 200$ ertragsgesetzlich ist.
c) Für welche Produktionsmenge x sind die Grenzkosten minimal?
d) Für welches x sind die Stückkosten $k(x) = \frac{K(x)}{x}$ minimal?
e) Beweise die folgende Aussage: «Das Minimum der Stückkosten ist erreicht, wenn diese mit den Grenzkosten identisch sind.» Zeige die obige Aussage auch graphisch, indem du die Graphen der Grenzkostenfunktion $K'(x)$ und der Funktion für die Stückkosten $k(x)$ zeichnest.

285. Die wöchentlichen Produktionskosten (in Franken) für die Erzeugung eines flüssigen Chemieproduktes (Angabe in Hektolitern) werden durch die Gesamtkostenfunktion (Angabe in Franken) $K(x) = \frac{1}{50}x^3 - 4x^2 + 296x + 4000$ beschrieben, wobei x für die Produktionsmenge in Hektolitern pro Woche steht. Der Marktpreis dieses flüssigen Erzeugnisses beträgt 200 Franken pro Hektoliter.

a) Stelle mit den obigen Angaben die Gewinnfunktion $G(x)$ auf, welche den wöchentlichen Gewinn in Abhängigkeit der verkauften Produktionsmenge x angibt.

b) Für welche Produktionsmenge x wird der Gewinn pro Woche maximal?

c) Für welche Produktionsmenge x ergibt sich ein Verlust (negativer Gewinn)?

286. Ein Bodenplattenhersteller rechnet pro Tag mit der Kostenfunktion $K(x) = 0.02x^2 + 4x + 720$, wobei x für die Anzahl der täglich zu produzierenden Platten steht. Der Hersteller operiert am Markt mit der Preis-Absatz-Funktion $p(x) = 15 - 0.002x$ mit der täglich nachgefragten Menge x an Platten. Wie viele Platten sollten produziert und verkauft werden, um den

a) Gesamtgewinn pro Tag zu maximieren?   b) Gewinn pro Platte pro Tag zu maximieren?

287. Gegeben ist die Kostenfunktion $K(x) = 0.1x^3 - 2.2x^2 + 6x + 44$ eines Monopolisten. Der Monopolist operiere am Markt mit der Preis-Absatz-Funktion $p(x) = 6 - 0.1x$, wobei p der Preis und x die nachgefragte Menge ist.

a) Wie gross ist der Preisanstieg bei einem Nachfragerückgang um 20 Mengeneinheiten?

b) Ermittle die Höhe des zu produzierenden Outputs x, bei dem die variablen Kosten K_v pro produzierter Outputeinheit minimal werden.

c) Welche Menge x muss der Monopolist produzieren und absetzen, um die folgenden Grössen zu maximieren?

- Gesamtumsatz   - Gesamtgewinn   - Stückgewinn

3.8 Weitere Themen

Besondere Symmetrieeigenschaften von Polynomfunktionen 2., 3. und 4. Grades

Schiefe Symmetrie

Zwei Figuren F_1 und F_2 liegen *schiefsymmetrisch* zur Achse s in Richtung der Geraden $g \nparallel s$, wenn die Verbindungsgerade einander entsprechender Punkte $P_1 \in F_1$ und $P_2 \in F_2$ (mit $P_1 \neq P_2$) parallel zu g verläuft und der Mittelpunkt der Strecke $\overline{P_1P_2}$ auf s liegt. Im Falle von $g \perp s$ liegt eine gewöhnliche Achsensymmetrie vor.

288. Die Parabel p ist durch ihre Gleichung $y = p(x) = \frac{1}{2}x^2 - 3x + 4$ gegeben und die Parabeltangente im Schnittpunkt von p mit der y-Achse werde mit t bezeichnet.

a) Die beiden Geraden f und g liegen je parallel zu t. Gerade f verläuft durch den Punkt $F(0\,|\,12)$, Gerade g durch den Punkt $G(6\,|\,4)$. Beide Geraden schneiden die Parabel je in zwei Punkten F_1 und F_2 bzw. G_1 und G_2. Zeige rechnerisch, dass die Mittelpunkte der beiden Verbindungsstrecken F_1F_2 und G_1G_2 je auf der y-Achse liegen.

b) Eine beliebige zu t parallele Gerade b treffe die Parabel p in den beiden Punkten B_1 und B_2. Weise allgemein nach, dass auch der Mittelpunkt M_B der Strecke B_1B_2 stets auf der y-Achse liegt, die gegebene Parabel p also in Richtung der Tangente t schiefsymmetrisch zur y-Achse verläuft.

289. Gegeben ist die Kurve k mit der Gleichung $y = k(x) = x^3 - 3x^2 - 2x + 1$.

a) Die mit einem 45°-Winkel nach rechts abfallende Gerade g durch den Wendepunkt W von k schneidet die gegebene Kurve in zwei weiteren Punkten S_1 und S_2. Bestimme die Koordinaten dieser Punkte und weise nach, dass der Wendepunkt W in der Mitte der Verbindungsstrecke S_1S_2 liegt.

b) Beweise allgemein, dass die Kurve k punktsymmetrisch bezüglich ihres Wendepunktes W verläuft. *Tipp:* Unterwirf die Kurve k einer Translation, die den Wendepunkt W in den Ursprung $(0\,|\,0)$ überführt, und zeige dann, dass die Gleichung der parallel verschobenen Kurve k^* zu einer ungeraden Funktion gehört.

290. Wenn die Normalparabel p mit $y = x^2$ von einer beliebigen Geraden g geschnitten wird, dann sind die beiden Schnittpunkte S_1 und S_2 stets die Endpunkte einer Parabelsehne.

a) Gegeben sind die vier parallelen Geraden $g_1\colon y = x$, $g_2\colon y = x + 2$, $g_3\colon y = x + 6$ und $g_4\colon y = x + 90$. Zeige, dass die Mittelpunkte M_k ($k = 1, 2, 3, 4$) der vier von p herausgeschnittenen Sehnen auf einer Geraden v liegen. Wie lautet die Gleichung dieser Geraden v?

b) Die Normalparabel p werde von der allgemeinen Geraden $g\colon y = mx + q$ geschnitten. Beweise, dass die Mittelpunkte der zu g parallelen Parabelsehnen auf einer vertikalen Geraden liegen.

c) Bezüglich welcher Achse und in welcher Richtung ist die Normalparabel p schiefsymmetrisch?

291. Gegeben ist die Polynomfunktion f mit der Gleichung $y = f(x) = \frac{3}{16}x^4 - \frac{3}{2}x^2 + \frac{1}{2}x + 2$.

a) Weise nach, dass die Gerade d mit der Gleichung $y = d(x) = \frac{1}{2}x - 1$ den Graphen G_f der gegebenen Funktion f zweimal berührt, nämlich an den Stellen $x_1 = -2$ und $x_2 = 2$. Zeige ausserdem, dass die Tangente t im Schnittpunkt von G_f mit der y-Achse parallel zu dieser sogenannten «Doppeltangente» d verläuft.

   Tipp: Skizziere den Graphen G_f samt den beiden Tangenten d und t.

b) Durch die beiden Kurvenpunkte P und Q mit den Abszissen $x_P = -u$ und $x_Q = u$ wird eine Gerade g gelegt. Weise nach, dass auch $g \,\|\, d$ gilt, und zwar unabhängig von $u \in \mathbb{R}^+$.

c) In welchen beiden Punkten S_1 und S_2 schneidet die Tangente t aus Teilaufgabe a) den Graphen G_f? Zeige, dass der Punkt B, in dem die Tangente t den Graphen G_f berührt, die Verbindungsstrecke $\overline{S_1S_2}$ der beiden Schnittpunkte halbiert.

d) Berechne die beiden Wendepunkte W_1 und W_2 und bestätige, dass die Verbindungsgerade $v = W_1W_2$ ebenfalls parallel zur Doppeltangente d verläuft. Zeige weiter, dass der Mittelpunkt M der Strecke $\overline{W_1W_2}$ auf der y-Achse liegt.

e) Die in den Teilaufgaben a) bis d) formulierten und nachzuweisenden Eigenschaften bringen alles in allem eine wesentliche Symmetrieeigenschaft des Graphen G_f zum Ausdruck. Um welche Art von Symmetrie handelt es sich?

f) Die Verbindungsgerade $v = W_1W_2$ der beiden Wendepunkte schneidet G_f in zwei Punkten L und R, wobei L, W_1, W_2 und R in dieser Reihenfolge auf v liegen sollen. Zeige, dass $\overline{LW_1} = \overline{W_2R}$ ist, und berechne das Streckenverhältnis $\overline{LW_1} : \overline{W_1W_2}$. Was fällt dir auf?

Implizites Differenzieren

Nicht jede ebene Kurve im Koordinatensystem lässt sich als Graph einer (einzigen) Funktion f beschreiben. Bekannte Beispiele für diese Situation sind der Kreis oder eine nach rechts geöffnete Parabel. Gleichwohl lassen sich die x- und y-Koordinate von Punkten solcher Kurven meist mithilfe einer impliziten Gleichung der Form $F(x,y) = 0$ erfassen.

Beispiele:

- Kreislinie k mit Radius 5 um den Ursprung: $F(x,y) = x^2 + y^2 - 25 = 0$
- nach rechts geöffnete Normalparabel p mit Scheitel im Ursprung: $F(x,y) = y^2 - x = 0$
- Neil'sche Parabel: $F(x,y) = ax^3 - y^2 = 0,\ a > 0$

Auch wenn es in den Beispielen nicht gelingt, die Abhängigkeit der y-Werte von den x-Werten mit einer einzigen Gleichung der Form $y = f(x)$ explizit darzustellen, so hängen die möglichen y-Werte doch immer von den jeweiligen x-Werten ab. Deshalb lässt sich auch anhand der konkret vorliegenden impliziten Kurvengleichung $F(x,y) = 0$ die Ableitung $y' = \frac{dy}{dx}$ bestimmen, also die Steigung m_t der Tangente im Kurvenpunkt $(x\,|\,y)$.

Beispiel: $F(x,y) = y^2 + 4x = 0 \Rightarrow \frac{d}{dx}F(x,y) = \frac{d}{dx}(y^2 + 4x) = 0$

Die Anwendung der Kettenregel auf $\frac{d}{dx}(y^2)$ liefert daraus die Gleichung $2y \cdot \frac{dy}{dx} + 4 = 0$. Auflösung nach $\frac{dy}{dx}$ ergibt auch hier direkt die gesuchte Ableitung: $y' = \frac{dy}{dx} = \frac{-2}{y}$. Die Steigung der Tangente t im Kurvenpunkt $(x\,|\,y)$ hat somit den Wert $m_t = \frac{-2}{y};\ y \neq 0$.

Zwei konkrete Zahlenbeispiele: Im Punkt $(-1\,|\,2)$ gilt $m_t = -1$ und im Punkt $(-9\,|\,-6)$ ist $m_t = \frac{1}{3}$.

292. Bestimme durch implizites Differenzieren der gegebenen Gleichung $F(x,y) = 0$ die Ableitung $y' = \frac{dy}{dx}$.

   a) $F(x,y) = x^3 - y^2 = 0$ b) $F(x,y) = x^2 - 4xy + y^2 - 4 = 0$

   c) $F(x,y) = \sin(x) - 2x + \cos(y) + 3y = 0$ d) $F(x,y) = \sqrt{x} + \sqrt{y} - 1 = 0$

293. Die durch die Gleichung $F(x,y) = x^3 + y^3 - 3axy$ implizit definierte und charakterisierte Kurve heisst «Kartesisches Blatt». Bestimme für den Parameterwert $a = 1$ die Ableitung $y' = \frac{dy}{dx}$.

294. Gegeben ist die nach rechts geöffnete Normalparabel p mit Scheitel im Ursprung: $F(x,y) = y^2 - x = 0$. Berechne die Steigungen der Kurventangenten in den beiden Punkten $P(4\,|\,-2)$ und $Q(1\,|\,1)$.

295. Die allgemeine Gerade g ist durch ihre Koordinatengleichung $F(x,y) = ax + by + c = 0$ gegeben. Bestimme die Steigung $m = y' = \frac{dy}{dx}$ der Geraden g, ohne vorgängig die Gleichung $F(x,y) = 0$ nach y aufzulösen.

296. Der Kreis k mit Zentrum im Ursprung $O(0\,|\,0)$ verläuft durch den Punkt $K(8\,|\,1)$.

a) Weise nach, dass der Kreis k durch die implizite Gleichung $F(x,y) = x^2 + y^2 - 65 = 0$ beschrieben wird.

b) Zeige numerisch, dass die beiden Punkte $P_1(8\,|\,{-1})$ und $P_2(-7\,|\,4)$ auf dem Kreis k liegen, und berechne die Steigungen $m_{1,2}$ der Kreistangenten $t_{1,2}$ in den beiden Punkten P_1 und P_2.

c) Bestimme die Steigung m_t der Tangente t im allgemeinen Kreispunkt $P(x\,|\,y)$ und bestätige dann, dass die Tangente t stets normal auf dem dazugehörigen Berührradius $r = \overline{OP}$ steht.

297. In dieser Aufgabe soll die Kurve k untersucht werden, die sämtliche Punkte $P(x\,|\,y)$ umfasst, deren Koordinaten die folgende Gleichung erfüllen: $F(x,y) = x^2 - 2xy + y^2 - 2x - 2y + 1 = 0$.

a) Weise rechnerisch nach, dass die zehn Punkte $A(16\,|\,25)$, $B(9\,|\,16)$, $C(4\,|\,9)$, $D(1\,|\,4)$, $E(0\,|\,1)$, $F(1\,|\,0)$, $G(4\,|\,1)$, $H(9\,|\,4)$, $I(16\,|\,9)$ und $J(25\,|\,16)$ auf k liegen, und übertrage sie in ein Koordinatensystem. Um was für eine Kurve könnte es sich bei k handeln?

b) Bestimme $\frac{\mathrm{d}}{\mathrm{d}x}F(x,y)$ und leite daraus den Term für die Ableitung $y' = \frac{\mathrm{d}y}{\mathrm{d}x}$ her. Wie gross ist die jeweilige Steigung m von k in den oben angegebenen Punkten A, C, D, F, G und I?

c) Leite die Gleichungen der Kurventangenten t_A und t_G her, die k im Punkt A bzw. im Punkt G berühren.

d) Wie lautet die Gleichung der Kurvennormalen n_H im Kurvenpunkt H?

e) Wie lautet die Gleichung der Kurvennormalen n_D im Kurvenpunkt D?

f) Begründe, weshalb die Kurve k symmetrisch zur Winkelhalbierenden ω des I. Quadranten verläuft.

g) Bestimme den Schnittpunkt S der Kurve k mit dieser Winkelhalbierenden ω und berechne die Kurvensteigung m_S im Kurvenpunkt S.

h) Gibt es einen Kurvenpunkt K, in welchem die Kurve k die Steigung 1 aufweist?

298. Die nach links geöffnete und bezüglich der x-Achse symmetrisch verlaufende Parabel p ist durch die Gleichung $F(x,y) = y^2 + 2x - 4 = 0$ gegeben.

a) Zeige, dass die gegebene Parabel symmetrisch zur x-Achse liegt, und berechne die Koordinaten des Scheitels S von p.

b) Leite den Term für die Tangentensteigung $y' = \frac{\mathrm{d}y}{\mathrm{d}x}$ anhand der Ableitung $\frac{\mathrm{d}}{\mathrm{d}x}F(x,y)$ her.

c) Die Parabel wird von der y-Achse zweimal unter dem gleich grossen spitzen Winkel σ geschnitten. Berechne diesen Schnittwinkel σ auf eine Nachkommastelle genau.

d) Mit m_n werde die Steigung der Kurvennormalen n im Parabelpunkt $P(x_P\,|\,y_P)$ bezeichnet. Weise nach, dass die Steigung der Kurvennormalen n stets der Ordinate des Parabelpunktes $P(x_P\,|\,y_P)$ entspricht und somit immer gilt: $m_n = y_P$. In welchem Kurvenpunkt Q fällt die Kurvennormale n unter einem $45°$-Winkel nach rechts ab? Und in welchem Kurvenpunkt R beträgt die Steigung der Normalen $+60°$?

Näherungsverfahren nach Newton

Mit dem *Newton-Verfahren*, benannt nach ISAAC NEWTON (1643–1727), werden Gleichungen der Form $f(x) = 0$ gelöst, indem die Nullstelle x^* in mehreren Schritten näherungsweise berechnet wird. Dazu wird ein Startwert x_0 in der Nähe der Nullstelle x^* gewählt und an der Stelle x_0 die Tangente t an den Graphen G_f gelegt. Der Graph G_f wird nun durch die Tangente t ersetzt und die Schnittstelle x_1 von t mit der x-Achse ist der neue, verbesserte Näherungswert für die Nullstelle x^*. Dieses Verfahren wird zuerst mit x_1 wiederholt, dann mit x_2, x_3 usw.

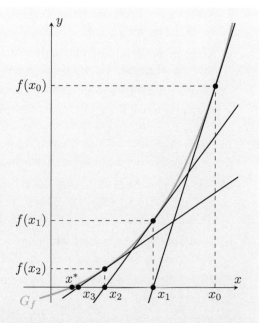

Rekursionsformeln:

* Startwert: x_0
* $x_{k+1} = x_k - \dfrac{f(x_k)}{f'(x_k)}$; $k \in \mathbb{N}_0$

Die Idee des Newton-Verfahrens besteht darin, die Funktion f an der Startstelle x_0 zu linearisieren, d. h. den Graphen von f durch die Tangente t an der Stelle x_0 zu ersetzen. Die berechneten Näherunsgwerte $x_1, x_2, x_3, \ldots$ konvergieren in der Regel sehr schnell gegen die gesuchte Nullstelle. Der Startwert x_0 muss möglichst nahe an der gesuchten Nullstelle gewählt werden. Für jede weitere Nullstelle von f ist das Verfahren zu wiederholen.

Beispiel: Berechnung aller Nullstellen der Funktion f mit $f(x) = x^3 + x - 1$: Eine Figur zeigt, dass f genau eine Nullstelle hat; diese liegt zwischen 0.5 und 1. Mit dem Startwert $x_0 = 1$ und $f'(x) = 3x^2 + 1$ folgt $x_1 = x_0 - \dfrac{f(x_0)}{f'(x_0)} = 1 - \dfrac{f(1)}{f'(1)} = 1 - \dfrac{1}{4} = \dfrac{3}{4} = 0.75$. Eine Wiederholung des Verfahrens liefert $x_2 = 0.686046\ldots$, $x_3 = 0.682339\ldots$ usw. Der Taschenrechner liefert den Wert $0.682327\ldots$

299. Berechne näherungsweise die Nullstelle der Funktion f zum gegebenen Startwert x_0.

  a) $f: x \mapsto x^3 + x^2 - 1$; Startwert $x_0 = 1$; zwei Iterationen

  b) $f: x \mapsto x^4 - x^3 - 1$; Startwert $x_0 = 1$ bzw. $x_0 = -1$; je zwei Iterationen

  c) $f: x \mapsto x^5 - 100$; Startwert und Anzahl Iterationen selber bestimmen

300. Löse die Gleichung $x^3 = 4x^2 + 2$ näherungsweise mit dem Newton-Verfahren. Wähle einen geeigneten Startwert x_0 und führe zwei Iterationen aus.

301. Gesucht sind Näherungswerte für die Nullstelle von $f(x) = x^3 - 3x + 6$ mit dem Newton-Verfahren. Beschreibe das Verhalten der Näherungswerte mit Startwert x_0.

  a) $x_0 = -2$ b) $x_0 = -1$ c) $x_0 = -0.5$

302. Berechne mit dem Newton-Verfahren einen Näherungswert für $\ln(2)$ auf vier Nachkommastellen genau. *Hinweis:* Finde eine Funktion f mit $\ln(2)$ als Nullstelle.

303. Was passiert beim Newton-Verfahren zur Nullstellenbestimmung der Funktion f, wenn der Startwert x_0 an einer Stelle mit $f'(x_0) = 0$ gewählt wird? ($f(x_0) \neq 0$)

304. *Wenn das Verfahren scheitert.* Wir betrachten die Funktion f mit $f(x) = \frac{e^x - 1}{e^x + 1}$, deren einzige Nullstelle bei $x = 0$ liegt.

a) Führe zweimal vier Schritte mit dem Newton-Verfahren durch, zuerst mit dem Startwert $x_0 = 2$, danach mit $x_0 = 2.5$.

b) Erkläre das in a) beobachtete Verhalten der Näherungswerte anhand des Graphen G_f.

305. Wahr oder falsch? Begründe.

a) Für $f(x) = ax + b$ liefert das Newton-Verfahren in einem Schritt die exakte Lösung.

b) Für $f(x) = x^2 - a$, $a > 0$ ist im Newton-Verfahren die Näherung x_{k+1} das arithmetische Mittel der Näherung x_k und ihres Kehrwerts $\frac{1}{x_k}$.

c) Für $f(x) = x^3 - 9x$ sind im Newton-Verfahren mit Startwert $x_0 = \frac{3}{2}$ alle folgenden Näherungswerte gleich der Nullstelle -3 von f.

Lineare Approximation

Die Tangente t an den Graphen G_f einer Funktion f im Punkt $(x_0 \mid f(x_0))$ beschreibt den Kurvenverlauf in der Nähe von x_0 ideal. Daher kann an der Stelle x_0 die Tangente t als Ersatzfunktion für f verwendet werden. Funktionswerte von t und f stimmen umso besser überein, je näher sie an der Stelle x_0 ausgewertet werden.

Die Tangente t ist die *lineare Approximation* von f an der Stelle x_0. Wenn f an der Stelle x_0 *linearisiert* wird, dann wird ihr Funktionsterm $f(x)$ durch den Funktionsterm $f(x_0) + f'(x_0) \cdot (x - x_0)$ der Tangenten t ersetzt, d.h. $f(x) \approx f(x_0) + f'(x_0) \cdot (x - x_0)$ für $x \approx x_0$.

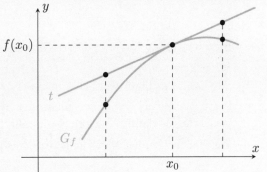

Beispiele:

- *Linearisierung* der Funktion f mit $f(x) = \ln(x)$ an der Stelle $x_0 = 1$:

  $f(1) = \ln(1) = 0$, $f'(x) = \frac{1}{x}$, $f'(1) = 1$ $\Rightarrow$ $\ln(x) \approx f(1) + f'(1)(x - 1) = x - 1$ für $x \approx 1$

- *Berechnung eines Näherungswertes* für $\ln(1.01)$:

  Mithilfe der Linearisierung folgt $\ln(1.01) \approx 1.01 - 1 = 0.01$.

306. Linearisiere die Funktion f an der Stelle x_0 und berechne damit einen Näherungswert für den Funktionswert $f(x_1)$.

a) $f: x \mapsto e^x$; $x_0 = 0$; $x_1 = 0.01$ b) $f: x \mapsto (1 + x)^3$; $x_0 = 0$; $x_1 = 0.1$

c) $f: x \mapsto \sqrt{x}$; $x_0 = 4$; $x_1 = 4.05$ d) $f: x \mapsto \sin(x)$; $x_0 = \pi$; $x_1 = \frac{5\pi}{6}$

307. Berechne näherungsweise mithilfe einer geeigneten Linearisierung.

a) $\sqrt{9.5}$ b) 99.9^3 c) $\sqrt{3.98}$ d) $\sqrt[3]{1001}$

308. Der Wert $e^{0.5}$ wird mithilfe der Tangente an den Graphen von $f(x) = e^x$ im Punkt $(0\,|\,1)$ approximiert. Welcher der folgenden Näherungswerte ist der richtige?

i) 0.5   ii) $1 + e^{0.5}$ iii) $1 + 0.5$

309. Linearisiere $f(x) = \sin(x)$, $g(x) = \tan(x)$ und $h(x) = \ln(x+1)$ je an der Stelle $x_0 = 0$. Was fällt dir dabei auf? Welche Linearisierung liefert an der Stelle 0.1 den genauesten Näherungswert?

310. Bestimme anhand der Linearisierung $(1 + x)^r \approx 1 + rx$ für $x \approx 0$ eine Linearisierung für $f(x)$ an der Stelle $x_0 = 0$.

a) $f(x) = (1 - x)^6$ b) $f(x) = \frac{2}{1+x}$ c) $f(x) = \frac{1}{\sqrt{1+x}}$ d) $f(x) = (4 + 3x)^{\frac{1}{3}}$

311. Bestimme den Grenzwert mithilfe einer geeigneten Linearisierung.

Beispiel: $\lim\limits_{x \to 0} \frac{\cos(x)-1}{x} \Rightarrow$ Linearisierung von $\cos(x)$ an der Stelle $x_0 = 0$: $\cos(x) \approx 1$ für $x \approx 0$

$\Rightarrow \lim\limits_{x \to 0} \frac{\cos(x)-1}{x} = \lim\limits_{x \to 0} \frac{1-1}{x} = \lim\limits_{x \to 0} \frac{0}{x} = \lim\limits_{x \to 0} 0 = 0$

a) $\lim\limits_{x \to 1} \frac{\ln(x)}{1-x}$ b) $\lim\limits_{x \to 0} \frac{\sin(x)}{x}$ c) $\lim\limits_{x \to 0} \frac{e^x - e^{-x}}{x}$ d) $\lim\limits_{x \to 0} \frac{(1+3x)^{30}-1}{x}$

312. Wenn ein Körper der Länge ℓ_0 um die Temperatur ΔT erwärmt wird, dann dehnt er sich auf die Länge ℓ_1 aus nach der Formel $\ell_1 = \ell_0 \cdot \sqrt[3]{1 + \gamma \cdot \Delta T}$. Dabei bezeichnet γ den materialabhängigen Volumenausdehnungskoeffizienten. Bestimme durch Linearisieren eine Näherungsformel für den Fall geringer Ausdehnung.

313. Näherungswerte für Wurzeln

a) Berechne einen Näherungswert für $\sqrt{50}$ durch Linearisieren von $f(x) = \sqrt{x}$ an der Stelle $x_0 = 49$.

b) Wie kann Basil mit dem Näherungswert von $\sqrt{50}$ aus a) eine gute Näherung für $\sqrt{2}$ erhalten?

c) Bettina hat $f(x) = \sqrt{x}$ bereits an der Stelle $x_0 = 4$ linearisiert und $t\colon y = \frac{x}{4} + 1$ erhalten. Wie kann sie damit eine gute Näherung für $\sqrt{50}$ produzieren?

d) Welcher der beiden Näherungswerte aus a) bzw. c) für $\sqrt{50}$ ist im Allgemeinen genauer?

314. Näherungswerte für Logarithmen: Berechne ohne Taschenrechner durch Linearisieren von $f(x) = \ln(x)$ an einer geeigneten Stelle einen Näherungswert für $\ln(2)$.

Taylorreihe und Taylorpolynome

315. Gegeben sind die folgenden Funktionen: $f(x) = 3x^4 + x^3 - 5x^2 - x + 2$, $f_1(x) = -x + 2$, $f_2(x) = -5x^2 - x + 2$ und $f_3(x) = x^3 - 5x^2 - x + 2$.

a) Berechne $f(0)$, $f_1(0)$, $f_2(0)$, $f_3(0)$. Was fällt dir auf?

b) Berechne $f'(0)$, $f_1'(0)$, $f_2'(0)$, $f_3'(0)$. Was fällt dir auf?

c) Berechne $f''(0)$, $f_1''(0)$, $f_2''(0)$, $f_3''(0)$. Was fällt dir auf?

d) Berechne $f'''(0)$, $f_3'''(0)$. Was fällt dir auf?

e) Berechne $f^{(4)}(0)$ und vergleiche mit dem Koeffizienten von x^4.

f) Notiere den Funktionsterm von $f(x)$ nur mithilfe der Ableitungen von f an der Stelle 0. Verwende a) bis e).

Wenn die beiden Funktionen f und g an der Stelle x_0 nicht nur denselben Funktionswert, sondern auch noch dieselbe 1. und 2. Ableitung haben, so wissen wir, dass sich ihre Graphen G_f und G_g an der Stelle x_0 treffen, dort dieselbe Steigung haben und auch noch auf dieselbe Seite gekrümmt sind oder beide bei x_0 einen Wendepunkt aufweisen. Alles in allem haben die beiden Graphen G_f und G_g in der Umgebung von x_0 einen sehr ähnlichen Verlauf. Verallgemeinernd lässt sich daher Folgendes annehmen: Der Verlauf der Graphen G_f und G_g in der Nähe von x_0 stimmt noch besser überein, wenn wir zusätzlich verlangen, dass gilt:

$f^{(3)}(x_0) = g^{(3)}(x_0)$, $f^{(4)}(x_0) = g^{(4)}(x_0)$, $f^{(5)}(x_0) = g^{(5)}(x_0)$, ...

Dieser Gedanke soll bei der Funktion f mit $f(x) = \sin(x)$ ausprobiert oder durchgespielt werden. Da die Sinusfunktion eine ungerade Funktion ist, wählen wir für g eine ungerade Polynomfunktion beispielsweise 7. Grades, also $g(x) = ax^7 + bx^5 + cx^3 + dx$, und setzen $x_0 = 0$. Jetzt müssen die Koeffizienten a, b, c und d so bestimmt werden, dass die folgenden Gleichungen gelten:

$\sin(0) = g(0)$, $\sin'(0) = g'(0)$, $\sin''(0) = g''(0)$, $\sin'''(0) = g'''(0)$, ..., $\sin^{(7)}(0) = g^{(7)}(0)$.

Für die linken Seiten dieser acht Gleichungen erhalten wir der Reihe nach:

$\sin(0) = 0$, $\sin'(0) = \cos(0) = 1$, $\sin''(0) = -\sin(0) = 0$, $\sin'''(0) = -\cos(0) = -1$,
$\sin^{(4)}(0) = \sin(0) = 0$, $\sin^{(5)}(0) = \cos(0) = 1$, $\sin^{(6)}(0) = -\sin(0) = 0$ und
$\sin^{(7)}(0) = -\cos(0) = -1$.

Zur Bestimmung der rechten Seiten der acht Gleichungen berechnen wir vorerst die Ableitungen der Polynomfunktion g:

$g'(x) = 7ax^6 + 5bx^4 + 3cx^2 + d$, $g''(x) = 42ax^5 + 20bx^3 + 6cx$, $g'''(x) = 210ax^4 + 60bx^2 + 6c$,
$g^{(4)}(x) = 840ax^3 + 120bx$, $g^{(5)}(x) = 2520ax^2 + 120b$, $g^{(6)}(x) = 5040ax$, $g^{(7)}(x) = 5040a$.

In Übereinstimmung mit den Ableitungen der Sinusfunktion gilt:

$g(0) = g''(0) = g^{(4)}(0) = g^{(6)}(0) = 0$.

Für die restlichen Ableitungen erhalten wir Schritt für Schritt die folgenden Beziehungen:

$g'(0) = d = 1$, $g'''(0) = 6c = -1 \Rightarrow c = -\frac{1}{6} = \frac{-1}{3!}$, $g^{(5)}(0) = 120b = 1 \Rightarrow b = \frac{1}{120} = \frac{1}{5!}$
und $g^{(7)}(0) = 5040a = -1 \Rightarrow a = \frac{-1}{5040} = \frac{-1}{7!}$.

Damit erhalten wir schliesslich die folgende Funktionsgleichung für die Polynomfunktion g:

$g(x) = \frac{-x^7}{7!} + \frac{x^5}{5!} - \frac{x^3}{3!} + x$,

was meist in umgekehrter Reihenfolge notiert wird:

$g(x) = x - \frac{x^3}{3!} + \frac{x^5}{5!} - \frac{x^7}{7!}$.

In der näheren Umgebung von $x_0 = 0$ sollte also gelten: $\sin(x) \approx x - \frac{x^3}{3!} + \frac{x^5}{5!} - \frac{x^7}{7!}$.

316. Skizziere im gleichen Koordinatensystem die Graphen der Funktion $y = \sin(x)$ und der vier folgenden Funktionen:

- $y = x$
- $y = x - \frac{x^3}{3!}$
- $y = x - \frac{x^3}{3!} + \frac{x^5}{5!}$
- $y = x - \frac{x^3}{3!} + \frac{x^5}{5!} - \frac{x^7}{7!}$

Zu **317–319**: Mit der Funktion g ist immer die in der grauen Box hergeleitete Polynomfunktion mit dem Funktionsterm $g(x) = x - \frac{x^3}{3!} + \frac{x^5}{5!} - \frac{x^7}{7!}$ gemeint.

317. Wegen $\sin'(x) = \cos(x)$ sollte die Ableitung g' eine Funktion liefern, die zur Annäherung der Cosinusfunktion verwendet werden kann. Zeige, dass gilt: $g'(x) = 1 - \frac{x^2}{2!} + \frac{x^4}{4!} - \frac{x^6}{6!}$, und skizziere im gleichen Koordinatensystem den Verlauf der folgenden Funktionen:

- $y = 1$
- $y = 1 - \frac{x^2}{2!}$
- $y = 1 - \frac{x^2}{2!} + \frac{x^4}{4!}$
- $y = 1 - \frac{x^2}{2!} + \frac{x^4}{4!} - \frac{x^6}{6!}$
- $y = \cos(x)$

318. Bestimme zur Polynomfunktion g die 2. Ableitung g'' und überlege, für welche Funktion diese 2. Ableitung g'' als Näherung verwendet werden könnte.

319. Welche Polynomfunktionen h oder k wären wohl noch geeigneter zur Approximation der Sinusfunktion in einer Umgebung von $x_0 = 0$ als g?

320. Bekanntlich stimmen alle Ableitungen bei der Exponentialfunktion e^x miteinander überein. Es gilt also: $e^x = (e^x)' = (e^x)'' = (e^x)''' = \ldots$ Für welche Polynomfunktion p mit $p(x) = a + bx + cx^2 + dx^3 + ex^4 + fx^5 + gx^6$ gelten bei $x_0 = 0$ die folgenden Beziehungen: $p(0) = e^0$, $p'(0) = e^0$, $p''(0) = e^0$, $p'''(0) = e^0$, $\ldots$, $p^{(6)}(0) = e^0$?

Hinweis: Mit Mitteln der höheren Mathematik kann gezeigt werden, dass Folgendes zutrifft:

- $\sin(x) = x - \frac{x^3}{3!} + \frac{x^5}{5!} - \frac{x^7}{7!} + \frac{x^9}{9!} - \frac{x^{11}}{11!} \pm \ldots = \sum_{k=0}^{\infty} (-1)^k \frac{x^{2k+1}}{(2k+1)!}$

- $e^x = 1 + x + \frac{x^2}{2!} + \frac{x^3}{3!} + \frac{x^4}{4!} + \frac{x^5}{5!} + \frac{x^6}{6!} + \ldots = \sum_{k=0}^{\infty} \frac{x^k}{k!}$

Diese Reihen werden allgemein *Taylorreihen* genannt (BROOK TAYLOR, 1685–1731).

Taylorpolynome

Ist die Funktion $f \colon [a; b] \to \mathbb{R}$ stetig und genügend oft differenzierbar, so werden die zu dieser Funktion gehörenden *Taylorpolynome* 1., 2., 3. und n. Grades an der Stelle x_0 wie folgt definiert:

- $T_1(x) = f(x_0) + \frac{f'(x_0)}{1!}(x - x_0)$

- $T_2(x) = f(x_0) + \frac{f'(x_0)}{1!}(x - x_0) + \frac{f''(x_0)}{2!}(x - x_0)^2$

- $T_3(x) = f(x_0) + \frac{f'(x_0)}{1!}(x - x_0) + \frac{f''(x_0)}{2!}(x - x_0)^2 + \frac{f'''(x_0)}{3!}(x - x_0)^3$

- $T_n(x) = f(x_0) + \frac{f'(x_0)}{1!}(x - x_0) + \ldots + \frac{f^{(n)}(x_0)}{n!}(x - x_0)^n = \sum_{k=0}^{n} \frac{f^{(k)}(x)}{k!}(x - x_0)^k$

$y = T_1(x)$ ist die Gleichung der Tangente t an den Graphen G_f an der Stelle x_0. Analog stellt $y = T_2(x)$ die Gleichung jener Parabel p dar, die den Graphen G_f an der Stelle x_0 berührt und dort auch dieselbe 2. Ableitung aufweist wie die Funktion f; d. h. es gilt: $T_2''(x_0) = f''(x_0)$. Für das n. Taylorpolynom an der Stelle x_0 gilt: $T_n(x_0) = f(x_0)$, $T_n'(x_0) = f'(x_0)$, $T_n''(x_0) = f''(x_0)$, $T_n^{(n)}(x_0) = f^{(3)}(x_0), \ldots, T_n^{(n)}(x_0) = f^{(n)}(x_0)$. Nebst den beiden Funktionswerten stimmen auch die 1. bis n. Ableitung an der Stelle x_0 je miteinander überein.

321. Gegeben ist die Funktion f mit der Gleichung $y = f(x) = \frac{1}{4}x^4 - 2x^2 + 4$.

    a) Bestimme das zu f gehörende Taylorpolynom 2. Grades an der Stelle $x_0 = 0$.

    b) Wie lautet das zu f gehörende Taylorpolynom 2. Grades an der Stelle $x_0 = 2$?

322. a) Wie lautet das zu $f(x) = \sin(x)$ gehörende Taylorpolynom 3. Grades an der Stelle $x_0 = 0$?

    b) Bestimme das zu $f(x) = \cos(x)$ gehörende Taylorpolynom 4. Grades an der Stelle $x_0 = 0$ und vergleiche das erhaltene Resultat für $T_4(x)$ mit den Funktionstermen in Aufgabe 317.

323. Anhand der zur Wurzelfunktion $f(x) = \sqrt{x}$ gehörenden Taylorpolynome 1. bis 4. Grades an der Stelle $x_0 = 25$ sollen die Näherungswerte $T_1(27)$, $T_2(27)$, $T_3(27)$ und $T_4(27)$ berechnet werden. Vergleiche diese vier numerischen Näherungen mit dem exakten Wert $5.1961524227\ldots$ von $\sqrt{27}$.

324. Der Verlauf der Funktion f mit $f(x) = \frac{1}{x}$ soll an der Stelle $x_0 = 1$ durch Taylorpolynome 1. bis 4. Grades approximiert werden. Berechne die Polynomwerte $T_1(x)$, $T_2(x)$, $T_3(x)$ und $T_4(x)$ für $x = \frac{5}{4}$. Zeige dann, dass $T_n\left(\frac{5}{4}\right)$ gegen $f\left(\frac{5}{4}\right) = \frac{4}{5} = 0.8$ konvergiert, wenn n gegen ∞ strebt.

3.9 Vermischte Aufgaben

Zu Kapitel 3.1: Einleitung

325. a) Gegeben ist die Funktion f. Berechne die durchschnittliche Änderungsrate von $f: y = x^2$ in den Intervallen $[0;1]$, $[1;2]$, $[0;2]$, $[-1;0]$, $[a;b]$ und $[a;a+h]$.

    b) Zeige, dass die Funktion f auf dem Intervall I genau dann streng monoton wachsend ist, wenn für $x_1, x_2 \in I$ mit $x_1 \neq x_2$ gilt: $\frac{f(x_2) - f(x_1)}{x_2 - x_1} > 0$.

326. Das Quadrat $OPQR$ der Seitenlänge a liegt im I. Quadranten des xy-Koordinatensystems, und zwar so, dass die beiden Ecken $P(a\,|\,0)$ und $R(0\,|\,a)$ einander diagonal gegenüberliegen. Die Länge a der Quadratseite ist jedoch nicht konstant, sondern nimmt kontinuierlich zu, ist also eine Funktion der Zeit t: $a = a(t)$, t in Sekunden. Mache eine Skizze.

    a) Bestimme die momentane Flächenänderungsrate des Quadrats $OPQR$ im Zeitpunkt t_0, wenn $a(t_0) = 12.3\,\text{cm}$ misst und sich stets gleichmässig um $0.1\,\text{cm/s}$ verlängert. Wie kann diese Änderungsrate in der Skizze näherungsweise geometrisch illustriert werden?

    b) Bei welcher Seitenlänge beträgt die momentane Änderungsrate der Quadratfläche $+6.54\,\text{cm}^2/\text{s}$?

327. Für eine gegebene Funktion f ist der symmetrische Differenzenquotient definiert durch den Term $\frac{f(x+h) - f(x-h)}{2h}$, $h \neq 0$.

    a) Berechne den symmetrischen Differenzenquotienten für die folgenden drei Funktionen: $f(x) = x^2$, $g(x) = x^2 + x - 1$ und $k(x) = ax^2 + bx + c$. Was fällt auf?

    b) Notiere eine Version des symmetrischen Differenzenquotienten, bei der im Nenner h anstatt $2h$ steht.

    c) Zeige: $f'(x) = \lim\limits_{h \to 0} \frac{f(x+h) - f(x-h)}{2h}$.

328. Leite die durch ihre Funktionsgleichung gegebene Funktion durch Ausführung des Grenzübergangs nach der Funktionsvariable ab und berechne damit die drei Ableitungswerte für die vorgegebenen Argumente.

a) $f(x) = (1-x)^2 - 3$;

   $f'(4)$, $f'(-3)$, $f'(1-\sqrt{2})$

b) $q(t) = \dfrac{1-t}{2t-3}$;

   $q'(2)$, $q'(-1)$, $q'\left(\frac{3}{2} - \sqrt{2}\right)$

c) $w(\ell) = \sqrt{2\ell - 3}$;

   $w'(2)$, $w'\left(\frac{11}{7}\right)$, $w'(4)$

329. Ein Quadrat mit Seitenlänge s_1 wird zu einem Quadrat mit Seitenlänge s_2 vergrössert. Die Änderung ΔF des Flächeninhalts des Quadrates wird durch das Differential $\mathrm{d}F$ angenähert. Wie lässt sich in diesem Fall $\mathrm{d}F$ berechnen?

- $\mathrm{d}F = 2s_1(s_2 - s_1)$
- $\mathrm{d}F = 2s_2(s_2 - s_1)$
- $\mathrm{d}F = s_2^2 - s_1^2$
- $\mathrm{d}F = (s_2 - s_1)^2$

330. Wahr oder falsch?

a) $f'(x) = \dfrac{\mathrm{d}}{\mathrm{d}x} f(x) = \dfrac{\mathrm{d}f}{\mathrm{d}x}(x) = \dfrac{\mathrm{d}f(x)}{\mathrm{d}x}$

b) $f'(x) = \lim\limits_{\Delta x \to 0} \dfrac{f(x+\Delta x) - f(x)}{\Delta x} = \lim\limits_{h \to 0} \dfrac{f(x) - f(x-h)}{h}$

c) $f'(x) = \lim\limits_{\Delta x \to 0} \dfrac{\Delta f}{\Delta x}(x)$

d) $f'(x) = \lim\limits_{h \to 0} \dfrac{f(x+h) - f(x-h)}{h}$

331. Begründe rein geometrisch, weshalb aus $g(x) = f(x-c)$ folgt, dass auch $g'(x) = f'(x-c)$ gelten muss. *Tipp:* Wie hängen die beiden Graphen G_f und G_g zusammen?

332. Ausgangspunkt für diese Aufgabe sind die Graphen G_f und G_g zweier Funktionen f und g (mit übereinstimmenden Definitionsbereichen $D_f = D_g = D$) sowie die dazugehörigen Graphen $G_{f'}$ und $G_{g'}$ ihrer Ableitungen. Ist die Aussage wahr oder falsch?

a) Die Graphen G_f und $G_{f'}$ sind niemals deckungsgleich, fallen also keinesfalls zusammen.

b) Es ist möglich, dass der Graph $G_{f'}$ durch eine reine Translation (Parallelverschiebung) aus dem Funktionsgraphen G_f hervorgehen kann.

c) Erfüllen die beiden Funktionsterme von f und g für alle $x \in D$ die Beziehung $f(x) > g(x)$, so liegt der Graph $G_{f'}$ stets ganz oberhalb vom Graphen $G_{g'}$.

Zu Kapitel 3.3: Ableitungsregeln

333. Leite den Funktionsterm nach x ab.

a) $ax^2 + bx + c$

b) $x^n + nx + \frac{1}{n}$

c) $e^x + ex - \frac{1}{x}$

d) $t^5 x + t^3 x^2 - tx^3$

e) $au^3 + bu^2 + cu + d$

f) $(x-1)^2 + (m+3)^2$

334. Der Flächeninhalt F eines Kreises hängt von der Länge des Radius r ab und es gilt die altbekannte Formel: $F = F(r) = \pi r^2$.

a) Leite F nach r ab. Was fällt dir auf?

b) Es kann durchaus vorkommen, dass die Radiuslänge in Abhängigkeit von der Zeit t variiert, also gilt: $r = r(t)$. In diesem Fall hängt natürlich auch der Kreisflächeninhalt F von der Zeit t ab. Bestimme $\frac{\mathrm{d}F}{\mathrm{d}t}$ allgemein und für $r = r(t) = 3 + 2.1t$ ($t \geq 0$).

335. Der Radius r einer Kugel nimmt mit der Zeit t (in Sekunden) gleichmässig ab; die konstante Änderungs- bzw. Abnahmerate beträgt $-1\,\mathrm{cm/s}$. Berechne die momentane Änderungsrate für das Kugelvolumen $V = V(t)$ in m^3/s für den Fall, dass der Kugelradius $1.02\,\mathrm{m}$ misst.

336. Der Rauminhalt eines stehenden Quaders der Höhe h mit einer quadratischen Grundfläche der Seitenlänge s kann anhand der Formel $V = s^2 h$ berechnet werden. Falls nun die Ausdehnungen $s = s(T)$ und $h = h(T)$ von der vorhandenen Temperatur T beeinflusst werden, so trifft dies auch auf das Quadervolumen zu; $V = V(T)$ ist also ebenfalls eine Funktion der aktuellen Temperatur T. Bestimme $\frac{\mathrm{d}V}{\mathrm{d}T}$.

337. Ein mit Gas gefüllter Ballon verliert pro Minute kontinuierlich und konstant $1.2\,\mathrm{m}^3$ seines Inhaltes, ohne jedoch seine kugelförmige Gestalt zu verändern; sein Volumeninhalt V ist also eine Funktion der Zeit: $V = V(t)$. Die zeitliche Abnahme von V führt dazu, dass auch der Kugelradius $r = r(t)$ kontinuierlich mit der Zeit t abnimmt.

   a) Berechne die momentanen Änderungsraten des Ballonradius r in Zentimetern pro Minute, wenn der Balloninhalt $V_1 = 123.6\,\mathrm{m}^3$ bzw. $V_2 = 43.7\,\mathrm{m}^3$ beträgt.

   b) Bei welchem Ballonvolumen beträgt die lokale Änderungsrate des Ballonradius $-1.2\,\mathrm{cm/min}$?

338. Beweise die Potenzregel $(x^n)' = n \cdot x^{n-1}$ für natürliche Exponenten $n \in \mathbb{N}$ mit vollständiger Induktion.

339. Begründe, weshalb die beiden Ableitungen in den Nullstellen einer quadratischen Funktion stets Gegenzahlen sind.

340. Wahr oder falsch?

   a) Wenn f periodisch ist, dann ist auch f' periodisch.

   b) Wenn f gerade ist, dann ist auch f' gerade.

   c) Wenn f ungerade ist, dann ist f' gerade.

341. Gegeben ist die Funktion f mit $f(1) = 1$, $f'(1) = 3$. Berechne $\frac{\mathrm{d}}{\mathrm{d}x}\left(\frac{f(x)}{x^2}\right)$ an der Stelle $x = 1$.

342. Berechne die 99. Ableitung von $f(x) = \cos(3x) + x^{100}$.

343. a) Zeige: Für zwei Funktionen f und g gilt: $f(x) \cdot g(x) = \left(\frac{f(x)+g(x)}{2}\right)^2 - \left(\frac{f(x)-g(x)}{2}\right)^2$.

   b) Leite die rechte Seite von a) nach x ab. Das Resultat ist die Produktregel.

344. Eine am Boden stehende Lampe beleuchtet eine Wand in horizontal $20\,\mathrm{m}$ Entfernung. Der $1.5\,\mathrm{m}$ grosse Tim geht mit konstant $2\,\mathrm{m/s}$ horizontal von der Lampe weg auf die Wand zu und sieht seinen Schatten an der Wand kleiner werden. Wie schnell verkleinert sich sein Schatten an der Wand in dem Moment, in dem er noch $10\,\mathrm{m}$ von der Wand entfernt ist?

345. Anna meint, dass die Beziehung $(\sin(x))' = \cos(x)$ nur gilt, wenn der Winkel x im Bogenmass angegeben ist. Zoe hingegen findet, dass $(\sin(x))' = \cos(x)$ immer gilt, unabhängig davon, ob x im Bogen- oder Gradmass oder in irgendeinem anderen Mass angegeben ist. Wer von den beiden hat wohl recht?

346. Verwende $|x| = \sqrt{x^2}$ sowie die Kettenregel und zeige damit, dass $\frac{\mathrm{d}}{\mathrm{d}x}|x| = \frac{x}{|x|} = \frac{|x|}{x}$ ist.

Zu Kapitel 3.4: Tangente, Normale und Schnittwinkel

347. Die durch die Gleichung $y = x^m$ definierte Kurve verläuft für jeden Exponenten $m \in N$ durch den Punkt $P(1\,|\,1)$.

    a) Berechne die Koordinaten der beiden Punkte X und Y, in denen die durch P verlaufende Kurventangente t die beiden Koordinatenachsen schneidet.

    b) In welchen Punkten X und Y schneidet die in P errichtete Kurvennormale n die beiden Koordinatenachsen?

    c) Die Normale n und die Tangente t im Kurvenpunkt P begrenzen mit den Koordinatenachsen je ein rechtwinkliges Dreieck Δ_n bzw. Δ_t. Wie gross ist der vom Exponenten m abhängige Flächenunterschied d dieser beiden Dreiecke Δ_n und Δ_t?

348. Es sei G_f der Graph der Funktion f mit der Gleichung $y = f(x) = x^3 - 2x + 1$.

    a) Weise durch Ausführung des Grenzübergangs nach, dass die Steigung m_t der Tangente t an den Graphen G_f an der Stelle x_0 gemäss der Formel $m_t = 3x_0^2 - 2$ bestimmt werden kann.

    b) Wie gross ist die Tangentensteigung m_t im Punkt $P(-1\,|\,2)$ von G_f?

    c) Berechne die Koordinaten aller Punkte $Q(x_Q\,|\,y_Q) \in G_f$, in welchen die Tangenten an G_f mit der x-Achse einen Winkel von $+45°$ bilden.

349. Ein mit einem Laser ausgerüsteter Miniroboter, der sich auf dem Boden eines Zimmers mit den Ecken $O(0\,|\,0)$, $P(6\,|\,0)$, $Q(6\,|\,8)$ und $R(0\,|\,8)$ bewegt, ist so programmiert worden, dass er sich $t \geq 0$ Sekunden nach dem Start an der Stelle $S\big(2t\,|\,6t - 2t^2\big)$ befindet.

    a) Weise nach, dass sich dieser Miniroboter innerhalb der ersten drei Sekunden nach dem Start auf einem Parabelbogen von O nach P bewegt, und bestimme für diesen Parabelbogen eine möglichst einfache Gleichung der Form $y = f(x)$.

    b) An welcher Stelle S^* befindet sich der Roboter, wenn der Laser, dessen Strahl stets in Richtung der Bewegung und somit tangential zur Roboterbahn verläuft, genau auf die Zimmerecke Q gerichtet ist? Und wie viele Sekunden nach dem Start befindet sich der Roboter an dieser Stelle S^*?

350. Gegeben ist die Funktion f mit der Gleichung $y = f(x) = 2\sqrt{x} + \frac{1}{x}$; $x > 0$. B. Haupt behauptet, dass der Graph G_f dieser Funktion an mindestens zwei Stellen horizontale Tangenten aufweist. B. Streit bestreitet diese Aussage vehement; denn sie könne beweisen, dass der Graph G_f überhaupt keine horizontalen Tangenten hat. Wer hat recht – wenn überhaupt?

351. Um welchen Betrag (oder um wie viele Einheiten) muss die Cosinuskurve nach oben verschoben werden, damit sie die Sinuskurve berührt?

352. Zeige: Alle Kurven p mit p_a: $y = \sqrt{a - 2x}$ schneiden alle Exponentialkurven e mit e_b: $y = \mathrm{e}^{x+b}$ rechtwinklig, und zwar unabhängig von den Werten der beiden Parameter a und b.

353. *Herleitung der Tangentengleichung aus der Sekantengleichung.* Gegeben sind die Funktion f und die Stellen a und b, $a \neq b$.

    a) Bestimme die Gleichung der Sekante, die den Graphen G_f an den Stellen a und b schneidet.

    b) Bestimme aus der Sekantengleichung durch den Grenzübergang $b \to a$ die Tangentengleichung an der Stelle a.

354. Zeige, dass die Parabelschar mit der Gleichung $f_k(x) = -(x-k)^2 + k$, $k \in \mathbb{Z}$, eine gemeinsame Tangente besitzt.

355. a) An welcher Stelle im Intervall $[0;2]$ ist der Differenzialquotient von $f(x) = x^2 + 1$ gleich dem Differenzenquotienten von $f(x)$ im Intervall $[0;2]$?

b) An welcher Stelle im Intervall $[0;3]$ ist die Steigung der Tangente m_t an den Graphen von $f(x) = x^2 - 3x + 1$ gleich der Steigung der Sekante m_s durch die Punkte $(0 \mid f(0))$ und $(3 \mid f(3))$ des Graphen von $f(x)$?

c) An welcher Stelle im Intervall $[0;s]$ ist die momentane Änderungsrate von $f(x) = ax^2 + bx + c$ gleich der mittleren Änderungsrate von $f(x)$ im Intervall $[0;s]$?

Zu Kapitel 3.5, 3.6 und 3.7: Extrema und noch mehr

356. Untersuche die Funktion f in der Umgebung von Definitionslücken und skizziere ihren Graphen für das angegebene Intervall I.

a) $f(x) = \dfrac{x^3}{|x|}$; $I = [-2;2]$ \qquad b) $f(x) = \left| \dfrac{x}{x-2} \right|$; $I = [-1;5]$

357. a) Gegeben ist die Kurvenschar f_b mit $f_b(x) = x^2 + bx + 1$. Auf welcher Kurve liegen alle lokalen Minima von f_b, wenn b ganz $\mathbb{R}$ durchläuft?

b) Gegeben ist die Kurvenschar f_b mit $f_b(x) = ax^2 + bx + c$. Auf welcher Kurve liegen bei festem a und c alle lokalen Extrema von f_b, wenn b ganz $\mathbb{R}$ durchläuft?

c) Gegeben ist die Kurvenschar f_a mit $f_a(x) = ax^2 + x + 1$. Auf welcher Kurve liegen alle lokalen Extrema von f_a, wenn a ganz $\mathbb{R}$ durchläuft?

d) Gegeben ist die Kurvenschar f_a mit $f_a(x) = ax^2 + bx + c$. Auf welcher Kurve liegen bei festem b und c alle lokalen Extrema von f_a, wenn a ganz $\mathbb{R}$ durchläuft?

358. Auf welcher Kurve liegen alle lokalen Extrema der Funktionenschar mit $f_a(x) = x - ax^3$, wenn $a \in \mathbb{R}^+$ ist?

359. Gegeben ist die Funktion $s(x) = |x-3| + |x+1|$. Bestimme alle Werte von x, für die $s(x)$ minimal wird. Argumentiere geometrisch.

360. Die Reaktion r des Körpers auf eine Medikamentendosis kann vielfach durch eine Gleichung der Form $r = r(m) = m^2 \left(c - \frac{1}{3}m \right)$ beschrieben werden, wobei c eine positive Konstante ist und m die im Blut aufgenommene Menge des verabreichten Arzneimittels darstellt. Die Ableitung $\frac{d}{dm} r(m) = \frac{dr}{dm}$ wird als Empfindlichkeit des Körpers gegenüber dem Arzneimittel bezeichnet. Bei welcher verabreichten Medikamentenmenge m reagiert der Körper am empfindlichsten?

361. Gegeben ist die Funktion A mit $A(t) = 3 \cdot e^{\frac{-1}{100}t^2 + \frac{1}{10} \cdot t}$. Die Funktion A beschreibt die Anzahl einer Bakterienart zur Zeit t in einer für diese Art tödlichen Umgebung.

a) In welchem Zeitintervall vermehren sich die Bakterien zu Beginn?

b) Zu welchem Zeitpunkt ist die Sterberate der Bakterien maximal?

c) Zeige, dass $A'(t) = f(t) \cdot A(t)$ ist, und bestimme $f(t)$.

362. Gegeben ist die Strecke $A(-6\,|\,2)B(-2\,|\,2)$ sowie die Strecke $C(2\,|\,-2)D(6\,|\,-2)$.

    a) Bestimme einen möglichst einfachen glatten (knickfreien) Übergangsbogen $k\colon y = f(x)$ zwischen den beiden Strecken.

    b) Bestimme einen möglichst einfachen krümmungsruckfreien (ohne Krümmungssprünge) Übergangsbogen $k\colon y = f(x)$ zwischen den beiden Strecken.

363. Gegeben sind die Gerade $g\colon y = \frac{3}{4}x + 5$ und der Punkt $P(13\,|\,-4)$. Bestimme den Abstand des Punktes P von der Geraden g auf zwei unterschiedliche Arten:

    i) Bestimme den Fusspunkt F des Lotes (der Normalen) von P auf g und berechne dann den Abstand $\overline{PF}$.

    ii) Wähle einen beliebigen Punkt $G(x\,|\,y)$ auf g und bestimme dann x so, dass die Entfernung von P zu $G \in g$ möglichst klein wird.

364. Gegeben ist die Normalparabel p mit der Gleichung $y = x^2$. Im Parabelpunkt $P(u\,|\,u^2)$ wird die Normale n zur Parabel errichtet, wobei $u \in \mathbb{R}$ frei gewählt werden kann.

    a) In welchem Punkt X schneidet diese Kurvennormale n die x-Achse? ($u \neq 0$)

    b) Charakterisiere jenen Teil der y-Achse, der von keiner Kurvennormalen geschnitten wird, ganz unabhängig vom Wert $u \neq 0$.

    c) Berechne die Koordinaten des Punktes S, in dem die Kurvennormale die Parabel p ein zweites Mal schneidet. ($u \neq 0$)

    d) Wie lang ist das durch die Parabel p auf der Kurvennormalen n begrenzte Parabelsehnenstück $\overline{PS}$ mindestens?

365. Gegeben sind die beiden Punkte $A(1\,|\,-2)$ und $B(3\,|\,4)$. Bestimme die Lage jenes Punktes C auf der x-Achse, für den die Abstandsdifferenz $d = \overline{CB} - \overline{CA}$ möglichst gross ist.

366. Durch einen beliebigen Punkt im Koordinatensystem verlaufen zwei Geraden mit den positiven Steigungen m und $2m$. Emma hat viele verschiedene Paare solcher Geraden gezeichnet und erklärt, dass der gemessene (spitze) Zwischenwinkel φ der beiden Geraden stets kleiner gewesen sei als $20°$. Hugo meint, dass der maximale Zwischenwinkel $\varphi_{\max}$ sicher $20°$ betrage oder eher sogar $24°$, also ein ganzzahliger Bruchteil von $360°$ sei. Er sagt, dies sei bei Aufgaben dieser Art typisch und viel eher zu erwarten. Wer hat recht?

367. Trifft es zu, dass die Summe aus einer beliebigen positiven Zahl z und ihrem Reziproken nie kleiner ist als 2?

368. Der Berner Mathematiker JAKOB STEINER (1796–1863) stellte sich folgende Frage: «Welche positive Zahl gibt, mit sich selbst radiziert, die grösste Wurzel?»

    Hinweis: Es geht um den grössten Wert von $\sqrt[x]{x}$ für $x \in \mathbb{R}^+$.

369. *Methode der kleinsten Quadrate.* Eine unbekannte Grösse x_0 ist unter gleichen Bedingungen n-mal gemessen worden. Die Messergebnisse lauten $x_1, x_2, x_3, \ldots, x_n$. Nach CARL FRIEDRICH GAUSS (1777–1855) gilt derjenige x-Wert als beste Näherung für x_0, für den die Summe s der Abweichungsquadrate, also $s = (x_1 - x)^2 + (x_2 - x)^2 + \ldots + (x_n - x)^2$, einen möglichst kleinen Wert hat. Zeige, dass der Mittelwert $\bar{x} = \frac{1}{n}\sum_{k=1}^{n} x_k$ die in diesem Sinn beste Näherung darstellt.

370. Die folgenden Aufgaben stammen aus dem Kapitel «De maximis et minimis» des 1755 erschienenen Buches *Institutiones calculi differentialis* von LEONHARD EULER (1707–1783).

    a) Invenire casus, quibus haec functio ipsius x; $x^4 - 8x^3 + 22x^2 - 24x + 12$ fit maximum vel minimum.

    b) Proposita sit haec functio $y = x^5 - 5x^4 + 5x^3 + 1$; quae quibus casibus fiat maximum minimumve, quaeritur.

    c) Invenire casus, quibus formula $\dfrac{xx - x + 1}{xx + x - 1}$ fit maximum vel minimum.

371. Auf einer horizontalen Unterlage wird ein Gewicht G mit einer gewissen Zugkraft F gleichförmig fortbewegt. Die Zugkraft wirkt mit einem Neigungswinkel α gegenüber der Horizontalen nach oben und wird durch den Reibungskoeffizienten μ beeinflusst. Die Zugkraft F ist minimal, wenn gilt: $\tan(\alpha) = \mu$. Begründe diesen physikalischen Sachverhalt.

372. Vom Ursprung O aus ziehe man den Radius $r = \overline{OA}$ zu einem im I. Quadranten liegenden Punkt A auf dem Einheitskreis mit der Gleichung $x^2 + y^2 = 1$. Fälle dann von Punkt A das Lot $\overline{AB}$ auf die x-Achse und vom Punkt B auf der x-Achse das Lot $\overline{BC}$ auf $\overline{OA}$. Wie gross muss der Neigungswinkel φ des Radius $r = \overline{OA}$ gegenüber der x-Achse sein, damit das Dreieck ABC einen möglichst grossen Flächeninhalt aufweist?

373. Gegeben ist die nach unten geöffnete Parabel mit der Gleichung $y = 1 - ax^2$, wobei $a > 0$ ist. Dem oberhalb der x-Achse liegenden Parabelsegment werden Rechtecke einbeschrieben.

    a) Man berechne für den Parameterwert $a = \frac{1}{3}$ die Abszisse der rechten oberen Ecke des Rechtecks mit maximalem Flächeninhalt.

    b) Für $a = 2$ soll die analoge Berechnung für das Rechteck mit maximalem Umfang durchgeführt werden.

    c) Welchen Wert muss der Parameter a haben, damit diese beiden Rechtecke zusammenfallen?

3.10   Kontrollaufgaben

Zu Kapitel 3.1 und 3.2: Einleitung und graphisches Ableiten

374. Gegeben ist die Funktion f mit der Gleichung $y = \frac{1}{2}x^3 - 3x^2 - 3x + 4$.
    a) Berechne die mittlere Änderungsrate der Funktion f im Intervall $[-2; 0]$.
    b) Welchen Wert hat die lokale Änderungsrate der Funktion f an der Stelle $x = 2$?

375. Auf dem Stern Sirius berechnet sich die Fallstrecke s eines frei fallenden Körpers gemäss der folgenden Formel: $s = 0.8 \cdot t^2$ (Fallstrecke in Metern, Zeit in Sekunden).

    a) Welche durchschnittlichen Geschwindigkeiten weist ein auf dem Sirius frei fallender Körper in den Zeitintervallen zwischen 4 und 5 s, zwischen 4.5 und 5 s, zwischen 4.9 und 5 s sowie zwischen 4.99 und 5 s auf?

    b) Welche Momentangeschwindigkeit wird dieser Körper laut den Ergebnissen aus Teilaufgabe a) nach 5 s etwa haben?

376. Nora möchte Eistee. Dazu kocht sie Hagebuttentee und lässt diesen abkühlen. Die Funktion $T(t)$ beschreibt die Temperatur des Tees zur Zeit t, gemessen ab dem Zeitpunkt, als er fertig gekocht war. Drücke die folgenden Grössen formal aus:

    a) Temperaturabnahme im Zeitintervall $[t_1; t_2]$

    b) durchschnittliche Temperaturabnahme pro Zeiteinheit im Zeitintervall $[t_1; t_2]$

    c) momentane Abkühlungsgeschwindigkeit zum Zeitpunkt t_2

377. Das verbleibende Wasservolumen in einem Schwimmbecken, dessen Abfluss man geöffnet hat, kann näherungsweise durch die Funktion V mit der Gleichung $V(t) = 200 \cdot (50 - t)^2$ beschrieben werden (t in Minuten, V in Litern).

    a) Berechne $\frac{V(5) - V(0)}{5 - 0}$. Was ist die Bedeutung dieses Zahlenwertes?

    b) Berechne $V'(t)$. Was bedeutet diese Ableitung? Was bedeutet $V'(t) < 0$ bzw. $V'(t) > 0$?

    c) Berechne $V'(5)$. Was sagt dieser Wert aus?

378. Bestimme die Ableitung f' der Funktion f an der Stelle a mithilfe des Differenzenquotienten.

    a) $f(x) = \frac{1}{4}x^2$, $a = 6$ b) $f(x) = \frac{-1}{x}$, $a = 3$

379. Die Funktion f ist durch ihre Funktionsgleichung gegeben. Bestimme durch Ausführung des Grenzübergangs die Gleichung ihrer Ableitungsfunktion f'.

    a) $f(x) = x^2 - 2x$ b) $f(x) = \dfrac{x}{1 - x}$

380. a) Bestimme die Steigungsfunktion f' von $y = f(x) = \frac{1-x}{x-2}$ durch praktische Ausführung des Grenzübergangs.

    b) An welchen Stellen weisen die Kurventangenten an den Graphen von f einen Steigungs- oder Neigungswinkel von $\pm 45°$ auf?

381. Max und Moritz mussten übungshalber und je für sich zum Teil gleiche und zum Teil auch ganz unterschiedliche Funktionen ableiten. Beim Vergleichen der Lösungen zu Aufgabe 5 stellten sie fest, dass sie beide dieselbe Ableitung als Resultat bekommen hatten: $g'(x) = f'(x)$. Etwas irritiert waren Moritz und Max, als sie bemerkten, dass sie gar nicht dieselbe Funktion ableiten mussten. Ist es überhaupt möglich, dass zwei verschiedene Funktionen $g \neq f$ übereinstimmende Ableitungen $g' = f'$ haben können?

382. ⬚ Skizziere den Graphen der Ableitungsfunktion f' der dargestellten Funktion f.

    a)

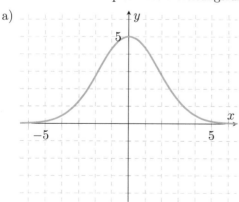

    b)

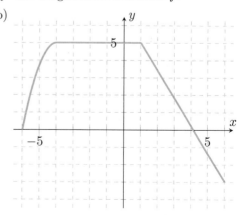

c)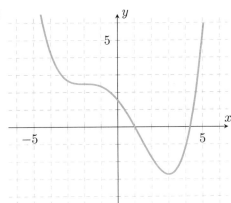

d)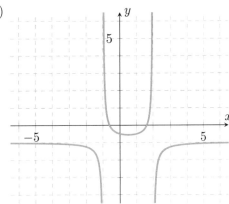

Zu Kapitel 3.3: Ableitungsregeln

383. Wahr oder falsch? $\frac{d}{dz}(z^7)$ ist gleich:

   a) z^6 b) $7z^6$ c) 0 d) z^7

384. Bestimme $f'(x)$.

   a) $f(x) = 4x^5$ b) $f(x) = \frac{1}{3}x^6 - 2x$ c) $f(x) = \frac{-2}{x^3}$

   d) $f(x) = \frac{1}{x} - \frac{1}{x^2}$ e) $f(x) = 4\sqrt{x}$ f) $f(x) = 8 + \sqrt[3]{x}$

385. Forme den Funktionsterm so um, dass du die Ableitungsfunktion y' alleine mithilfe der Summen-, Faktor- und Potenzregel bestimmen könntest. Die Ableitung selbst muss nicht bestimmt werden.

   a) $y = \frac{x^2}{4} + 13$ b) $y = \frac{-1}{x}$ c) $y = \frac{\sqrt{x}}{7}$

   d) $y = 3x \cdot (2x - 1)$ e) $y = (x - 2)^2$ f) $y = \dfrac{5x^{-4} + 3x}{21}$

386. Bestimme die Ableitungsfunktion f'.

   a) $f(x) = x^2(x^2 - 3x + 1)$ b) $y = \dfrac{x}{x + 2}$ c) $f(x) = \sqrt{8x^3} + 2$

387. Zeige Schritt für Schritt, dass es beim Ableiten der Funktion f mit $f(x) = (3x - 1)^2$ keine Rolle spielt, ob (1.) der Funktionsterm zuerst ausmultipliziert und dann abgeleitet wird, (2.) der Funktionsterm als Produkt geschrieben wird, damit die Produktregel angewendet werden kann, oder (3.) beim Ableiten von $f(x)$ direkt die Kettenregel herangezogen wird.

388. Bestimme $f'(x)$.

   a) $f(x) = \sin(x) + \cos(x)$ b) $f(x) = x - 2 \cdot \sin(x)$ c) $f(x) = 3x^2 - 10 \cdot \cos(x)$

389. Bestimme die Ableitung y'.

   a) $y = x \cdot \cos(x)$ b) $y = \sin(2x + 1) - 3$ c) $y = x^2 \cdot \sin(x) + 2x \cdot \cos(x)$

390. Bestimme $\frac{d}{dt}s(t)$.

   a) $s(t) = \dfrac{\sin(t)}{1 - \cos(t)}$ b) $s(t) = \tan(t) - 2t$ c) $s(t) = \dfrac{\sin(t) - 1}{\cos(t)}$

391. Bestimme die 4. und die 5. Ableitung $y^{(4)}$ respektive $y^{(5)}$ der gegebenen Funktion $y = y(x)$.

    a) $y = 6 \cdot \cos(x)$ b) $y = -5 \cdot \sin(x)$

392. Leite die Funktion f mit dem angegebenen Funktionsterm nach der Funktionsvariable ab.

    a) $f(x) = e^{3x}$ b) $f(x) = x - 2 \cdot e^x$ c) $f(x) = 2^x$

    d) $f(t) = 3 \cdot \ln(21t)$ e) $f(t) = 2 \cdot \sqrt{t} \cdot \ln(t)$ f) $f(t) = \ln\left(\dfrac{t-1}{t}\right)$

393. Bestimme $\frac{dy}{dx}$.

    a) $y = 2x \cdot 10^x$ b) $y = \dfrac{3^x}{x}$ c) $y = x^2 \cdot 2^x$

394. Mit den beiden Funktionen f und g werden drei neue Funktionen gebildet, nämlich die folgenden: $d(x) = f(x) - g(x)$, $p(x) = f(x) \cdot g(x)$ und $q(x) = \frac{f(x)}{g(x)}$.

Berechne die drei Ableitungswerte $d'(x_0)$, $p'(x_0)$ und $q'(x_0)$ anhand der folgenden zusätzlichen Angaben bezüglich der gegebenen Funktionen f und g:

    • $f(x_0) = 4$ • $g(x_0) = -1$ • $f'(x_0) = -2$ • $g'(x_0) = 3$

395. Bestimme die Ableitung zu $y = (1 + (2 + x^3)^4)^5$.

396. Wahr oder falsch? Gegeben sind die Funktionen f und g mit $h = f \circ g$. Dann ist $h'(2)$ gleich:

    a) $(f' \circ g')(2)$ b) $f'(2) \cdot g'(2)$ c) $f'(g(2)) \cdot g'(2)$ d) $f'(g'(2)) \cdot g'(2)$

397. Wahr oder falsch? Gegeben sind $f(x)$ und $c \in \mathbb{R}$. Dann ist:

    a) $\dfrac{d}{dx}(c \cdot f(x)) = c \cdot \left(\dfrac{d}{dx}f(x)\right) + f(x) \cdot \left(\dfrac{d}{dx}c\right)$ b) $\dfrac{d}{dx}(c \cdot f(x)) = c \cdot \left(\dfrac{d}{dx}f(x)\right)$

    c) $\dfrac{d}{dx}(c \cdot f(x)) = \left(\dfrac{d}{dx}c\right) \cdot \left(\dfrac{d}{dx}f(x)\right)$

398. Gegeben sind die verketteten Funktionen F_1 und F_2, die wie folgt als Zusammensetzung definiert sind: $F_1(x) = f(u(x)) = \frac{u(x)}{3} + 21$, mit $u(x) = 3x - 63$, und $F_2(x) = g(v(x)) = 2 - \frac{1}{v(x)}$, mit $v(x) = \frac{1}{2-x}$.

    a) Bestimme durch Anwendung der Kettenregel die beiden Ableitungen $\frac{d}{dx}F_1(x)$ und $\frac{d}{dx}F_2(x)$.

    b) Zeige, dass $F_1(x)$ und $F_2(x)$ dieselbe Funktion darstellen.

Zu Kapitel 3.4: Tangente, Normale und Schnittwinkel

399. Gegeben ist die Parabel mit der Gleichung $y = \frac{-1}{2}x^2 + 4x$. Bestimme die Gleichung der Tangente t und die Gleichung der Normalen n der Parabel an der Stelle x_0.

    a) $x_0 = 0$ b) $x_0 = 6$ c) $x_0 = 4$

400. Gegeben ist die Funktion f mit der Gleichung $f(x) = \frac{x^2+1}{x+1}$. Bestimme die Gleichung der Tangente t und die Gleichung der Normalen n an den Graphen von f an der Stelle x_0.

    a) $x_0 = 0$ b) $x_0 = 2$ c) $x_0 = -3$

401. An welchen Stellen x der Kurve mit der Gleichung $y = \frac{1}{3} \cdot x^3 - x^2 + x - 4$ haben die dazugehörigen Kurventangenten die vorgegebene Steigung m?

    a) $m = 0$ b) $m = 4$ c) $m = -1$

402. In welchem Punkt P der Parabel mit der Gleichung $y = 2x^2 - 8x$ ist die Kurventangente parallel zur x-Achse?

403. Die Kurve w ist durch ihre Gleichung $y = \sqrt{x}$ ($x \geq 0$) gegeben. Wie lauten die Gleichungen der Kurventangente t und der Kurvennormalen n an der Stelle $x_0 = 4$?

404. Für welchen Wert des Parameters $a \in \mathbb{R}$ berührt der Graph der Funktion f mit der Gleichung $f(x) = \frac{1}{2}x^3 + ax^2 + 32x - 48$ an der Stelle $x_0 = 4$ die x-Achse?

405. Die Tangente t an den Graphen der Funktion f mit $f(x) = x^2 - x + 16$ verläuft durch den Punkt P. Bestimme die Gleichung der Tangente t.

    a) $P(0 \mid 0)$ b) $P(-2 \mid 6)$

406. Unter welchem spitzen Winkel schneidet der Graph G_f die x-Achse?

    a) $f(x) = 1.2\sqrt{x} - 3.4$ b) $f(x) = \mathrm{e}^{2x} - 1$

407. Unter welchem spitzen Winkel schneiden sich die Graphen der Funktionen f und g?

    a) $f(x) = \frac{1}{2}x^2$ und $g(x) = \frac{1}{2}x^2 - 2x + 6$ b) $f(x) = \frac{2}{x^3}$ und $g(x) = 2x^3$

408. Unter welchem spitzen Winkel schneiden sich der Hyperbelast mit der Gleichung $y = h(x) = \frac{1}{x}$ ($x > 0$) und der Parabelbogen mit der Gleichung $y = p(x) = \sqrt{x}$ ($x \geq 0$)?

Zu Kapitel 3.5: Spezielle Punkte und Eigenschaften von Kurven

409. Bestimme alle Tiefpunkte der Funktion mit der Gleichung $f(x) = x^4 - 4x^3 + 4x^2$.

410. Gegeben ist die Funktion f mit $y = x + \frac{1}{x+1}$. Finde alle Hoch- und Tiefpunkte des Funktionsgraphen.

411. Gegeben ist die Funktion f mit $y = f(x) = \frac{1}{6}x^4 + \frac{2}{3}x^3$.

    a) Berechne alle Hoch-, Tief- und Terrassenpunkte.

    b) An welcher Stelle im Intervall $[-4; 1]$ befindet sich das absolute Maximum und wo das absolute Minimum der Funktion f?

412. Diskutiere die Funktionen und skizziere ihre Graphen (Definitions- und Wertebereich, Nullstellen, Hoch-, Tief-, Wende- und Terrassenpunkte, Symmetrie).

    a) $f(x) = x^3 - 3x$ b) $f(x) = x^4 - 2x^2$ c) $f(x) = 3x^2 - x^3$ d) $f(x) = 2x^3 - x^4$

413. Für welches der gezeichneten Kurvenstücke gilt $f(a) > 0$, $f'(a) = 0$, $f''(a) = 0$ und $f'''(a) > 0$?

i)   ii)   iii)   iv)

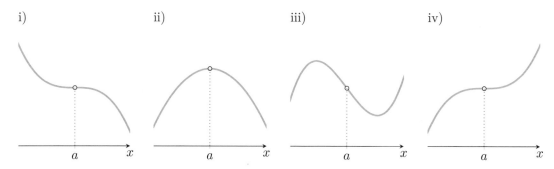

414. Wahr oder falsch? Gegeben ist die Funktion $f(x)$ auf dem Intervall $[a; b]$. Wenn $f'(a) = 0$ ist, dann

   a) muss f an der Stelle $x = a$ ein globales Minimum haben.

   b) kann f an der Stelle $x = a$ ein globales Maximum oder ein globales Minimum haben.

   c) kann f an der Stelle $x = a$ kein globales Maximum haben.

Zu Kapitel 3.6: Aufstellen von Funktionsgleichungen

415. Die Parabel mit der Gleichung $y = ax^2 + bx + c$ verläuft durch den Punkt $(1 \mid 2)$ und berührt die Gerade $y = x$ im Ursprung. Berechne die Parameter a, b und c.

416. Eine zum Ursprung symmetrische Polynomfunktion 3. Grades hat im Punkt $P(2 \mid -9)$ ein Extremum. Bestimme die Funktionsgleichung.

417. Welche Polynomfunktion 3. Grades besitzt einen Graphen, der symmetrisch ist zum Nullpunkt und im Punkt $(-2 \mid -4)$ ein relatives Minimum annimmt?

418. Die Kurve k einer Polynomfunktion 3. Grades verläuft horizontal durch den Ursprung; auch die Kurventangente t im Kurvenpunkt $K(3 \mid 9)$ verläuft durch den Ursprung. Bestimme die Gleichung $y = k(x)$ dieser Kurve k und berechne den Schnittwinkel σ, unter dem k durch die positive x-Achse in den IV. Quadranten abfällt.

419. Für welche ganzzahligen Werte von n verläuft die Kurve mit der Gleichung $y = x^n + a \cdot x$ symmetrisch bezüglich des Ursprungs?

420. Eine zur y-Achse symmetrische Polynomfunktion 4. Grades geht durch den Punkt $P(-1 \mid 9)$ und besitzt beim Punkt $(2 \mid 3)$ die Steigung $m = 4$. Wie lautet die Funktionsgleichung?

Zu Kapitel 3.7: Extremwertaufgaben

421. An welcher Stelle hat die Kurve mit der Gleichung $y = x^3 + 3x^2 + 2x + 4$ die kleinste Steigung?

422. Aus einem Rechteck der Länge $l = 16\,\text{cm}$ und der Breite $b = 10\,\text{cm}$ erhält man durch Wegschneiden von vier gleich grossen Quadraten in den Ecken und Auffalten der vorstehenden Rechtecke eine Schachtel ohne Deckel. Wie gross muss die Seite der weggeschnittenen Quadrate sein, damit das Fassungsvermögen der Schachtel maximal wird?

423. Familie Haas möchte für ihre vier Kaninchenpaare ein rechteckiges Gehege im Freien bereitstellen, und zwar im Bereich einer einspringenden Hausecke, damit auf zwei Seiten kein Zaun montiert werden muss. Mit dem $\ell = 40\,\mathrm{m}$ langen Zaun soll auch noch die Unterteilung in vier gleich grosse Abteile bewerkstelligt werden, eines für jedes Kaninchenpaar. Wie viele Quadratmeter stehen jedem Kaninchenpaar höchstens zur Verfügung?

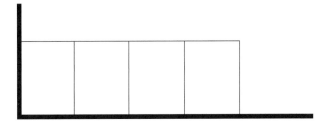

424. Die drei Punkte $F(-20\,|\,0)$, $G(70\,|\,0)$ und $Z(0\,|\,40)$ stellen Dörfer dar, die durch eine Wasserleitung miteinander zu verbinden sind. Von einem Punkt X auf dem geradlinigen Verbindungsstück zwischen F und G verläuft eine Abzweigung direkt zum Punkt Z. Wo ist der Verzweigungspunkt X zu platzieren, damit die gesamten Erstellungskosten minimal werden, wenn auf den Abschnitten $\overline{FX}$, $\overline{XG}$ und $\overline{XZ}$ pro Längeneinheit mit Baukosten von 600 Franken, 900 Franken bzw. 500 Franken zu rechnen ist?

425. Ein mit einem Metallrahmen eingefasster Wandspiegel hat die Form eines Rechtecks mit aufgesetztem Halbkreis. Welche Ausmasse hat der Spiegel mit dem grösstmöglichen Flächeninhalt, wenn verlangt wird, dass die Länge des Rahmens (d. h. der Umfang des Spiegels) 300 cm betragen soll?

426. Ein im I. Quadranten liegendes Flächenstück wird begrenzt durch die Koordinatenachsen, die Parabel $p\colon y = x^2 + 3$ und die Gerade $g\colon x = 5$. Darin wird ein achsenparalleles Rechteck einbeschrieben. Wie gross ist der maximale Flächeninhalt dieses Rechtecks?

427. Wie hoch ist der einer Kugel (Radius R) einbeschriebene Zylinder mit maximaler Mantelfläche?

4 Integralrechnung

4.1 Das Integral als Umkehrung des Differenzierens

1. *Lässt sich versehentliches Ableiten problemlos rückgängig machen?* Viele mathematische Operationen haben eine Umkehrung, so ist etwa die Umkehrung der Addition die Subtraktion, die Umkehrung des Potenzierens das Radizieren oder jene einer Funktion die Umkehrfunktion. Kann das Ableiten umgekehrt werden und aus f' die ursprüngliche Funktion f berechnet werden?

a) Welche Funktion f hat die Ableitungsfunktion f'? Kontrolliere durch Ableiten.

   i) $f'(x) = 2x$ ii) $f'(x) = 2x - 1$ iii) $f'(x) = 4x^3$ iv) $f'(x) = x^n$

   v) $f'(x) = \cos(x)$ vi) $f'(x) = e^x$ vii) $f'(x) = \frac{1}{x^2}$ viii) $f'(x) = x^{-m}$

b) Sind die Resultate aus Teilaufgabe a) eindeutig? Begründe.

c) Welche der folgenden Funktionen f haben die Ableitungsfunktion f' mit $f'(x) = 2x$?

   i) $f(x) = x^2 + 1001$ ii) $f(x) = x^2 - 1$ iii) $f(x) = x^2 + x$ iv) $f(x) = -x^2$

d) Die Funktion f mit $f(x) = x^2$ hat die Ableitungs- oder Steigungsfunktion f' mit $f'(x) = 2x$. Welche anderen Funktionen haben dieselbe Ableitungsfunktion?

e) Beschreibe alle Funktionen f, von deren Ableitungsfunktion f' die Gleichung gegeben ist.

   i) $f'(x) = \sin(x)$ ii) $f'(x) = 3x^2$ iii) $f'(x) = e^x + 2x$

Integrieren und Stammfunktion

Suchen wir für eine gegebene Funktion f eine Funktion F, für die $F' = f$ gilt, so heisst dieser Vorgang *Integrieren* und F heisst *Stammfunktion* von f.

2. Bestimme zur gegebenen Funktion f eine Stammfunktion F. Achte auf die Funktionsvariable.

a) $f(x) = 4x$ b) $f(x) = x^3$ c) $f(x) = -2.34 x^5$ d) $f(x) = x^n$

e) $f(t) = \frac{-3}{4} t^8$ f) $f(t) = 1001$ g) $f(t) = 0$ h) $f(t) = g\,t$

3. Bestimme zur gegebenen Funktion f eine Stammfunktion F.

a) $f(x) = 4x + 321$ b) $f(x) = 6x^2 - 4$ c) $f(x) = 3 - \frac{1}{x^2}$ d) $f(x) = x^3 + x^{-3}$

4. Bestimme durch geschicktes Umformen eine Stammfunktion F zur gegebenen Funktion f.

a) $f(t) = \frac{1}{2\sqrt{t}}$ b) $f(t) = \frac{-3}{\sqrt{t}}$ c) $f(t) = 7\sqrt[4]{t^3}$ d) $f(t) = \frac{1}{\sqrt[3]{t^2}}$

5. Gesucht ist eine Stammfunktion F der Funktion f.

a) $f(x) = \sin(x) + \cos(x)$ b) $f(x) = 3\sin(x) - 2\cos(x)$ c) $f(x) = \frac{1}{\cos^2(x)}$

d) $f(x) = 2e^x$ e) $f(x) = 2^x$ f) $f(x) = a^x,\ a > 0,\ a \neq 1$

6. Bestimme die Gleichung jener Stammfunktion F der Funktion f, deren Graph G_F durch den Ursprung verläuft.

a) $f(x) = 3x^2 + 4x - 1$ b) $f(x) = \frac{3x^4 - x^2}{x^2}$ c) $f(x) = \frac{1}{(x-2)^2}$

7. Von der Funktion f ist die 1. Ableitung f' sowie eine Zusatzbedingung bekannt. Wie lautet die Funktionsgleichung von f?

   a) $f'(x) = 3x^2 - 14$ b) $f'(x) = 1 - \frac{1}{x^2}$ c) $f'(x) = 5 - x$

       $f(5) = 67$ $f(3) = 4$ $f(-2) = -f(2)$

   d) $f'(x) = 1 + \sin(x)$ e) $f'(x) = -3\cos(x)$ f) $f'(x) = \pi e^x$

       $f(0) = 0$ $f(\frac{\pi}{2}) = 1$ $f(1) = 1$

8. Bestimme zur gegebenen Funktion f die Stammfunktion F, deren Graph durch den Punkt P verläuft.

   a) $f(x) = \dfrac{1}{\sqrt{x}}$; $P(9 \mid 2)$ b) $f(x) = \frac{1}{2}x^2 - 2x$; $P\left(1 \mid \frac{7}{3}\right)$ c) $f(x) = \dfrac{2x^3 + 5x^2}{x^2}$; $P\left(\frac{5}{2} \mid \frac{21}{4}\right)$

9. Bestimme die Gleichung $y = f(x)$ der Kurve in der xy-Ebene, die durch den Punkt $P(9 \mid 4)$ verläuft und deren Steigung an der Stelle x durch $3\sqrt{x}$ gegeben ist.

Zu 10–13: Graphisches Integrieren

10. Gegeben ist der Graph G_f der Funktion f. Welcher der Graphen a, b oder c könnte der Graph einer Stammfunktion F von f sein?

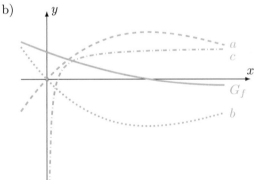

11. Der Graph G_f einer Funktion f ist gegeben. Skizziere den Graphen jener Stammfunktion F von f, für die $F(0) = 0$ gilt.

Zu Aufgabe 11:   *Zu Aufgabe 12:*

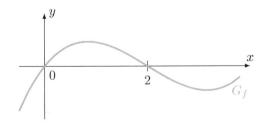 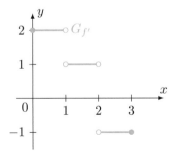

12. Gegeben ist der Graph $G_{f'}$ der Ableitungsfunktion f', siehe oben. Skizziere den Graphen jener Funktion f, für welche die beiden folgenden Bedingungen gelten: f ist stetig und $f(0) = -1$.

13. Skizziere den Verlauf einer Stammfunktion F zur Funktion f, deren Graph G_f in einem Koordinatensystem dargestellt ist. Zeichne jene Lösung, die durch den Ursprung verläuft.

a)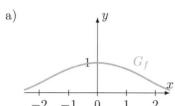

b)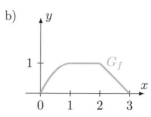

c)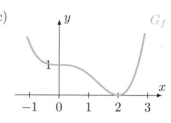

Das unbestimmte Integral

Ist F eine Stammfunktion von f, so heisst die Menge aller Stammfunktionen das *unbestimmte Integral* von f:

$$\int f(x)\,\mathrm{d}x = F(x) + C, \quad C \in \mathbb{R}.$$

$\int$ heisst *Integralzeichen*, $f(x)$ ist der *Integrand*, $\mathrm{d}x$ das *Differential* und C heisst *Integrationskonstante*. Zur Herkunft des Integralzeichens siehe Kasten auf Seite 129.

Einige unbestimmte Integrale

$\int x^r\,\mathrm{d}x = \frac{1}{r+1}x^{r+1} + C,\, r \in \mathbb{R}\backslash\{-1\}$ $\int \frac{1}{2\sqrt{x}}\,\mathrm{d}x = \sqrt{x} + C$

$\int \frac{1}{x}\,\mathrm{d}x = \ln|x| + C$ $\int \sqrt{x}\,\mathrm{d}x = \frac{2}{3}\sqrt{x^3} + C$

$\int \sin(x)\,\mathrm{d}x = -\cos(x) + C$ $\int \mathrm{e}^{kx}\,\mathrm{d}x = \frac{1}{k} \cdot \mathrm{e}^{kx} + C$

$\int \cos(x)\,\mathrm{d}x = \sin(x) + C$ $\int a^x\,\mathrm{d}x = \frac{1}{\ln(a)} \cdot a^x + C,\, a > 0,\, a \neq 1$

$\int \tan(x)\,\mathrm{d}x = -\ln|\cos(x)| + C$ $\int \ln(x)\,\mathrm{d}x = x\ln(x) - x + C$

Summen- und Faktorregel

Summenregel: $\displaystyle\int (f(x) \pm g(x))\,\mathrm{d}x = \int f(x)\,\mathrm{d}x \pm \int g(x)\,\mathrm{d}x$

Faktorregel: $\displaystyle\int (c \cdot f(x))\,\mathrm{d}x = c \cdot \int f(x)\,\mathrm{d}x$

Zu **14–16**: Berechne das unbestimmte Integral.

14. Polynomfunktionen

a) $\displaystyle\int 4x\,\mathrm{d}x$

b) $\displaystyle\int 1\,\mathrm{d}x$

c) $\displaystyle\int 0\,\mathrm{d}x$

d) $\displaystyle\int 6x^3\,\mathrm{d}x$

e) $\displaystyle\int (3x^2 - 1)\,\mathrm{d}x$

f) $\displaystyle\int (4x^3 + x^2 - 7)\,\mathrm{d}x$

g) $\displaystyle\int (5x^4 + \frac{1}{2}x^3 - \frac{7}{3}x^2)\,\mathrm{d}x$

h) $\displaystyle\int (3x + 4)(x^2 - 1)\,\mathrm{d}x$

i) $\displaystyle\int (3x^2 - 1)^2\,\mathrm{d}x$

15. Gebrochenrationale Funktionen

a) $\int \dfrac{1}{x^2}\,dx$ 　　　　　　　b) $\int \dfrac{2}{x^3}\,dx$ 　　　　　　　c) $\int \left(\dfrac{6}{x^4} - \dfrac{1}{x^2} \right)\,dx$

d) $\int \left(\dfrac{6}{x} - \dfrac{5}{x^2} + \dfrac{4}{x^3} \right)\,dx$ 　　e) $\int \dfrac{x^3 - x + 5}{x}\,dx$ 　　f) $\int \dfrac{10}{x+2}\,dx$

16. Wurzel-, Winkel- und Exponentialfunktionen

a) $\int \sqrt{x}\,dx$ 　　　　　　　b) $\int \cos(x)\,dx$ 　　　　　　c) $\int 5^x\,dx$

d) $\int \sqrt{x} \cdot (x+5)\,dx$ 　　e) $\int (e^x + \sin(x))\,dx$ 　　f) $\int \dfrac{1}{x} \cdot \sqrt{x}\,dx$

g) $\int (x + \sqrt[4]{x})\,dx$ 　　　h) $\int (2 \cdot \sin(x) - 3 \cdot \cos(x))\,dx$ 　i) $\int \pi \cdot \ln(x)\,dx$

j) $\int (1 + \tan^2(x))\,dx$ 　　k) $\int (t + \cos(t))\,dt$ 　　　l) $\int x^{1-2t}\,dx$

17. Begründe.

a) $\int \sin^2(x)\,dx = \frac{1}{2}(x - \sin(x) \cdot \cos(x)) + C$ 　　b) $\int \cos^2(x)\,dx = \frac{1}{2}(x + \sin(x) \cdot \cos(x)) + C$

c) $\int \tan^2(x)\,dx = \tan(x) - x + C$ 　　　　　d) $\int x e^x\,dx = (x-1)e^x + C$

18. Beweise die im obigen grünen Kasten angegebene Integralformel $\int \ln(x)\,dx = x\ln(x) - x + C$.

19. a) Sind F mit $F(x) = \frac{1}{2}x^2 + 1$ und G mit $G(x) = 4 - \sin^2 x + \frac{1}{2}x^2 - \cos^2 x$ beides Stammfunktionen derselben Funktion f mit $f(x) = x$?

b) Sind F und G mit $F(x) = \sqrt{x+1}$ bzw. $G(x) = \dfrac{x}{1+\sqrt{x+1}}$ beides Stammfunktionen derselben Funktion f?

20. Überprüfe die Richtigkeit der angegebenen Integrationsformel.

a) $\int \dfrac{2x^2 + 1}{\sqrt{x^2 + 1}}\,dx = x \cdot \sqrt{x^2 + 1} + C$ 　　　　b) $\int e^{\sqrt{x}}\,dx = 2e^{\sqrt{x}}(\sqrt{x} - 1)$

21. a) Basil hat beim Ableiten von $f(x) = xe^x$ gesehen, dass $f'(x) = e^x + xe^x$ wieder den Term xe^x enthält. Wie kann er anhand dieser Feststellung $\int xe^x\,dx$ berechnen?

b) Bettina hat beim Ableiten von $f(x) = x\ln(x)$ gesehen, dass $f'(x) = \ln(x) + 1$ den Term $\ln(x)$ enthält. Wie kann sie aufgrund dieser Beobachtung $\int \ln(x)\,dx$ berechnen?

Einfache Substitutionsregel

Wenn F eine Stammfunktion von f ist, dann gilt für $a \neq 0$ und $b \in \mathbb{R}$:

$$\int f(ax+b)\,dx = \frac{1}{a} \cdot F(ax+b) + C.$$

Dabei ist $F(ax+b)$ der Wert der Stammfunktion F an der Stelle $(ax+b)$.

Zu **22–25**: Bestimme das unbestimmte Integral der Funktion f.

22. a) $f(x) = (2x + 3)^5$

    b) $f(x) = 7(3x - 1)^6$

    c) $f(x) = (12 - x)^3$

    d) $f(x) = \left(3 - \frac{1}{2}x\right)^3$

    e) $f(x) = 12\,(3x - 9)^3$

    f) $f(x) = \left(3 - x\sqrt{2}\right)^2$

23. a) $f(x) = (4x + 3)^{-2}$

    b) $f(x) = 2(1 - x)^{-3}$

    c) $f(x) = \left(4 - \frac{1}{2}x\right)^{-4}$

    d) $f(x) = \dfrac{4}{(2x - 1)^3}$

    e) $f(x) = \dfrac{2}{\left(2 - \frac{1}{3}x\right)^5}$

    f) $f(x) = \dfrac{1}{\sqrt{2x + 1}}$

24. a) $f(t) = \sin(2t)$

    b) $f(t) = \cos(\pi t)$

    c) $f(t) = 5 \cdot \cos(10t)$

25. a) $f(x) = 4e^{-4x}$

    b) $f(x) = e^x - e^{-x}$

    c) $f(x) = 9 \cdot 2^{-3x}$

    d) $f(x) = \dfrac{1}{2x - 1}$

    e) $f(x) = \dfrac{2}{3 - 2x}$

    f) $f(x) = 12 \cdot \ln(3x)$

26. Beweise die Formel im grünen Kasten auf der vorhergehenden Seite.

Weg als Stammfunktion

27. *Zurückgelegter Weg als Stammfunktion.* Aus dem Kapitel über Differentialrechnung wissen wir, dass die folgenden Gleichungen gelten (dabei wird in der Physik die Ableitung nach der Zeitvariable t statt mit einem Strich oft mit einem Punkt bezeichnet):

$$v(t) = \frac{\mathrm{d}}{\mathrm{d}t}s(t) = s'(t) = \dot{s}(t), \qquad a(t) = \frac{\mathrm{d}}{\mathrm{d}t}v(t) = v'(t) = \dot{v}(t) = \ddot{s}(t).$$

Kennen wir die Wegfunktion $s = s(t)$ in Abhängigkeit von der Zeit t, so können wir durch einmaliges Ableiten die Geschwindigkeitsfunktion $v = v(t)$, durch zweimaliges Ableiten die Beschleunigungsfunktion $a = a(t)$ erhalten.

Oft ist aber das Umgekehrte der Fall: In Experimenten ist die Kraft $F = F(t)$ oft leicht zu messen, z. B. mit einer Federwaage. Wegen des Newton'schen Kraftgesetzes $F = m \cdot a$ lässt sich daraus die Beschleunigung $a = a(t)$ ermitteln. Wie können wir nun umgekehrt aus der Beschleunigung $a = a(t)$ die Geschwindigkeit $v = v(t)$ oder die Position $s = s(t)$ bestimmen?

a) Wie lauten die Funktionsterme $v(t)$ und $s(t)$ der allgemeinsten Geschwindigkeits- und Positionsfunktionen, wenn die Beschleunigung den konstanten Wert a hat?

b) Auf einer horizontalen, reibungslosen Bahn befindet sich im Startpunkt ein Körper im Ruhezustand. Diesem werde durch eine Kraft eine Beschleunigung von $a = 5\,\mathrm{m/s^2}$ erteilt. Welche Geschwindigkeit hat er nach 1 Sekunde? Wo befindet er sich nach 1 Sekunde? Wann erreicht er das 20 Meter entfernte Ziel?

c) *Freier Fall:* Ein frei fallender Körper wird aus einer Höhe von 20 Meter fallen gelassen. Es wirke die Gravitationskraft $F = mg$ auf ihn, wobei $g = 9.81\,\mathrm{m/s^2}$ die Fallbeschleunigung ist. Welche Geschwindigkeit hat er nach 1 Sekunde? Wo befindet er sich nach 1 Sekunde? Wann erreicht er den Boden?

28. Der Graph G_v der Geschwindigkeitsfunktion v eines Autos ist hier abgebildet. Skizziere den Graphen der Positionsfunktion s mit $s(0) = 0$.

Weglänge als Fläche im v, t-Diagramm

Gleichförmige Bewegung: In der Physik lernt man, dass sich bei gleichförmiger Bewegung der zurückgelegte Weg s folgendermassen berechnet:

$$s = v \cdot t \ (v \mathrel{\widehat{=}} \text{konst.}).$$

Dies kann als Fläche des Rechtecks der Breite t und der Höhe v gedeutet werden, siehe Abbildung.

Verallgemeinerung $(v = v(t))$: Während eines sehr kurzen Zeitintervalls $[t_1; t_2]$ kann die Geschwindigkeit $v(t)$ als beinahe konstant betrachtet werden. Ersetzen wir z. B. in diesem Zeitintervall die Geschwindigkeit durch ihren mittleren Wert $v_m = \frac{v_1 + v_2}{2}$, so kann der in dieser Zeitspanne $\Delta t = t_2 - t_1$ zurückgelegte Weg

$$\Delta s = v_m \cdot \Delta t$$

als Fläche des Rechtecksstreifens gedeutet werden, siehe Abbildung.

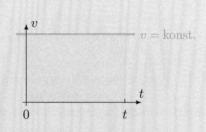

Diese Fläche ist für sehr kurze Zeitintervalle $[t_1; t_2]$ etwa gleich gross wie der Streifen zwischen der Geschwindigkeitskurve $v = v(t)$ und der t-Achse, siehe Abbildung.

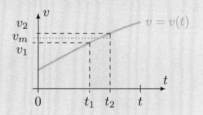

Die im ganzen Zeitintervall $[0; t]$ zurückgelegte Strecke kann deshalb als Fläche zwischen der Geschwindigkeitskurve und der Zeitachse interpretiert werden, siehe Abbildung.

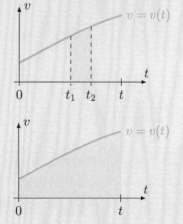

29. a) *Gleichförmig beschleunigte Bewegung* ($a \,\hat{=}\,$ konst.). Bestimme geometrisch anhand der linken Figur die Formel für den zurückgelegten Weg s zur Zeit t bei einer gleichförmig beschleunigten Bewegung. Vergleiche mit der aus der Physik bekannten Formel.

Zu a)   *Zu b)*

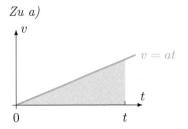   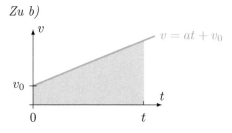

b) Wenn die gleichförmig beschleunigte Bewegung mit einer Anfangsgeschwindigkeit $v(0) = v_0$ beginnt, so sieht der Graph der Geschwindigkeitsfunktion aus wie in der rechten Figur.

   Bestimme wieder geometrisch die Formel für den zurückgelegten Weg s zur Zeit t.

4.2   Flächenberechnung anhand von Unter- und Obersummen

30. *Berechnung der zurückgelegten Strecke.* Das folgende Diagramm zeigt eine Geschwindigkeit-Zeit-Funktion. Auf der horizontalen Achse ist die Zeit und auf der vertikalen Achse die momentane Geschwindigkeit eingetragen.

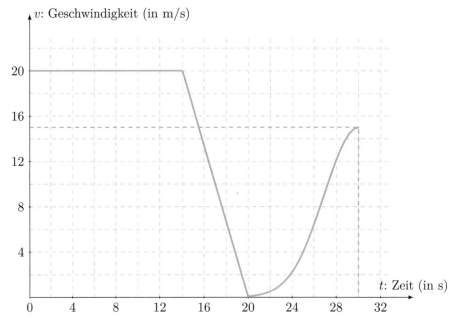

a) Bestimme die Strecke, die innerhalb der ersten 14 Sekunden zurückgelegt wird, d. h. im Zeitintervall $[0\,\text{s}; 14\,\text{s}]$.

b) Welche Strecke wurde im Intervall $[14\,\text{s}; 20\,\text{s}]$ zurückgelegt?

c) Interpretiere die Ergebnisse geometrisch, überlege also, wie die Ergebnisse der Teilaufgaben a) und b) im Diagramm sichtbar gemacht werden können.

d) Bestimme einen Näherungswert für die im Intervall $[20\,\text{s}; 30\,\text{s}]$ zurückgelegte Strecke.

31. 📄 Eine Schubkarre wird über eine Strecke von 20 Metern einen Hang hinaufgestossen. Die dabei aufgebrachte Kraft in Abhängigkeit der Strecke ist durch den folgenden Graphen gegeben.

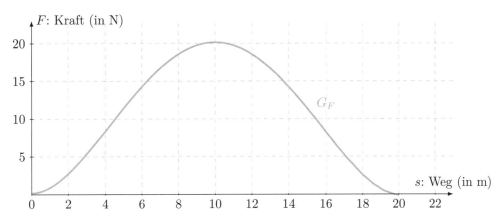

Wir wollen für diesen Fall die verrichtete Arbeit bestimmen. Aus der Physik wissen wir:

$$\text{Arbeit} = \text{Kraft} \times \text{Weg}$$
$$\Delta W = F \cdot \Delta s$$

Diese Formel trifft jedoch nur zu, wenn die Kraft immer konstant bleibt und in Wegrichtung zeigt. In der abgebildeten Situation ist die Kraft offenbar nicht konstant.

a) Wie könntest du die gesamthaft verrichtete Arbeit aus der Grafik ablesen?

b) Versuche eine Näherung für die insgesamt verrichtete Arbeit zu bestimmen, und zwar wie folgt: Für jeden der 2 Meter langen Wegabschnitte soll die dort jeweils aufgewendete Kraft durch eine konstante mittlere Kraft ersetzt werden. Geometrisch kann dies dadurch geschehen, dass in jedem Wegabschnitt das dazugehörige Kurvenstück durch eine horizontale Strecke ersetzt wird, und zwar so, dass jedes der dadurch entstehenden Rechtecke flächenmässig so gut wie möglich denselben Inhalt aufweist wie der jeweilige vertikale Streifen unterhalb der Kurve. Füge diese horizontalen Strecken möglichst genau in die Grafik ein und berechne dann anhand der Figur einen Näherungswert für die gesamthaft verrichtete Arbeit W.

Flächenberechnung anhand von Unter- und Obersummen

Es sei f eine stetige Funktion im Intervall $[a; b]$. Wir zerlegen das Intervall $[a; b]$ in n gleich lange Teilintervalle $[x_{k-1}; x_k]$ der Länge $\Delta x = \frac{b-a}{n}$ mit den Stellen $x_k = a + k\Delta x$ für $k = 0, \ldots, n$ (insbesondere $x_0 = a$, $x_n = b$). Anhand dieser Teilintervalle lassen sich die beiden folgenden Flächen definieren.

1) Untersumme

Unter der *Untersumme* U_n verstehen wir den Flächeninhalt der dem Funktionsgraphen einbeschriebenen Treppenfunktion, deren Tritte gerade noch ganz unterhalb des Funktionsgraphen liegen:

$$U_n = \sum_{k=1}^{n} a_k,$$

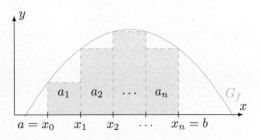

$a_k = \underline{f}_k \cdot \Delta x$, wobei $\underline{f}_k$ der minimale Wert von $f(x)$ ist für $x \in [x_{k-1}; x_k]$.

2) Obersumme

Unter der *Obersumme* O_n verstehen wir den Flächeninhalt der dem Funktionsgraphen umschriebenen Treppenfunktion, deren Tritte gerade noch ganz oberhalb des Funktionsgraphen liegen:

$$O_n = \sum_{k=1}^{n} A_k,$$

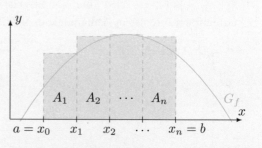

$A_k = \overline{f_k} \cdot \Delta x$, wobei $\overline{f_k}$ der maximale Wert von $f(x)$ ist für $x \in [x_{k-1}; x_k]$.

Die folgenden Summenformeln können bei der Berechnung von Unter- und Obersummen hilfreich sein:

$$\sum_{k=1}^{n} k = \frac{n(n+1)}{2}; \qquad \sum_{k=1}^{n} k^2 = \frac{n(n+1)(2n+1)}{6}; \qquad \sum_{k=1}^{n} k^3 = \frac{n^2(n+1)^2}{4};$$

$$\sum_{k=1}^{n} k^4 = \frac{n(n+1)(6n^3 + 9n^2 + n - 1)}{30}; \qquad \sum_{k=1}^{n} k^5 = \frac{n^2(n+1)^2(2n^2 + 2n - 1)}{12}$$

---

32. 📄 *Das Prinzip der Ober- und Untersummen.* Der Graph G_f von f mit $f(x) = x^2$ ist im Intervall $[0; 2]$ abgebildet. Die folgenden Schritte zeigen, wie der exakte Flächeninhalt $F(0, 2)$ zwischen G_f und der x-Achse im Intervall $[0; 2]$ berechnet werden kann.

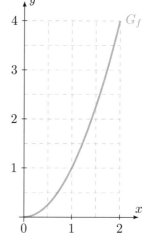

a) Zeichne die 4. Obersumme O_4 der Funktion f ins Koordinatensystem ein, unter Angabe der entsprechenden Unterteilung des Intervalls $[0; 2]$:

$x_0 = a = \ldots\ldots\ldots$ $\qquad$ $x_1 = \ldots\ldots\ldots$ $\qquad$ $x_2 = \ldots\ldots\ldots$

$x_3 = \ldots\ldots\ldots$ $\qquad$ $x_4 = b = \ldots\ldots\ldots$ $\qquad$ und bestimme Δx.

b) Notiere O_4 als ausgeschriebene Summe und berechne den Wert.

c) Notiere O_4 mit dem Summenzeichen $\sum$.

d) Berechne O_{50} mit einem Taschenrechner.

e) Beschreibe O_n mit dem Summenzeichen $\sum$ und rechne die Summe in Abhängigkeit von n aus (von Hand oder mit dem Taschenrechner).

f) Wie könnte der Flächeninhalt $F(0, 2)$ exakt berechnet werden?

33. Berechne die 4. Ober- und Untersumme O_4 bzw. U_4 der Funktion f mit $f(x) = -x^3 + 5$ im Intervall $[-2; 0]$ von Hand.

34. Skizziere den Graphen der Funktion f mit der Gleichung $f(x) = \frac{1}{2}x^2 + 1$ im Intervall $[0; 2]$.

a) Berechne die Untersumme U_6.

b) Berechne die Obersumme O_6.

c) Welche Aussage lässt sich daraus über den Inhalt A der Fläche herleiten, die vom Graphen von f, den vertikalen Geraden $x = 0$ und $x = 2$ sowie der x-Achse begrenzt wird?

35. Ausgangspunkt ist der Graph G_f der Funktion f mit $f(x) = \frac{1}{100}x^3$ im Intervall $[0; 10]$.

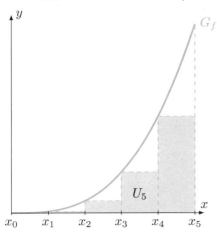 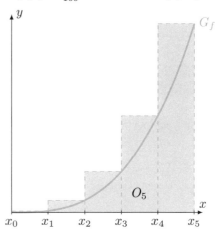

a) Berechnung von Untersummen

   i) Zerlege das Intervall $[0; 10]$ in 5 Teile und berechne von Hand den Flächeninhalt der zugehörigen schattierten Treppenfigur U_5, siehe linkes Bild.

   ii) Zerlege das Intervall in 10 Teile und berechne die Untersumme U_{10} mittels Rechner.

   iii) Zerlege das Intervall in n Teile und berechne die Untersumme U_n mittels einer der Summenformeln auf Seite 126.

b) Berechnung von Obersummen

   i) Zerlege das Intervall $[0; 10]$ in 5 Teile und berechne von Hand die Obersumme O_5, siehe rechtes Bild.

   ii) Zerlege das Intervall in 10 Teile und berechne die Obersumme O_{10} mittels Rechner.

   iii) Zerlege das Intervall in n Teile und berechne die Obersumme O_n mittels einer der Summenformeln auf Seite 126.

c) Gemeinsame Betrachtung von Unter- und Obersumme

   i) Erkläre, weshalb stets $U_n \geq U_{n-1}$, $O_n \leq O_{n-1}$ und $U_n \leq A \leq O_n$ gilt, wobei A der Inhalt der Fläche ist, die von der Kurve, den vertikalen Geraden $x = 0$ und $x = 10$ sowie der x-Achse begrenzt wird.

   ii) Beim Grenzübergang gilt bekanntlich $\lim\limits_{n \to \infty} U_n \leq A \leq \lim\limits_{n \to \infty} O_n$. Berechne die beiden Grenzwerte. Was fällt auf? Was bedeutet das für A?

Anmerkung: Diese sogenannte *Exhaustionsmethode*, mit der das gesuchte Gebiet von innen ausgeschöpft oder von aussen eingegrenzt wird, hat der griechische Gelehrte ARCHIMEDES (287 v. Chr. – 212 v. Chr.) verwendet, um den Inhalt einer Kreisfläche und eines Parabelsegmentes zu berechnen.

36. Der Graph der Funktion f mit der Gleichung $f(x) = \frac{1}{2}x^2 + 1$ sei im Intervall $[0; b]$ gegeben.

   a) Bilde die Obersumme O_n von f für n gleiche Teilintervalle.

   b) Berechne den Flächeninhalt $A = \lim\limits_{n \to \infty} O_n$.

37. Zeichne die Kurve mit der Gleichung $y = f(x)$ und betrachte die Fläche A, die begrenzt wird durch diese Kurve, die x-Achse sowie die Parallelen zur y-Achse bei $x = a$ und $x = b$. Zerlege die Fläche in n Streifen der Breite $\frac{b-a}{n}$. Ersetze schliesslich diese Streifen durch einbeschriebene und umschriebene Rechtecke ($n = 3$, 5, 10, 20, 100) und berechne so jeweils die untere bzw. obere Schranke für den Inhalt der Fläche A.

   a) $f(x) = \frac{1}{x}$; $a = 1$, $b = 2$ b) $f(x) = e^{-x}$; $a = 0$, $b = 1$

   c) $f(x) = \sin(x)$; $a = 0$, $b = \frac{\pi}{2}$ d) $f(x) = \ln(x)$; $a = 2$, $b = 3$

38. Zum Berechnen des Flächeninhalts eines Kreises mit Radius r wird die Kreisscheibe in konzentrische Ringe der Breite $d = \frac{r}{n}$ zerlegt. Die Flächeninhalte der Ringe können näherungsweise nach der Formel $F_i = 2\pi r_i d$ berechnet werden. Sind die r_i die Radien der inneren Kreise, so ist die Summe der so berechneten Flächeninhalte eine Untersumme für den Flächeninhalt des Kreises. Wenn die r_i die Radien der äusseren Kreise der Ringe sind, liefert die Summenbildung eine Obersumme.

   a) Berechne die Ober- und Untersumme für ein beliebiges $n \in \mathbb{N}$.

   b) Zeige, dass die Ober- und die Untersumme gegen den gleichen Wert A streben, wenn n gegen unendlich strebt, und leite daraus die Formel für den Flächeninhalt A des Kreises her.

39. Die Abbildung zeigt den Grundriss eines nierenförmigen Schwimmbeckens, dessen Breite alle 2 Meter gemessen wurde. Zahlenangaben sind in Metern.

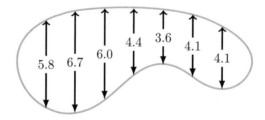

Schätze den Flächeninhalt A des Bades unter Verwendung der Unter- und Obersumme.

Anleitung: Für die Untersumme verwende man innerhalb jedes Streifens das Rechteck mit der Grundseite 2 Meter und der kleineren der beiden Höhen, für die Obersumme das Rechteck mit der grösseren der beiden Höhen.

Das bestimmte Integral

Man kann beweisen, dass für jede stetige Funktion f im Intervall $[a;b]$ die Folge der Obersummen (O_n) und die Folge der Untersummen (U_n) gegen den gleichen Grenzwert streben. Es gilt also: $\lim\limits_{n\to\infty} U_n = \lim\limits_{n\to\infty} O_n$.

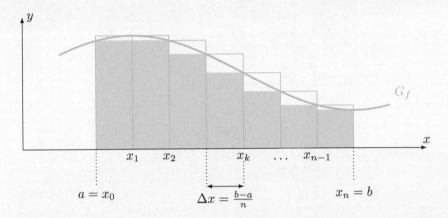

Die Untersumme besteht aus der Summe der schattierten Rechtecke.
Die Obersumme besteht aus der Summe der umrissenen Rechtecke.

Ist f eine stetige Funktion, so ist das *bestimmte Integral* von f im Intervall $[a;b]$ definiert als

$$\int_a^b f(x)\,\mathrm{d}x = \lim_{n\to\infty} U_n = \lim_{n\to\infty} O_n = \lim_{n\to\infty} \sum_{k=1}^n f(\overline{x}_k)\cdot \Delta x, \quad \text{mit } \overline{x}_k \in [x_{k-1};x_k].$$

Anmerkung: Der letzte Term besagt, dass anstelle des Minimums oder des Maximums von f in $[x_{k-1};x_k]$ auch der Funktionswert an einer beliebigen Stelle $\overline{x}_k \in [x_{k-1};x_k]$ verwendet werden kann.

Das Integralzeichen $\int$ ist aus dem langen «ſ» als Abkürzung für das lateinische Wort ſumma entstanden.

a) Für $f(x) > 0$ in $[a;b]$
   ist $\int\limits_a^b f(x)\,\mathrm{d}x = A > 0.$

b) Für $f(x) < 0$ in $[a;b]$
   ist $\int\limits_a^b f(x)\,\mathrm{d}x = -A < 0.$

c) Hat f in $]a;b[$ eine
   einzige Nullstelle, so ist
   $\int\limits_a^b f(x)\,\mathrm{d}x = -A_1 + A_2.$

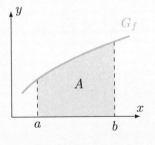
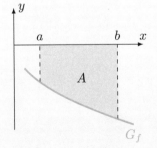
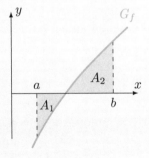

Beachte: A, A_1 und A_2 bezeichnen die Flächeninhalte, d. h., A, A_1 und A_2 sind positiv.

Integrationsregeln

Vertauschen der Integrationsgrenzen: $\displaystyle\int_b^a f(x)\,\mathrm{d}x = -\int_a^b f(x)\,\mathrm{d}x$

Aufteilen der Integrationsgrenzen: $\displaystyle\int_a^b f(x)\,\mathrm{d}x = \int_a^c f(x)\,\mathrm{d}x + \int_c^b f(x)\,\mathrm{d}x$

Es spielt keine Rolle, ob $c \in [a;b]$ oder $c \notin [a;b]$ ist.

40. Berechne mithilfe der Ober- oder Untersumme.

a) $\displaystyle\int_0^2 3x^2\,\mathrm{d}x$
b) $\displaystyle\int_2^4 (x^2 + 3)\,\mathrm{d}x$

41. *Flächenberechnung.* Der Graph G_f der Funktion f mit der Gleichung $f(x) = -x^2 + 2x + 3$ begrenzt mit der x-Achse ein endliches Gebiet A.

a) Bestimme die Nullstellen von f und skizziere den Graphen G_f im Bereich zwischen den Nullstellen.

b) In welchem Intervall von $\mathbb{R}$ ist f monoton fallend?

c) Bestimme einen Näherungswert für den Flächeninhalt von A, indem du A in 10 Streifen unterteilst und die Untersumme U_{10} berechnest.

d) Ermittle eine Formel für U_n.

e) Berechne den exakten Wert des Flächeninhalts des Gebietes.

f) Notiere den Flächeninhalt als bestimmtes Integral.

42. Für die Funktionen f und g gilt: $\int\limits_3^8 f(x)\,\mathrm{d}x = 6$ und $\int\limits_3^8 g(x)\,\mathrm{d}x = 11$. Berechne die drei Integrale.

i) $\displaystyle\int_3^8 (f(x) + g(x))\,\mathrm{d}x$
ii) $\displaystyle\int_3^8 (3f(x) - 2g(x))\,\mathrm{d}x$
iii) $\displaystyle\int_8^3 (g(x) - f(x))\,\mathrm{d}x$

43. Für die Funktion f gilt: $\int\limits_{-1}^1 f(x)\,\mathrm{d}x = -2$ und $\int\limits_1^4 f(x)\,\mathrm{d}x = 5$. Berechne die vier Integrale.

i) $\displaystyle\int_4^1 f(x)\,\mathrm{d}x$
ii) $\displaystyle\int_{-1}^4 f(x)\,\mathrm{d}x$
iii) $\displaystyle\int_1^1 f(x)\,\mathrm{d}x$
iv) $\displaystyle\int_{-1}^1 4f(x)\,\mathrm{d}x$

44. Für die Funktion g und für $a < b < c$ gilt: $\int\limits_a^b g(x)\,\mathrm{d}x = p$ und $\int\limits_b^c g(x)\,\mathrm{d}x = q$. Berechne die vier Integrale.

i) $\displaystyle\int_b^a g(x)\,\mathrm{d}x$
ii) $\displaystyle\int_a^c g(x)\,\mathrm{d}x$
iii) $\displaystyle\int_b^b g(x)\,\mathrm{d}x$
iv) $\displaystyle\int_b^c -2g(x)\,\mathrm{d}x$

45. Der Graph G_f der Funktion f ist gegeben.

a) Bestimme $\displaystyle\int_1^7 f(x)\,\mathrm{d}x$.
b) Bestimme $\displaystyle\int_0^1 f(x)\,\mathrm{d}x$.
c) Bestimme $\displaystyle\int_0^7 f(x)\,\mathrm{d}x$.

d) Berechne die Fläche, die der Graph G_f im Intervall $[0;7]$ mit der x-Achse einschliesst.

Zu Aufgabe 45:   *Zu Aufgabe 46:*

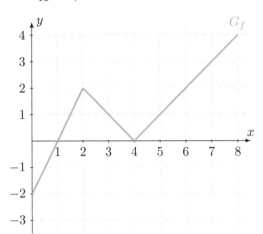   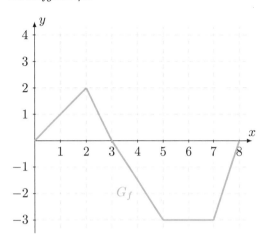

46. Der Graph G_f der Funktion f ist gegeben. Bestimme das Integral.

a) $\displaystyle\int_0^3 f(x)\,\mathrm{d}x$ b) $\displaystyle\int_3^8 f(x)\,\mathrm{d}x$ c) $\displaystyle\int_0^8 f(x)\,\mathrm{d}x$

Integralfunktion

Die Funktion f sei stetig. Dann ist die *Integralfunktion* F_a mit fester unterer Grenze a und variabler oberer Grenze x definiert durch

$$F_a(x) = \int_a^x f(t)\,\mathrm{d}t.$$

47. Gegeben ist die Funktion f mit $f(t) = t - 1$.

a) Bestimme im Intervall $[0; x]$ die Obersumme O_n der Funktion f.

b) Bestimme damit den Funktionsterm $F_0(x)$ für die Integralfunktion von f.

c) Löse die Teilaufgaben a) und b) auch für die Funktion f mit $f(t) = t^2$.

48. Bestimme jeweils den Funktionsterm $F_0(x)$ ($x \geq 0$) für die Integralfunktion der folgenden Funktion f.

Tipp: Es handelt sich hier immer um lineare Funktionen, weshalb sich die Integralfunktion anhand des Funktionsgraphen durch geometrische Überlegungen bestimmen lässt.

a) $f(t) = 1$ b) $f(t) = 2$ c) $f(t) = c;\ c \in \mathbb{R}_0^+$

d) $f(t) = t$ e) $f(t) = 2t$ f) $f(t) = mt;\ m \in \mathbb{R}_0^+$

g) $f(t) = t + 1$ h) $f(t) = 2t + 1$ i) $f(t) = mt + c;\ m, c \in \mathbb{R}_0^+$

49. Bestimme den Funktionsterm $F_0(x)$ für die Integralfunktion von f für $x \geq 0$ anhand der Obersumme O_n. Verwende dazu die Summenformeln auf Seite 126.

a) $f(t) = t^2$; vergleiche Aufgabe 47 c)

b) $f(t) = t^3$ c) $f(t) = t^4$ d) $f(t) = t^5$ e) $f(t) = \frac{1}{2}t^2 + 1$

50. Vergleiche in den beiden vorherigen Aufgaben 48 und 49 jeweils f mit F_0. Was fällt dir auf?

4.3   Hauptsatz der Infinitesimalrechnung

Hauptsatz der Infinitesimalrechnung

(Auch *Hauptsatz der Differential- und Integralrechnung* genannt.)

Es sei f eine stetige Funktion im Intervall $[a; b]$. Dann gilt Folgendes:

1) Die Funktion F_a, die durch $F_a(x) = \int_a^x f(t)\,dt$, $a \leq x \leq b$, definiert wird, ist differenzierbar in $[a; b]$ und es gilt: $F_a'(x) = f(x)$.

2) Ist F irgendeine Stammfunktion von f, also eine Funktion mit $F' = f$, dann gilt:

$$\int_a^b f(x)\,dx = F(b) - F(a) = [F(x)]_a^b\,.$$

51. Berechne mit dem Hauptsatz das bestimmte Integral und vergleiche die Ergebnisse. Erkläre das Gefundene mithilfe von Skizzen.

a) $\int_0^2 x^2\,dx$ vergleichen mit i) $\int_0^2 (x^2 + 1)\,dx$;   ii) $\int_0^2 (x + 1)^2\,dx$;   iii) $\int_{-1}^1 (x + 1)^2\,dx$.

b) $\int_0^4 \sqrt{x}\,dx$ vergleichen mit i) $\int_0^4 \sqrt{x+1}\,dx$;   ii) $\int_{-1}^3 \sqrt{x+1}\,dx$;   iii) $\int_1^5 \sqrt{x-1}\,dx$.

52. Berechne das bestimmte Integral anhand des Hauptsatzes und ermittle zudem die Fälle, in denen der Wert des Integrals mit dem Flächeninhalt A des Gebietes übereinstimmt, das zwischen dem Funktionsgraphen und der x-Achse eingeschlossen wird.

a) $\int_{-2}^3 (-(x-3)(x+2))\,dx$ b) $\int_{-3}^3 (3-x)^2\,dx$ c) $\int_0^3 (3-x)^2\,dx$

d) $\int_{-2}^2 x(x-2)(x+2)\,dx$ e) $\int_{-1}^2 (6 + 3x - 3x^2)\,dx$ f) $\int_{-1}^2 (6x + 3x^2 - 3x^3)\,dx$

Zu **53–59**: Berechne mit dem Hauptsatz das bestimmte Integral. *Anmerkung:* Für die häufigsten unbestimmten Integrale siehe Seite 120 oder konsultiere eine Formelsammlung.

53. Polynomfunktionen

a) $\int_0^2 4x^3\,dx$ b) $\int_2^4 \frac{1}{5}x^3\,dx$ c) $\int_{-1}^2 (x^2 + 3)\,dx$

d) $\int_3^5 \left(\frac{1}{2}x - 2\right)\,dx$ e) $\int_0^3 2x(1-x)\,dx$ f) $\int_{-3}^3 (x-1)^2\,dx$

54. Gebrochenrationale Funktionen

a) $\int_2^4 \frac{1}{x^2}\,dx$ b) $\int_{-1}^{-0.5} \frac{3}{x^5}\,dx$ c) $\int_1^2 \left(2x - \frac{2}{x}\right)\,dx$

d) $\int_1^3 \left(4x - \frac{3}{x} + \frac{2}{x^2}\right)\,dx$ e) $\int_3^5 \frac{x-2}{x}\,dx$ f) $\int_2^3 \frac{x^2 + 4x + 3}{x}\,dx$

55. Wurzelfunktionen

a) $\displaystyle\int_1^4 3\sqrt{x}\,dx$ 　　　　b) $\displaystyle\int_1^4 \frac{1}{\sqrt{x}}\,dx$ 　　　　c) $\displaystyle\int_0^8 \sqrt[3]{x}\,dx$

d) $\displaystyle\int_0^1 x\sqrt{x}\,dx$ 　　　　e) $\displaystyle\int_1^4 \left(2x+6\sqrt{x}\right)dx$ 　　　　f) $\displaystyle\int_1^4 \sqrt{\frac{3}{x^3}}\,dx$

56. Winkelfunktionen

a) $\displaystyle\int_0^{\frac{\pi}{2}} \sin(t)\,dt$ 　　　　b) $\displaystyle\int_{\pi}^{2\pi} \cos(t)\,dt$ 　　　　c) $\displaystyle\int_0^{\frac{\pi}{3}} -2\sin(t)\,dt$

d) $\displaystyle\int_0^{\pi} \left(4\sin(t)-3\cos(t)\right)dt$ 　　　　e) $\displaystyle\int_0^{\frac{\pi}{4}} \frac{1}{\cos^2(t)}\,dt$ 　　　　f) $\displaystyle\int_{\frac{\pi}{4}}^{\frac{\pi}{3}} \tan(t)\,dt$

57. Exponentialfunktionen

a) $\displaystyle\int_{-1}^1 e^{x+1}\,dx$ 　　　　b) $\displaystyle\int_{-1}^0 \left(2x-e^x\right)dx$ 　　　　c) $\displaystyle\int_0^1 \pi\cdot e^x\,dx$

d) $\displaystyle\int_0^2 \left(e^x-x^e\right)dx$ 　　　　e) $\displaystyle\int_1^2 \left(e^x+\frac{1}{x}\right)dx$ 　　　　f) $\displaystyle\int_0^1 10^x\,dx$

58. Einfache Substitutionsregel

a) $\displaystyle\int_0^5 (2x-3)^4\,dx$ 　　　　b) $\displaystyle\int_{-1}^6 (5-2x)^3\,dx$ 　　　　c) $\displaystyle\int_2^3 \frac{4}{(1-x)^2}\,dx$

d) $\displaystyle\int_0^{\frac{\pi}{2}} \sin(3t)\,dt$ 　　　　e) $\displaystyle\int_{\frac{-1}{4}}^{\frac{3}{4}} \cos(\pi t)\,dt$ 　　　　f) $\displaystyle\int_0^{\pi} \left(\frac{1}{\pi}+\cos(-2t)\right)dt$

g) $\displaystyle\int_0^5 \frac{2}{3}e^{4x}\,dx$ 　　　　h) $\displaystyle\int_{-6}^6 e^{6-x}\,dx$ 　　　　i) $\displaystyle\int_{-\pi}^{\pi} \left(e^x-e^{-x}\right)dx$

j) $\displaystyle\int_{12}^{24} \frac{dx}{\sqrt{2x+1}}$ 　　　　k) $\displaystyle\int_2^5 \frac{9}{3x-5}\,dx$ 　　　　l) $\displaystyle\int_{-3}^0 \ln(2)\cdot 2^{\frac{-1}{3}x}\,dx$

59. Betragsfunktionen

a) $\displaystyle\int_{-1}^5 |x|\,dx$ 　　　　　　　　b) $\displaystyle\int_0^2 |x^2-1|\,dx$

60. Berechne.

a) $\displaystyle\int_{-1}^2 (t^2x^2-x)\,dx$ 　　　　　　　　b) $\displaystyle\int_{-1}^2 (t^2x^2-x)\,dt$

61. Für welchen Wert des Parameters k ist die Integralgleichung korrekt?

a) $\displaystyle\int_0^k x^2\,dx = 9$ 　　　　　　　　b) $\displaystyle\int_2^4 (6x^2+3x+k)\,dx = 140$

62. Für die Funktion f gilt: $\displaystyle\int_1^9 f(t)\,dt = -1$ und $\displaystyle\int_7^9 f(t)\,dt = 5$. Rechne im Kopf.

a) $\displaystyle\int_1^9 -2\cdot f(t)\,dt$ 　　　　b) $\displaystyle\int_1^7 f(t)\,dt$ 　　　　c) $\displaystyle\int_7^9 f(t)\,dt - \int_9^7 f(t)\,dt$

63. Bestimme ohne vorgängiges Integrieren die Extremalstellen von F.

a) $F(x) = \displaystyle\int_1^x t(t-2)\,\mathrm{d}t$

b) $F(x) = \displaystyle\int_\pi^x (t-3)\cdot\sin(3t)\,\mathrm{d}t$

64. Ist die Integralgleichung lösbar? Wenn ja, finde den Funktionsterm für die Funktion f.

a) $\displaystyle\int_{-1}^x f(t)\,\mathrm{d}t = x^3 - 2x^2 + x + 4$

b) $\displaystyle\int_0^x f(t)\,\mathrm{d}t = x^3 - 2x^2 + x - 3$

c) $\displaystyle\int_2^x f(t)\,\mathrm{d}t = x^3 - 2x^2 + x + c$

65. Gegeben ist $f(x) = \sin(2x)$.

a) Bestimme eine Stammfunktion F von f, die nur positive Funktionswerte annimmt.

b) Bestimme eine Stammfunktion F von f, deren Graph die x-Achse an unendlich vielen Stellen berührt.

66. Die Abbildung zeigt den Geschwindigkeitsverlauf von zwei Autos A und B, die am Start nebeneinanderstehen und sich aus der Ruhe heraus bewegen.

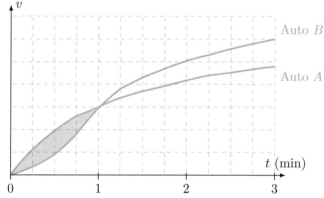

a) Welches Auto befindet sich nach 1 Minute vorne? Begründe.

b) Welche Bedeutung hat das gefärbte Gebiet?

c) Welches Auto befindet sich nach 3 Minuten vorne? Begründe.

d) Zu welchem Zeitpunkt wird das Auto A vom Auto B überholt? Schätze ab.

67. Wahr oder falsch? Begründe oder widerlege durch ein Gegenbeispiel.

Sind f und g auf $[a;b]$ stetig, so gilt:

a) $\displaystyle\int_a^b (f(x) + g(x))\,\mathrm{d}x = \int_a^b f(x)\,\mathrm{d}x + \int_a^b g(x)\,\mathrm{d}x$.

b) $\displaystyle\int_a^b x\cdot f(x)\,\mathrm{d}x = x\cdot\int_a^b f(x)\,\mathrm{d}x$.

c) $\displaystyle\int_a^b f(x)\cdot g(x)\,\mathrm{d}x = \int_a^b f(x)\,\mathrm{d}x \cdot \int_a^b g(x)\,\mathrm{d}x$.

68. Gegeben sei $\int_0^2 f(x)\,\mathrm{d}x = 4$, $\int_0^1 f(x)\,\mathrm{d}x = 1$, $\int_1^2 g(x)\,\mathrm{d}x = -1$, $\int_0^1 g(x)\,\mathrm{d}x = 3$. Berechne.

a) $\displaystyle\int_0^1 (2f(x) + g(x))\,\mathrm{d}x$

b) $\displaystyle\int_0^2 g(x)\,\mathrm{d}x$

c) $\displaystyle\int_1^2 (-5f(x))\,\mathrm{d}x$

4.4   Unterschiedliche Bedeutungen des Integrals

Flächeninhalt

Fläche zwischen einer Kurve und der x-Achse

Ist f eine stetige Funktion im Intervall $[a;b]$, dann ist der Inhalt der Fläche zwischen ihrem Graphen G_f und der x-Achse im Intervall $[a;b]$ gegeben durch das Integral

$$A = \left| \int_a^{x_S} f(x)\,dx \right| + \left| \int_{x_S}^b f(x)\,dx \right|,$$

wobei x_S die einzige Nullstelle von f in $]a;b[$ ist.

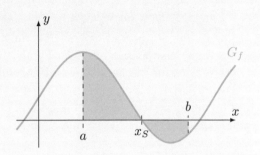

69. Bestätige zuerst, dass der Graph G_f der Funktion f für $a \leq x \leq b$ an keiner Stelle unterhalb der x-Achse verläuft. Berechne dann den Inhalt A der Fläche, die vom Graphen G_f, der x-Achse und den beiden Geraden $x = a$ und $x = b$ begrenzt wird.

   a) $f(x) = x^2 + 2$; $a = -3, b = 3$
   b) $f(x) = 31 - x^2$; $a = -1, b = 5$
   c) $f(x) = x^3 - 6x^2 - 4x + 51$; $a = -2, b = 0$
   d) $f(x) = 1 - \frac{3}{x^2}$; $a = 2, b = 6$
   e) $f(x) = 12 - \frac{3}{x}$; $a = 4, b = 5$
   f) $f(x) = \sqrt{2x - 4}$; $a = 3, b = 6$

70. Zeige, dass die durch ihre Gleichung gegebene Funktion f im Innern des Intervalls $[a;b]$ genau eine Nullstelle hat. Wie gross ist der Flächeninhalt A des Gebietes G, das vom Graphen von f, der x-Achse sowie von den beiden Geraden $x = a$ und $x = b$ umrandet wird?

   a) $f(x) = x^2 - 6x + 5$; $a = 2, b = 8$
   b) $f(x) = \frac{1}{2}x^3 - 2x^2 - \frac{7}{2}x + 5$; $a = -1, b = 3$
   c) $f(x) = 2e^x - 1$; $a = -2, b = 1$
   d) $f(x) = \cos(3x)$; $a = 0, b = \frac{\pi}{2}$

71. Bestimme den Flächeninhalt, den der Graph G_f mit der x-Achse einschliesst.

   a) $f(x) = -2x^2 + 18$
   b) $f(x) = x(x^2 - 1)$
   c) $f(x) = (x - 1)^2 - 1$
   d) $f(x) = x^4 - 4x^2$
   e) $f(x) = x^4 - 10x^2 + 9$
   f) $f(x) = x + x^{-1} - 4$

72. Die Parabel p: $y = ax - x^2$ schliesst im I. Quadranten mit der x-Achse eine Fläche vom Inhalt $A = 36$ ein. Berechne a und skizziere die Parabel.

73. Bestimme den Wert k so, dass die durch den Graphen von f begrenzten Flächen oberhalb und unterhalb der x-Achse im Intervall $[0;k]$ gleich gross sind. Fertige eine Skizze an.

   a) $f(x) = -0.5x + 2$
   b) $f(x) = (x - 1)^2 - 4$
   c) $f(x) = x^3 - 1$
   d) $f(x) = x^3 + \frac{3}{2}x - 2$

74. Berechne den Gesamtinhalt sämtlicher endlicher Flächenstücke, die durch die Kurve mit der Gleichung $y = f(x)$ und die x-Achse begrenzt werden.

   a) $f(x) = x^2 - 5x + 4$
   b) $f(x) = 4x^3 - 12x^2 + 8x$
   c) $f(x) = x^3 - 2x^2 - x + 2$

   d) $f(x) = x^2 - 2$
   e) $f(x) = \begin{cases} 4x^3 + 4, & x \leq 1 \\ 10 - 2x, & x > 1 \end{cases}$

75. Bestimme a so, dass die Gerade $g\colon x = a$, der Graph G_f der Funktion f mit $f(x) = \sqrt{x}$ und die x-Achse eine Fläche vom Inhalt $A = 18$ einschliessen.

76. a) Für $t > 0$ ist die Funktion $f_t(x) = \frac{t}{x^2}$ gegeben. Der Graph von f_t schliesst mit der x-Achse im Intervall $[1; 2]$ eine Fläche mit dem Inhalt $A(t)$ ein. Bestimme $A(t)$ in Abhängigkeit von t und berechne, für welches t dieser Flächeninhalt den Wert 8 annimmt.

    b) Die Funktion $h_t(x) = x^2 - t^2$ ist für $t > 0$ gegeben. Der Graph von h_t schliesst mit der x-Achse eine Fläche mit dem Inhalt $A(t)$ ein. Bestimme $A(t)$ in Abhängigkeit von t und berechne, für welches t dieser Flächeninhalt den Wert 36 annimmt.

77. Bestimme den Wert des Parameters a so, dass die Kurve k mit der Gleichung $y = -2x^3 + ax$ im I. Quadranten mit der x-Achse eine Fläche mit dem Inhalt 9 einschliesst.

78. Eine Parabel mit der Gleichung $y = ax^2 + bx + c$ gehe durch den Ursprung $O(0\,|\,0)$ und den Punkt $P(3\,|\,0)$. Die Strecke $\overline{OP}$ bilde eine Seite des im I. Quadranten liegenden Quadrates. Wie sind die Koeffizienten a, b und c zu wählen, damit der Parabelbogen über $\overline{OP}$ das Quadrat halbiert?

79. Der Graph einer Polynomfunktion 3. Grades hat in $P(1\,|\,3)$ die Steigung 5 und berührt die x-Achse in $(0\,|\,0)$.

    a) Bestimme die Gleichung der Polynomfunktion und skizziere deren Graphen.

    b) Berechne den Inhalt der Fläche zwischen dem Graphen und der x-Achse.

80. Der Graph einer Polynomfunktion 4. Grades ist symmetrisch zur y-Achse, berührt die x-Achse im Ursprung und hat eine Nullstelle bei $x = 3$. Im I. Quadranten schliesst der Graph mit der x-Achse eine Fläche mit dem Inhalt 16.2 ein. Bestimme die Gleichung der Polynomfunktion und skizziere deren Graphen.

Fläche zwischen zwei Kurven

Sind f und g zwei im Intervall $[a; b]$ stetige Funktionen, dann ist der Inhalt der Fläche, die durch ihre Graphen im Intervall $[a; b]$ begrenzt wird, durch das folgende Integral gegeben:

$$A = \int_a^{x_S} (f(x) - g(x))\,\mathrm{d}x + \int_{x_S}^b (g(x) - f(x))\,\mathrm{d}x.$$

Dabei ist x_S die einzige Schnittstelle von f und g in $\,]a; b[\,$.

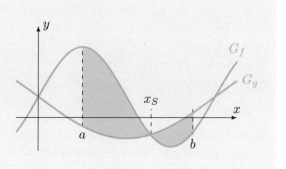

81. Berechne den Inhalt A des endlichen Gebietes, das durch die Kurven k_1 und k_2 begrenzt wird.

    a) $k_1\colon y = x^2$
       $k_2\colon y = 8 - x^2$

    b) $k_1\colon y = \frac{1}{2}x^2$
       $k_2\colon y = 16 - \frac{1}{2}x^2$

    c) $k_1\colon y = x^3 - 5x^2 + 6x$
       $k_2\colon y = x^3 - 7x^2 + 12x$

    d) $k_1\colon y = \frac{1}{4}x^3$
       $k_2\colon y = \sqrt{2x}$

82. Zwei Funktionen sind je durch ihre Gleichung gegeben. Ihre Graphen schliessen ein endliches Gebiet ein. Wie gross ist dessen Flächeninhalt A?

a) $f(x) = \frac{1}{2}x^2$ und $g(x) = 4 - x$ b) $f(x) = -x + 10$ und $g(x) = -\frac{1}{2}x^2 + 4x + 2$

83. Berechne den Inhalt A der Fläche zwischen den Graphen der Funktionen f und g im Intervall I. Skizziere den Kurvenverlauf samt der eingeschlossenen Fläche.

a) $f(x) = 0.1x^2 + 2$, $g(x) = x - 1$, $I = [-1; 2]$ b) $f(x) = (-x)^{-2}$, $g(x) = x^2$, $I = [-4; -2]$

84. Berechne den Inhalt A der Fläche, die von den Graphen der Funktionen f und g eingeschlossen wird. Skizziere den Kurvenverlauf samt der eingeschlossenen Fläche.

a) $f(x) = x^2$, $g(x) = -x^2 + 4x$ b) $f(x) = (x - 2)^2$, $g(x) = \sqrt{x - 2}$

85. Für $a > 0$ sind die Funktionen mit den Termen $f_a(x) = \frac{1}{a}x^2 - a$ und $h_a(x) = \frac{1}{3}x^2 - \frac{1}{3}a^2$ gegeben, siehe Figur für $a = 2$.

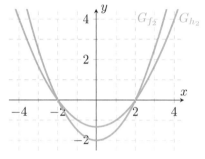

a) Bestimme die Nullstellen von f_a in Abhängigkeit von a.

b) Zeige, dass die Graphen G_{f_a} und G_{h_a} symmetrisch bezüglich der y-Achse sind.

c) Weise nach, dass sich die Graphen von f_a und h_a auf der x-Achse schneiden.

d) Die Graphen G_{f_a} und G_{h_a} begrenzen ein endliches Gebiet. Für welches $a \in\ ]0; 3[$ ist sein Flächeninhalt $A(a)$ extremal? Welche Art des Extremums liegt vor?

86. Welchen Inhalt A hat die gefärbte Fläche?

a) $f_1: y = \frac{1}{x}$, $f_2: y = 1$ b) $f_1: y = \frac{1}{x}$, $f_2: y = \frac{3}{x}$ c) $f_1: y = e^x$, $f_2: y = \ln(x)$

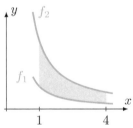

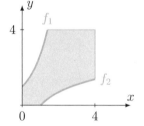

87. Berechne den Inhalt A der gefärbten Fläche.

a) $f: y = \sin(x)$ b) $f: y = \cos(x)$ c) $f: y = \sin(x)$
    $g: y = \frac{1}{2}$ g: Gerade PQ $g: y = 1 - \sin(x)$

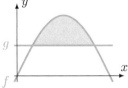

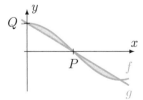

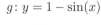

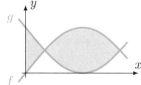

88. Berechne den Inhalt A der gefärbten Fläche.

a) $f\colon y = \cos(x)$
   $g\colon y = \sin(x)$
   $h\colon x = \frac{\pi}{2}$

b) $f\colon y = \sin(\pi x)$
   $g\colon y = x^2 - x$

c) $f\colon y = \sin^2\left(\frac{\pi}{2}x\right)$
   $g\colon y = \cos^2\left(\frac{\pi}{2}x\right)$

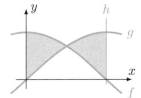

89. Berechne zunächst allfällige Parameter und dann den Inhalt der gefärbten Fläche.

a) $k_1\colon y = \cos(x)$
   $k_2\colon y = x^2 + a$

b) $k_1\colon y = e^{|x|}$
   $k_2\colon y = ax^2$

c) $k_1\colon y = \pm x^2$
   $k_2\colon x = \pm y^2$

d) $k_1\colon y = e^x$
   $k_2\colon y = ax + b$

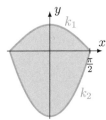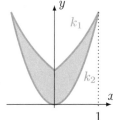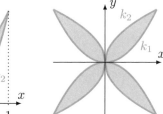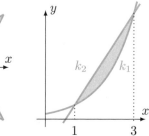

90. Gegeben sei die Parabel $p\colon y = x^2$. Bestimme die Gleichung der Tangente t_a an den Graphen von p an der Stelle $x = a$. Ebenso ist t_b die Tangente an den Graphen von p an der Stelle $x = b$. Berechne für $a < b$ den Flächeninhalt A des Gebietes, das durch den Graphen von p sowie die beiden Tangenten t_a und t_b berandet wird.

91. Berechne den Flächeninhalt A des Gebietes, das von der y-Achse, der Kurve $y = \ln(x)$ sowie von den beiden horizontalen Geraden $y = 0$ und $y = 2$ berandet wird.

92. Die Tangente an die Kurve $k\colon y = x^3 - 4x^2 + 6x$ im Punkt $P(1 \mid y_P)$ schneidet die Kurve nochmals in einem anderen Punkt. Welchen Inhalt A hat das Flächenstück zwischen Kurve und Tangente?

93. Berechne den Inhalt der von der Kurve $f\colon y = \sin(x)$ im Intervall $[0; \pi]$ und ihren Tangenten in den beiden Nullstellen begrenzten Fläche.

94. Welchen Inhalt hat das Flächenstück, das die Kurve $k\colon y = x^3 - 2x$ und die Normale in ihrem Wendepunkt einschliessen?

95. Welchen Inhalt hat die Fläche, die begrenzt wird von der x-Achse, der Kurve $f\colon y = \sqrt{x}$ und der Normalen im Kurvenpunkt $P(1 \mid y_P)$?

96. Vom Gebiet, das durch die Kurven $f\colon y = \frac{1}{x}$ und $g\colon y = \sqrt{x}$ sowie die x-Achse berandet ist, wird durch einen vertikalen Schnitt ein Stück mit dem Flächeninhalt $\frac{5}{3}$ abgeschnitten. An welcher Stelle befindet sich dieser vertikale Schnitt?

97. a) Bestimme $a > 0$ so, dass die Fläche zwischen den Graphen der beiden Funktionen f und g mit $f(x) = ax^2$ und $g(x) = x$ den Inhalt 24 hat.

b) Bestimme die Steigung $m > 0$ einer Geraden g durch den Ursprung so, dass die von g und der Kurve $f\colon y = \sqrt{x}$ eingeschlossene Fläche den Inhalt 4.5 hat.

98. a) Eine Sekante s durch zwei Punkte P und Q der Parabel f schliesst mit der Parabel die gefärbte Fläche ein, ein sogenanntes *Parabelsegment*. Die Differenz der x-Koordinaten der Punkte P und Q heisst *Breite* des Parabelsegmentes. Beweise, dass alle Segmente der Breite 2 der Parabel $f(x) = -x^2 + 3$ den gleichen Flächeninhalt haben.

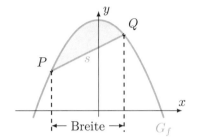

b) Löse die gleiche Aufgabe mit der allgemeinen Breite b.

99. Im Einheitsquadrat $Q = \{(x\,|\,y) \mid 0 \le x \le 1,\ 0 \le y \le 1\}$ sei eine Kurve k durch ihre Gleichung gegeben. Bestimme den Parameterwert p bzw. q oder r so, dass die Kurve das Quadrat Q flächenmässig halbiert.

a) $k\colon y = p \cdot e^x,\ p \in\ ]0;1[$
b) $k\colon y = \ln(\frac{x}{q}),\ q \in\ ]0;1[$
c) $k\colon y = r \cdot e^{rx},\ r \in\ ]0;1[$

d) Was fällt beim Vergleich der Teilaufgaben a) und b) auf? Erkläre und kommentiere.

100. Die Parabel mit der Gleichung $y = x^2$ begrenzt im Intervall $[0;2]$ mit der x-Achse ein Gebiet. Welche Parallele zur y-Achse halbiert dessen Flächeninhalt?

101. Das von der Parabel $p\colon y = -4x(x-3)$ und der x-Achse begrenzte Gebiet G wird durch eine Gerade g, die durch den Ursprung verläuft, in zwei Gebiete mit gleich grossem Flächeninhalt unterteilt. Berechne die Steigung von g.

102. In welchem Verhältnis teilt der Graph von $f\colon y = x^3$ das endliche Flächenstück im I. Quadranten, welches unter dem Graphen von $g\colon y = 8x - x^3$ liegt?

103. Gegeben sind die Kurve $k\colon y = 3x^2 - x^3$ und die horizontale Gerade $g\colon y = 5$. Wird in der rechten Nullstelle von k eine Vertikale v errichtet, so bildet diese zusammen mit der Geraden g und den beiden Koordinatenachsen ein Rechteck. Welcher prozentuale Anteil dieser Rechtecksfläche liegt unter der Kurve k?

104. Die Parabel $p_1\colon y = -x^2 + 6x$ bildet mit der x-Achse eine endliche Fläche, ein Parabelsegment. Eine zweite Parabel $p_2\colon y = 0.5x^2 + 4.5$ schneidet von diesem Segment ein kleines Flächenstück weg. Macht der Inhalt des weggeschnittenen Stücks mehr oder weniger als 5% von der ganzen Segmentfläche aus?

105. Für welches a ist die Fläche zwischen den beiden Parabeln $p_1\colon y = ax^2$ und $p_2\colon y = 1 - \frac{x^2}{a}$ am grössten?

106. Für jede positive Zahl a bezeichne A_D den Flächeninhalt des hell schattierten Dreiecks und A_S den Flächeninhalt der beiden dunkel schattierten Segmente. Zeige, dass das Verhältnis der beiden Flächeninhalte, $v = A_D : A_S$, für alle a gleich gross ist.

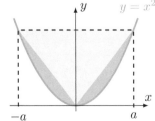

Volumen

107. Um das Volumen eines Körpers zu ermitteln, zerlegen wir diesen durch parallele Ebenen in Scheiben (Schichten) und berechnen das Volumen des zugehörigen Treppenkörpers. Als erstes Beispiel betrachten wir eine gerade quadratische Pyramide mit

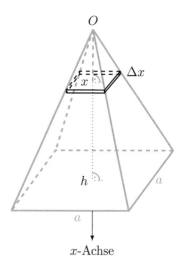

- a: Länge der Grundkante
- h: Höhe der Pyramide
- x: Abstand der Scheibe zur Pyramidenspitze
- Δx: Dicke der Scheibe
- $Q(x)$: Querschnittsfläche der Scheibe

Drücke die folgenden Grössen durch die gegebenen Grössen a, h, x und Δx aus.

a) Länge s der Kante der Schnittfläche

b) Inhalt $Q(x) = s^2$ der Querschnittsfläche

c) Volumen $\Delta V = Q(x) \cdot \Delta x$ einer quaderförmigen Scheibe

d) Volumen V_T des Treppenkörpers. Lege dazu einen geeigneten Querschnitt der Pyramide ins Koordinatensystem.

e) Volumen V_P der Pyramide als Grenzwert $\lim\limits_{\Delta x \to 0} V_T$

Rotationsvolumen: Methode der Zylinderscheiben

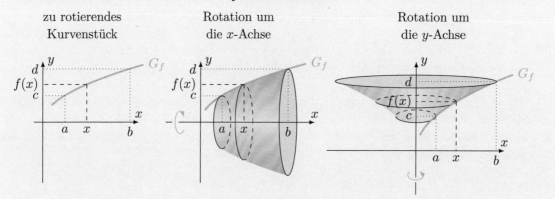

Wird ein Kurvenstück um eine der beiden Koordinatenachsen rotiert, so berechnet sich das Volumen des dadurch entstehenden Rotationskörpers folgendermassen:

Bei Rotation um die x-Achse ist $V = \displaystyle\int_a^b \pi \left(f(x) \right)^2 \, \mathrm{d}x = \pi \int_a^b y^2 \, \mathrm{d}x$.

Bei Rotation um die y-Achse ist $V = \displaystyle\int_c^d \pi \left(f^{-1}(y) \right)^2 \, \mathrm{d}y = \pi \int_c^d x^2 \mathrm{d}y$, falls f streng monoton ist.

Ringförmige Rotationskörper

Rotieren im Intervall $[a;b]$ zwei Graphen G_f und G_g um die x-Achse, so entsteht ein ringförmiger Körper, dessen Volumen sich folgendermassen berechnet:

$$V = \pi \int\limits_a^b \left((\text{äussere Funktion})^2 - (\text{innere Funktion})^2 \right) \mathrm{d}x.$$

Gilt z. B. die Ungleichung $f(x) \geq g(x)$ im Intervall $[a;b]$, so ist

$$V = \pi \int\limits_a^b \left((f(x))^2 - (g(x))^2 \right) \mathrm{d}x.$$

Entsprechendes gilt für die Rotation um die y-Achse.

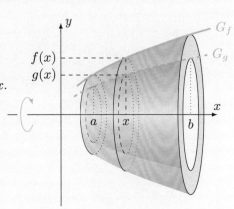

108. Das Gebiet zwischen der x-Achse und der Kurve mit der Gleichung $y = f(x)$, $a \leq x \leq b$ rotiert um die x-Achse. Welches Volumen hat der entstehende Rotationskörper?

   a) $f(x) = x + 1$, $a = 1$, $b = 3$ b) $f(x) = \frac{1}{4}(x^2 - 4)$, $a = -2$, $b = 2$

109. Skizziere den Graphen G_f der Funktion f. Er begrenzt mit der x-Achse eine endliche Fläche, die um die x-Achse rotiert. Berechne das Volumen des Rotationskörpers.

   a) $f(x) = -x^2 + 4$ b) $f(x) = 3x - \frac{1}{2}x^2$ c) $f(x) = x^2(x + 2)$

   d) $f(x) = (x^2 - 1)^2$ e) $f(x) = x\sqrt{4 - x}$ f) $f(x) = \sqrt{1 - x^2}$

110. Die Fläche zwischen den beiden Kurven f und g rotiert um die x-Achse. Berechne das Volumen des Rotationskörpers.

   a) $f: y = 3x^2 - x^3$, $g: y = x^2$ b) $f: y = 3x^2 - x^3$, $g: y = 2x$

111. Berechne das Volumen eines hölzernen Golftees (Golftee = Stift, den man in die Erde steckt, um den Golfball für den Abschlag zu platzieren). Er hat ungefähr die Abmessungen, die in der Abbildung angegeben sind, und ist rotationssymmetrisch. Die folgenden Funktionen geben die äusseren und inneren Umrisslinien an (Masse in cm):

$$f(x) = \begin{cases} \frac{1}{2}x & \text{für } 0 \leq x \leq \frac{1}{2} \\ \frac{1}{4} & \text{für } \frac{1}{2} \leq x \leq \frac{7}{2} \\ \frac{1}{4}\left(1 + (x - \frac{7}{2})^2\right) & \text{für } \frac{7}{2} \leq x \leq \frac{9}{2} \\ \frac{1}{2} & \text{für } \frac{9}{2} \leq x \leq 5 \end{cases} \quad \text{und} \quad g(x) = \begin{cases} 0 & \text{für } 0 \leq x \leq \frac{9}{2} \\ x - \frac{9}{2} & \text{für } \frac{9}{2} \leq x \leq 5 \end{cases}$$

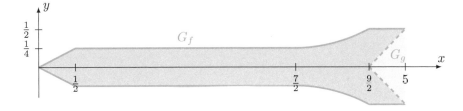

112. Der Graph von p: $y = \frac{1}{4}x^3$, die Tangente in $P(2 \,|\, y_P)$ und die x-Achse begrenzen im I. Quadranten ein Flächenstück, das um die x-Achse rotiert. Wie gross ist das Volumen dieses Rotationskörpers?

113. Das von der Parabel p: $y = \frac{1}{6}x^2$ und ihrer Normalen in $P(3 \,|\, y_P)$ begrenzte Flächenstück wird um die x-Achse gedreht. Welchen Rauminhalt hat der Drehkörper?

114. Das Gebiet unter der Kurve mit der Gleichung $f(x) = \cos(2x)$, $0 \le x \le \frac{\pi}{4}$, rotiert um die x-Achse. Welches Volumen hat der entstehende Rotationskörper?

115. Das Gebiet zwischen den Graphen der beiden Funktionen f und g rotiere im Intervall $[a;b]$ um die x-Achse. Berechne das Volumen des entstehenden Körpers.

  a) $f(x) = \frac{1}{\cos(x)}$, $g(x) = 1$, $[-1;1]$

  b) $f(x) = \cos(x) + \sin(x)$, $g(x) = \cos(x) - \sin(x)$, $[0;\frac{\pi}{4}]$

116. Bestimme das Volumen des Körpers, der durch Rotation des abgebildeten Gebietes um die x-Achse entsteht.

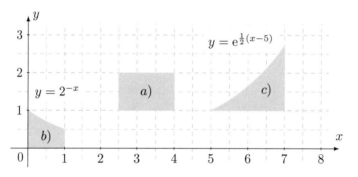

117. Das Gebiet zwischen der y-Achse und der Kurve mit der Gleichung $y = f(x)$, $c \le y \le d$, rotiert um die y-Achse. Welches Volumen hat der entstehende Rotationskörper?

  a) $f(x) = \frac{1}{2}x^2 + 1$; $c = \frac{3}{2}$, $d = \frac{11}{2}$ b) $f(x) = h(1 - \frac{x}{r})$, $h, r > 0$; $c = 0$, $d = h$

118. Die beiden Kurven f und g begrenzen im I. Quadranten ein Gebiet, das um die y-Achse rotiert. Berechne das Volumen des Rotationskörpers.

  a) f: $y = x^2 + 3$, g: $y = -2x^2 + 6$ b) f: $y = x$, g: $y = x^3$

119. Das Gebiet zwischen den beiden Kurven rotiert um die y-Achse. Berechne das Volumen des Rotationskörpers.

  a) f: $y = x^2$, g: $y = \sqrt{x}$ b) f: $y = 3\sqrt{4 - x}$, g: $y = 3\sqrt{x - 2}$

120. Dreht man die Kurve von f: $y = 2 + x^2 - 2x^4$ um die y-Achse, so entsteht eine muldenförmige Vertiefung, deren Volumen zu berechnen ist.

121. Leite die folgenden gängigen Volumenformeln mittels Integration her.

    a) Zylinder: $V = \pi R^2 H$, Hohlzylinder: $V = \pi(R^2 - r^2)H$
       mit R = Aussenradius, r = Innenradius und H = Höhe

    b) Kegel: $V = \frac{1}{3}\pi R^2 H$, Kegelstumpf: $V = \frac{1}{3}\pi(R^2 + Rr + r^2)h$
       mit R = Radius des Grundkreises, r = Radius des Deckkreises, H = Gesamthöhe und
       h = Kegelstumpfhöhe

    c) Kugel: $V = \frac{4}{3}\pi R^3$, Kugelsegment: $V = \frac{1}{3}\pi h^2(3R - h) = \frac{1}{6}\pi h(3r^2 + h^2)$
       mit R = Kugelradius, r = Radius des Schnittkreises und h = Segmenthöhe

122. Durch Rotation des Graphen der Funktion f mit $f(x) = \sqrt{x}$ um die x-Achse entsteht ein (liegendes) Gefäss. Dieses Gefäss wird aufgestellt und mit einer Flüssigkeit gefüllt. Bis zu welcher Höhe steht die Flüssigkeit im Gefäss, wenn ihr Volumen 30 beträgt?

123. Die Parabel $p\colon y = 4 - x^2$ schliesst mit der x-Achse ein endliches Flächenstück mit Inhalt A ein, ein sogenanntes Parabelsegment.

    a) In welchem Verhältnis teilt die Gerade $g\colon y = 3x$ den Inhalt A dieses Flächenstücks in zwei Teilflächen mit den Inhalten A_1 und A_2 auf?

    b) Diese beiden Flächenstücke mit den Inhalten A_1 und A_2 werden je um die x-Achse rotiert. Berechne den Volumenunterschied der beiden dadurch entstehenden Rotationskörper.

    c) Auf welcher Höhe h muss eine Parallele q zur x-Achse eingezeichnet werden, damit diese Parallele das Parabelsegment flächenmässig halbiert?

Mittelwert einer Funktion

124. In Breitengraden wie jenem von Zürich kann die Tageslänge von Sonnenaufgang bis Sonnenuntergang grob durch die Sinuskurve mit der Gleichung $T(x) = 4\cdot\sin\left(\frac{2\pi}{365}(x - 80)\right) + 12$ angenähert werden, wobei x die Nummer des Tages im Jahr und T die Tageslänge in Stunden ist.

    a) Skizziere den Graphen der Funktion.

    b) Welches ist die mittlere Tageslänge T_M über ein Jahr betrachtet?

    c) Allgemein versteht man unter dem *Mittelwert* einer positiven, stetigen Funktion $y = f(x)$, $x \in [a; b]$, jenen Wert y_M, bei dem der Flächeninhalt des Rechtecks mit der Höhe y_M über dem Intervall $[a; b]$ gleich gross ist wie der Flächeninhalt des Gebietes zwischen dem Graphen f und der x-Achse im Intervall $[a; b]$.

       Notiere diese Definition in einer Gleichung.

    d) Berechne mithilfe der Gleichung von c) die mittlere Tageslänge T_M und vergleiche mit dem Resultat aus b).

Mittelwert einer Funktion

Der *Mittelwert $\overline{f}$ einer Funktion f auf dem Intervall* $[a; b]$ wird definiert als

$$\overline{f} = \frac{1}{b - a} \int_a^b f(x)\,\mathrm{d}x.$$

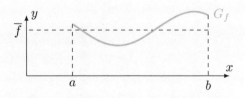

125. Berechne den Mittelwert $\bar{f}$ der Funktion f im Intervall $[a; b]$. An welchen Stellen tritt dieser Mittelwert als Funktionswert auf?

a) $f(x) = x^2$; $\ a = 0,\ b = 4$
b) $f(t) = 2t + 1$; $\ a = 1,\ b = 5$
c) $f(u) = \sqrt{2u}$; $\ a = 0,\ b = 8$
d) $f(x) = e^{\frac{x}{2}+1}$; $\ a = 0,\ b = 10$

126. Berechne den Mittelwert der Funktion f.

a) $f(x) = 2x + 5$ im Intervall $[-1; 1]$
b) $f(x) = \sqrt{3x}$ im Intervall $[0; 3]$

127. a) Berechne den Mittelwert von $f(x) = (x - 3)^2$ im Intervall $[2; 5]$.

b) Bestimme mit dem Resultat aus a) den Wert von $c \in \mathbb{R}$ so, dass $\bar{f} = f(c)$ gilt.

c) Ermittle eine nicht konstante Funktion g mit $\bar{g} = -1$, $\bar{g} = 0$, $\bar{g} = c \in \mathbb{R}$ in einem Intervall.

128. Ermittle eine Funktion f in $[a; b]$, deren Mittelwert $\bar{f} = \frac{1}{b-a} \int\limits_a^b f(x)\,dx$ in $[a; b]$ gleich dem Mittelwert $\frac{f(b)-f(a)}{b-a}$ der Steigung von f in $[a; b]$ ist.

129. Ist der Mittelwert von f' in $[a; b]$ gleich der mittleren Änderungsrate von f in $[a; b]$? Begründe.

Inventar und Lagerhaltungskosten

In der Wirtschaft wird der Mittelwert einer Funktion zur Berechnung folgender Grössen benützt.

Unter dem *Inventar* $I(t)$ versteht man die Anzahl Einheiten eines Produkts, welche die Firma zum Zeitpunkt t (in Tagen) auf Lager hat. Das *mittlere tägliche Inventar* $\bar{I}$ während der Zeitperiode $[0; T]$ ist dann

$$\bar{I} = \frac{1}{T} \int\limits_0^T I(t)\,dt.$$

Sind k die Kosten in Franken, um eine Einheit des Produkts einen Tag lang im Lager zu behalten, so sind die *mittleren täglichen Lagerhaltungskosten* während der Zeitperiode $[0; T]$ gegeben durch $k \cdot \bar{I}$.

---

130. Ein Grosshändler erhält jeden Monat (30 Tage) eine Lieferung von 1200 Kisten Schokoladetafeln. Er beliefert die Detailhändler in einer konstanten Rate von 40 Kisten/Tag, sodass die Inventarfunktion $I(t) = 1200 - 40t$, $0 \le t \le 30$, lautet. Die Lagerhaltung einer Kiste kostet 3 Rappen pro Tag.

a) Wie gross ist das mittlere Tagesinventar während einer Periode von einem Monat?

b) Wie gross sind die mittleren täglichen Lagerkosten während dieser Periode?

131. Ein Grosshändler erhält jeden Monat (30 Tage) eine Lieferung von 450 Fässern Kunststoffgranulat. Erfahrungsgemäss nimmt die Anzahl gelagerter Fässer anfänglich langsamer ab, gegen Ende jeden Monats dann aber immer schneller. Daher lässt sich die Inventarfunktion I in Abhängigkeit der Anzahl Tage t ab der Lieferung recht gut wie folgt modellieren: $I(t) = 450 - \frac{1}{2}t^2$, $0 \le t \le 30$. Die Lagerhaltung eines Fasses kostet 2 Rappen pro Tag.

a) Wie gross ist das mittlere Tagesinventar während einer Periode von einem Monat?

b) Wie gross sind die mittleren täglichen Lagerkosten während dieser Periode?

4.5 Uneigentliche Integrale

132. *Zwei typische Fragestellungen.* Der Graph der Funktion $f(x) = \frac{1}{x}$, $x \in [1; \infty[$, erstreckt sich ins Unendliche. Im Folgenden untersuchen wir einerseits den Flächeninhalt A des Gebietes G zwischen dem Graphen von f und der x-Achse und andererseits den Rauminhalt V des Körpers, der durch Rotation von G um die x-Achse entsteht.

a) Bestimme $A(t) = \displaystyle\int_1^t f(x)\,\mathrm{d}x$ und $V(t) = \pi \displaystyle\int_1^t (f(x))^2\,\mathrm{d}x$ für $t \in [1; \infty[$.

b) Bestimme $\displaystyle\lim_{t\to\infty} A(t)$ und $\displaystyle\lim_{t\to\infty} V(t)$, falls die Grenzwerte existieren.

c) Hat das Gebiet G einen endlichen oder unendlichen Flächeninhalt A? Hat der Rotationskörper von G einen endlichen oder unendlichen Rauminhalt V? Erkläre.

Uneigentliche Integrale mit Integrationsgrenzen $\pm\infty$

Es sei f eine stetige Funktion.

a) Wir definieren $\displaystyle\int_a^\infty f(x)\,\mathrm{d}x = \lim_{t\to\infty} \int_a^t f(x)\,\mathrm{d}x$, vorausgesetzt, dass der Grenzwert existiert.

b) Wir definieren $\displaystyle\int_{-\infty}^b f(x)\,\mathrm{d}x = \lim_{t\to-\infty} \int_t^b f(x)\,\mathrm{d}x$, vorausgesetzt, dass der Grenzwert existiert.

c) Wir definieren $\displaystyle\int_{-\infty}^\infty f(x)\,\mathrm{d}x = \int_{-\infty}^a f(x)\,\mathrm{d}x + \int_a^\infty f(x)\,\mathrm{d}x$, vorausgesetzt, dass für beliebiges $a \in \mathbb{R}$ die beiden Teilintegrale existieren.

Zu 133–135: Berechne das uneigentliche Integral, sofern es existiert.

133. a) $\displaystyle\int_1^\infty \frac{1}{x^4}\,\mathrm{d}x$ b) $\displaystyle\int_{-\infty}^{-1} \frac{1}{x^3}\,\mathrm{d}x$ c) $\displaystyle\int_1^\infty \frac{2x+4}{x^3}\,\mathrm{d}x$ d) $\displaystyle\int_2^\infty \frac{x^3-5}{x^6}\,\mathrm{d}x$

134. a) $\displaystyle\int_1^\infty \frac{2}{x^2}\,\mathrm{d}x$ b) $\displaystyle\int_2^\infty \frac{1}{x-1}\,\mathrm{d}x$ c) $\displaystyle\int_{-\infty}^{-2} \frac{1}{(x+1)^3}\,\mathrm{d}x$ d) $\displaystyle\int_3^\infty \frac{5+t}{t^3}\,\mathrm{d}t$

135. a) $\displaystyle\int_0^\infty \mathrm{e}^{-x}\,\mathrm{d}x$ b) $\displaystyle\int_{-\infty}^0 \mathrm{e}^{-x}\,\mathrm{d}x$ c) $\displaystyle\int_{-\infty}^1 \mathrm{e}^{2t+1}\,\mathrm{d}t$ d) $\displaystyle\int_{-\infty}^\infty \mathrm{e}^{-|t|}\,\mathrm{d}t$

136. Untersuche, ob das in der Abbildung gefärbte und sich ins Unendliche erstreckende Gebiet einen endlichen Flächeninhalt A besitzt. Wenn ja, bestimme diesen.

a) $f(x) = -4x^{-3}$ b) $f(x) = \frac{1}{(x+1)^2}$ c) $f(x) = \mathrm{e}^{\frac{-1}{2}x}$

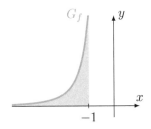 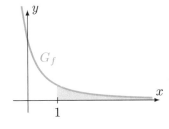 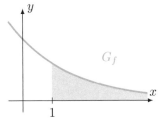

137. Gegeben sind die Gleichungen der beiden Funktionen f und g, deren Graphen G_f und G_g sich im I. Quadranten schneiden. Skizziere den wesentlichen Kurvenverlauf und berechne den Flächeninhalt A jenes Gebietes, das oberhalb der x-Achse und ganz unterhalb der beiden Graphen G_f und G_g liegt.

a) $f(x) = e^{x-2}$ und $g(x) = e^{2-x}$ b) $f(x) = e^{x-1}$ und $g(x) = e^{3-x}$

138. Die beiden gebrochenrationalen Funktionen f und g sind für $a, b > 0$ wie folgt definiert: $f(x) = \frac{a}{(x-b)^2}$, $x \leq 0$, und $g(x) = \frac{a}{(x+b)^2}$, $x \geq 0$.

Skizziere den wesentlichen Verlauf der Funktionsgraphen von f und g für $a = 36$ und $b = 3$ und zeige dann allgemein, dass die beiden folgenden uneigentlichen Integrale die angegebene Gleichung erfüllen: $\int\limits_{-\infty}^{0} f(x)\,dx = \int\limits_{0}^{\infty} g(x)\,dx$.

139. Betrachte die Funktion f im angegebenen Intervall. Ihr Graph G_f und ihre Asymptote g für $x \to \infty$ bzw. $x \to -\infty$ begrenzen ein unbeschränktes Gebiet. Ist dessen Flächeninhalt endlich? Berechne ihn gegebenenfalls und erstelle eine Skizze.

a) $f(x) = \frac{1}{2}x + \frac{2}{x^2}$, $[2; \infty[$ b) $f(x) = \frac{-1}{3}x + e^x$, $]-\infty; 1]$

140. Berechne den Flächeninhalt des dargestellten unbeschränkten Gebietes, wenn $k_1 \colon y = \sin(ax)$ und $k_2 \colon y = \frac{1}{x^2}$ ist.

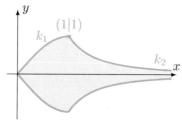

141. Weise nach, dass sich die beiden Kurven $v \colon y = e^x$ ($x \in \mathbb{R}$) und $w \colon y = \sqrt{2ex}$ ($x \geq 0$) an der Stelle $x_0 = \frac{1}{2}$ berühren. Bestimme den Inhalt der sich ins Unendliche erstreckenden Fläche, welche die beiden Kurven zusammen mit der negativen x-Achse begrenzen.

142. Gegeben sind die Kurve $f \colon y = \frac{1}{x^2}$ und die Gerade $g \colon x = 1$.

a) Welchen Inhalt hat das ins Unendliche reichende Gebiet im I. Quadranten, das von der x-Achse, der Kurve f und links von g begrenzt wird?

b) Welche Gleichungen haben die beiden Parallelen zur y-Achse, die dieses Gebiet dritteln?

143. a) Wie viel Prozent von $\int\limits_{1}^{\infty} e^{-x}\,dx$ ist $\int\limits_{1}^{a} e^{-x}\,dx$? Berechne die Prozentzahlen für die konkreten Werte $a = 2, 5, 10, 20, 50, 100$.

b) Bearbeite die Teilaufgabe a) für den Integranden x^{-2} anstelle von e^{-x}.

144. Berechne die Fläche, welche von der Kurve mit der Gleichung $g(x) = e^{x-2}$, der Kurventangente t an der Stelle $x = 2$ und der x-Achse eingeschlossen wird.

145. Gegeben ist einerseits die im I. Quadranten liegende Hälfte der Parabel mit der Gleichung $y = f(x) = ax^2$ $(x \geq 0)$ und andererseits die Exponentialkurve mit der Gleichung $y = g(x) = e^x$.

i)   Bestimme den Koeffizienten a so, dass sich die beiden Kurven an der Stelle $x_0 = 2$ berühren.

ii) Weise nach, dass dieser Wert für a auch ohne die vorgängige konkrete Angabe von x_0 bestimmt werden kann.

iii) Berechne den Inhalt der (uneigentlichen) Fläche A, die von der negativen x-Achse und von den beiden Kurven bis zu ihrem Berührungspunkt begrenzt wird.

iv) Diese Fläche A rotiere um die x-Achse. Ermittle das (uneigentliche) Volumen dieses sich ins Unendliche erstreckenden Drehkörpers.

146. Eine Boot fährt 4 Sekunden lang mit der Geschwindigkeit $v_1(t) = 2\,\text{m/s}$. Dann gerät es in ein Schilfgebiet, wobei das Boot noch ein Stück antriebslos weiterfährt. Seine Geschwindigkeit werde dort einfachheitshalber durch $v_2(t) = \frac{32}{t^2}$ modelliert. Welche Strecke legt das Boot zurück, wenn wir unendlich lange warten?

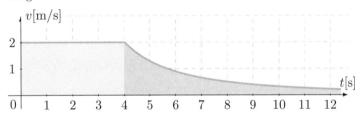

147. Ein Güterwagon rollt auf einer horizontalen, geradlinigen Strecke aus. Seine Anfangsgeschwindigkeit beträgt 100 Meter pro Minute und seine Geschwindigkeit zur Zeit t (in Minuten) ist durch $v(t) = 100 \cdot e^{-2t}$ gegeben (Meter pro Minute). Welche Distanz legt der Wagon höchstens zurück?

148. Der Term $f(x)$ bezeichne die Anzahl Personen in der Schweiz mit einem Einkommen von x Franken. Interpretiere den Ausdruck $\int\limits_{0}^{\infty} f(x)\,dx$ und notiere einen Ausdruck für das durchschnittliche Einkommen pro Person in der Schweiz.

4.6   Breitgefächerte Anwendungen

Geometrie

149. Der Graph k einer Polynomfunktion 3. Grades berührt die Gerade t mit der Gleichung $y = 2 - x$ im Punkt $T(0\,|\,2)$ und schneidet sie im Punkt $S(2\,|\,0)$ orthogonal, also rechtwinklig.

a)   Bestimme die Kurvengleichung von k sowie die exakten Nullstellen.

b)   Die Gerade t und die Kurventangente s im Punkt S begrenzen mit k je ein endliches Flächenstück A_t bzw. A_s. Berechne das Flächenverhältnis $A_t : A_s$.

150. Die Kurve $k: y = 9.36 + 0.1x^2 - 0.01x^4$ und die Gerade $g: y = 8.4$ begrenzen zusammen ein endliches Gebiet. Wird dieses endliche Flächenstück um die x-Achse rotiert, so entsteht ein ringförmiges Gebilde, ein schmucker Fingerring! Wie viele cm^3 Edelmetall werden für seine Herstellung benötigt und welchen maximalen Aussendurchmesser weist dieser Ring auf, falls die Einheit im Koordinatensystem 1 mm beträgt? (Resultatsgenauigkeit: zwei gültige Ziffern)

151. Durch die Mitte einer Holzkugel ($R = 13$ cm) mit homogener Dichte wurde ein zylindrisches Loch ($r = 5$ cm) gebohrt. Um welchen Prozentsatz nahm ihr ursprüngliches Gewicht dabei ab?

Hinweis: Lege die xy-Ebene so, dass der Koordinatenursprung im Kugelmittelpunkt liegt und die x-Achse mit der Zylinderachse zusammenfällt. Zeichne die Schnittfigur und berechne das Volumen anhand eines Integrals.

152. Gegeben ist die Polynomfunktion $p\colon y = x^3 - x^2 + x - 1$.

   i) Entwickle die Gleichung der Kurventangente t_1 im Schnittpunkt S_1 des Graphen von p mit der x-Achse und berechne die Koordinaten des Schnittpunktes S_2, wo diese Tangente t_1 den Graphen von p schneidet.

   ii) Wie lautet die Gleichung der Kurventangente t_2 im Schnittpunkt S_2? In welchem Punkt S_3 schneidet diese Tangente t_2 den Graphen von p?

   iii) Bestimme die Tangentengleichung von t_3 im Schnittpunkt S_3 und berechne die Koordinaten des Schnittpunktes S_4, wo t_3 den Graphen der gegebenen Polynomfunktion schneidet.

   iv) Die Tangenten t_1, t_2 und t_3 begrenzen mit dem Graphen von p je ein endliches Flächenstück A_1, A_2 bzw. A_3. Wie lauten die beiden Flächenverhältnisse $A_1 : A_2$ und $A_2 : A_3$?

153. Gegeben sind die Exponentialkurve $f\colon y = \mathrm{e}^{x-n}$ und die Potenzkurve $g\colon y = \left(\frac{x}{n}\right)^n$, $n \in \mathbb{N}$.

   a) Zeige, dass sich f und g an der Stelle $x_0 = n$ berühren.

   b) Die Exponentialkurve und die gemeinsame Tangente t der beiden Kurven begrenzen im I. Quadranten ein endliches Gebiet. Berechne dessen Flächeninhalt A_n und bestimme den Grenzwert $\lim\limits_{n \to \infty} A_n$.

154. Der Graph G_f der Funktion $f\colon y = \frac{3}{16}x^4 - \frac{3}{2}x^2 + \frac{1}{2}x + 2$ und die Tangente $t\colon y = \frac{1}{2}x + 2$ (siehe Aufgabe 291, Kapitel 3.8, Seite 97) begrenzen zusammen zwei endliche Flächenstücke A_1 und A_2. Wie lautet das Verhältnis $A_1 : A_2$ der dazugehörigen Flächeninhalte?

155. Eine auf einem Gartentisch liegende Halbkugelschale aus Glas ist randvoll mit Wasser gefüllt. Um welchen Winkel muss diese Schale geneigt werden, damit exakt die Hälfte des Wassers ausfliesst?

156. Der Querschnitt eines Wassertroges hat die Form einer Parabel $p\colon y = \frac{20}{9}x^2$ mit Abszissenwerten zwischen -0.6 und 0.6 (Einheit Meter).

   a) Bestimme das Fassungsvermögen des Troges, wenn er 2 Meter lang ist.

   b) Wie viel Wasser muss in den leeren Trog eingefüllt werden, damit es im Trog 0.5 Meter hoch steht?

   c) Wie hoch steht das Wasser im Trog, wenn 500 Liter in den leeren Trog eingefüllt werden?

Physik

157. Die Landepiste eines Flughafens erstreckt sich von A bis Z. Sie ist 2 Kilometer lang. Ein landendes Flugzeug setzt im Punkt L auf und beginnt sofort zu bremsen. Mit $s(t)$ werde der Abstand (in Metern) angegeben, der t Sekunden nach der Landung zwischen dem Flugzeug und Punkt A liegt. Bestimme den Funktionsterm $s(t)$ für ein Flugzeug, das mit einer Landegeschwindigkeit von 120 m/s aufsetzt und dann mit einer konstanten Verzögerung von -6 m/s^2 abbremst, wenn es nicht über die Piste hinausrollen soll.

158. Eine Biene fliegt geradlinig von einer Tulpe zu einer Rose. Ihre Geschwindigkeit $v = v(t)$ in m/s kann durch ein Polynom 3. Grades beschrieben werden. Die Biene startet aus der Ruhe (d. h. $v(0) = 0$) und landet nach 3 Sekunden (d. h. $v(3) = 0$). Sie erreicht ihre maximale Geschwindigkeit $v_{max} = 8\,\text{m/s}$ nach 2 Sekunden.

a) Welche Funktion v modelliert die Geschwindigkeit der Biene für $0 \leq t \leq 3$ (Zeit in Sekunden) entsprechend den oben aufgeführten Angaben?

b) Wie weit sind die beiden Blumen voneinander entfernt?

159. Für die Berechnung des erforderlichen Sicherheitsabstandes beim Fahren auf der Autobahn muss man von der ungünstigsten Konstellation ausgehen: optimale Bremsbeschleunigung von $a_1 = -8\,\text{m/s}^2$ beim vorderen Auto, schlechteste gerade noch zugelassene Bremsbeschleunigung von $a_2 = -4\,\text{m/s}^2$ beim hinteren Auto. Wie gross muss der Sicherheitsabstand d zwischen zwei Autos sein, die beide mit $v = 120\,\text{km/h}$ fahren, damit es zu keiner Kollision kommt und

a) beide Fahrer gleichzeitig bremsen?

b) der hintere Fahrer erst nach einer Sekunde Reaktionszeit zu bremsen beginnt?

c) Vergleiche die Ergebnisse mit dem durch die bekannte «Halbe-Tacho-Regel» empfohlenen Sicherheitsabstand.

Anmerkung: Unter «Halbe-Tacho-Regel» versteht man die folgende Sicherheitsempfehlung: Halbe Geschwindigkeit (in km/h) $\widehat{=}$ Minimalabstand (in Metern).

160. Ein Fallschirmspringer springt in 2500 Metern Höhe aus einem Flugzeug. Seine Fallgeschwindigkeit kann bei geschlossenem Fallschirm näherungsweise durch $v(t) = 50(1 - e^{-0.175t})$ modelliert werden (Zeit t in Sekunden nach dem Absprung, $v(t)$ in Metern pro Sekunde).

Anmerkung: Die Geschwindigkeit v des Fallschirmspringers nimmt anfangs infolge der Erdanziehung rasch zu. Allerdings wächst mit der Geschwindigkeit auch der Luftwiderstand, weshalb die Geschwindigkeit gegen Ende nur noch langsam zunimmt. Eine Differentialgleichung zeigt, dass sie sich mit der oben gegebenen Exponentialfunktion modellieren lässt.

a) Berechne die durchschnittliche Fallgeschwindigkeit in den ersten 10 Sekunden.

b) Bestimme einen Funktionsterm, der die Höhe des Springers über dem Boden zur Zeit t beschreibt.

c) Ein zweiter Springer springt 5 Sekunden nach dem ersten ebenfalls aus 2500 Metern Höhe. Seine Fallgeschwindigkeit kann bei geschlossenem Fallschirm durch $w(t) = 45(1 - e^{-0.35t})$ modelliert werden (Zeit t in Sekunden nach dem Absprung, $w(t)$ in Metern pro Sekunde). Welche Bedeutung hat der Flächeninhalt zwischen den beiden Graphen von v und w im Intervall $[0; 10]$?

Die physikalische Arbeit als bestimmtes Integral

Wirkt an einer Stelle $x_k \in [a; b]$ eine Kraft, so ist bei der Überwindung dieser Kraft auf dem kleinen Wegstück Δx die kleine Arbeit $\Delta W \approx F(x_k) \cdot \Delta x$ zu verrichten. Dabei ist $F(x_k)$ die Komponente der Kraft in Richtung von Δx. Für die im Intervall $[a; b]$ insgesamt zu verrichtende Arbeit gilt daher die Formel:

$$W = \lim_{n \to \infty} \sum_{k=1}^{n} \Delta W = \lim_{n \to \infty} \sum_{k=1}^{n} F(x_k)\Delta x = \int\limits_{a}^{b} F(x)\,dx$$

161. Ein Massenpunkt mit der Masse m und der positiven elektrischen Ladung Q_1 befindet sich im Feld einer punktförmigen negativen Ladung Q_2. Welche Arbeit muss man aufwenden, um den Massenpunkt von der Entfernung r in die Entfernung $R > r$ zu bringen? Wie gross ist die Beschleunigung in der Entfernung r?

162. Zur Dehnung einer Feder ist eine Kraft F erforderlich, die zur Ausdehnung x aus der Anfangslage proportional ist. Welche Arbeit ist erforderlich, um die Feder bis auf die Entfernung x auszudehnen? (Proportionalitätskonstante $k = 20\,\text{N/cm} = 2000\,\text{N/m}$)

163. Gemäss dem *Newton'schen Gravitationsgesetz* (ISAAC NEWTON, 1643–1727) ziehen sich zwei Körper mit den Massen m_1 und m_2 mit der Kraft

$$F = G \cdot \frac{m_1 m_2}{r^2}$$

an, wobei r die Entfernung der beiden Körper und G die universelle Gravitationskonstante ist.

a) Wenn einer der beiden Körper als ruhend betrachtet wird, wie gross ist dann die Arbeit, um den anderen Körper vom Abstand $r = a$ nach $r = b$, $b > a$, zu bewegen?

b) Welche Arbeit (in Joule) muss aufgewendet werden, um einen Satelliten der Masse $m_1 = 1000\,\text{kg}$ vertikal in eine Flugbahn der Höhe $h = 1000\,\text{km}$ zu bringen? Die Erdmasse ($m_2 = 5.98 \cdot 10^{24}\,\text{kg}$) kann als im Erdmittelpunkt konzentriert betrachtet werden, der Erdradius sei $r_E = 6.37 \cdot 10^6\,\text{m}$ und die Gravitationskonstante ist $G = 6.67 \cdot 10^{-11}\,\text{N} \cdot \text{m}^2/\text{kg}^2$.

c) Welche Arbeit muss aufgewendet werden, um einen $1000\,\text{kg}$ schweren Satelliten aus dem Gravitationsfeld der Erde zu bringen? Entnehme die Daten dafür aus Teilaufgabe b).

d) Bestimme die Formel für die Fluchtgeschwindigkeit v_0, die nötig ist, um eine Rakete der Masse m aus dem Gravitationsfeld eines Planeten mit der Masse M und dem Radius R zu bringen. Verwende das Newton'sche Gravitationsgesetz und die Tatsache, dass die kinetische Energie $E_{\text{kin}} = \frac{1}{2}mv_0^2$ für die benötigte Arbeit aufkommt.

e) Bestimme den numerischen Wert der Fluchtgeschwindigkeit auf der Erde.

f) Lionel wird von seinem Neffen gefragt, in welcher Zeit eine Rakete bei $20'000\,\text{km/h}$ den Mond erreicht. Was wäre eine gute Antwort von Lionel?

Medizin/Biologie

164. Einem Patienten wird durch den Mund ein Medikament zur Blutdrucksenkung verabreicht. Die Konzentration $K(t)$ des Medikaments im Blut nach t Stunden wird durch die folgende Modellfunktion beschrieben: $K(t) = A \cdot \left(e^{-bt} - e^{-ct}\right)$ mit $b > 0$, $c > 0$, Euler'sche Zahl e, Einheit $[\,\text{ng/ml}\,]$.

Für die Teilaufgaben a), b) und c) gelte: $A = 90$, $b = 0.15$, $c = 0.45$, $0 \le t \le 30$.

a) Wann ist die Konzentration des Medikaments im Blut am grössten?

b) Wann ist die Abnahme der Konzentration am grössten?

c) Berechne $\frac{1}{30}\int_0^{30} K(t)\,dt$. Was bedeutet dieser Wert?

d) Weshalb muss in der Modellgleichung von $K(t)$ die Ungleichung $c > b$ gelten?

165. Das Wachstum von Wildblumen wird durch die Schar $f_b(x) = \frac{135}{b^2}x^3 - \frac{270}{b}x^2 + 135x$, $1 \le b \le 3$, $0 \le x \le b$, beschrieben. Dabei ist $f_b(x)$ die Wachstumsgeschwindigkeit in Zentimetern pro Monat zum Zeitpunkt x und der Parameter b ist artenspezifisch.

Anmerkung: Die Wachstumsgeschwindigkeit einer Wildblume ist zu Beginn null (d. h. $f_b(0) = 0$), nimmt dann zu und nähert sich gegen Ende der Wachstumsperiode ganz langsam wieder null an (d. h. $f_b(b) = 0$ und $f_b'(b) = 0$). Daher gilt der Ansatz $f_b(x) = k \cdot x(x-b)^2$. Hier ist der Wachstumskoeffizient $k = \frac{135}{b^2}$. Der Wachstumskoeffizient ist umso kleiner, je mehr Zeit die Wildblume zum Wachsen hat (d. h., je grösser b ist).

a) Wie gross wird eine Wildblume?

b) Wie lang ist eine Wildblume gewachsen, die schliesslich etwa 80 cm gross geworden ist?

c) In einer erweiterten Modellfunktion soll die Wachstumsgeschwindigkeit unabhängig von der Wachstumsdauer (Parameter b) durch einen zusätzlichen Parameter a beeinflusst werden. Wie könnte die neue Schar aussehen?

Wirtschaft

Ökonomische Anwendungen

Beachte auch die Ausführungen im grünen Kasten auf Seite 95 und insbesondere jene im grauen Kasten auf Seite 95.

Bezeichnungen:

- x: Stückzahl = Anzahl verkaufter Stücke eines Produkts
- $p(x)$: Stückpreis = Verkaufspreis pro Stück des Produkts beim Verkauf von x Stücken
- $E(x)$: Gesamterlös beim Verkauf von x Stücken des Produkts = $x \cdot p(x)$
- $K(x)$: Gesamtkosten bei der Produktion von x Stücken des Produkts
- $G(x)$: Gesamtgewinn beim Verkauf von x Stücken des Produkts = $E(x) - K(x)$
- $E'(x)$: Grenzerlös = marginaler Erlös beim Verkauf von x Stücken des Produkts
- $K'(x)$: Grenzkosten = marginale Kosten bei der Produktion von x Stücken des Produkts
- $G'(x)$: Grenzgewinn = marginaler Gewinn beim Verkauf von x Stücken des Produkts

166. Die Grenzkostenfunktion zur Herstellung von x Metern eines Gewebes sei aufgrund von erhobenen Daten durch $K'(x) = 5 - 0.008x + 0.000009x^2$ in Fr./m modelliert. Die Fixkosten belaufen sich auf Fr. 20'000. Wie gross sind die Gesamtkosten für die Produktion der ersten 2000 Meter des Gewebes?

167. Die Grenzerlösfunktion beim Verkauf von x Einheiten eines Produktes sei aufgrund von erhobenen Daten durch $E'(x) = -16x + 64$ in Fr./Einheit modelliert. Wie lautet die Gleichung für den Gesamterlös und wie gross ist der maximale Erlös?

168. Ein Hersteller hat 1000 Fernsehgeräte pro Woche zu einem Stückpreis von 900 Franken verkauft. Eine Marktforschungsstudie besagt, dass bei einem Preiserlass von je 20 Franken die Anzahl der verkauften Geräte pro Woche jeweils um 100 zunehmen würde.

    a) Wie lautet die Stückpreisfunktion $p(x)$ in Abhängigkeit von der Anzahl x der verkauften Geräte pro Woche?

    b) Wie lautet die Erlösfunktion $E(x)$ in Abhängigkeit von der Anzahl x der verkauften Geräte pro Woche?

    c) Gemäss der Studie seien die Grenzkosten $K'(x) = 300$. Bestimme den Grenzgewinn $G'(x)$ beim Verkauf von x Geräten pro Woche.

    d) Wie gross muss der Rabatt sein, damit der Gewinn maximal wird?

    e) Die Studie hat einen maximalen Gewinn von 662'000 Franken pro Woche ermittelt. Wie lautet die Gleichung für die Gewinnfunktion $G(x)$?

4.7 Differentialgleichungen

Ein erstes Mal wird in Kapitel 3.3 auf Seite 72 auf Differentialgleichungen eingegangen. Hier wird dieses Thema nochmals aufgegriffen.

Allgemeines

In vielen alltäglichen Abläufen geht es um dynamische Vorgänge: Eine physikalische Grösse (z. B. Temperatur, Länge, Masse) verändert sich in Abhängigkeit der Zeit oder der Position im Raum. Unser Bestreben ist es hier, eine Beziehung zwischen einer Funktion y, ihren Ableitungen y', y'', ... und ihrer Variable x zu finden. Eine solche Beziehung kann in die mathematische Form $f(\ldots, y'', y', y, x) = 0$ gebracht werden. Dies nennt man eine *Differentialgleichung*.

Im Idealfall kann die Lösungsfunktion $y = y(x)$ auf analytischem Weg gefunden werden. Andernfalls müssen wir numerische Näherungsverfahren anwenden.

Differentialgleichungen

Unter einer *Differentialgleichung*, kurz *DGL*, versteht man eine Gleichung für eine unbekannte Funktion, in der auch Ableitungen dieser Funktion vorkommen.

Der *Grad* einer Differentialgleichung entspricht der Ordnung der höchsten darin vorkommenden Ableitung.

Unter einer *Lösung* y der Differentialgleichung $f(\ldots, y'', y', y, x) = 0$ in einem Intervall $[a; b]$ versteht man eine Funktion $y = y(x)$, welche die Differentialgleichung erfüllt, wenn man eine beliebige Stelle $x \in [a; b]$ in y und alle vorkommenden Ableitungen einsetzt.

Lösungen von Differentialgleichungen sind meist nicht eindeutig, aber in vielen Fällen erhält man bei Grad 1 eine eindeutige Lösung, wenn man zusätzlich den Wert von y an einer Stelle vorgibt, den sogenannten *Anfangswert*.

Das Lösen eines *Anfangswertproblems* besteht aus dem Suchen einer Lösung, die sowohl die vorgegebene Differentialgleichung als auch die Anfangsbedingungen erfüllt.

169. a) Ist $y'(x) = x$ eine Differentialgleichung?

b) Ist $y'(x) - y(x) = 5$ eine Differentialgleichung?

c) Ist $y(x) = x$ eine Lösung der Differentialgleichung $y'(x) - 1 = 0$?

d) Ist $y(x) = x$ die einzige Lösung der Differentialgleichung $(y'(x))^2 = 1$?

e) Wie viele Lösungen hat die Differentialgleichung $y'(x) = -2 \cdot y'(x)$?

f) Notiere eine Differentialgleichung, von der $y(x) = 2 \cdot \sin(3x + \frac{\pi}{3})$ eine Lösung ist.

g) Finde zwei Lösungen der Differentialgleichung $y'(x) = 2 \cdot x$. Ist dann auch die Summe der beiden Lösungen eine Lösung der Differentialgleichung?

h) Finde zwei Lösungen der Differentialgleichung $y'(x) = y(x)$. Ist dann auch das Produkt der beiden Lösungen eine Lösung der Differentialgleichung?

170. Formuliere eine Differentialgleichung, die den folgenden Sachverhalt beschreibt. In den Teilaufgaben b) bis d) ist zusätzlich die folgende Frage zu beantworten: Wie könnte die Lösung der Differentialgleichung lauten? Mit anderen Worten: Welche Kurve könnte diese Eigenschaften haben? Stelle eine Vermutung auf.

a) Gesucht ist eine Kurve, bei der die Steigung der Tangente in jedem Punkt $P(x \,|\, y)$ gleich dem negativen Produkt der Koordinaten von P ist.

b) Gesucht ist eine Kurve, bei der die Tangente in jedem Punkt $P(x \,|\, y)$ die x-Achse im Punkt $Q\left(\frac{x}{2} \,\middle|\, 0\right)$ schneidet.

c) Gesucht ist eine Kurve, bei der die Steigung der Tangente in jedem Punkt $P(x \,|\, y)$ gleich der Steigung der Verbindungsgeraden von P mit dem Ursprung $O(0 \,|\, 0)$ ist.

d) Gesucht ist eine Kurve, bei der in jedem Punkt $P(x \,|\, y)$ die dazugehörige Normale durch den Ursprung verläuft.

171. *Zellteilung.* Je mehr Zellen vorhanden sind, die sich teilen können, umso schneller nimmt ihre Anzahl zu. Mit anderen Worten: Ist $P(t)$ die Populationsgrösse einer Zellkultur zur Zeit t und $P'(t)$ die momentane Änderungsrate, so haben wir z. B. die Relation, dass $P'(t)$ proportional zu $P(t)$ ist. Die Differentialgleichung lautet dann $P'(t) = k \cdot P(t)$.

a) Für $k = 1$ ist $P'(t) = P(t)$: Bei welchen Funktionen stimmt die Funktion mit ihrer Ableitung überein?

b) Für $k = 2$ ist $P'(t) = 2 \cdot P(t)$: Bei welchen Funktionen ist die Ableitung das Doppelte der Funktion?

c) Für $k = \ln(2)$ ist $P'(t) = \ln(2) \cdot P(t)$: Welche Funktionen erfüllen diese Differentialgleichung?

d) Beschreibe das Wachstumsverhalten der Zellkultur aus Teilaufgabe c).

172. Verifiziere in den Teilaufgaben a) bis c) die Aussage, dass die gegebene Funktion eine Lösung der vorgegebenen Differentialgleichung ist:

a) Die Funktion mit der Gleichung $y(x) = x - x^{-1}$ ist eine Lösung von $xy' + y = 2x$.

b) Die Funktion mit der Gleichung $y(x) = \sin(x)\cos(x) - \cos(x)$ ist eine Lösung des Anfangswertproblems $y' + \tan(x) \cdot y = \cos^2(x)$, $y(0) = -1$ im Intervall $]-\frac{\pi}{2}; \frac{\pi}{2}[$.

c) Jede Funktion der Schar mit der Gleichung $y(t) = \frac{1+c\cdot e^t}{1-c\cdot e^t}$ ist eine Lösung der Differentialgleichung $y' = \frac{1}{2}(y^2 - 1)$.

d) Bestimme für die Differentialgleichung $y' = \frac{1}{2}(y^2 - 1)$ aus Teilaufgabe c) eine Lösung, welche die Anfangsbedingung $y(0) = 2$ erfüllt.

e) Für welche k erfüllt die Funktion mit der Gleichung $y(t) = \sin(kt)$ die Differentialgleichung $y'' + 9y = 0$?

f) Zeige für die in e) gefundenen Werte von k, dass jede Funktion der Schar mit der Gleichung $y(t) = A\sin(kt) + B\cos(kt)$, $k \neq 0$, auch eine Lösung der DGL $y'' + 9y = 0$ ist.

Richtungsfelder

Wir betrachten die Differentialgleichung $y' = x + y$ mit dem Anfangswert $y(0) = 1$ und wollen die Lösungskurve skizzieren, ohne vorgängig die Lösungsfunktion zu ermitteln.

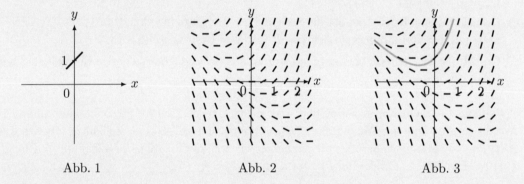

Abb. 1   Abb. 2   Abb. 3

Abb. 1: Hier berechnet sich im Anfangspunkt $(0\,|\,1)$ die Steigung aus $m = 0 + 1 = 1$. Also beginnt die Lösungskurve wie in der Abbildung eingetragen.

Abb. 2: Um den Rest der Kurve zu skizzieren, zeichnen wir lauter kleine Tangentenstückchen in möglichst vielen Punkten $(x\,|\,y)$ mit der dazugehörigen Steigung $m = x + y$ ein. Das Resultat heisst *Richtungsfeld* und ist hier abgebildet.

Abb. 3: Das Richtungsfeld erlaubt es uns, die allgemeine Form der Lösungskurven zu visualisieren, indem es in jedem Punkt angibt, in welcher Richtung die Kurve weitergehen soll. Die Abbildung zeigt eine grobe Skizze, wie die Lösungskurve durch den Punkt $(0\,|\,1)$ aussieht.

Vorgerechnetes Beispiel:

a) Skizziere das Richtungsfeld für die Differentialgleichung $y' = x^2 + y^2 - 1$.

b) Benütze das in a) erhaltene Richtungsfeld, um die Lösungskurve, die durch den Koordinatenursprung geht, zu zeichnen.

Lösung:

a) In der folgenden Tabelle werden die Steigungen in mehreren Punkten berechnet:

x	-2	-1	0	1	2	$\ldots$	-2	-1	0	1	2	$\ldots$
y	0	0	0	0	0	$\ldots$	1	1	1	1	1	$\ldots$
$y' = x^2 + y^2 - 1$	3	0	-1	0	3	$\ldots$	4	1	0	1	4	$\ldots$

Das Richtungsfeld besteht aus den Tangentenstückchen mit den in der Tabelle berechneten Steigungen in den entsprechenden Punkten und ist in der Figur unten links abgebildet.

Zu a)   *Zu b)*

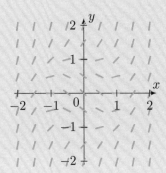 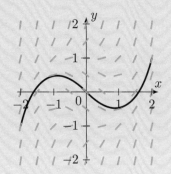

b) Wir beginnen im Koordinatenursprung und bewegen uns nach rechts in der Richtung des Tangentenstückchens (mit der Steigung -1). Wir setzen die Lösungskurve so fort, dass sie parallel zu den am nächsten liegenden Tangentenstückchen verläuft. Die resultierende Lösungskurve ist in der Figur oben rechts abgebildet.

Je mehr Tangentenstückchen wir in einem Richtungsfeld zeichnen, umso klarer wird das Bild. Natürlich ist es aufwendig, von Hand für eine grosse Anzahl von Punkten die zugehörigen Steigungen auszurechnen und einzuzeichnen. Aber Computer sind dafür bestens geeignet. Die nebenstehende Abbildung zeigt ein engmaschigeres Richtungsfeld der Differentialgleichung $y' = x^2 + y^2 - 1$.

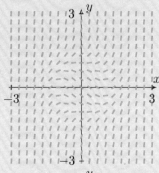

Dies erlaubt es uns, die Lösungskurven mit den verschiedenen y-Achsenabschnitten -2, 0, 1 mit vernünftiger Genauigkeit zu zeichnen.

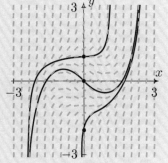

Isoklinen und Gleichgewichtslösungen

Die Berechnung des Richtungsfeldes einer Differentialgleichung kann aufwendig sein. Manchmal ist es hilfreich, zuerst die sogenannten Isoklinen zu bestimmen. *Isoklinen* einer Differentialgleichung sind Kurven in der xy-Ebene, auf denen das Richtungsfeld konstant ist. Alle Lösungen der Differentialgleichung haben an den Schnittpunkten mit einer Isokline die gleiche Steigung. *Gleichgewichtslösungen* sind Lösungen, bei welchen $y' = 0$ gilt. Mit anderen Worten: Die Gleichgewichtslösungen der Differentialgleichung sind konstante Funktionen.

173. Für die Differentialgleichung $y' = y(1 - \frac{1}{4}y^2)$ ist das nebenstehende Richtungsfeld gegeben. Skizziere die Lösungskurve, welche die folgende Anfangsbedingung erfüllt:

a) $y(0) = 1$ b) $y(0) = -1$

c) $y(0) = -3$ d) $y(0) = 3$

Bestimme alle Gleichgewichtslösungen.

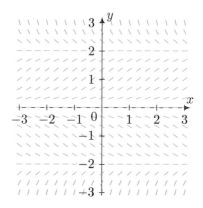

174. Welche Differentialgleichung gehört zu welchem Richtungsfeld?

a) $y' = y - 1$ b) $y' = y - x$ c) $y' = y^2 - x^2$ d) $y' = y^3 - x^3$

i)

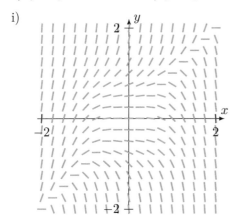

ii)

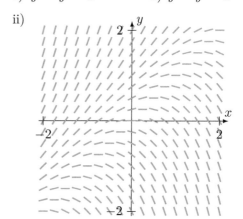

iii)

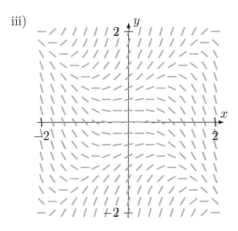

iv)

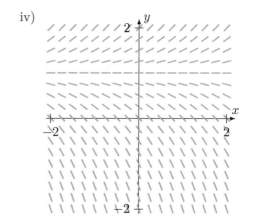

175. Skizziere das Richtungsfeld der gegebenen Differentialgleichung. Zeichne sodann die Lösungskurve ein, die durch den gegebenen Punkt geht.

a) $y' = y - 2x$, $(1 \mid 0)$ b) $y' = y + xy$, $(0 \mid 1)$

176. Was lässt sich ohne Rechnung über die Lösungen der Differentialgleichung $y' = x^2 + y^2$ sagen? Mit anderen Worten: Bestimme die Isoklinen und zeichne das Richtungsfeld sowie die Lösungskurven zu zwei verschiedenen Anfangswerten.

Modellierungsaufgaben

177. *Abkühlung eines Getränks modellieren.* Im Folgenden wollen wir anhand eines Experiments die Temperaturänderung einer in einen Raum gestellten Tasse Wasser modellieren und damit das *Newton'sche Abkühlungsgesetz* (ISAAC NEWTON, 1643–1727) herleiten.

a) Bringe eine Tasse heisses Wasser in einen Raum. Messe als Erstes die Zimmertemperatur U. Messe dann alle 5 Minuten die Temperatur des Wassers und erstelle eine Tabelle für die Wassertemperatur T (in °C) in Abhängigkeit von der Zeit t.

t	T
⋮	⋮

b) In der folgenden Tabelle werden in den ersten beiden Kolonnen die in Teilaufgabe a) gemessenen Werte eingetragen. Ergänze die Tabelle durch Berechnung der fehlenden Werte.

t	T	ΔT	$\Delta T/\Delta t$	$T - U$	$\frac{\Delta T/\Delta t}{T-U}$
⋮	⋮	⋮	⋮	⋮	⋮

Dabei ist

- t: Zeit
- T: Wassertemperatur in °C
- ΔT: Änderung der Wassertemperatur bis zur nächsten Messung
- Δt: verstrichene Zeit bis zur nächsten Messung = 5 Minuten
- $\Delta T/\Delta t$: mittlere Änderungsrate der Wassertemperatur in diesem 5 Minuten-Intervall
- $T - U$: Differenz zwischen Wasser- und Umgebungstemperatur
- $\frac{\Delta T/\Delta t}{T-U} = k$: ungefährer Proportionalitätsfaktor zwischen den beiden letzten Kolonnen

c) Fülle die Lücke mit einem der Wörter aus der Klammer aufgrund deiner eigenen Erfahrung oder durch Betrachten der obigen Tabelle.

   i) Je kälter die Umgebung, umso ... (langsamer/schneller) kühlt sich das Wasser ab.

   ii) Das Getränk kühlt sich anfangs ... (schneller/langsamer) ab als später.

   iii) Die Wassertemperatur T ist stets ... (höher/niedriger) als die Umgebungstemperatur U.

   iv) Die Wassertemperatur T ... (nähert sich/entfernt sich von) der Umgebungstemperatur U im Laufe der Zeit.

   v) Die mittlere Änderungsrate der Wassertemperatur $\Delta T/\Delta t$ ist ... (direkt/indirekt) proportional zur Differenz $T - U$ von Wassertemperatur und Umgebungstemperatur.

d) Bestätigt die Tabelle aus b) das in c) unter Punkt v) formulierte Gesetz? Schreibe das Gesetz in Form einer Gleichung für die Temperatur T als Funktion der Zeit t nieder.

e) Was fällt in dieser Gleichung auf? (In welchen Formen tritt die gesuchte Funktion T auf?)

178. *Lösungsfunktionen wichtiger Differentialgleichungen bei Wachstumsprozessen.* Verifiziere, dass die gegebene Funktion Lösung des vorgegebenen Anfangswertproblems ist.

a) *Natürliches Wachstum*

$P'(t) = k \cdot P(t)$ mit $P(0) = P_0$ hat die Lösung $P(t) = C \cdot e^{kt}$ mit $C = P_0$.
$P(t)$ ist die Grösse einer Population zur Zeit t mit der Anfangspopulation P_0.

b) *Von unten beschränkter Zerfall, z. B. Abkühlungsgesetz*

$T'(t) = -k \cdot (T(t) - U)$ mit $T(0) = T_0$ hat die Lösung $T(t) = U + C \cdot e^{-kt}$ mit $C = T_0 - U$.
$T(t)$ ist die Temperatur eines Körpers zur Zeit t mit der Anfangstemperatur T_0 und der Umgebungstemperatur U.

c) *Von oben beschränktes Wachstum, z. B. Grippeausbruch in einer isolierten Gesellschaft*

$I'(t) = k \cdot (N - I(t))$ mit $I(0) = I_0$ hat die Lösung $I(t) = N - C \cdot e^{-kt}$ mit $C = N - I_0$.
$I(t)$ ist die Anzahl der Infizierten zur Zeit t mit der Zahl I_0 der Infizierten zu Beginn des Grippeausbruchs und der Zahl N der Individuen in der isolierten Gesellschaft.

d) *Logistisches Wachstum*

$P'(t) = k \cdot P(t) \cdot (S - P(t))$ mit $P(0) = P_0$ hat die Lösung $P(t) = \frac{S}{1 + C \cdot e^{-kSt}}$ mit $C = \frac{S - P_0}{P_0}$.
Wie in a), wobei S die Sättigungspopulation ist.

179. Das Newton'sche Abkühlungsgesetz sagt, dass in gleichen Zeitintervallen (z. B. in einer Minute) die mittlere Änderungsrate der Temperatur eines Gegenstandes proportional zur Differenz seiner augenblicklichen Temperatur $T(t)$ und der Umgebungstemperatur U ist.

a) Leite die entsprechende Differentialgleichung her.

b) Eine Tasse Tee mit Anfangstemperatur $T(0) = 98\,°C$ wird in einen Raum mit der Temperatur $U = 18\,°C$ gestellt und hat sich nach einer Minute auf $T(1) = 94\,°C$ abgekühlt. Zu welchem Zeitpunkt τ hat die Tasse eine Temperatur von $75\,°C$?

180. In einer geschlossenen Gesellschaft mit N Individuen beginne eine Grippe. Die Zahl der Neuinfektionen an einem bestimmten Tag sei in einer ersten groben Näherung proportional zur Anzahl der am Vortag noch nicht infizierten Individuen.

a) Es sei t die Anzahl der Tage seit Beginn der Grippe und $I(t)$ die Anzahl der am Tag t Infizierten. Erkläre, warum für die Anzahl der Neuinfizierten die folgende Gleichung gilt:
$I(t + 1) - I(t) = k \cdot (N - I(t))$.

b) Wähle im Folgenden anstelle des Zeitintervalls von 1 Tag ein allgemeines Zeitintervall der Länge Δt, das beliebig klein sein darf. Zeige, dass für die momentane Änderungsrate der Infektionen die folgende Beziehung gilt: $\frac{dI}{dt} = k \cdot (N - I(t))$.

c) Eine Internatsschule beherberge 2500 Studierende, die in Wohnheimen auf dem Campus untergebracht sind. Eine Grippe beginne mit 100 Angesteckten. Am nächsten Tag seien es 220. Wie viele Tage wird es etwa dauern, bis 70 % der Studierenden auf dem Campus angesteckt sind?

181. Bei einem gegenüber der vorhergehenden Aufgabe 180 besseren Modell für die Verbreitung einer Epidemie wird angenommen, dass die momentane Ansteckungsrate sowohl proportional zur Anzahl der bereits infizierten als auch proportional zur Anzahl der noch nicht infizierten Personen ist. In einer von ihrer Umgebung isolierten Stadt mit 5000 Einwohnern haben zu Beginn der Woche 160 Personen die Krankheit und am Ende der Woche deren 1200. Wie lange dauert es etwa, bis 80 % der Stadtbevölkerung infiziert worden sind?

Anmerkung: Ein genaueres Modell für die Verbreitung einer Epidemie ist das sogenannte SIR-Modell, das aus einem System von drei Differentialgleichungen besteht und in der einschlägigen Literatur zu finden ist.

182. Die Heilbutt-Fischerei im Pazifik liess sich in den Jahren 1970 bis 1990 näherungsweise durch ein logistisches Wachstumsmodell beschreiben. Dabei sei $P(t)$ die Biomasse in Kilogramm, d. h. die Gesamtmasse der Heilbuttfische in dieser Population, zur Zeit t gemessen in Jahren. Die Sättigungskapazität sei $S = 8 \cdot 10^7 \, \text{kg}$ und $k = 8.875 \cdot 10^{-9} \, \text{kg/Jahr}$.

    a) Ermittle die Biomasse nach einem Jahr, wenn sie zu Beginn $P(0) = 2 \cdot 10^7 \, \text{kg}$ war.

    b) Wie lange dauert es, bis die Biomasse $4 \cdot 10^7 \, \text{kg}$ erreicht?

183. Es sei $P(t)$ die Grösse einer Population zur Zeit t. Bei ausreichenden Ressourcen (Nahrung und Platz) vermehrt sich eine Population derart, dass ihre momentane Änderungsrate proportional zur schon vorhandenen Population ist. Sind die Ressourcen aber beschränkt, so kann die Population nur bis zu einer maximalen Zahl $S \,\widehat{=}\,$ Sättigungspopulation wachsen; d. h., die momentane Änderungsrate ist zudem noch proportional zu den vorhandenen Ressourcen, welche ihrerseits proportional zu $S - P(t)$ sind.

    a) Erkläre die Differenzengleichung $P(t+1) - P(t) = k \cdot P(t) \cdot (S - P(t))$.

    b) Leite daraus die zugehörige Differentialgleichung $\frac{dP}{dt} = k \cdot P(t) \cdot (S - P(t))$ her.

    c) In einem Aquarium sei die Sättigungspopulation $S = 500$ und der Wachstumskoeffizient $k = 0.002$. Berechne und skizziere die Lösungskurven von $P = P(t)$ für verschiedene Anfangspopulationen: $P_0 = 0$, $P_0 = 100$, $P_0 = 200$, $P_0 = 300$, $P_0 = 400$, $P_0 = 500$.

184. Die Bevölkerung $P(t)$ (Zeitpunkt t) eines Landes wächst aus zweierlei Gründen:

    1. Die jährliche mittlere Wachstumsrate beträgt 1 % der schon im Land lebenden Bevölkerung. Dabei ist die mittlere Wachstumsrate die mittlere Geburtenrate abzüglich der mittleren Todesrate.

    2. Jedes Jahr wandern 20'000 Personen zu.

Leite die dazugehörige Differentialgleichung her und zeige, dass $P(t) = k \cdot e^{0.01 \cdot t} - 2 \cdot 10^6$ die Lösung ist. Wie gross wird die Bevölkerung in 20 Jahren sein, wenn sie jetzt 5 Millionen beträgt?

4.8   Weitere Themen

Substitutionsmethode

185. Integrale der Form $\int f(g(x)) \cdot g'(x)\,\mathrm{d}x$ lassen sich durch die Substitution $u = g(x)$ und $\frac{\mathrm{d}u}{\mathrm{d}x} = g'(x)$
in die Form $\int f(u)\,\mathrm{d}u$ bringen, wobei dieses Integral unter Umständen einfacher zu finden ist.
Bestimme eine geeignete Substitution und danach das Integral.

a) $\displaystyle\int \cos(x^2) \cdot 2x\,\mathrm{d}x$ b) $\displaystyle\int \sqrt{x^3 + 1} \cdot x^2\,\mathrm{d}x$ c) $\displaystyle\int \frac{x}{1 + x^2}\,\mathrm{d}x$

d) $\displaystyle\int \frac{h'(x)}{h(x)}\,\mathrm{d}x$ e) $\displaystyle\int \frac{-\sin(x)}{\cos(x)}\,\mathrm{d}x$ f) $\displaystyle\int \tan(x)\,\mathrm{d}x$

Integrationsmethode: Substitution

Sind f und g differenzierbare Funktionen und $u = g(x)$, dann gilt:

$$\int_a^b f(g(x))\,g'(x)\,\mathrm{d}x = \int_{g(a)}^{g(b)} f(u)\,\mathrm{d}u.$$

Zu **186–189**: Bestimme zur gegebenen Funktion eine Stammfunktion.

186. a) $f(x) = (3x - 5)^6$ b) $f(u) = \dfrac{5}{3u - 4}$ c) $g(u) = \dfrac{1}{\sqrt{u + 2}}$ d) $f(u) = \sqrt[4]{au + b}$

187. a) $f(x) = x(x^2 + 1)^3$ b) $g(x) = x\sqrt{x^2 + 1}$ c) $f(x) = \dfrac{4x}{\sqrt[3]{1 - x^2}}$ d) $h(t) = \dfrac{3t^3}{1 + t^4}$

188. a) $f(x) = 2xe^{x^2}$ b) $g(x) = axe^{-bx^2}$ c) $h(t) = \dfrac{1}{t\ln(t)}$ d) $g(u) = \dfrac{a}{u - b}e^{\ln(u - b)}$

189. a) $f(t) = \cos^2(t)\sin(t)$ b) $g(z) = \sin(z)\cos(z)$ c) $f(x) = \dfrac{\sin(\sqrt{x})}{\sqrt{x}}$

Zu **190–193**: Berechne.

190. a) $\displaystyle\int t^2(3t^3 - 4)\,\mathrm{d}t$ b) $\displaystyle\int \frac{u - 1}{u^2 - 2u + 2}\,\mathrm{d}u$ c) $\displaystyle\int \frac{2x - 1}{\sqrt{x^2 - x - 1}}\,\mathrm{d}x$

191. a) $\displaystyle\int (2x + 1)e^{x^2 + x}\,\mathrm{d}x$ b) $\displaystyle\int \frac{e^{\sqrt{z} - 1}}{\sqrt{z}}\,\mathrm{d}z$ c) $\displaystyle\int \frac{\ln(t)}{t}\,\mathrm{d}t$

192. a) $\displaystyle\int_{-1}^0 \frac{1}{(1 - y)^3}\,\mathrm{d}y$ b) $\displaystyle\int_{-1}^0 \frac{3t}{t^2 + 1}\,\mathrm{d}t$ c) $\displaystyle\int_2^6 \sqrt{4x + 1}\,\mathrm{d}x$

193. a) $\displaystyle\int_{-\frac{\pi}{16}}^{\frac{\pi}{12}} \frac{1}{\cos^2(4x)}\,\mathrm{d}x$ b) $\displaystyle\int_0^{-3} e^{2u}\,\mathrm{d}u$ c) $\displaystyle\int_{-1}^1 (2x + 1)e^{-x^2 - x}\,\mathrm{d}x$

194. Gegeben seien $f(x) = e^{-2x}$ und $g(x) = \sin\left(\frac{x}{2}\right)$. Welche der folgenden Aussagen ist wahr?

i) $\displaystyle\int_0^1 f(x)\,\mathrm{d}x = 1 - \frac{1}{e^2}$ ii) $\displaystyle\int_0^1 f(x)\,\mathrm{d}x = \frac{1}{2e^2}$ iii) $\displaystyle\int_0^\pi g(x)\,\mathrm{d}x = 2$ iv) $\displaystyle\int_0^\pi g(x)\,\mathrm{d}x = -2$

195. Es sei F eine (nicht elementare) Stammfunktion von $f\colon y = \frac{\sin(x)}{x}$, $x > 0$. Drücke $\int\limits_{1}^{3} \frac{\sin(2x)}{x}\,\mathrm{d}x$ in Abhängigkeit von F aus.

Anmerkung: Eine *elementare Funktion* ist eine Funktion, die aus Polynomen, Exponential-, Logarithmus- und trigonometrischen Funktionen mithilfe der Grundrechenarten, der Verkettung sowie ihrer Umkehrfunktionen gebildet ist.

196. Illustriere die Gleichung $\int\limits_{a}^{b} f(x)\,\mathrm{d}x = \int\limits_{a-c}^{b-c} f(x+c)\,\mathrm{d}x$ anhand einer Figur.

197. Welche der folgenden Flächeninhalte sind gleich? Begründe.

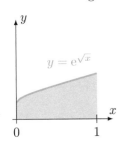
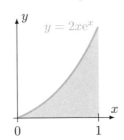
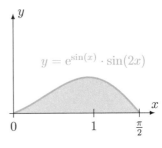

198. Gegeben seien f, g, F und G, wobei F eine Stammfunktion von f und G eine Stammfunktion von g ist. Sind die folgenden Aussagen wahr oder falsch?

i) Es gilt: $\int f(ax+b)\,\mathrm{d}x = a \cdot F(ax+b)$.   ii) $F \circ g$ ist eine Stammfunktion von $(f \circ g) \cdot g'$.

199. Gegeben sind die Funktionen f und g mit $f(x) = x^2 + x + 1$ und $g(x) = ax - 1$. Für welche Werte von a gilt $\int\limits_{0}^{1} f(g(x))\,\mathrm{d}x = \int\limits_{0}^{1} g(f(x))\,\mathrm{d}x$?

Partielle Integration

200. Gegeben seien f, g, F und G, wobei F eine Stammfunktion von f und G eine Stammfunktion von g ist. Ist die folgende Aussage wahr oder falsch? «$F \cdot G$ ist eine Stammfunktion von $f \cdot g$.»

201. *Integrieren anhand der Produktregel.* Zur Erinnerung: $(f(x)g(x))' = f'(x)g(x) + f(x)g'(x)$.

a) Zeige, dass aus der Produktregel folgt: $\int f'(x)g(x)\,\mathrm{d}x = f(x)g(x) - \int f(x)g'(x)\,\mathrm{d}x$.
Das Integral rechts lässt sich unter Umständen einfacher berechnen. Diese Methode heisst *partielle Integration*.

b) Gesucht sei $\int \sin(x) \cdot x\,\mathrm{d}x$. Wähle $f'(x) = \sin(x)$ und $g(x) = x$ und wende die Formel aus a) an, um das gesuchte Integral zu bestimmen.

c) Gesucht sei wieder $\int \sin(x) \cdot x\,\mathrm{d}x$. Wähle $f'(x) = x$ und $g(x) = \sin(x)$ und wende die Formel aus a) an, um das gesuchte Integral zu bestimmen. Was fällt auf?

Integrationsmethode: Partielle Integration

Sind f und g differenzierbare Funktionen, dann gilt:

$$\int f'(x)\,g(x)\,\mathrm{d}x = f(x)\,g(x) - \int f(x)\,g'(x)\,\mathrm{d}x.$$

202. Wir betrachten Integrale der Form $\int x^n \ln(x)\,\mathrm{d}x$, $n \in \mathbb{Z}$.

   a) Bestimme der Reihe nach eine Stammfunktion von f.

   i) $f(x) = x\ln(x)$ ii) $f(x) = x^2\ln(x)$ iii) $f(x) = x^3\ln(x)$

   b) Wie lautet eine Stammfunktion von f mit $f(x) = x^n\ln(x)$ für $n \in \mathbb{Z}$?

   c) Gilt das Resultat auch für $n = 0$ und $n = -1$?

203. Integrale der Form $\int x^n \mathrm{e}^x\,\mathrm{d}x$, $n \in \mathbb{N}$: Bestimme der Reihe nach eine Stammfunktion von f.

   i) $f(x) = x\mathrm{e}^x$ ii) $f(x) = x^2\mathrm{e}^x$ iii) $f(x) = x^3\mathrm{e}^x$ iv) $f(x) = x^4\mathrm{e}^x$

204. Integrale der Form $\int \mathrm{e}^x \sin(x)\,\mathrm{d}x$ oder $\int \mathrm{e}^x \cos(x)\,\mathrm{d}x$: Bestimme eine Stammfunktion von f.

   a) $f(x) = \mathrm{e}^x \sin(x)$ b) $f(x) = \mathrm{e}^x \cos(x)$

205. Berechne das uneigentliche Integral, soweit es existiert.

   a) $\displaystyle\int_0^\infty z\mathrm{e}^{-z}\,\mathrm{d}z$ b) $\displaystyle\int_0^\infty y^2\mathrm{e}^{-y}\,\mathrm{d}y$ c) $\displaystyle\int_{-\infty}^0 \mathrm{e}^u \sin(u)\,\mathrm{d}u$

206. Wir betrachten die Kurve $y = x^3\ln(x)$ im Intervall $I = [0;1]$, wobei $\lim\limits_{x\to 0} x^3\ln(x) = 0$ gilt. Berechne den Inhalt der von der Kurve und der x-Achse im Intervall I eingeschlossenen Fläche.

207. Welche Fläche schliessen die x-Achse und die Gerade $x = 1$ mit der Kurve $k\colon y = x^2\mathrm{e}^x$ ein?

208. Gegeben sei $y = f(x)$, streng monoton wachsend auf $[a;b]$, mit Umkehrfunktion $x = f^{-1}(y)$ gemäss Figur:

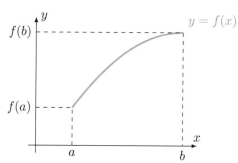

   a) Zeige geometrisch anhand der Figur: $\displaystyle\int_a^b y\,\mathrm{d}x = [x\cdot y]_a^b - \int_{f(a)}^{f(b)} x\,\mathrm{d}y$.

   b) Berechne anhand von a) die beiden Integrale $\displaystyle\int_2^3 \ln(x)\,\mathrm{d}x$ und $\displaystyle\int_0^3 \sqrt{x}\,\mathrm{d}x$.

   c) Gilt die Beziehung aus a) auch für eine streng monoton fallende Funktion g? Begründe mit einer Figur.

Bogenlänge

209. Gegeben sei der Kreis mit der Gleichung $x^2 + y^2 = r^2$. Zeichne für $r = 10\,\text{cm}$ den Kreisbogen mit $\frac{r}{2} \leq x \leq r$.

a) Messe mit einem Faden die Länge des Kreisbogens. Das Resultat sei b_1.

b) Erstelle eine Kopie des Kreisbogens mit Vergrösserungsfaktor 2. Messe nochmals mit einem Faden dessen Länge. Das Resultat sei b_2. Wegen der Vergrösserung ist $\frac{b_2}{2}$ eine weitere Messung für den Kreisbogen.

Welches Resultat, b_1 oder $\frac{b_2}{2}$, ist genauer? Kommentiere.

c) Beschreibe in Worten das Vorgehen bei einer gedachten 100-fachen Vergrösserung.

d) Im Folgenden leiten wir eine Formel zur Berechnung der Bogenlänge L für ein allgemeines Kurvenstück mit der Gleichung $y = f(x)$, $x \in [a; b]$, her.

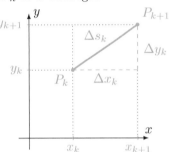

   i) Zerlege das Kurvenstück durch die Punkte P_0, P_1, ..., P_n in n Teilbögen.
Für $P_k(x_k \mid y_k)$, $k = 0, \ldots, n-1$, gelte Folgendes:

$\Delta x_k = x_{k+1} - x_k$, $\Delta y_k = y_{k+1} - y_k$ und
$\Delta s_k = \overline{P_k P_{k+1}}$.
Ausserdem streben Δx_k, Δy_k, Δs_k für $n \to \infty$
gegen 0.

Erkläre die Gleichung $(\Delta s_k)^2 = (\Delta x_k)^2 + (\Delta y_k)^2$.

   ii) Erkläre, weshalb $L \approx \sum\limits_{k=0}^{n-1} \sqrt{1 + \left(\frac{\Delta y_k}{\Delta x_k}\right)^2} \cdot \Delta x_k$ gilt.

   iii) Bilde den Grenzwert für $n \to \infty$, um eine exakte Formel für L zu erhalten.

e) Berechne mit der in d) erhaltenen Formel die Länge b des Kreisbogens.
Vergleiche mit den in a) und b) erhaltenen Werten der Bogenlängen b_1 und $\frac{b_2}{2}$.

f) Die Länge eines Kreisbogens mit Zentriwinkel α im Gradmass und Radius r ist bekanntlich $b = \frac{2\pi r}{360°} \cdot \alpha$.

   i) Bestimme den Zentriwinkel α des gegebenen Kreisbogens ausgehend von der Tatsache, dass $x \in \left[\frac{r}{2}; r\right]$ ist.

   ii) Bestimme damit die Länge b des gegebenen Kreisbogens.

   iii) Was fällt auf?

Bogenlänge

Ist f' stetig auf $[a; b]$, dann ist die Länge L des Kurvenstücks von $y = f(x)$ mit $x \in [a; b]$ gegeben durch

$$L = \int_a^b \sqrt{1 + (f'(x))^2}\, \mathrm{d}x.$$

210. Zeichne den Graphen der *Neil'schen Parabel* (WILLIAM NEILE, 1637–1670) $f(x) = \sqrt{x^3}$ für $x \in [0; 2]$ in ein Koordinatensystem.

  a) Messe die Länge des Graphen im Intervall $[0; 2]$ mithilfe eines Fadens.

  b) Berechne die Länge des Graphen im Intervall $[0; 2]$.

  c) Illustriere den Term $\sqrt{1 + (f'(x))^2}\,dx$ anhand einer Figur im Koordinatensystem.

211. Berechne die Länge L des Bogens der Kurve k zwischen $x = a$ und $x = b$.

  a) $k\colon y = \frac{1}{2}\left(\frac{x^3}{3} + \frac{1}{x}\right);\ a = 1,\, b = 3$ b) $k\colon y = \frac{1}{2}(e^x + e^{-x});\ a = -3,\, b = 3$

212. Aus einem flachen, rechteckigen Stück Blech soll ein Wellblech, dessen Profil die Form einer Sinuskurve hat, produziert werden. Zeige, dass die Sinuskurve in einem geeigneten Koordinatensystem die Gleichung $y = 2.5 \cdot \sin\left(\frac{2\pi}{35}x\right)$ hat, wenn das fertige Stück Wellblech die Breite $70\,\text{cm}$ und die Dicke $5\,\text{cm}$ haben soll. Wie lang war die ursprüngliche Ausdehnung w des flachen Bleches vor der Biegung? (Verwende den Taschenrechner, um das Integral auf vier Stellen genau zu berechnen.)

Flaches Blech

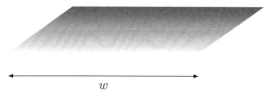

w

Wellblech

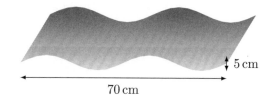

$5\,\text{cm}$

$70\,\text{cm}$

4.9   Vermischte Aufgaben

Zu Kapitel 4.1: Das Integral als Umkehrung des Differenzierens

213. Bestimme jeweils den Funktionsterm $f(x)$.

  a) $f''(x) = 2x + 1$, $f'(1) = 3$ und $f(2) = 7$

  b) $f''(x) = 3x + 5$, der Graph G_f hat an der Stelle $x_0 = 2$ die Steigung 11 und der Punkt $(6\,|\,90)$ liegt auf G_f.

  c) $f''(x) = 15\sqrt{x} + \frac{3}{\sqrt{x}}$, $f'(1) = 12$ und $f(0) = 5$

  d) $f''(x) = 2x$ und die Punkte $(1\,|\,0)$ und $(0\,|\,5)$ liegen auf G_f.

  e) $f''(x) = \frac{12}{x^4} - \frac{3}{x^3}$ und G_f berührt die x-Achse bei $x_0 = 3$.

214. Computer berechnen unbestimmte Integrale oft ohne Angabe der Integrationskonstanten. Daniel berechnet $\int \frac{1}{2x+4}\,dx$ mit dem Computer zu $\frac{\ln(|2x+4|)}{2}$. Daniela formt $\int \frac{1}{2x+4}\,dx$ zunächst zu $\frac{1}{2} \cdot \int \frac{1}{x+2}\,dx$ um und erhält mit dem Computer als Resultat den Term $\frac{\ln(|x+2|)}{2}$. Die beiden Terme sind nicht äquivalent. Was ist hier passiert? Kommentiere.

215. «Weil $\frac{1}{2} \cdot \frac{(1+2x)^4}{4}$ eine Stammfunktion von $(1+2x)^3$ ist, ist $\frac{1}{2} \cdot \frac{(1+2x^2)^4}{4}$ eine Stammfunktion von $(1+2x^2)^3$», meint Mirko. Hat er recht?

216. Wo ist der Fehler in der folgenden Umformung?

$$\int 2\sin(x)\cos(x)\,\mathrm{d}x = \int 2\cos(x)\sin(x)\,\mathrm{d}x$$
$$\Leftrightarrow \ \sin^2(x) + C = -\cos^2(x) + C \ \Leftrightarrow \ \sin^2(x) + \cos^2(x) = 0$$

217. Gegeben sei die Funktion f mit $f(x) = \frac{1}{x-1}$, $x > 1$. Gehört der Funktionsterm zu einer Stammfunktion von f?

a) $\ln(x-1)$

b) $\ln(x-1) + \ln(1)$

c) $\displaystyle\int_2^x \frac{1}{t-1}\,\mathrm{d}t$

d) $\ln(x-1) + 1$

218. Gegeben sei $f(x) = \begin{cases} \frac{1}{2}x, & 0 \le x \le 2 \\ 2x - 3, & x > 2 \end{cases}$

Bestimme jene Stammfunktion F von f, für die gilt: $F(0) = 0$.

219. *Gleichförmige Bewegung.* Ein Massenpunkt bewegt sich geradlinig mit der Geschwindigkeit v, deren Abhängigkeit von der Zeit gegeben ist. Welchen Abstand vom Startpunkt hat der Massenpunkt zur Zeit t?

a) $v = 3t - 4$

b) $v = at + v_0$

c) $v = 7$

d) $v = t^2 - 3t$

220. *Beschleunigte Bewegung.* Ein Massenpunkt bewegt sich geradlinig mit der Beschleunigung a. Wie hängt die Geschwindigkeit v des Massenpunktes von der Zeit t ab? Wie weit ist der Massenpunkt zur Zeit t_0 vom Startpunkt entfernt?

a) $a = 9.81$
$v(0) = 3$
$t_0 = 8$

b) $a = 0$
$v(0) = 4$
$t_0 = 11$

c) $a = 1.5t$
$v(2) = 3$
$t_0 = 20$

d) $a = -\frac{3}{4}t$
$v(4) = 76$
$t_0 = 4$

Zu Kapitel 4.2: Flächenberechnung anhand von Unter- und Obersummen

221. Gegeben sei eine Funktion f, die in $[a;b]$ stetig und monoton wachsend ist. $[a;b]$ sei in n gleich lange Teilintervalle $[x_{k-1};x_k]$ der Länge $\Delta x = \frac{b-a}{n}$ unterteilt, d. h. $x_k = a + k \cdot \frac{b-a}{n}$, $k = 0,\ldots,n$.

Die Untersumme ist dann $U_n = \sum_{k=0}^{n-1} f(x_k) \cdot \Delta x$ und die Obersumme $O_n = \sum_{k=1}^{n} f(x_k) \cdot \Delta x$.

a) Berechne $O_n - U_n$.

b) Berechne anhand von a) den kleinsten Wert von n, sodass $O_n - U_n \le \frac{1}{2}$ ist.

c) Berechne anhand von a) den Grenzwert $\lim\limits_{n \to \infty} (O_n - U_n)$.

222. Gegeben sei eine Funktion f, die in $[a;b]$ stetig und monoton wachsend ist. $[a;b]$ sei in n gleich lange Teilintervalle $[x_{k-1};x_k]$ der Länge $\Delta x = \frac{b-a}{n}$ unterteilt, d. h. $x_k = a + k \cdot \frac{b-a}{n}$, $k = 0,\ldots,n$.

Die Untersumme ist dann $U_n = \sum_{k=0}^{n-1} f(x_k) \cdot \Delta x$ und die Obersumme $O_n = \sum_{k=1}^{n} f(x_k) \cdot \Delta x$.

a) Fridolin verwendet als Näherung für $\int_a^b f(x)\,\mathrm{d}x$ den Mittelwert $\frac{U_n + O_n}{2}$. Bestimme $\lim\limits_{n \to \infty} \frac{U_n + O_n}{2}$.

b) Gib ein Beispiel von f an mit $\int_a^b f(x)\,\mathrm{d}x = \frac{U_n + O_n}{2}$ für jedes n.

Zu Kapitel 4.3: Hauptsatz der Infinitesimalrechnung

223. Wahr oder falsch? Eine Wasserleitung liefert Wasser mit einer Rate von $f(t)$ Litern pro Minute. Das ausfliessende Wasser wird zwischen den Zeitpunkten $t = 2$ und $t = 4$ (t in Minuten) in einem Becken gesammelt. Die dabei gesammelte Wassermenge kann durch die folgende Grösse angegeben werden:

a) $\displaystyle\int_2^4 f(t)\,\mathrm{d}t$
b) $f(4) - f(2)$
c) $(4-2)f(4)$
d) $(4-2)\cdot\frac{f(2)+f(4)}{2}$

224. Wahr oder falsch? Die Gleichung $\int\limits_0^x f'(t)\,\mathrm{d}t = f(x)$ ist

a) immer richtig.
b) manchmal richtig.
c) immer falsch.

225. Von der Funktion f ist bekannt, dass für beliebige Zahlen $m \in \mathbb{R}^+$ gilt: $\int\limits_{-m}^{m} f(x)\,\mathrm{d}x = 0$. Was lässt sich damit über die Funktion f aussagen?

226. Gegeben sei eine Kurve mit $y = f(x)$ durch $(0\,|\,0)$ und $(1\,|\,1)$. Berechne $\int\limits_0^1 f'(x)\,\mathrm{d}x$.

227. Welche der folgenden Gleichungen beschreibt eine Version des Hauptsatzes der Differential- und Integralrechnung?

i) $\dfrac{\mathrm{d}}{\mathrm{d}x}\left(\displaystyle\int_a^b f(t)\,\mathrm{d}t\right) = f(b)$
ii) $\dfrac{\mathrm{d}}{\mathrm{d}x}\left(\displaystyle\int_a^x f(t)\,\mathrm{d}t\right) = f(x)$

iii) $\displaystyle\int_a^x \left(\dfrac{\mathrm{d}}{\mathrm{d}t}f(t)\right)\mathrm{d}t = f(x) - f(a)$
iv) $\displaystyle\int_a^t \left(\dfrac{\mathrm{d}}{\mathrm{d}x}f(x)\right)\mathrm{d}x = f(t)$

228. Berechne den Wert des Parameters k.

a) $\displaystyle\int_{-1}^2 kx^2\,\mathrm{d}x = \frac{2}{3}$
b) $\displaystyle\int_0^k \cos(y)\,\mathrm{d}y = \frac{1}{2}$
c) $\displaystyle\int_0^{\frac{k}{2}} \sin(2x)\,\mathrm{d}x = 1$

d) $\displaystyle\int_1^{k^2} \frac{1}{z}\,\mathrm{d}z = 8$
e) $\displaystyle\int_k^{2k} \mathrm{e}^{-y}\,\mathrm{d}y = \frac{1}{2}\int_0^k \mathrm{e}^{-y}\,\mathrm{d}y$

229. Zeige, dass für $p, q \in \mathbb{N}$ gilt:

a) $\displaystyle\int_{-\pi}^{\pi} \sin(px)\cos(qx)\,\mathrm{d}x = 0$
b) $\displaystyle\int_{-\pi}^{\pi} \sin(px)\sin(qx)\,\mathrm{d}x = \begin{cases} 0, & \text{falls } p \neq q \\ \pi, & \text{falls } p = q \end{cases}$

230. Beweise, dass für alle $a > 0$ und $x > 0$ gilt: $\int\limits_1^x \frac{1}{t}\,\mathrm{d}t = \int\limits_a^{ax} \frac{1}{t}\,\mathrm{d}t$. Kann das Resultat geometrisch gedeutet werden?

231. Bestimme die Extremalstellen und die Art der Extrema der Funktion f.

a) $f: t \mapsto \displaystyle\int_0^t (x^3 - x)\,\mathrm{d}x$
b) $f: x \mapsto \displaystyle\int_3^x \sqrt{u+1}\,\mathrm{d}u$

c) $f: x \mapsto \displaystyle\int_0^x u(u^2 - x)\,\mathrm{d}u$
d) $f: u \mapsto \displaystyle\int_{-1}^u (t-1)\mathrm{e}^{-t}\,\mathrm{d}t$

Zu Kapitel 4.4: Unterschiedliche Bedeutungen des Integrals

232. Wahr oder falsch? Begründe.

a) $\displaystyle\int_{-5}^{5} (ax^2 + bx + c)\,\mathrm{d}x = 2\int_{0}^{5} (ax^2 + c)\,\mathrm{d}x$

b) $\displaystyle\int_{0}^{2} (x - x^3)\,\mathrm{d}x$ ist der Flächeninhalt des Gebietes zwischen der Kurve $y = x - x^3$ und der x-Achse im Intervall $[0; 2]$.

233. Gegeben ist $\displaystyle\int_{0}^{1} x^2\,\mathrm{d}x = \frac{1}{3}$. Berechne damit und mit geometrischen Überlegungen das Integral.

a) $\displaystyle\int_{0}^{1} (1 - x^2)\,\mathrm{d}x$ b) $\displaystyle\int_{0}^{1} \sqrt{x}\,\mathrm{d}x$ c) $\displaystyle\int_{0}^{1} 3x^2\,\mathrm{d}x$ d) $\displaystyle\int_{0}^{1} \left(\frac{x}{3}\right)^2\,\mathrm{d}x$

234. Gegeben ist $\displaystyle\int_{0}^{\frac{\pi}{2}} \sin(x)\,\mathrm{d}x = 1$. Berechne damit und mit geometrischen Überlegungen das Integral.

a) $\displaystyle\int_{0}^{\pi} \sin(x)\,\mathrm{d}x$ b) $\displaystyle\int_{0}^{\pi} \cos(x)\,\mathrm{d}x$ c) $\displaystyle\int_{0}^{\frac{\pi}{2}} 2\sin(x)\,\mathrm{d}x$ d) $\displaystyle\int_{0}^{\pi} \cos\!\left(\frac{x}{2}\right)\,\mathrm{d}x$

235. Berechne.

a) $\displaystyle\int_{0}^{2\pi} |\sin(t)|\,\mathrm{d}t$ b) $\displaystyle\left|\int_{0}^{2\pi} \sin(t)\,\mathrm{d}t\right|$ c) $\displaystyle\int_{2\pi}^{0} |\sin(t)|\,\mathrm{d}t$ d) $\displaystyle\left|\int_{2\pi}^{0} |\sin(t)|\,\mathrm{d}t\right|$

236. Beweise mit einer Rechnung, dass die Gleichung $\displaystyle\int_{r}^{r+3} \mathrm{e}^x\,\mathrm{d}x = \mathrm{e}^r \cdot \int_{0}^{3} \mathrm{e}^x\,\mathrm{d}x$ gilt, und beschreibe die Beziehung geometrisch.

237. In vielen Programmiersprachen sind die Rundungsfunktionen wie folgt definiert:

- Abrunden: $\mathrm{floor}(x) = \lfloor x \rfloor \;\hat{=}\;$ grösste ganze Zahl, die kleiner oder gleich x ist.
- Aufrunden: $\mathrm{ceiling}(x) = \lceil x \rceil \;\hat{=}\;$ kleinste ganze Zahl, die grösser oder gleich x ist.
- Runden: $\mathrm{round}(x) = \lfloor x + 0.5 \rfloor$.

Berechne.

a) $\displaystyle\int_{-3}^{3} \mathrm{floor}(x)\,\mathrm{d}x$ b) $\displaystyle\int_{-3}^{3} \mathrm{ceiling}(x)\,\mathrm{d}x$ c) $\displaystyle\int_{-3}^{3} \mathrm{round}(x)\,\mathrm{d}x$

238. Welche Terme geben den Flächeninhalt des gefärbten Gebietes korrekt an? Begründe.

i) $\displaystyle\left|\int_{0}^{a} f(x)\,\mathrm{d}x - \int_{0}^{b} g(x)\,\mathrm{d}x\right|$

ii) $\displaystyle\left|\int_{d}^{b} g(x)\,\mathrm{d}x - \int_{c}^{a} f(x)\,\mathrm{d}x\right|$

iii) $\displaystyle\left|\int_{0}^{a} g(x)\,\mathrm{d}x - \int_{0}^{b} f(x)\,\mathrm{d}x\right|$

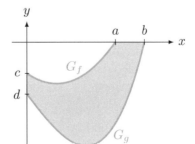

239. Gegeben sind die beiden Funktionen f und g mit $f(x) = \frac{-3}{16}x^3 + \frac{3}{8}x^2 + 2x$ und $g(x) = mx + q$.
$S_1(-2\,|\,-1)$, $S_2(0\,|\,0)$ und $S_3(4\,|\,2)$ sind die Schnittpunkte der Graphen G_f und G_g.

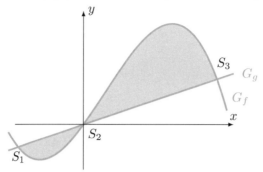

a) Ermittle die Gleichung der Geraden g.

b) Welchen Inhalt hat die Fläche, die von den beiden Graphen begrenzt wird?

240. 1 Kubikmeter Beton hat eine Masse von 2.3 Tonnen.

a) Für einen Abwasserkanal werden 1 m lange vorgefertigte Segmente aus Beton verwendet. Die linke Abbildung zeigt ein Segment im Querschnitt (alle Masse in Metern). Der Ausschnitt ist parabelförmig. Bestimme die Masse des in einem Segment verarbeiteten Betons.

Zu a)

0.1   0.1

1

0.2

1

Zu b)

2

1

2.5

1   1

b) Ein 10 m langer Fussgängertunnel wird aus Beton gefertigt. Die rechte Abbildung zeigt einen Querschnitt (alle Masse in Metern) mit dem parabelförmigen Tunnelprofil. Wie viel Beton wird benötigt?

241. Die Kurve mit der Gleichung $y^2 = x^2(x + 3)$ heisst *Tschirnhaus'sche Kurve* (EHRENFRIED WALTHER VON TSCHIRNHAUS, 1651–1708). Zeige, dass der Graph eine Schleife enthält. Bestimme deren Flächeninhalt.

Hinweis: $x\sqrt{x+3} = (x+3)\sqrt{x+3} - 3\sqrt{x+3} = (x+3)^{\frac{3}{2}} - 3(x+3)^{\frac{1}{2}}$.

242. a) Der Graph von $y = \cos(x)$ wird durch eine quadratische Parabel p approximiert, die an den Stellen $x = 0$ und $x = \pm\frac{\pi}{2}$ mit der Cosinuskurve zusammenfällt. Berechne die Fläche zwischen den beiden Kurven.

b) Der Graph von $y = \cos(x)$ wird durch eine Polynomfunktion p mit Grad 4 approximiert, die an den Stellen $x = 0$ und $x = \pm\frac{\pi}{2}$ mit der Cosinuskurve zusammenfällt und ausserdem an den Stellen $x = \pm\frac{\pi}{2}$ die gleiche Steigung wie die Cosinuskurve hat. Berechne die Fläche zwischen den beiden Kurven.

243. In einem Kino ist eine 7.5 m hohe Leinwand 3 m über dem Boden positioniert (siehe Abbildung). Die erste Reihe von Sesseln ist 2.7 m von der Leinwand entfernt und die Reihen haben je einen Abstand von 0.9 m entlang des geneigten Bodens. Der Boden des Sitzbereichs ist in einem Winkel von $\alpha = 20°$ gegenüber der Horizontalen geneigt. Die Entfernung von deinem Sitzplatz zur ersten Reihe entlang des geneigten Bodens sei x. Das Kino hat 21 Reihen, daher ist $0 \leq x \leq 18$. Deine Augen befinden sich 1.2 m über dem Boden.

Der beste Platz ist jener, von dem du die Leinwand unter dem grösstmöglichen Blickwinkel θ sehen kannst; denn der Winkel θ beschreibt, wie gross dir die Leinwand von deinem Platz aus erscheint.

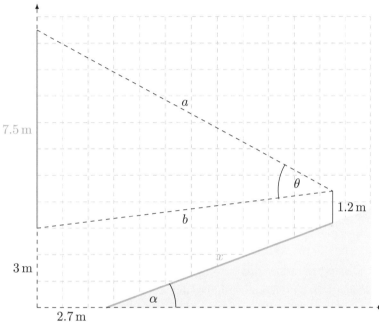

a) Drücke den Blickwinkel $\theta = \theta(x)$ als Funktion der Entfernung x aus. Verwende dabei $a^2 + b^2 - 2ab\cos(\theta) = 7.5^2$ mit $a^2 = (2.7 + x\cos(\alpha))^2 + (9.3 - x\sin(\alpha))^2$ und $b^2 = (2.7 + x\cos(\alpha))^2 + (x\sin(\alpha) - 1.8)^2$.

b) Zeichne mithilfe eines Rechners den Graphen von $\theta = \theta(x)$ im Intervall $0 \leq x \leq 18$ und ermittle grafisch den besten Platz, also den x-Wert, bei dem θ maximal ist. Bestimme auch den schlechtesten Platz, also jenen x-Wert, bei dem θ minimal ist.

c) Berechne die numerische Lösung der Gleichung $\frac{d\theta}{dx} = 0$, d. h., bestimme rein analytisch den Wert x, der θ maximiert. Bestätigt dies das Resultat aus Teilaufgabe b)?

d) Betrachte den Graphen von θ im Intervall $0 \leq x \leq 18$. Schätze grafisch den Mittelwert von θ ab und berechne dann diesen Mittelwert mithilfe eines Rechners. Vergleiche mit dem minimalen und dem maximalen Wert von θ.

Anmerkung: Der Mittelwert von θ gibt also an, wie gross die Leinwand für einen Betrachter im Kinosaal durchschnittlich erscheint.

244. Die bekannten Formeln für den Umfang u eines Kreises und den Flächeninhalt A einer Kugeloberfläche können auch als Funktionsgleichungen mit dem Radius r als Funktionsvariable aufgefasst werden: $u = u(r) = 2\pi r$ bzw. $A = A(r) = 4\pi r^2$. Berechne für diese zwei Funktionen u und A die beiden folgenden bestimmten Integrale: $\int_0^r u(t)\,dt$ und $\int_0^r A(t)\,dt$. Was fällt dir auf?

245. Der Bogen der Kurve $w\colon y = \sqrt{x}$ zwischen den Punkten $A(0\,|\,0)$ und $B(1\,|\,1)$ rotiert zunächst um die x-Achse und danach um die y-Achse. Zum Berechnen der Rauminhalte der beiden auf diese Weise entstehenden Körper werden diese je in n Schichten zerlegt, die durch einbeschriebene und umschriebene Zylinder ersetzt werden.

    a) Berechne für die beiden Körper die Unter- und die Obersumme für $n = 5, 10, 20, 40, 80$.

    b) Haben die beiden Rotationskörper das gleiche Volumen?

246. Gegeben sind $f(x) = \mathrm{e}^x$ und $g(x) = \ln(x)$. Die vier Punkte $A(0\,|\,0)$, $B(3\,|\,0)$, $C(3\,|\,3)$ und $D(0\,|\,3)$ bilden ein Quadrat. Bestimme den Flächeninhalt desjenigen Quadratstücks, das sich zwischen den Graphen G_f und G_g befindet.

247. Die Kurve $k_1\colon y = \cos(x)$ wird parallel zur Ordinatenachse nach oben verschoben, bis sie die Kurve $k_2\colon y = \sin(x)$ berührt. Um wie viel ist zu verschieben und wie gross ist der Flächeninhalt des von den sich berührenden Kurven eingeschlossenen Flächenstücks?

248. Zeige: Jede Tangente an den Graphen von $f_a\colon y = x^2 + a$, $a > 0$, schliesst mit dem Graphen von $p\colon y = x^2$ ein gleich grosses Flächenstück ein.

249. Für welche Werte von b ist $\int\limits_1^b (x^2 - 2x)\,\mathrm{d}x = 0$?

250. Leite die folgenden gängigen Volumenformeln mittels Integration her:

    a) Rotationsellipsoid: $V = \frac{4}{3}\pi ab^2$ bei Rotation um die x-Achse, $V = \frac{4}{3}\pi a^2 b$ bei Rotation um die y-Achse mit a, $b \,\widehat{=}\,$ Halbachsen der Ellipse in den x- bzw. y-Achsenrichtungen

    b) Pyramide: $V = \frac{1}{3}GH$, Pyramidenstumpf: $V = \frac{h}{3}(G + \sqrt{GD} + D)$ mit $G \,\widehat{=}\,$ Grundfläche, $D \,\widehat{=}\,$ Deckfläche, $H \,\widehat{=}\,$ Pyramidenhöhe und $h \,\widehat{=}\,$ Pyramidenstumpfhöhe

    c) Torus: $V = 2\pi^2 R r^2$ mit $R \,\widehat{=}\,$ Rotationsradius, $r \,\widehat{=}\,$ Kreisradius

Zu Kapitel 4.5: Uneigentliche Integrale

251. Berechne das uneigentliche Integral $\int\limits_1^\infty \dfrac{5}{\sqrt[3]{u^7}}\,\mathrm{d}u$, sofern es existiert.

252. Berechne den Flächeninhalt des sich ins Unendliche erstreckenden Gebietes, welches von der Kurve k mit der Gleichung $y = k(x) = \mathrm{e}^{x-a}$, der Kurventangente t an der Stelle $x = a$ und von der x-Achse eingeschlossen wird ($a \in \mathbb{R}$). Kommentiere das Resultat.

253. a) Die Bestimmung des Integrals $\int\limits_0^1 \ln(x)\,\mathrm{d}x = [x\ln(x) - x]_0^1$ ist nicht trivial; denn $x\ln(x)$ ist für $x = 0$ nicht definiert. Nutze daher zur Bestimmung des Integrals den geometrischen Zusammenhang zwischen $\int\limits_0^1 \ln(x)\,\mathrm{d}x$ und dem uneigentlichen Integral $\int\limits_{-\infty}^0 \mathrm{e}^x\,\mathrm{d}x$.

    b) Berechne anhand der Teilaufgabe a) den Grenzwert $\lim\limits_{x \to 0^+} x\ln(x)$.

Zu Kapitel 4.7: Differentialgleichungen

254. Eine Flasche Mineralwasser mit Raumtemperatur $(22\,^\circ\mathrm{C})$ wird zur Abkühlung in einen Kühlschrank mit Innentemperatur $7\,^\circ\mathrm{C}$ gestellt. Nach einer halben Stunde hat sich das Mineralwasser
auf $16\,^\circ\mathrm{C}$ abgekühlt.

   a) Welche Temperatur hat das Mineralwasser nach einer weiteren halben Stunde?

   b) Wie lange dauert es, bis sich das Mineralwasser auf $10\,^\circ\mathrm{C}$ abgekühlt hat?

255. Bei einer Tropfeninfusion wird einem Patienten über das Blut gleichmässig ein Medikament
zugeführt. In einem Spital werden einem Patienten über eine Infusion pro Minute 1.5 mg eines Medikaments verabreicht, das bislang im Körper nicht vorhanden war. Über die Nieren
werden pro Minute etwa 7.5 % der aktuell im Blut vorhandenen Menge dieses Medikaments
ausgeschieden. Am Anfang der Behandlung werden dem Patienten mit einer Spritze 10 mg des
Medikaments verabreicht.

   a) Zeige, dass dieser Vorgang mit beschränktem Wachstum modelliert werden kann.

   b) Bestimme einen Funktionsterm, der den Verlauf des beschränkten Wachstums beschreibt.

   c) Mit welcher Menge des Medikamentes ist bei einer längeren Behandlung des Patienten in
      seinem Körper zu rechnen?

4.10 Kontrollaufgaben

Zu Kapitel 4.1: Das Integral als Umkehrung des Differenzierens

256. Bestimme zur gegebenen Funktion f eine Stammfunktion F.

   a) $f(x) = x^2$ b) $f(x) = 4x^3 - 2x + 1$ c) $f(x) = x^n$ d) $f(x) = \frac{2}{x}$

   e) $f(t) = 2 \cdot \cos(t)$ f) $f(t) = \pi \cdot e^t$ g) $f(t) = 3^t$ h) $f(t) = \frac{3}{2}\sqrt{t}$

257. Von der Funktion f sind die erste Ableitung f' sowie eine zusätzliche Bedingung bekannt. Wie
lautet die Funktionsgleichung von f?

   a) $f'(x) = 3x^2 - 41,\ f(7) = 65$ b) $f'(x) = 3 + \frac{1}{x^2},\ f(1) = 4$

   c) $f'(t) = 2 \cdot \sin(t),\ f(\frac{\pi}{2}) = 2$ d) $f'(t) = 4 + t,\ f(-4) = -f(4)$

258. Berechne das unbestimmte Integral.

   a) $\displaystyle\int 12x^3\,\mathrm{d}x$ b) $\displaystyle\int (14 - 3x^2)\,\mathrm{d}x$ c) $\displaystyle\int (4x - 3)(x^2 + 1)\,\mathrm{d}x$

   d) $\displaystyle\int \frac{2}{x^2}\,\mathrm{d}x$ e) $\displaystyle\int \left(\frac{3}{x^4} - \frac{2}{x^3}\right)\mathrm{d}x$ f) $\displaystyle\int \frac{x^3 + 4x - 5}{x}\,\mathrm{d}x$

   g) $\displaystyle\int 3\sqrt{t}\,\mathrm{d}t$ h) $\displaystyle\int (\cos(t) + \sin(t))\,\mathrm{d}t$ i) $\displaystyle\int 12^t\,\mathrm{d}t$

259. Wahr oder falsch?

   a) Wenn F eine Stammfunktion von f mit $f(x) = x^2$ und $F(1) = 1$ ist, dann ist $F(-1) = \frac{1}{3}$.

   b) Wenn F eine Stammfunktion von f mit $f(x) = \sqrt{x}$ und $F(1) = 1$ ist, dann ist $F(-1)$ nicht
      definiert.

260. Wahr oder falsch?

a) Wenn $\int f(x)\,dx = \int g(x)\,dx$ ist, dann ist $f(x) = g(x)$.

b) Wenn $f(x) = g(x)$ ist, dann ist $\int f(x)\,dx = \int g(x)\,dx$.

c) Wenn $f'(x) = g'(x)$ ist, dann ist $f(x) = g(x)$.

261. Der Verlauf des Graphen G_f einer Funktion f ist gegeben. Skizziere den Graphen G_F jener Stammfunktion F von f, der durch den Ursprung verläuft, für den also gilt: $F(0) = 0$.

a)
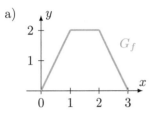

b)
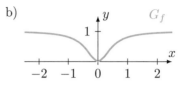

262. Bestimme unter Verwendung der einfachen Substitutionsregel eine Stammfunktion F der gegebenen Funktion f.

a) $f(x) = (4x+3)^2$ b) $f(x) = (3 - \frac{1}{2}x)^4$ c) $f(x) = (5x+43)^{-2}$ d) $f(x) = (3 - \frac{x}{3})^{-3}$

e) $f(t) = 3 \cdot \sin(21t)$ f) $f(t) = \cos\left(\frac{-t}{3}\right)$ g) $f(x) = 2 \cdot e^{-2x}$ h) $f(x) = \dfrac{1}{3x-2}$

Zu Kapitel 4.2: Flächenberechnung anhand von Unter- und Obersummen

263. Der Graph der Funktion f mit der Gleichung $f(x) = \frac{-1}{2} \cdot x^2 + 3x$ schliesst mit der x-Achse über dem Intervall $[0; 6]$ eine Fläche A ein. Berechne bezüglich des Funktionsgraphen von f die Untersummen U_6 und U_{12} sowie die Obersummen O_6 und O_{12}. Welche Aussage kannst du daraus über den Inhalt der Fläche A herleiten?

264. Berechne die folgenden vier Integrale unter der Voraussetzung, dass gilt: $\int\limits_{2}^{4} f(x)\,dx = 3$.

i) $\displaystyle\int_{2}^{4} f(u)\,du$ ii) $\displaystyle\int_{2}^{4} \sqrt{5}f(x)\,dx$ iii) $\displaystyle\int_{4}^{2} f(t)\,dt$ iv) $\displaystyle\int_{2}^{4} (-f(x))\,dx$

265. Von den Funktionen f und g sind die Informationen $\int\limits_{2}^{7} f(x)\,dx = -3$, $\int\limits_{4}^{7} f(x)\,dx = 4$ und $\int\limits_{4}^{7} g(x)\,dx = 6$ bekannt. Welchen Wert hat das Integral?

a) $\displaystyle\int_{2}^{7} -4f(x)\,dx$ b) $\displaystyle\int_{4}^{7} (f(x) + g(x))\,dx$

c) $\displaystyle\int_{4}^{7} (2f(x) - 3g(x))\,dx$ d) $\displaystyle\int_{2}^{4} f(x)\,dx$

266. Bestimme die Integralfunktion $F_0(x) = \int\limits_{0}^{x} f(t)\,dt$ der Funktion f mit der Gleichung $f(t) = t + 2$, $t \in \mathbb{R}$, anhand von Ober- und Untersummen.

Zu Kapitel 4.3: Hauptsatz der Infinitesimalrechnung

Zu **267–269**: Berechne das bestimmte Integral.

267. a) $\displaystyle\int_1^6 (3x^2-4x+5)\,\mathrm{d}x$ b) $\displaystyle\int_{-1}^5 (x^2+3x-4)\,\mathrm{d}x$ c) $\displaystyle\int_2^3 \left(x^2+\frac{1}{x^2}\right)\mathrm{d}x$ d) $\displaystyle\int_1^2 (3x-12x^{-3})\,\mathrm{d}x$

268. a) $\displaystyle\int_0^{\frac{\pi}{6}} 6\cos(t)\,\mathrm{d}t$ b) $\displaystyle\int_0^{\pi} (5\sin(t)-4\cos(t))\,\mathrm{d}t$ c) $\displaystyle\int_{\frac{\pi}{6}}^{\frac{\pi}{3}} \frac{3}{\cos^2(t)}\,\mathrm{d}t$

269. a) $\displaystyle\int_0^{\pi} \mathrm{e}^x\,\mathrm{d}x$ b) $\displaystyle\int_{-1}^1 \mathrm{e}^{x+1}\,\mathrm{d}x$ c) $\displaystyle\int_1^2 3^x\,\mathrm{d}x$ d) $\displaystyle\int_1^{\mathrm{e}} \ln(x)\,\mathrm{d}x$

270. Ist die Regel korrekt?

a) $\displaystyle\int_a^b f(x)\,\mathrm{d}x + \int_b^c f(x)\,\mathrm{d}x = \int_a^c f(x)\,\mathrm{d}x$ b) $\displaystyle\int_a^b f(x)\,\mathrm{d}x = -\int_b^a f(x)\,\mathrm{d}x$

c) Wenn $\displaystyle\int_a^b f(x)\,\mathrm{d}x = 0$ ist, dann ist $f(x)=0$ für $a \le x \le b$.

d) Wenn $f(x)=0$ für $a \le x \le b$ ist, dann ist $\displaystyle\int_a^b f(x)\,\mathrm{d}x = 0$.

271. Ist die Integrationsregel richtig oder falsch?

a) $\displaystyle\int_a^b \mathrm{d}x = 0$ b) $\displaystyle\int_a^b \mathrm{d}x = b-a$ c) $\displaystyle\int_a^b 0\,\mathrm{d}x = b-a$

272. Wahr oder falsch? Sam Lang läuft im Zeitintervall $[a;b]$ mit der Geschwindigkeit $v(t)$ und seine Entfernung zum Startpunkt im Zeitpunkt t ist durch $s(t)$ gegeben. Welche der folgenden Grössen beschreibt Sams mittlere Geschwindigkeit im Zeitintervall $[a;b]$?

a) $\displaystyle\frac{1}{b-a}\int_a^b v(t)\,\mathrm{d}t$ b) $\displaystyle\frac{s(b)-s(a)}{b-a}$

c) $v(x)$ für mindestens ein $x \in [a;b]$ d) $\displaystyle\frac{v(a)+v(b)}{2}$

273. Der Graph G_f einer Funktion f mit $y=f(x)$ verlaufe ganz oberhalb der x-Achse. Mit $A(x)$ bezeichnen wir den Funktionsterm, der den Inhalt der im I. Quadranten liegenden Fläche unter G_f vom Ursprung bis zur Abszisse x angibt.

a) Beschreibe den Zusammenhang zwischen $A(x)$ und einer (beliebigen) Stammfunktion F von der Funktion f.

b) Notiere und bestimme das unbestimmte Integral von $f(x)$, falls gilt: $f(x) = 3x^2 - 4x + 10$.

Zu Kapitel 4.4: Unterschiedliche Bedeutungen des Integrals

274. Für welche Werte von a ist $\displaystyle\int_0^a (x+1)\,\mathrm{d}x = 12$? Illustriere das Resultat mit einer Figur.

275. Begründe sowohl geometrisch als auch rechnerisch: $\displaystyle\int_0^1 x^2\,\mathrm{d}x + \int_0^1 \sqrt{x}\,\mathrm{d}x = 1$.

276. Welche der drei Terme geben den Flächeninhalt des gefärbten Gebietes A korrekt an?

i) $\displaystyle\int_0^a f(x)\,\mathrm{d}x - \int_0^b g(x)\,\mathrm{d}x$

ii) $\displaystyle\int_0^b |f(x) - g(x)|\,\mathrm{d}x$

iii) $\displaystyle\int_0^b g(x)\,\mathrm{d}x - \int_0^a f(x)\,\mathrm{d}x$

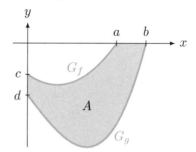

277. Weshalb ist der Wert des Integrals $\displaystyle\int_0^{-3} 12x\,\mathrm{d}x$ positiv, obwohl der Integrand $12x$ im betrachteten Intervall $[-3;0]$ an keiner Stelle positiv ist?

278. Für welche $a \in \mathbb{R}$ gilt die folgende Gleichung?

a) $\displaystyle\int_{-a}^a \cos(x)\,\mathrm{d}x = 0$

b) $\displaystyle\int_{-a}^a \sin(x)\,\mathrm{d}x = 0$

279. Begründe ohne Rechnung, weshalb die Gleichung stimmt.

a) $\displaystyle\int_{-1}^1 \tan(x)\,\mathrm{d}x = 0$

b) $\displaystyle\int_{-2}^2 x^3 \cos(x)\,\mathrm{d}x = 0$

280. Berechne alle Extrema von $f(x) = \displaystyle\int_0^x (3t^2 - 3)\,\mathrm{d}t$.

281. Berechne den Inhalt A des von den beiden Kurven k_1 und k_2 umrandeten endlichen Gebietes.

a) $k_1 : y = \frac{1}{4}x^2$

   $k_2 : y = 5 - x^2$

b) $k_1 : y = x^3 - 3x^2 + 2$

   $k_2 : y = 2$

c) $k_1 : y = x^3 - 3x^2 - 4x$

   $k_2 : y = 0$

282. Angenommen, Susanne läuft schneller als Katharina während des ganzen 1500-Meter-Laufs. Was ist die physikalische Bedeutung der Fläche zwischen den Geschwindigkeitskurven der beiden Schülerinnen während der ersten Minute des Rennens?

283. Die Fläche zwischen den beiden Kurven rotiert um die angegebene Achse. Berechne das Volumen des Rotationskörpers.

a) $f : y = \frac{1}{2}x$, $g : y = \sqrt{x}$; x-Achse

b) $f : y = \sqrt{2x + 2}$, $g : y = 2\sqrt{x - 3}$; x-Achse

c) $f : y = 2x$, $g : y = x^2$; y-Achse

d) $f : y = \frac{1}{2}x^2 - 1$, $g : y = \frac{1}{4}x^2 + 3$; y-Achse

284. Der Graph der Funktion f mit $f(x) = cx + c$ rotiert im Intervall $[2; 5]$ um die x-Achse. Das Volumen des Rotationskörpers beträgt 7π. Bestimme c.

285. Lili und Lulu berechnen das Volumen des Rotationskörpers, der entsteht, wenn das durch die Graphen von f und g im Intervall $[a; b]$ berandete Gebiet um die x-Achse rotiert wird. Dabei sei $f(x) \geq g(x) \geq 0$ für alle $x \in [a; b]$. Lili behauptet $V = \pi \displaystyle\int_a^b \left((f(x))^2 - (g(x))^2\right) \mathrm{d}x$. Lulu dagegen behauptet $V = \pi \displaystyle\int_a^b (f(x) - g(x))^2\,\mathrm{d}x$. Wer hat recht? Begründe.

286. Berechne den Mittelwert $\overline{f}$ der Funktion f über dem Intervall $[a; b]$. An welcher Stelle tritt dieser Mittelwert als Funktionswert auf?

a) $f(x) = x^2$; $a = 0$, $b = 3$ \hspace{2cm} b) $f(t) = \sin(t)$; $a = 0$, $b = \frac{\pi}{2}$

Zu Kapitel 4.5: Uneigentliche Integrale

287. Berechne das uneigentliche Integral.

a) $\displaystyle\int_1^\infty \frac{3}{x^2}\,\mathrm{d}x$ \hspace{1.5cm} b) $\displaystyle\int_2^\infty \frac{4}{(x-1)^3}\,\mathrm{d}x$ \hspace{1.5cm} c) $\displaystyle\int_{-\infty}^{-2} \frac{3}{x^4}\,\mathrm{d}x$

288. Untersuche, ob das in der Abbildung gefärbte und sich ins Unendliche erstreckende Gebiet einen endlichen Flächeninhalt A besitzt oder nicht. Wenn ja, bestimme diesen.

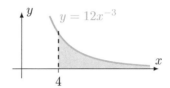

289. Die Kurve $k\colon y = \frac{3}{x}$ wird im Bereich $x \geq 12$ um die x-Achse rotiert. Berechne das Volumen V des entstehenden Rotationskörpers, der sich entlang der x-Achse ins Unendliche erstreckt.

Zu Kapitel 4.7: Differentialgleichungen

290. a) Was versteht man unter einer Differentialgleichung?

b) Was versteht man unter der Ordnung einer Differentialgleichung?

c) Was ist eine Anfangsbedingung?

d) Was versteht man unter einer Lösung einer Differentialgleichung?

291. Was versteht man unter dem Richtungsfeld für die Differentialgleichung $y' = F(x, y)$?

292. a) Wie lautet die Gleichung, die das natürliche Wachstum beschreibt? Was sagt sie aus, ausgedrückt durch die relative Wachstumsrate?

b) Unter welchen Umständen ist dies ein geeignetes Modell für das Bevölkerungswachstum?

c) Welches sind die Lösungen dieser Differentialgleichung?

293. a) Wie lautet die Gleichung für das logistische Wachstum?

b) Unter welchen Umständen ist dies ein geeignetes Modell für das Bevölkerungswachstum?

294. Wahr oder falsch? Begründe oder widerlege durch ein Gegenbeispiel.

a) Alle Lösungen der Differentialgleichung $y' = -1 - y^4$ sind monoton fallende Funktionen.

b) Die Funktion $f(x) = \frac{\ln(x)}{x}$ ist eine Lösung der Differentialgleichung $x^2 y' + xy = 1$.

X Funktionen

X.1 Grundlagen

Der Funktionsbegriff

Eine *Funktion* f ist eine Zuordnung zwischen zwei Mengen X und Y, bei der jedem Element x aus X genau ein Element y aus Y zugeordnet wird.

Notation: $f: x \mapsto y = f(x)$

In der Praxis werden Funktionen häufig durch *Funktionsgleichungen*, *Wertetabellen* oder *Funktionsgraphen* angegeben bzw. beschrieben.

Beispiel: Die Zuordnung «f: Schüler/-in $\mapsto$ Punktzahl für die Lösung einer Aufgabe» ist eindeutig und damit eine Funktion. Jeder Schülerin und jedem Schüler wird genau eine Punktzahl zugeordnet. Die umgekehrte Zuordnung «g: Punktzahl $\mapsto$ Schüler/-in» im angegebenen Beispiel ist dagegen keine Funktion, da der Punktzahl 3 kein Name zugeordnet ist und der Punktzahl 4 mehr als ein Name zugeordnet wird, nämlich deren drei.

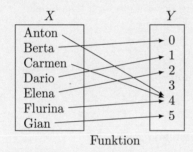 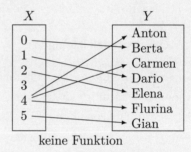

Funktion   keine Funktion

Das Element x wird als *Argument*, *Stelle* oder *Abszisse* bezeichnet und das Element y bzw. $f(x)$ als *Funktionswert* oder *Ordinate*.

Beispiel: Bei der Funktion mit der Gleichung $y = f(x) = \frac{3}{x-2}$ gehört zur Stelle $x = 1$ der Funktionswert $y = f(1) = \frac{3}{1-2} = -3$.

Die Abszisse x_0 heisst *Nullstelle*, wenn gilt: $f(x_0) = 0$.

Beispiel: $f: x \mapsto x^2 + x - 2$ hat an der Stelle $x_0 = 1$ eine Nullstelle, denn $f(1) = 1^2 + 1 - 2 = 0$.

Definitions- und Wertebereich

Der *Definitionsbereich D* (*Definitionsmenge*) einer Funktion f ist die Menge aller Elemente, die als Argument überhaupt möglich sind, oder eine Teilmenge davon. Der *Wertebereich W* (*Wertemenge*) von f ist die Menge aller Funktionswerte:

$$D = \{x \mid f(x) \text{ ist definiert}\}, \quad W = \{f(x) \mid x \in D\}$$

Beispiel: Für $y = f(x) = \frac{2}{x-5}$ ist $D = \mathbb{R} \setminus \{5\}$ (für $x = 5$ ist der Bruch nicht definiert, weil der Nenner 0 ist) und $W = \mathbb{R} \setminus \{0\}$ (der Term $\frac{2}{x-5}$ kann alle Werte ausser 0 annehmen).

Funktionsgraph

Der *Graph G_f* einer Funktion f ist die Menge aller Punkte $(x|f(x))$ im Koordinatensystem, wobei die Stelle x ein Element aus dem Definitionsbereich von f ist.

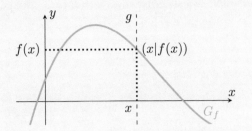

Notation: $G_f = \{(x|f(x)) \mid x \in D\}$

Mit anderen Worten: Ein Funktionsgraph G_f ist eine Kurve oder eine Punktmenge in der xy-Ebene, die mit der vertikalen Geraden g durch ein beliebiges $x \in D$ genau einen gemeinsamen Punkt hat.

Funktionen beschreiben die Abhängigkeit einer Grösse von einer anderen Grösse. Bei der Funktion $f: x \mapsto y = f(x)$ bestimmt der Wert des Arguments x den Funktionswert y. Daher wird y als *abhängige* und x als *unabhängige* Variable bezeichnet.

1. Gegeben ist die Funktion mit der Gleichung $y = f(x)$. Bestimme $f(0)$, $f(5)$, $f\left(-\frac{1}{5}\right)$ und $f(\sqrt{2})$ und vereinfache so weit wie möglich.

a) $f(x) = x^2$
b) $f(x) = 2 - \frac{1}{4}x$
c) $f(x) = \dfrac{1}{1 - x^4}$
d) $f(x) = \sqrt{3x + 1}$
e) $f(x) = \ln(x + 1)$
f) $f(x) = 3^{x-5}$

2. Gegeben ist die Funktion mit der Gleichung $f(x) = \frac{1}{x}$.

a) Bestimme den Funktionswert, wenn das Argument 10 ist.

b) Bestimme das Argument, wenn der Funktionswert 0.004 ist.

3. Berechne den Funktionswert bzw. das Argument für die Funktion f mit der Gleichung $f(x) = \frac{1}{x}$.

a) $f(2)$
b) $f(\frac{1}{3})$
c) $f(0.2)$
d) $f(2.5 \cdot 10^{12})$
e) $f(x) = \frac{2}{3}$
f) $f(x) = 0.25$
g) $f(x) = \frac{-7}{4}$
h) $f(x) = -5 \cdot 10^6$

4. Berechne den Funktionswert oder das Argument für die Funktion f mit der Gleichung $f(x) = \frac{1}{x}$.

a) $f\left(\frac{p}{q}\right)$
b) $f(x) = \frac{2}{n}$
c) $f(f(8))$
d) $f\left(f\left(-\frac{1}{5}\right)\right)$

5. Bestimme den Funktionswert für die Funktion f mit der Gleichung $f(x) = x^2$.

a) $f(-5)$
b) $f(a)$
c) $f\left(\frac{a}{b}\right)$
d) $f(2a)$
e) $f(n + 2)$
f) $2 \cdot f(4)$
g) $2 \cdot f(x^2)$
h) $f(2) + 3$
i) $f(m) + 3$
j) $f(x - 10) - 100$
k) $2 \cdot f(-7) + 1$
l) $a \cdot f(x - c) + d$

6. Gegeben ist die Funktion f mit der Gleichung

a) $y = f(x) = x - 1$
b) $y = f(x) = x^2$
c) $y = f(x) = x^2 - 1$
d) $y = f(x) = 1 + \frac{1}{x}$

Bestimme die folgenden acht Funktionswerte und vereinfache sie so weit wie möglich.

- $f(m)$
- $f(2x)$
- $f(-x)$
- $f(x^2)$
- $f(x + 1)$
- $f(x + h) - f(x)$
- $f(\frac{1}{x})$
- $f(\sqrt{x})$

7. Vervollständige die Wertetabelle und zeichne den dazugehörigen Graphen in ein Koordinatensystem mit $-5 \leq x \leq 5$, $-5 \leq y \leq 6$.

a)

x	-2	-1			2.2	10
$f(x)$			0	3		

für $f(x) = 3x$

b)

x		-3	0	1.7		6
$f(x)$	-4			2		

für $f(x) = \frac{2}{3}x$

c)

x	-1	-0.5	0	1	1.5	2
$f(x)$						

für $f(x) = -2x^2 + 7x$

d)

x	-4	-2	0			
$f(x)$				2	4	6

für $f(x) = x + |x|$

e)

x	-1			3		
$f(x)$		1	$\sqrt{3}$		$\sqrt{7}$	3

für $f(x) = \sqrt{x+1}$

8. Zeichne den Graphen der Funktion f mit der Funktionsgleichung $y = \begin{cases} 2x - 4, & x < 4 \\ 4, & 4 \leq x \leq 8 \\ -2x + 20, & x > 8 \end{cases}$

9. Gegeben sind die beiden Funktionen f und g mit den Funktionsgleichungen $f(x) = 2x + 3$ bzw. $g(x) = x^2$. Zeichne für $-3 \leq x \leq 3$ die Graphen der folgenden fünf Funktionen ins gleiche Koordinatensystem.

- f
- g
- $f + g$
- $f - g$
- $f \cdot g$

10. In welchen Punkten schneidet der Graph der durch $y = f(x)$ gegebenen Funktion die Koordinatenachsen?

a) $y = -9x - 2$ b) $y = x^2 - 25$ c) $y = x^2 + x + 1$

d) $y = \sqrt{x-3} - x + 5$ e) $y = \ln(x+2)$ f) $y = 2 \cdot e^x$

11. Bestimme die Schnittpunkte der Graphen der Funktionen f und g.

a) $f(x) = 2x - 1$, $g(x) = \frac{1}{5}x + 2$ b) $f(x) = 3x + 1$, $g(x) = -5x^2 - x + 10$

c) $f(x) = 4x + 8$, $g(x) = 0.1x^2 + 4x + 8$ d) $f(x) = -8x^2 - x + 10$, $g(x) = 2x^2 + 1$

e) $f(x) = x - \frac{3}{2}$, $g(x) = \sqrt{x+1}$ f) $f(x) = 5^{2x}$, $g(x) = 4 \cdot 2^x$

12. Bestimme den Wert des Parameters a so, dass die Funktion f an der Stelle $x = 4$ eine Nullstelle besitzt.

a) $f(x) = a \cdot x - 1$ b) $f(x) = x^2 + x + a$

c) $f(x) = -x^3 + a \cdot x^2 - 4a \cdot x + 64$ d) $f(x) = a^{x-2} - a^2$

e) $f(x) = \frac{4}{3} \cdot \sqrt{x+a} - a + 1$, $x \geq -a$ f) $f(x) = \text{lb}(2x + a) - 3$, $x > \frac{-a}{2}$

13. Der Graph der Funktion f mit der Funktionsgleichung $f(x) = x \cdot \sqrt{x - \frac{1}{2}a}$ verläuft durch den Punkt $\left(\frac{1}{2} \mid 3\right)$. Bestimme den Wert des Parameters a.

14. Gegeben sind die Funktionen p und q mit den Funktionsgleichungen $p(x) = \frac{1}{4}x^2 - ax + 7$ und $q(x) = 3x - 9a$. Bestimme den Wert für den Parameter a so, dass die Graphen der Funktionen p und q genau einen gemeinsamen Punkt haben.

15. Bestimme den grösstmöglichen Definitionsbereich D der Funktion g mit dem vorgegebenen Funktionsterm.

a) $g(x) = \sqrt{x^2}$ b) $g(x) = \sqrt{2x - 6}$ c) $g(x) = \dfrac{9}{x^2 - 9}$ d) $g(x) = \dfrac{-4}{x^2 + 4}$

16. Gegeben ist die Funktion f mit der Funktionsgleichung $y = -(x-1)^2 + 4$ und dem Definitionsbereich D. Der Graph der Funktion ist unten links dargestellt. Gib den Wertebereich W der gegebenen Funktion f an.

a) $D = \mathbb{R}$ b) $D = [-2; 2]$ c) $D = [5; \infty[$

Zu Aufgabe 16   *Zu Aufgabe 17*

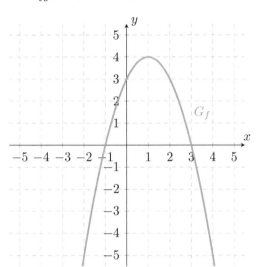 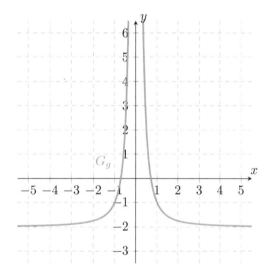

17. Bestimme den Wertebereich W der oben rechts grafisch dargestellten Funktion g mit der Gleichung $y = \frac{1}{x^2} - 2$.

a) $D = \mathbb{R} \backslash \{0\}$ b) $D =]-3; -0.5]$ c) $D = [1; \infty[$

18. Bestimme den Wertebereich der Funktion $f : x \mapsto x^2$ im angegebenen Definitionsbereich.

a) $[2; 5]$ b) $[-1; 4]$ c) $[-4; 1]$ d) $[-3; 3]$ e) $]-3; 3[$ f) $\mathbb{R}$

19. Bestimme Definitions- und Wertemenge der Funktionen aus Aufgabe 1. Zeichne, allenfalls mit Unterstützung eines Rechners, auch noch die dazugehörigen Graphen.

20. Gib die Gleichung einer Funktion an, die den angegebenen Definitionsbereich D hat.

a) $D = \mathbb{R}_0^+$ b) $D = [3; \infty[$ c) $D = \mathbb{R}$ d) $D = \mathbb{R} \backslash \{-1, 2\}$

21. In der Zahlentheorie wird die Funktion, die jeder natürlichen Zahl n die Anzahl ihrer Teiler zuordnet, mit σ bezeichnet. Bestimme σ bzw. n. *Hinweis:* 1 und n sind auch Teiler von n.

a) $\sigma(15)$ b) $\sigma(36)$ c) $\sigma(n) = 2$ d) $\sigma(n) = 1$

e) $\sigma(64)$ f) $\sigma(11^3)$ g) $\sigma(13 \cdot 19)$ h) $\sigma(n) = 3$

i) Welchen Definitionsbereich D hat die Funktion σ?

j) Stelle den Graphen der Funktion σ im Bereich $1 \leq n \leq 16$ dar.

22. Die Funktion d ordnet jeder natürlichen Zahl n den Divisionsrest zu, der entsteht, wenn n durch 4 dividiert wird.

a) Berechne die Funktionswerte $d(15)$, $d(32)$, $d(102)$ und $d(1291)$.

b) Skizziere den Graphen G_d im Bereich $1 \leq n \leq 14$ und gib den Wertebereich W von d an.

c) Vereinfache die Funktionswerte so weit wie möglich: $d(n + 12)$, $d(4n + 11)$, $d(8n - 3)$; $n \in \mathbb{N}$.

d) Stelle die Funktion s mit der Funktionsgleichung $s(n) = d(n) + d(n+1) + d(n+2) + d(n+3)$ für $n \in \mathbb{N}$ grafisch dar.

23. Temperaturskalen: Mit der Formel $F = \frac{9}{5} \cdot C + 32$ wird eine Temperatur C in Grad Celsius in die entsprechende Temperatur F in Grad Fahrenheit umgerechnet.

a) Welchen Definitionsbereich hat die Temperatur C in Grad Celsius?

b) Bestimme den Wertebereich für F.

c) Welche Bedeutung hat die Steigung der Geraden, die F in Abhängigkeit von C darstellt?

d) Welche Bedeutung hat der y-Achsenabschnitt der Geraden, die F in Abhängigkeit von C darstellt?

e) Bestimme die Formel, mit der umgekehrt eine Temperatur F in Grad Fahrenheit in die entsprechende Temperatur C in Grad Celsius umgerechnet werden kann.

24. Eine Münze wird senkrecht in die Höhe geworfen. Bei der Wurfabgabe befindet sich die Münze in einer Höhe von $1\,\mathrm{m}$ über dem Boden und hat eine Anfangsgeschwindigkeit von $9.5\,\mathrm{m/s}$. Die dazugehörige Funktionsgleichung lautet $h(t) = 1 + 9.5t - \frac{1}{2} \cdot 10t^2$ (t: Zeit in Sekunden, h: Höhe über Boden in Metern).

Bemerkung: Der Luftwiderstand wird vernachlässigt und für die Fallbeschleunigung g wird einfachheitshalber $10\,\mathrm{m/s}^2$ gesetzt.

a) Übertrage die Wertetabelle in dein Heft und fülle sie dann aus.

t	0	0.5	1	1.5	2
$h(t)$					

b) Zeichne den Funktionsgraphen anhand der Tabelle aus Teilaufgabe a).

c) Wie viele Sekunden nach der Wurfabgabe trifft die Münze auf dem Boden auf?

d) Welche Werte kommen für t und welche für $h(t)$ sinnvollerweise infrage (Definitions- und Wertebereich)?

25. *Temperaturverlauf.* An einem wolkenlosen Septembertag wurde der folgende Temperaturverlauf beobachtet. Um 5.30 Uhr war die Temperatur minimal, um 16 Uhr war sie maximal.

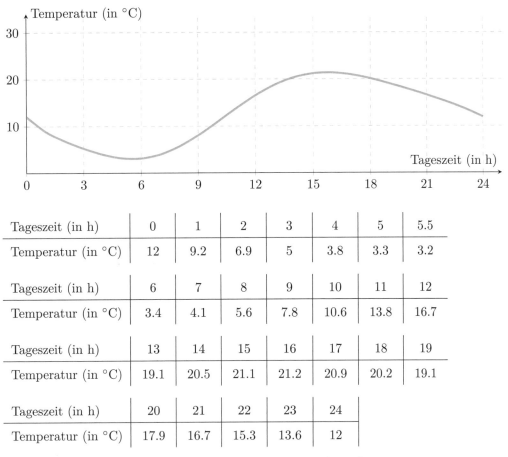

Tageszeit (in h)	0	1	2	3	4	5	5.5
Temperatur (in °C)	12	9.2	6.9	5	3.8	3.3	3.2

Tageszeit (in h)	6	7	8	9	10	11	12
Temperatur (in °C)	3.4	4.1	5.6	7.8	10.6	13.8	16.7

Tageszeit (in h)	13	14	15	16	17	18	19
Temperatur (in °C)	19.1	20.5	21.1	21.2	20.9	20.2	19.1

Tageszeit (in h)	20	21	22	23	24
Temperatur (in °C)	17.9	16.7	15.3	13.6	12

Betrachte die Funktion «T: Zeit (in h) $\longmapsto$ Temperatur (in °C)».

a) Notiere die folgenden Temperaturwerte: $T(2\,\text{h})$, $T(11\,\text{h})$, $T(17\,\text{h})$, $T(22\,\text{h})$.

b) Für welche Zeit t gilt $T(t) = 19.1\,°\text{C}$?

c) In welchen Zeitintervallen gilt $T(t) \geq 16.7\,°\text{C}$?

d) In welchen Zeitintervallen gilt $T(t) \leq 16.7\,°\text{C}$?

e) Bestimme für die Funktion T den Definitionsbereich und den dazugehörigen Wertebereich.

26. In einem Lebensmittelgeschäft stand am Montagmorgen eine frisch angelieferte Metallbox, die 120 Konservendosen enthielt und ein Gesamtgewicht von 95 kg aufwies. Nachdem in den ersten paar Tagen 50 Konservendosen herausgenommen und verkauft worden sind, hatte die Box mit den restlichen Dosen noch ein Gewicht von 60 kg.

a) Welches Gewicht $G(d)$ hat die Box samt den noch vorhandenen Dosen, nachdem $1 \leq d \leq 120$ Dosen herausgenommen worden sind? Stelle eine Formel auf.

b) Berechne das Gewicht der Metallbox samt Inhalt, wenn die Hälfte der anfänglich vorhandenen Dosen herausgenommen worden ist.

c) Wie viele Konserven liegen noch in der Box, wenn das Gesamtgewicht 32 kg beträgt?

d) Wenn das Gesamtgewicht erstmals unter 20 kg sinkt, wird eine neue volle Box bestellt. Ab wie vielen herausgenommenen Konservendosen ist das der Fall?

27. In der Figur sind vier unterschiedliche Blumenvasenformen abgebildet und darunter vier verschiedene Graphen, die das Wasservolumen V der Vase in Abhängigkeit der Füllhöhe h anzeigen. Welcher Graph passt zu welcher Vasenform?

1)    2)   3)   4)

a) 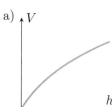   b) 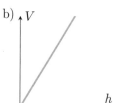   c) 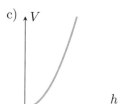   d)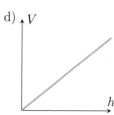

28. In der Figur sind zwei unterschiedliche Blumenvasenquerschnitte abgebildet. Zeichne pro Vase einen Graphen, der das Wasservolumen V in Abhängigkeit der Füllhöhe h anzeigt (siehe Aufgabe 27).

a)   b)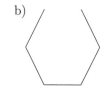

29. Die leeren Blumenvasen aus Aufgabe 27 werden an einem Wasserhahn gefüllt, wobei sich der Wasserstrahl während des Füllvorgangs nicht verändert, d. h., die Durchflussmenge pro Minute ist über die ganze Füllzeit gleich gross. Skizziere zu jeder Gefässform den Graphen für die Zuordnung «Füllzeit t [min] $\longmapsto$ Füllhöhe h [cm]».

30. Zwei Personen marschieren vom gleichen Punkt los, die eine konstant mit 5 km/h nach Norden und die andere konstant mit 6 km/h nach Osten. Bestimme eine Formel zur Berechnung der Entfernung d der beiden zum Zeitpunkt $t \geq 0$ (in Stunden).

31. Ein trichterförmiger Wassertank hat die Form eines umgekehrten geraden Kreiskegels mit Grundkreisradius $R = 2$ m und Höhe $H = 4$ m. Der Tank ist bis zur Höhe h mit Wasser gefüllt. Bestimme für $0 \leq h \leq H$ das Wasservolumen V in Abhängigkeit von h.

32. Bestimme in a) bis d) eine der beiden möglichen Funktionsgleichungen einer linearen Funktion, die das Intervall I_1 auf das Intervall I_2 abbildet.

a) $I_1 = [0; 1]$, $I_2 = [0; 5]$ b) $I_1 = [0; 1]$, $I_2 = [2; 8]$

c) $I_1 = [3; 9]$, $I_2 = [0; 5]$ d) $I_1 = [-3; 3]$, $I_2 = [-8; 8]$

e) Bestimme die Funktionsgleichung einer quadratischen Funktion, die in Teilaufgabe d) das Intervall I_1 auf das Intervall I_2 abbildet. *Beachte:* Es sind beliebig viele Lösungen möglich.

33. Handelt es sich bei p und q um dieselben Funktionen? Argumentiere anhand der Gleichung.

Bemerkung: Zwei Funktionen sind genau dann gleich, wenn sie äquivalente Funktionsterme besitzen und den gleichen Definitionsbereich haben.

a) $p(x) = x - 1$, $q(x) = \dfrac{x^2 - 1}{x + 1}$ b) $p(x) = \ln(x^4)$, $q(x) = 4 \cdot \ln(x)$

Monotonie und Beschränktheit

Eine Funktion f ist auf einem Intervall I *monoton wachsend* (bzw. *monoton fallend*), wenn für alle x_1, $x_2 \in I$ gilt:

$$x_1 \le x_2 \ \Rightarrow \ f(x_1) \le f(x_2) \quad (\text{bzw. } x_1 \le x_2 \ \Rightarrow \ f(x_1) \ge f(x_2)).$$

Eine Funktion f ist auf einem Intervall I *streng monoton wachsend* (bzw. *streng monoton fallend*), wenn für alle x_1, $x_2 \in I$ gilt:

$$x_1 < x_2 \ \Rightarrow \ f(x_1) < f(x_2) \quad (\text{bzw. } x_1 < x_2 \ \Rightarrow \ f(x_1) > f(x_2)).$$

Eine Funktion ist auf einem Intervall I *nach unten und nach oben beschränkt*, wenn es zwei Zahlen m und M gibt, sodass alle Funktionswerte dazwischen liegen:

$$m \le f(x) \le M \quad \text{für alle } x \in I.$$

Beispiele:

- f mit $f(x) = x^3$ ist auf ganz $\mathbb{R}$ streng monoton wachsend.
- f mit $f(x) = \ln(x)$ ist für $x > 0$ streng monoton wachsend.
- f mit $f(x) = \mathrm{e}^{-x}$ ist auf ganz $\mathbb{R}$ streng monoton fallend.
- f mit $f(x) = \sin(x)$ ist beschränkt, nach unten durch -1 und nach oben durch 1.
- f mit $f(x) = \cos(x)$ ist ebenfalls nach unten durch -1 und nach oben durch 1 beschränkt.
- f mit $f(x) = \mathrm{e}^{x}$ weist nur positive Funktionswerte auf und ist nach unten durch 0 beschränkt.

Zu **34–37**: Verfahre ähnlich wie im folgenden Beispiel.

Zeige, dass die Funktion f mit $f(x) = x^2$ auf $[0; \infty[$ streng monoton wachsend ist.

Begründung: $0 \le x_1 < x_2 \Leftrightarrow x_1 - x_2 < 0$. Wegen $x_1 + x_2 > 0$ folgt daraus

$$(x_1 - x_2)(x_1 + x_2) < 0 \ \Leftrightarrow \ x_1^2 - x_2^2 < 0 \ \Leftrightarrow \ x_1^2 < x_2^2 \ \Leftrightarrow \ f(x) < f(y).$$

34. Zeige, dass die Funktion f mit $f(x) = x^2$ auf $]-\infty; 0]$ streng monoton fallend ist.

35. Zeige, dass die Funktion f mit $f(x) = \sqrt{x}$ auf $[0; \infty[$ streng monoton wachsend ist.

36. Zeige, dass die Funktion f mit $f(x) = \frac{1}{x}$ sowohl für $x < 0$ als auch für $x > 0$ streng monoton fallend ist.

37. Zeige, dass die Funktion f mit $f(x) = \frac{1}{x^2}$ für $x < 0$ streng monoton wachsend und für $x > 0$ streng monoton fallend ist.

38. Beantworte die Frage anhand des Graphen der Funktion f. In welchen Intervallen

a) ist $f \colon x \mapsto y = \sin(x)$ streng monoton wachsend bzw. streng monoton fallend?

b) ist $f \colon x \mapsto y = \frac{1}{2}x^2 - 2x + 1$ streng monoton wachsend bzw. streng monoton fallend?

c) ist $f \colon x \mapsto y = x^3$ monoton wachsend?

39. a) Die Funktion $f\colon x \mapsto y = \frac{1}{x^2}$ ist nach unten durch 0 beschränkt und nach oben unbeschränkt. Ist dann die Funktion $g\colon x \mapsto y = \frac{1}{1+x^2}$ ebenfalls nach unten durch 0 beschränkt und nach oben unbeschränkt?

   b) Die Funktion $f\colon x \mapsto y = \mathrm{e}^{-x}$ ist nach unten durch 0 beschränkt und nach oben unbeschränkt. Ist dann auch die Funktion $g\colon x \mapsto y = \mathrm{e}^{-x^2}$ nach unten durch 0 beschränkt und nach oben unbeschränkt?

   c) Notiere die Gleichung einer Funktion f, die nach oben durch 1 und nach unten durch 0 beschränkt ist.

Stetigkeit

Eine Funktion f heisst *stetig* an der Stelle $a \in D$, wenn folgende Bedingung erfüllt ist: Der Wert $f(x)$ strebt gegen den Funktionswert $f(a)$, sobald das Argument x gegen den Wert a strebt, sowohl von links wie von rechts.

Wenn eine Funktion f an jeder Stelle eines Intervalls I stetig ist, dann ist sie stetig auf dem ganzen Intervall I. Für Argumente am Rand eines Intervalls I genügt ein links- bzw. rechtsseitiges Heranstreben des Funktionswertes.

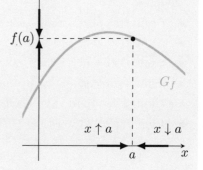

Notation: $f(x) \to f(a)$ für $x \to a$ oder
$$\lim_{x \to a} f(x) = f\left(\lim_{x \to a} x\right) = f(a)$$

Hinweis: Näheres zu Grenzwerten in Kapitel 2 auf Seite 30.

In allen Intervallen, in denen eine Funktion f stetig ist, kann ihr Graph G_f als zusammenhängende Kurve gezeichnet werden.

Eine Stelle x_0, an der eine Funktion *nicht stetig* ist, heisst *Lücke* oder *Unstetigkeitsstelle*.

Um die Stetigkeit einer Funktion f an einer Stelle a nachzuweisen, wird meist die Beziehung $\lim\limits_{x \uparrow a} f(x) = \lim\limits_{x \downarrow a} f(x) = f(a)$ überprüft.

Beispiel: Gegeben ist der Graph einer Funktion f. Dabei sind grüne Punkte Kurvenpunkte und weisse Punkte sind keine Kurvenpunkte, d. h. Lücken.

- f ist an der Stelle 0 unstetig, da $f(0)$ nicht definiert ist (Definitionslücke).

- $f(2) = 3$, aber $\lim\limits_{x \uparrow 2} f(x) = 3$, $\lim\limits_{x \downarrow 2} f(x) = 1$,

  d. h., $\lim\limits_{x \to 2} f(x)$ existiert nicht.

  Somit ist f an der Stelle 2 unstetig.

- $\lim\limits_{x \uparrow 5} f(x) = 2$ und $\lim\limits_{x \downarrow 5} f(x) = 2$,

  d. h., $\lim\limits_{x \to 5} f(x) = 2$, aber $f(5) = 1.5 \neq 2$.

  Somit ist f an der Stelle 5 unstetig.

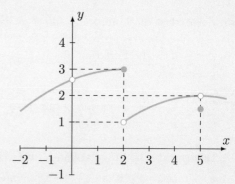

40. Bestimme im Bereich $-5 \le x \le 8$ alle Intervalle, in denen die dargestellte Funktion stetig ist. *Beachte:* Ausgefüllte Punkte sind Kurvenpunkte, nicht ausgefüllte Punkte sind keine Kurvenpunkte, also Lücken.

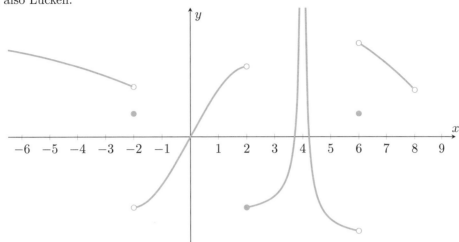

41. Ist die Funktion f an der Stelle $x = 0$ stetig oder unstetig?

a) $f(x) = x^2$ b) $f(x) = |x|$ c) $f(x) = \frac{1}{x}$ d) $f(x) = \frac{x}{x}$

42. Ist die Funktion $f(x)$ an der Stelle a stetig oder unstetig?

a) $f(x) = x^3 - 9x$, $a = 4$ b) $f(x) = (x+5)^{-2}$, $a = -5$ c) $f(x) = |x - 3|$, $a = 3$

43. Wahr oder falsch? Wenn die Funktion f an der Stelle 5 stetig ist mit $f(5) = 2$, dann ist $\lim\limits_{x \to 2} f(4x^2 - 11) = 2$.

44. Ist die Funktion f an der Stelle $x = 0$ stetig oder unstetig?

a) $f(x) = \begin{cases} x - 1, & x \le 0 \\ x + 1, & x > 0 \end{cases}$ b) $f(x) = \begin{cases} 1, & x \le 0 \\ 2^x, & x > 0 \end{cases}$

c) $f(x) = \begin{cases} 1, & x \le 0 \\ 2^{-x}, & x > 0 \end{cases}$ d) $f(x) = \begin{cases} 1, & x \le 0 \\ 2^{\frac{1}{x}}, & x > 0 \end{cases}$

45. Bestimme die Unstetigkeitsstellen der angegebenen Funktion f.

a) $f(x) = \dfrac{x - 1}{x^2}$ b) $f(x) = \dfrac{x^2 - 1}{x^2 + 1}$ c) $f(x) = \dfrac{x}{(x^2 - 1)(x^2 + 1)}$

46. Ein Körper mit der Masse $1\,\text{kg}$ hat den Abstand r vom Erdmittelpunkt. Die von der Erde auf den Körper ausgeübte Gravitationskraft F ist durch $F(r) = \begin{cases} \frac{G \cdot M}{R^3} \cdot r, & 0 \le r < R \\ \frac{G \cdot M}{r^2}, & r \ge R \end{cases}$ gegeben ($M \,\widehat{=}\,$ Erdmasse, $R \,\widehat{=}\,$ Erdradius, $G \,\widehat{=}\,$ Gravitationskonstante). Ist F für $r \ge 0$ eine stetige Funktion?

47. Für welche Werte von c ist die Funktion f mit $f(x) = \begin{cases} cx^2 + 2x, & x < 2 \\ x^3 - cx, & x \ge 2 \end{cases}$ auf ganz $\mathbb{R}$ stetig?

X.2   Weitere Aspekte im Zusammenhang mit Funktionen

Verkettungen

48. *Typische Fragestellungen.* Gegeben sind die folgenden Funktionen:

- $f_1(x) = 2x$
- $f_2(x) = x + 2$
- $f_3(x) = \frac{1}{x}$
- $f_4(x) = x^2$

Bestimme die Funktionsgleichung und vereinfache den Funktionsterm so weit wie möglich.

a) $m(x) = f_1(x) + f_2(x)$ b) $m(x) = f_1(x) - f_4(x)$ c) $m(x) = f_2(x) \cdot f_3(x)$

d) $m(x) = f_4(x) : f_3(x)$ e) $m(x) = f_1(f_4(x))$ f) $m(x) = f_4(f_1(x))$

Verkettung von Funktionen

Gegeben sind die beiden Funktionen u und v. Die neue Funktion $u \circ v$ mit dem Funktionsterm $(u \circ v)(x) = u(v(x))$ wird als *Verkettung* oder *Zusammensetzung* von u und v bezeichnet.

$$x \xrightarrow{\;\;v\;\;} v(x) \xrightarrow{\;\;u\;\;} u(v(x))$$
$$u \circ v$$

Die Funktion u wird *äussere Funktion* und die Funktion v *innere Funktion* genannt.

Beispiel: Gegeben sind die Funktionen $u(x) = \tan(x)$ und $v(x) = 5x^3 - 9$. Dann gilt:

$$x \xrightarrow{\;\;v\;\;} 5x^3 - 9 \xrightarrow{\;\;u\;\;} \tan(5x^3 - 9) \qquad\qquad x \xrightarrow{\;\;u\;\;} \tan(x) \xrightarrow{\;\;v\;\;} 5\tan^3(x) - 9$$
$$u \circ v \qquad\qquad\qquad\qquad v \circ u$$

$$u(v(x)) = u(5x^3 - 9) = \tan(5x^3 - 9) \qquad\qquad v(u(x)) = v(\tan(x)) = 5\tan^3(x) - 9$$

Dieses Beispiel zeigt, dass die Verkettung zweier Funktionen nicht *kommutativ* sein muss. Das bedeutet, dass üblicherweise $u \circ v \neq v \circ u$ ist.

Funktionen können natürlich auch mehrfach verkettet werden.

Beispiel: Sei $u(x) = \sqrt{x}$, $v(x) = 6x - 1$ und $w(x) = \sin(x)$. Dann gilt:

$$x \xrightarrow{\;\;u\;\;} \sqrt{x} \xrightarrow{\;\;v\;\;} 6\sqrt{x} - 1 \xrightarrow{\;\;w\;\;} \sin(6\sqrt{x} - 1)$$
$$w \circ v \circ u$$

$$w(v(u(x))) = w(v(\sqrt{x})) = w(6\sqrt{x} - 1) = \sin(6\sqrt{x} - 1)$$

Umgekehrt lassen sich Funktionen auch als Verkettung von zwei oder mehreren Funktionen darstellen.

Beispiel: Die Funktion $h(x) = (x^2 + 3x)^4$ kann folgendermassen als Verkettung von zwei Funktionen geschriebenen werden:

$$\left.\begin{array}{l} f(x) = x^4 \\ g(x) = x^2 + 3x \end{array}\right\} \quad \Rightarrow \quad h(x) = f(g(x)) = f(x^2 + 3x) = (x^2 + 3x)^4$$

49. Bestimme $f(g(x))$ und $g(f(x))$.

a) $f(x) = x^2$, $g(x) = 2x + 7$ b) $f(x) = \sqrt{x}$, $g(x) = 3 - 4x$ c) $f(x) = \frac{2}{x}$, $g(x) = x^2 + 3$

50. Die drei Funktionen $u = u(x) = \sqrt{x}$, $v = v(x) = 1 - x^2$ und $w = w(x) = \cos(x)$ mit $0 \leq x \leq \frac{\pi}{2}$ werden in verschiedener Weise zu einer neuen Funktion verkettet. Bestimme den dazugehörigen vereinfachten Funktionsterm.

a) $v \circ u$ b) $v \circ v$ c) $v \circ w$ d) $w \circ v$

e) $u \circ v \circ w$ f) $w \circ v \circ u$ g) $v \circ v \circ u$ h) $v \circ v \circ w$

51. Bestimme $f(x)$ und $g(x)$ so, dass $w(x) = f(g(x))$ wie angegeben aussieht.

Bemerkung: Die triviale Verkettung mit $g(x) = x$ und $f(x) = w(x)$ ist nicht erlaubt.

a) $w(x) = (3x + 10)^3$ b) $w(x) = \dfrac{1}{2x + 4}$ c) $w(x) = \sqrt{x^2 - 3x}$

d) $w(x) = 6 \cdot \sin(1 - x)$ e) $w(x) = \dfrac{10}{(3x - x^2)^3}$ f) $w(x) = \cos(\sqrt{x} + 1)$

g) $w(x) = \tan^5(x)$ h) $w(x) = 8 \cdot e^{\sqrt{x}}$ i) $w(x) = 5 \cdot \ln(\tan(x)) - 14$

52. Gegeben sind die verketteten Funktionen F_1 und F_2, die wie folgt als Zusammensetzung definiert sind: $F_1(x) = f(g(x)) = \frac{g(x)}{4} - 3$, mit $g(x) = 4x + 12$, und $F_2(x) = u(v(x)) = \frac{1}{v(x)} + 2$, mit $v(x) = \frac{1}{x-2}$.

Weise nach, dass es sich bei F_1 und F_2 um ein und dieselbe Funktion handelt und somit für $x \neq 2$ gilt: $F_1(x) = F_2(x)$.

53. Gegeben ist die Funktion f. Finde eine Funktion g so, dass $f(g(x)) = x$ ist.

a) $f(x) = \frac{1}{4}x - 1$ b) $f(x) = \sqrt{2x} + 1$

c) $f(x) = -4 \cdot (x - 9)^2$ d) $f(x) = 10 \cdot \ln(6x + 13) + 1$

54. Notiere $f(x) = (x^2 - 1)^3$ als Verkettung von

a) zwei Funktionen.   b) drei Funktionen.   c) vier Funktionen.

55. 🗎 Gegeben sind die beiden Funktionen mit den Gleichungen $t_1(x) = x - \frac{3}{2}$ und $t_2(x) = \frac{1}{2}x$. Skizziere die Graphen der Funktionen $f \circ t_1$ und $f \circ t_2$, wenn f die angegebene Funktion ist. Beschreibe den Einfluss der Verkettung auf den Graphen der Funktion f.

a) $f(x) = x^2$ b) $f(x) = x(x + 2)(x - 2)$ c) $f(x) = \sin(2\pi \cdot x)$

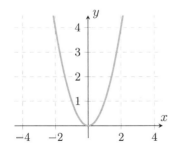   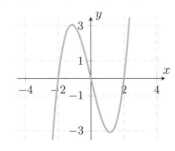   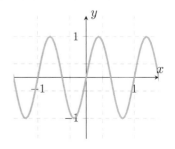

56. Gegeben sind die Funktionen f mit der Gleichung $y = \sqrt{x}$ und g mit $y = \frac{1}{x}$. Bestimme den Definitionsbereich D und den Wertebereich W von

a) f b) g c) $f \circ g$

57. Verifiziere, dass die angegebene Funktion mit $y = f(x)$ *involutorisch* ist. Das bedeutet, für jedes x ihres Definitionsbereiches gilt: $f(f(x)) = x$.

a) $y = f(x) = -x$ b) $y = f(x) = \frac{1}{x}$

c) $y = f(x) = \frac{-1}{x}$ d) $y = f(x) = \begin{cases} 3 - \frac{x}{2}, & x \in [0; 2] \\ 6 - 2x, & x \in\ ]2; 3] \end{cases}$

58. Zeige, dass für die gegebene Funktion h mit $y = h(x)$ für jedes x gilt: $h(h(x)) = h(x)$. Funktionen mit dieser Eigenschaft werden in der Mathematik *idempotent* genannt.

a) $h(x) = x$ b) $h(x) = k \mathrel{\widehat{=}} \text{konst.}$ c) $h(x) = |x|$ d) $h(x) = \begin{cases} 0, & x \le 0 \\ 1, & x > 0 \end{cases}$

59. Gegeben sind die drei Funktionen u mit $u(x) = 3x$, v mit $v(x) = \frac{x}{3}$ und w mit $w(x) = x - 12$. Vereinfache die dreifachen Verkettungen so weit wie möglich.

a) $u(v(w(x)))$ und $v(w(u(x)))$ b) $u(w(u(x)))$ und $w(u(u(x)))$

c) $v \circ v \circ w$ und $v \circ w \circ v$ d) $(u \circ w \circ w) - 2 \cdot (w \circ u \circ w) + (w \circ w \circ u)$

60. Die Abbildung zeigt die Graphen der Funktionen f und g mit $f(x) = \frac{1}{1+x}$ und $g(x) = x$ sowie die Punkte $P_1, \ldots, P_5$ auf diesen Graphen.

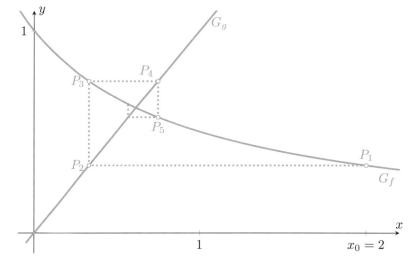

a) Berechne die Koordinaten der Punkte P_1 bis P_5.

b) Starte mit einem beliebigen x_0 und drücke die Koordinaten der entstehenden Punkte mit den Verkettungen f, $f \circ f$, $f \circ f \circ f, \ldots$ aus.

c) Beschreibe in Worten, was geschieht, wenn du die Verkettung $(f \circ f \circ \ldots \circ f)(x_0)$ immer weiter iterierst.

61. Gegeben ist die Funktion f mit $f(x) = \begin{cases} |x|, & x \geq -2 \\ x + 4, & x < -2 \end{cases}$

Bestimme alle Lösungen der Gleichung $f(f(f(x))) = 0$.

62. Gegeben ist die Funktion f mit der Gleichung $y = f(x) = \frac{1}{1-x}$. Berechne die 1999-fache Verkettung für $x = 2000$, d. h. $f^{\langle 1999 \rangle}(2000) = f(f(f(\ldots f(2000)\ldots)))$.

Transformationen

63. 🗎 *Änderung der Funktionsgleichung und deren Auswirkung auf den Graphen.* Wir gehen aus von der Funktion f mit $y = f(x) = 2^x$. Das Ändern der Funktionsgleichung wirkt sich auf den Funktionsgraphen aus. Skizziere die Graphen der neuen Funktionen. Durch welche geometrische Transformation (Abbildung) entsteht jeweils der neue Funktionsgraph aus dem Graphen G_f?

a) $y = 2^x - 3$, $y = 2^x + 3$ \qquad\qquad b) $y = 2^{x-3}$, $y = 2^{x+3}$

c) $y = -2^x$, $y = 2^{-x}$ \qquad\qquad\quad d) $y = 3 \cdot 2^x$, $y = 2^{3x}$

Transformationen

Übersicht der wichtigsten Fälle von Transformationen einer Funktion f ($a \in \mathbb{R}\backslash\{0\}$):

Die Gleichung $y = f(x)$ geht über in …	Transformation des Graphen G_f
$y = f(x - a)$, d. h., x wird durch $x - a$ ersetzt.	Verschiebung um a in x-Richtung
$y = f(x) + a$, d. h., y wird durch $y - a$ ersetzt.	Verschiebung um a in y-Richtung
$y = f(-x)$, d. h., x wird durch $-x$ ersetzt.	Spiegelung an der y-Achse
$y = -f(x)$, d. h., y wird durch $-y$ ersetzt.	Spiegelung an der x-Achse
$y = f(ax)$, d. h., x wird durch ax ersetzt.	Streckung mit dem Faktor $\frac{1}{a}$ entlang der x-Achse (horizontale Streckung)
$y = af(x)$, d. h., y wird durch $\frac{1}{a} \cdot y$ ersetzt.	Streckung mit dem Faktor a entlang der y-Achse (vertikale Streckung)

64. Erkläre, wie der Graph der Funktion g aus dem Graphen von f entsteht.

a) $f(x) = x^4$, $g(x) = \frac{1}{3}x^4$ \qquad\qquad b) $f(x) = \sqrt{x}$, $g(x) = \sqrt{x + 5}$

c) $f(x) = 2^x$, $g(x) = 2^x + 3$ \qquad\qquad d) $f(x) = \lg(x)$, $g(x) = \lg\left(\frac{1}{3}x\right)$

e) $f(x) = \frac{1}{x^3}$, $g(x) = \frac{1}{(-x)^3}$ \qquad\qquad f) $f(x) = \sin(x)$, $g(x) = -\sin(2x)$

65. Die Funktion $y = k(x) = -3(x - 2)^3 + 7$ ist durch ein paar Transformationen aus der Funktion mit der Gleichung $y = x^3$ hervorgegangen. Gib die Transformationen an und skizziere den Graphen der Funktion k.

66. Skizziere G_f von Hand.

a) $f(x) = \sqrt{x - 4} - 1$ \qquad b) $g(x) = 4x^2 + 3$ \qquad c) $h(x) = -(x + 5)^2$

d) $f(x) = 3 \cdot 10^{-x} + 3$ \qquad e) $g(x) = 3 \cdot \lg(x - 1) - 1$ \qquad f) $h(x) = 2\sin(\pi \cdot x)$

67. Wir betrachten die Funktion w mit der Funktionsgleichung $w(x) = \sqrt{x-8}$. Wie lautet die neue Funktionsgleichung, wenn auf den Graphen der Funktion w die folgende Transformation angewendet wird?

    a) Der Graph wird um 6 Einheiten nach links verschoben.

    b) Der Graph wird an der y-Achse gespiegelt und um 1 Einheit nach oben verschoben.

    c) Der Graph wird mit dem Faktor 2.5 entlang der y-Achse gestreckt und um 3 Einheiten nach unten verschoben.

    d) Der Graph wird an der x-Achse gespiegelt und mit dem Faktor $\frac{1}{8}$ entlang der x-Achse gestreckt.

68. Gegeben ist die Funktion g mit $g(x) = \sqrt{x-3}$. Wie lautet die neue Funktionsgleichung, wenn auf den Graphen der Funktion g die folgenden Transformationen in der angegebenen Reihenfolge angewendet werden? Der Graph wird an der x-Achse gespiegelt, dann mit dem Faktor 2 entlang der x-Achse gestreckt und danach noch um 6 Einheiten nach links verschoben.

69. Die Funktion $p(x) = \sqrt{4x+1}$ entstand durch elementare Transformationen, die auf $q(x) = \sqrt{x}$ angewendet worden sind. Gib die einzelnen Transformationen der Reihe nach an.

70. Gib die Transformationen an, die G_g auf G_f abbilden, und zeichne die Graphen von g und f.

    a) $g(x) = x^2$, $f(x) = -2(x+3)^2 + 5$ b) $g(x) = \sqrt{x}$, $f(x) = -\sqrt{\frac{1}{3}x - 2}$

71. Im linken Koordinatensystem ist ein Teil des Graphen der Funktion $f(x) = x^2$ dargestellt. Zeichne den Graphen der Funktion $g(x) = (x-2)^2 + 3$ ins gleiche Koordinatensystem ein.

Zu Aufgabe 71   *Zu Aufgabe 72*

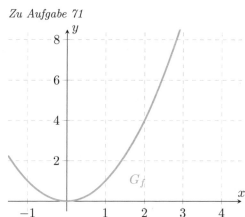
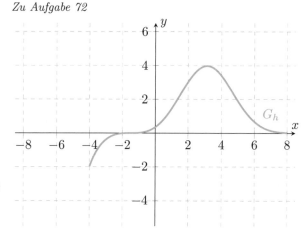

72. Im Koordinatensystem oben rechts ist ein Teil des Graphen der Funktion h dargestellt.

    a) Zeichne den Graphen der Funktion a mit $a(x) = \frac{1}{2} \cdot h(x)$ ins gleiche Koordinatensystem ein.

    b) Zeichne den Graphen der Funktion b mit $b(x) = h(-x)$ ins gleiche Koordinatensystem ein.

73. Der Graph der Potenzfunktion mit $y = x^3$ wird

    a) am Ursprung $(0\,|\,0)$ b) an der x-Achse c) an der y-Achse d) an der Geraden $y = x$

gespiegelt. Wie lautet die Gleichung des gespiegelten Graphen?

74. Der abgebildete Graph G_f ist aus dem Graphen der Funktion g durch Verschieben, Spiegeln oder Strecken hervorgegangen. Wie lautet die Funktionsgleichung von f?

a) $g(x) = x^2$

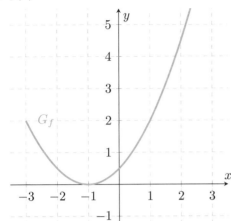

b) $g(x) = x^3$

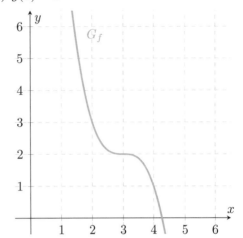

c) $g(x) = x^4$

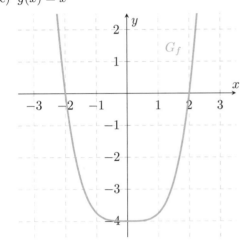

d) $g(x) = \sqrt{x}$

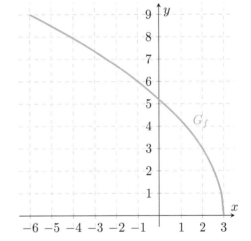

e) $g(x) = 2^x$

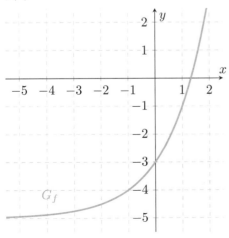

f) $g(x) = \ln(x)$

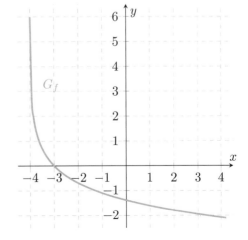

75. 📄 Gegeben ist der Graph G_f. Zeichne den Graphen der folgenden Funktion.

  a) $g(x) = f(-x)$ b) $h(x) = -f(x)$ c) $k(x) = 1 + f(x+1)$

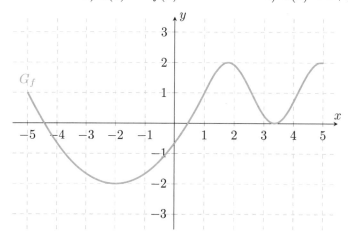

Symmetrie und Periodizität

Symmetrie

G_f ist genau dann *symmetrisch* bezüglich der y-Achse, wenn für alle x aus dem Definitionsbereich gilt: $f(-x) = f(x)$.

G_f ist genau dann *symmetrisch* bezüglich des Ursprungs O, wenn für alle x aus dem Definitionsbereich gilt: $f(-x) = -f(x)$.

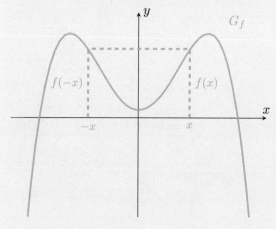

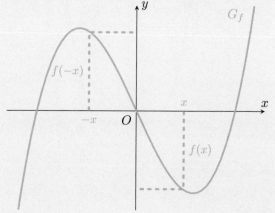

Funktionen f mit dieser Eigenschaft nennen wir *gerade*.

Funktionen f mit dieser Eigenschaft nennen wir *ungerade*.

76. Ist die angegebene Funktion gerade, ungerade oder weder noch?

  a) $f(x) = -3 + 4x^8$

  b) $g(x) = x^4(x^2 - 4)$

  c) $h(x) = x^2 + 3x - 7$

  d) $f(t) = \dfrac{t}{t^2 + 1}$

  e) $g(t) = t^2 + \dfrac{1}{t}$

  f) $h(t) = t + \dfrac{1}{t}$

  g) $f(z) = |z|$

  h) $g(z) = e^{\frac{-z^2}{2}}$

  i) $h(z) = \sin(z)$

77. 📄 Ergänze den unvollständigen Graphen der Funktion f (siehe unten) so, dass es sich bei f

   a) um eine ungerade Funktion handelt.   b) um eine gerade Funktion handelt.

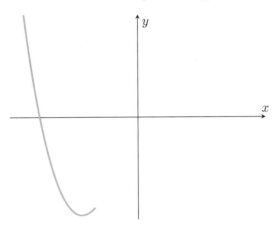

78. 📄 Erweitere im Koordinatensystem den Graphen der Funktion $y = \sqrt{x}$ so, dass der zusammengesetzte Graph zu einer

   a) geraden Funktion gehört.   b) ungeraden Funktion gehört.

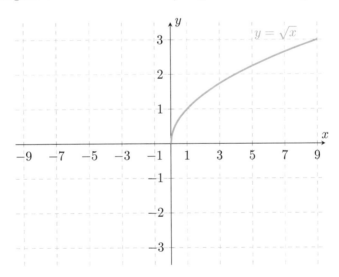

79. Gib den Funktionsterm für den erweiterten Teil des Funktionsgraphen aus Aufgabe 78 an.

80. Es sei g eine gerade und u eine ungerade Funktion. Ist dann die zusammengesetzte Funktion f gerade, ungerade oder weder noch?

   a) $f(x) = (g \circ g)(x)$ b) $f(x) = (g \circ u)(x)$ c) $f(x) = u(g(x))$
   d) $f(x) = (u \circ u)(x)$ e) $f(x) = u(x) + g(x)$ f) $f(x) = u(x) \cdot g(x)$

81. Gegeben sind die beiden Funktionen $f_1(x) = x^4 + 2x^2 - 10$ und $f_2(x) = x^7 + x^3 - 6x$. Berechne $f_1(-1)$, $f_1(1)$, $f_1(-2)$, $f_1(2)$, $f_1(-x)$ und $f_2(-1)$, $f_2(1)$, $f_2(-2)$, $f_2(2)$, $f_2(-x)$.

   Was fällt auf? Ist die Symmetrieeigenschaft dem Aufbau des Funktionsterms direkt anzusehen?

82. Gib den Term einer Funktion f an, die sowohl gerade als auch ungerade ist.

83. Diskutiere die Aussage über eine Funktion mit einer endlichen Anzahl von Nullstellen.

    a) Eine ungerade Funktion hat immer eine ungerade Anzahl an Nullstellen. Eine gerade Funktion dagegen kann eine gerade oder ungerade Anzahl an Nullstellen haben.

    b) Eine streng monoton wachsende Funktion auf $\mathbb{R}$ kann nicht gerade sein.

84. Mia meint, dass die Funktion f mit $f(x) = \sqrt{1 - \cos^2(x)}$ gerade ist, da die Cosinusfunktion gerade ist und deshalb gilt: $f(-x) = \sqrt{1 - \cos^2(-x)} = \sqrt{1 - \cos^2(x)} = f(x)$. Jan widerspricht: f sei ungerade, da wegen des trigonometrischen Pythagoras gelte $f(x) = \sqrt{1 - \cos^2(x)} = \sin(x)$ und die Sinusfunktion ungerade sei. Kommentiere die Aussagen von Mia und Jan.

85. Gegeben ist die Funktion f mit Funktionsterm $f(x)$ mit $x \in \mathbb{R}$.

    a) Zeige: Die Funktion g mit $g(x) = \frac{f(x)+f(-x)}{2}$ ist gerade.

    b) Zeige: Die Funktion u mit $u(x) = \frac{f(x)-f(-x)}{2}$ ist ungerade.

    c) Zeige mit den Teilaufgaben a) und b): Jede Funktion f lässt sich als Summe einer geraden und einer ungeraden Funktion darstellen. Illustriere diesen Sachverhalt am Beispiel $f(x) = e^x$.

86. Gegeben ist die Funktion mit der Gleichung $y = f(x) = \frac{x^2}{x-1}$. Notiere den Funktionsterm $f(x)$ als Summe $g(x)+u(x)$, wobei $g(x)$ und $u(x)$ die Funktionsterme einer geraden bzw. einer ungeraden Funktion sind. Benutze allenfalls die Erkenntnisse aus Aufgabe 85.

Periodische Funktionen

Eine Funktion f heisst *periodisch mit der Periode T*, wenn ihr Graph bei einer Verschiebung um T Einheiten entlang der x-Achse in sich übergeht, d. h. wenn gilt:

$$f(x + T) = f(x) \text{ für alle } x \text{ aus dem Definitionsbereich von } f.$$

Bemerkungen und Beispiele:

- Wenn T eine Periode von f ist, dann ist auch $-T$ eine Periode von f, weshalb oft $T > 0$ vorausgesetzt wird.

- Wenn T eine Periode von f ist, dann sind auch $2T$, $3T$, $4T$, $5T$, ... Perioden von f: $f(x + k \cdot T) = f(x)$, $k \in \mathbb{Z}$.

   Hinweis: Meist interessiert nur die kleinste positive Periode von f.

- $y = \sin(x)$ und $y = \cos(x)$ sind beide periodisch mit der Periode $T = 2\pi$; $y = \tan(x)$ ist periodisch mit der Periode $T = \pi$.

---

87. Gib an, ob die Funktion gerade oder ungerade, periodisch oder nicht periodisch ist. Bei periodischen Funktionen soll noch die kleinste positive Periode T angegeben werden.

    a) $f(x) = \sin^3(x)$ b) $f(x) = \sin(x^3)$ c) $f(x) = \cos(2x) + \cos(4x)$

    d) $f(x) = \sin(4x) + \cos(2x)$ e) $f(x) = \sin(x) \cdot \cos(2x)$

88. Bestimme die kleinste positive Periode T der Funktion f.

    a) $f(x) = -2\sin\left(\frac{2}{3}x + 1\right)$ b) $f(x) = \sin(3x) + \cos(6x)$

    c) $f(x) = \sin^2(x)$ d) $f(x) = \sin^2(x) + \cos^2(x)$

89. Die Funktion f ist im Bereich $-4 \leq x < 3$ durch den Term $f(x) = x^3$ gegeben. Auf dem restlichen Bereich von $\mathbb{R}$ wird f periodisch so erweitert, dass die erweiterte Funktion die Periode $T = 7$ besitzt. Berechne $f(2021)$.

90. Die veränderliche Pegelhöhe h in einem Meereshafen kann durch $h(t) = a \cdot \sin(b(t-c)) + d$ beschrieben werden. Der Maximalwert beträgt $h = 9\,\text{m}$ und der Minimalwert ist $h = 6\,\text{m}$. Die Periodendauer beträgt 12 Stunden. Der Pegelstand misst 3 Stunden nach Beobachtungsbeginn $7.5\,\text{m}$ und ist fallend. Bestimme a, b, c und d.

91. Ein Riesenrad hat einen Durchmesser von $50\,\text{m}$, seine Achse liegt $30\,\text{m}$ über dem Boden. Es dreht sich einmal in 8 Minuten. Ein Punkt auf der Peripherie des Rades ist zum Zeitpunkt $t = 0$ ganz unten. Wie hoch über dem Boden ist er zum Zeitpunkt t (in Minuten)?

92. Bei einem idealen Federpendel wird der Pendelkörper um $5\,\text{cm}$ aus der Ruhelage, d. h. zum Zeitpunkt $t = 0$, angehoben und danach losgelassen. Das Pendel beginnt mit der Frequenz $f = \frac{1}{2}\,\text{Hz}$ zu schwingen. *Hinweis:* $f = \frac{1}{T}$.

   a) Bestimme die Auslenkung des Pendelkörpers gegenüber der Ruhelage zum Zeitpunkt t (in Sekunden).

   b) Nach wie vielen Sekunden schwingt der Pendelkörper zum zweiten Mal durch die Ruhelage?

   c) Ist der Pendelkörper nach 1.75 Sekunden mehr als die halbe Amplitude von der Ruhelage entfernt?

93. Die Gleichung $\cos(x) = \frac{-1}{2}$ hat zwei Lösungen im Intervall $[0; 2\pi[$.

   a) Wie viele Lösungen hat die Gleichung $\cos(7x) = \frac{-1}{2}$ im Intervall $[0; 2\pi[$?

   b) Wie viele Lösungen hat die Gleichung $\cos(3x + \frac{\pi}{2}) = \frac{-1}{2}$ im Intervall $[0; 2\pi[$?

   c) Wie viele Lösungen hat die Gleichung $3\cos(12x - \pi) = \frac{-1}{2}$ im Intervall $[0; 2\pi[$?

   d) Wie viele Lösungen hat die Gleichung $\tan(9x) = \frac{-1}{2}$ im Intervall $[0; 2\pi[$?

94. Gegeben ist die Sinusfunktion f mit $y = f(x) = 2\sin(3x - 4)$. Bestimme eine Cosinusfunktion g, welche die Sinuskurve «auslöscht», d. h., bestimme g so, dass $f + g = 0$ ist.

95. Zeige: Wenn f periodisch ist mit der Periode T, dann ist g mit $g(x) = f(ax)$ periodisch mit der Periode $\frac{T}{a}$.

96. Zeige:

   a) Eine auf $\mathbb{R}$ streng monoton wachsende Funktion hat höchstens eine Nullstelle.

   b) Eine auf $\mathbb{R}$ streng monoton fallende Funktion kann nicht gerade sein.

   c) Eine auf $\mathbb{R}$ streng monoton wachsende Funktion kann nicht periodisch sein.

   d) Die konstante Funktion $f \colon x \mapsto y = c$, $c \in \mathbb{R}$ ist monoton fallend.

Umkehrfunktionen

97. *Wenn Formeln zu Funktionen mutieren.* Für den Inhalt eines geraden Kreiszylinders vom Radius r und der Höhe h gilt die Volumenformel: $V = \pi r^2 h$, $(r, h > 0)$.

a) Setze $r = \frac{1}{2}$ und löse die Volumenformel ein erstes Mal nach V und ein zweites Mal nach h auf. Die beiden Terme für V und h können je als Funktionsterm interpretiert werden. Skizziere im I. Quadranten eines Koordinatensystems den groben Verlauf der beiden Funktionen mit den Gleichungen $V = V(h)$ und $h = h(V)$.

b) Setze $h = \frac{1}{3}$ und löse die Volumenformel zuerst nach V und dann auch noch nach r auf. Die beiden Terme für V und r können je als Funktionsterm interpretiert werden. Skizziere im I. Quadranten eines Koordinatensystems den groben Verlauf der beiden Funktionen mit den Gleichungen $V = V(r)$ und $r = r(V)$.

c) Setze $V = 100$ und löse die Volumenformel einmal nach h und einmal nach r auf. Die beiden Terme für h und r lassen sich je als Funktionsterm interpretieren. Skizziere im I. Quadranten eines Koordinatensystems den wesentlichen Verlauf der beiden Funktionen mit den Gleichungen $h = h(r)$ und $r = r(h)$.

Umkehrfunktionen

Eine Funktion $f: x \mapsto y = f(x)$ ist auf einem Intervall $I \subset D$ *umkehrbar*, wenn für alle $x \in I$ gilt: Verschiedenen x-Werten werden auch verschiedene Funktionswerte $f(x)$ zugeordnet, d. h., aus $x_1 \neq x_2$ folgt stets $f(x_1) \neq f(x_2)$ für alle x_1, $x_2 \in I$.

Grafisch ausgedrückt: Umkehrbar auf dem Intervall I bedeutet, dass der Graph der Funktion f im Intervall I mit jeder horizontalen Geraden nicht mehr als einen Schnittpunkt hat.

Beispiel: $f: x \mapsto y = f(x) = 3x + 1$ ist auf ganz $\mathbb{R}$ umkehrbar, denn verschiedene Stellen x haben auch verschiedene Funktionswerte.

Wenn f auf einem Intervall I umkehrbar ist, dann kann die Funktionsgleichung der *Umkehrfunktion* f^{-1} aus der Funktionsgleichung von f bestimmt werden, indem diese zuerst nach x aufgelöst wird und anschliessend die Variablen x und y vertauscht werden. Durch das Vertauschen von x und y wird die Umkehrfunktion wie üblich dargestellt (Argumente x auf der x-Achse und Funktionswerte $y = f^{-1}(x)$ auf der y-Achse). *Achtung:* $f^{-1}(x) \neq \frac{1}{f(x)}$.

Beispiel: $f: x \mapsto y = f(x) = 3x + 1$. Auflösen von $y = 3x + 1$ nach x ergibt $x = \frac{y-1}{3}$. Vertauschen von x und y ergibt $y = \frac{x-1}{3} = \frac{1}{3}x - \frac{1}{3}$. Damit ist $f^{-1}: x \mapsto y = f^{-1}(x) = \frac{1}{3}x - \frac{1}{3}$ die Umkehrfunktion von f.

Aufgrund der Vertauschung von x und y ist der Graph der Umkehrfunktion f^{-1} das Spiegelbild des Graphen von f bezüglich der Winkelhalbierenden $y = x$.

Der Definitionsbereich von f wird zum Wertebereich von f^{-1} und umgekehrt wird der Wertebereich von f zum Definitionsbereich von f^{-1}.

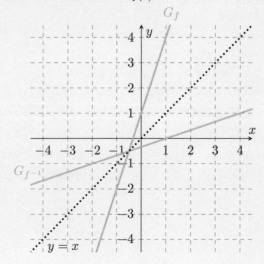

98. ▯ Beurteile anhand des Graphen, ob eine auf ganz $\mathbb{R}$ umkehrbare Funktion vorliegt oder nicht, und skizziere ggf. den Graphen der Umkehrfunktion.

a) $y = f(x) = -\frac{3}{2}x$ 　　　　　b) $y = f(x) = x^2$ 　　　　　c) $y = f(x) = x^3$

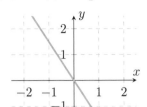 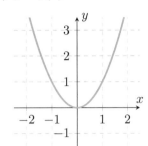 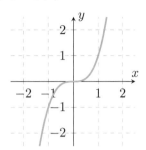

d) $y = f(x) = \sqrt{x}$ 　　　　　e) $y = f(x) = x^3 - x$ 　　　　　f) $y = f(x) = \frac{1}{3x}$

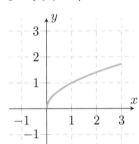 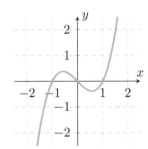 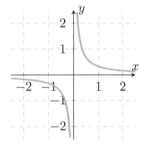

99. Bestimme zu f die Funktionsgleichung der Umkehrfunktion f^{-1}, sofern f umkehrbar ist.

a) $f(x) = \frac{1}{4}x$ 　　　　　b) $f(x) = x^3,\ x \geq 0$ 　　　　　c) $f(x) = 3x + 2$

d) $f(x) = 1 - x$ 　　　　　e) $f(x) = 4$ 　　　　　f) $f(x) = x^2,\ x \leq 0$

100. ▯ Im Koordinatensystem ist der Graph G_f dargestellt. Zeichne den Graphen der Umkehrfunktion f^{-1} ins gleiche Koordinatensystem ein.

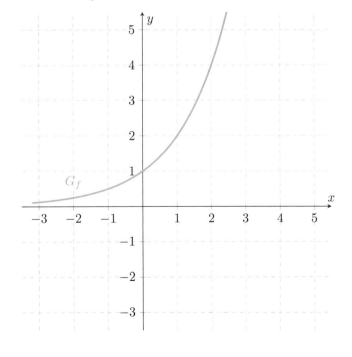

101. Bestimme einen Definitionsbereich D_f, in dem die gegebene Funktion f umkehrbar ist, und leite die Funktionsgleichung der dazugehörigen Umkehrfunktion f^{-1} her.

a) $f(x) = x^2$
b) $f(x) = (x-2)^2$
c) $f(x) = \dfrac{2x-1}{3}$
d) $f(x) = \sqrt{x-4}$

e) $f(x) = \ln(x)$
f) $f(x) = 2^x$
g) $f(x) = |x|$
h) $f(x) = \sin(x)$

102. Die Funktion d ordnet jeder natürlichen Zahl n den Divisionsrest zu, der entsteht, wenn n durch 4 dividiert wird (siehe Aufgabe 22 auf Seite 180). Gib zwei verschiedene und möglichst grosse Definitionsbereiche an, in denen die gegebene Funktion d umkehrbar ist.

103. Wie könnte die folgende Aussage begründet werden?

a) Eine streng monoton wachsende Funktion ist umkehrbar.

b) Eine streng monoton fallende Funktion ist umkehrbar.

c) Die Umkehrfunktion einer ungeraden Funktion ist ungerade, falls sie existiert.

104. Gegeben sind die beiden Funktionen u und v mit den Gleichungen $u(x) = 3x - 2$ und $v(x) = 4x + 1$.

a) Bestimme den Funktionsterm für die Funktion w mit $w(x) = u(v(x))$.

b) Gib die Funktionsgleichung für w^{-1} an.

c) Wie hängt w^{-1} mit den Umkehrfunktionen u^{-1} und v^{-1} zusammen? Gesucht wird eine Gleichung, die beschreibt, wie sich w^{-1} aus u^{-1} und v^{-1} bestimmen lässt.

105. Drücke $(u \circ v \circ w)^{-1}$ mit einer Gleichung durch u^{-1}, v^{-1} und w^{-1} aus. Mit anderen Worten: Wie hängt $(u \circ v \circ w)^{-1}$ mit u^{-1}, v^{-1} und w^{-1} zusammen?

106. Finde einige Funktionen, die ihre eigene Umkehrfunktion sind.

107. a) Bestimme den Schnittpunkt von G_f und $G_{f^{-1}}$ im Intervall $[0; \infty[$ für die Funktion f mit $f(x) = x^2 - 2$.

b) Bestimme anhand von a) alle Schnittstellen von G_f mit der durch Spiegelung des Graphen von f an der Winkelhalbierenden $y = x$ entstehenden Parabel.

c) Bestimme die Schnittstelle von G_g und $G_{g^{-1}}$ im Intervall $]0; \infty[$ mit $g(x) = \ln(x) + x$.

108. Wahr oder falsch? Die Graphen einer Funktion f und ihrer Umkehrfunktion f^{-1} haben

a) nur endlich viele Schnittpunkte.

b) stets einen gemeinsamen Punkt.

c) alle Schnittpunkte auf der Winkelhalbierenden $y = x$.

X.3 Polynomfunktionen (ganzrationale Funktionen)

Grundlagen und Symmetrie

Polynomfunktionen

Eine Funktion mit der Gleichung $y = f(x) = a_n x^n + a_{n-1} x^{n-1} + \ldots + a_2 x^2 + a_1 x + a_0$ mit $n \in \mathbb{N}$, reellen Koeffizienten $a_i \in \mathbb{R}$ und $a_n \neq 0$ heisst *Polynomfunktion*.

Der höchste vorkommende Exponent n wird als *Grad* der Polynomfunktion bezeichnet. Für $n = 1$ liegt eine lineare Funktion vor (der Funktionsgraph ist eine Gerade) und für $n = 2$ eine quadratische Funktion (der Funktionsgraph ist eine Parabel).

Polynomfunktionen werden auch *ganzrationale Funktionen* genannt.

Symmetrie von Polynomfunktionen

Haben die Summanden einer Polynomfunktion f nur gerade Exponenten, so ist f eine gerade Funktion und der Graph von f verläuft achsensymmetrisch zur y-Achse.

Haben die Summanden einer Polynomfunktion f nur ungerade Exponenten, so ist f eine ungerade Funktion und der Graph von f verläuft punktsymmetrisch zum Ursprung $(0\,|\,0)$.

109. Ist f eine Polynomfunktion? Falls ja, schreibe die Funktionsgleichung für f in der Form $y = a_n x^n + a_{n-1} x^{n-1} + \ldots + a_1 x + a_0$.

a) $f(x) = x - 2x^2 - \frac{9}{7} - \frac{1}{2} x^4$ b) $f(x) = \dfrac{5x^2 + 2x}{2}$ c) $f(x) = \frac{1}{x}$

d) $f(x) = 4$ e) $f(x) = \left(2x + \sqrt{2}\right)^2$ f) $f(x) = x + 10^x$

g) $f(x) = 2x + \sqrt{x}$ h) $f(x) = (x-1)(x+1)$ i) $f(x) = \dfrac{x^3 - 2x^2 + 1}{x}$

110. Gegeben ist der Funktionsterm $P(x) = x^3 + x^2 + x + 1$. Bestimme $Q(x)$ und vereinfache.

a) $Q(x) = P(2x)$ b) $Q(x) = P(-x)$ c) $Q(x) = P(x^2)$ d) $Q(x) = P(x-1)$

111. Es sei $p(x) = (3 + 2x - x^2)^3$ gegeben. Welchen Grad hat die Polynomfunktion mit dem angegebenen Funktionsterm?

a) $x \cdot p(x)$ b) $x + p(x)$ c) $x^8 \cdot p(x)$ d) $x^8 + p(x)$ e) $x^6 + p(x)$

112. $P(x) = (1 - 2x^3)^4$ und $Q(x) = (1 - 2x^4)^3$. Bestimme den Grad der Polynomfunktion R.

a) $R(x) = P(x) \cdot Q(x)$ b) $R(x) = P(x) + Q(x)$

c) $R(x) = P(x) - Q(x)$ d) $R(x) = P(x) + 2 \cdot Q(x)$

113. P und Q sind zwei Polynomfunktionen vom Grad m bzw. n. Welchen Grad hat dann die Polynomfunktion $P \cdot Q$ und welchen die Polynomfunktion $P + Q$?

114. Gegeben sind die vier Polynomfunktionen mit den Funktionstermen $P_1(x) = (x^2 - 0.5)^3$, $P_2(x) = (x^3 - 0.5)^2$, $P_3(x) = (x + 2)^2 - (x - 2)^2$ und $P_4(x) = (x + 2)^3 \cdot (x - 2)^3$. Für welche Indices $n \in \{1, 2, 3, 4\}$ ist der Graph der Polynomfunktion mit $y = P_n(x)$ symmetrisch

a) zur y-Achse?   b) bezüglich des Ursprungs $O(0 \mid 0)$?

115. Wähle einen Wert für den Parameter a so, dass der Graph der Polynomfunktion f entweder achsensymmetrisch zur y-Achse oder punktsymmetrisch zum Ursprung verläuft.

a) $f(x) = 4(x + a)^6$ b) $f(x) = x^7 - x^5 - ax^4$

c) $f(x) = 5(x + a)(x + 8)$ d) $f(x) = x^a - x$

116. Das Polynom $2x^5 - 0.5x^4 + x^2 - x$ hat die Koeffizienten 2, -0.5, 0, 1, -1, 0.

a) Welche Koeffizienten hat das Polynom $x^6 - x^4 + 3x^2$?

b) Notiere das Polynom mit den Koeffizienten 1, 0, 0, 0, -1.

117. Das Polynom $P(x)$ hat die Koeffizienten 1, -1, -3, 0 und das Polynom $Q(x)$ hat die Koeffizienten 1, 0, 0. Wie lauten die Koeffizienten des Polynoms $R(x)$?

a) $R(x) = P(x) + Q(x)$ b) $R(x) = P(x) \cdot Q(x)$

c) $R(x) = P(Q(x))$ d) $R(x) = Q(P(x))$

118. Bestimme die Gleichung einer Polynomfunktion p, deren Graph durch die angegebenen Punkte verläuft.

a) $(-1 \mid 10)$, $(3 \mid -2)$, $(4 \mid 5)$ b) $(-3 \mid -12)$, $(1 \mid 2)$, $(5 \mid 0)$

c) $(-2 \mid -8)$, $(0 \mid 0)$, $(2 \mid 0)$, $\left(3 \mid \frac{9}{2}\right)$ d) $(-4 \mid -30)$, $(-1 \mid 6)$, $(0 \mid 2)$, $(3 \mid 26)$

Globalverhalten

Bei einer Polynomfunktion f mit dem Term $f(x) = a_n x^n + a_{n-1} x^{n-1} + \ldots + a_2 x^2 + a_1 x + a_0$ ist der Summand $a_n x^n$ mit der höchsten Potenz in x verantwortlich dafür, wie sich die Funktion f für $x \to \pm\infty$ verhält ($a_n \neq 0$).

Der *Globalverlauf* einer Polynomfunktion, d. h. der Verlauf des Graphen für $x \to \pm\infty$, kann auf einen der folgenden vier Grundtypen zurückgeführt werden:

Typ 1:
n gerade, $a_n > 0$

Typ 2:
n gerade, $a_n < 0$

Typ 3:
n ungerade, $a_n > 0$

Typ 4:
n ungerade, $a_n < 0$

Beachte:
- $x \to \infty$, dann $x^n \to \infty$
- $x \to -\infty$, dann $x^n \to \begin{cases} +\infty, & \text{wenn } n \text{ gerade} \\ -\infty, & \text{wenn } n \text{ ungerade} \end{cases}$

Beispiel: Gegeben sind die beiden Polynomfunktionen $f(x) = 3x^4 - 14x^3 - 20$ und $g(x) = 3x^4$. Wir vergleichen den Globalverlauf dieser beiden Funktionen anhand ihrer Graphen in zwei unterschiedlichen Ausschnitten.

1. Ausschnitt:
$-4 \leq x \leq 6$; $-200 \leq y \leq 200$

2. Ausschnitt:
$-30 \leq x \leq 30$; $-50'000 \leq y \leq 1'200'000$

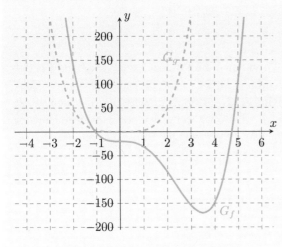

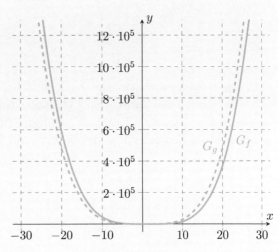

In diesem Ausschnitt sind die Graphen von f und g deutlich zu unterscheiden.

Je grösser der Ausschnitt gewählt wird, desto mehr sieht der Graph von f wie der von g aus.

119. Aus obigem Kasten wissen wir, dass das Verhalten der Polynomfunktionen für $x \to \pm\infty$ anhand der vier Grundtypen beurteilt werden kann. Gib zu jedem Typ ein konkretes Beispiel an.

120. Ordne das Verhalten der Polynomfunktion p für $x \to \pm\infty$ dem passenden Typ zu, was das Globalverhalten betrifft.

a) $p(x) = -3x^5 + 12x^3 - 8$
b) $p(x) = \frac{1}{2}x^4 - 28x^3 + 3x - 8$
c) $p(x) = 4x^3 + 2x^2 - 7x + 12$
d) $p(x) = -2x^4 + 10^9 x^3$

121. Gegeben ist die Polynomfunktion $p(x) = 5x^3 - x^2 + 1$. Begründe rechnerisch, weshalb sich der Verlauf von p für $x \to \pm\infty$ wie jener des Monoms $q(x) = 5x^3$ verhält. *Tipp:* Klammere $5x^3$ aus.

Polynomdivision und Nullstellen

Polynomdivision

Die *Division von Polynomen* wird analog zur schriftlichen Division von Zahlen durchgeführt.

Beispiele:

Division zweier Zahlen ohne Rest:

$$
\begin{array}{l}
286 : 22 = 13 \\
\underline{-22} \\
66 \\
\underline{-66} \\
0
\end{array}
$$

Polynomdivision ohne Rest:

$$
\left(x^3 + 6x^2 + 3x - 10 \right) : \left(x + 5 \right) = x^2 + x - 2
$$
$$
\begin{array}{l}
\underline{-x^3 - 5x^2} \\
x^2 + 3x \\
\underline{-x^2 - 5x} \\
-2x - 10 \\
\underline{2x + 10} \\
0
\end{array}
$$

Den Zehnerpotenzen bei Zahlen entsprechen bei Polynomen die Potenzen der Variablen. Bei der Division von Polynomen werden zu Beginn Dividend und Divisor nach fallenden Exponenten der Variablen geordnet. Danach wird fortlaufend dividiert, zurückmultipliziert und der neue Rest gebildet. Das Verfahren bricht ab, wenn der Rest 0 wird oder wenn der höchste Exponent der Variablen des Restpolynoms kleiner ist als der höchste Exponent des Divisorpolynoms.

Beispiel: Polynomdivision mit Rest:

$$
\left(4x^3 + 2x^2 + 6x - 12 \right) : \left(2x + 5 \right) = 2x^2 - 4x + 13 + \frac{-77}{2x + 5}
$$
$$
\begin{array}{l}
\underline{-4x^3 - 10x^2} \\
-8x^2 + 6x \\
\underline{8x^2 + 20x} \\
26x - 12 \\
\underline{-26x - 65} \\
-77
\end{array}
$$

122. Führe die Polynomdivision durch.

a) $(4x^3 + 17x^2 + 14x - 3) : (x + 3)$ b) $(12x^3 + 9x^2 - 34x + 5) : (3x^2 + 6x - 1)$

c) $(3x^3 + 4x^2 + 8) : (x + 2)$ d) $(x^4 + x^2 + 1) : (x^2 + x + 1)$

e) $(12x^3 - 19x^2 + 23x - 3) : (3x - 1)$ f) $(x^5 + 1) : (x + 1)$

g) $(5x^3 - 11x^2 - 14x - 10) : (x - 3)$ h) $(x^7 - 1) : (x^3 - 1)$

Nullstellen und Abspalten eines Faktors

Wenn f eine Polynomfunktion n-ten Grades ist, dann gilt:

1) Ist x_0 eine Nullstelle von f, so lässt sich der Funktionsterm als Produkt des Linearfaktors $(x - x_0)$ mit einem Polynom $g(x)$ schreiben:

$$f(x) = (x - x_0) \cdot g(x)$$

$g(x)$ hat dabei den Grad $(n-1)$. Dieser Vorgang wird *Abspalten des Faktors* $(x-x_0)$ genannt.

2) Ist x_0 eine Nullstelle von f und lässt sich der Linearfaktor $(x-x_0)$ genau k-mal abspalten, so ist x_0 eine *k-fache Nullstelle* ($1 \le k \le n$) von f. In diesem Fall gilt: $f(x) = (x - x_0)^k \cdot g(x)$, wobei $g(x)$ den Grad $(n - k)$ hat.

3) Ist x_0 eine k-fache Nullstelle der Funktion f, so lässt sich der Verlauf des Graphen durch die x-Achse in der Nähe der Nullstelle x_0 durch einen der folgenden Fälle beschreiben:

$k = 1$ $k > 1$ *und* gerade $k > 1$ *und* ungerade

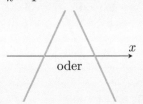   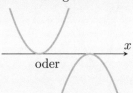   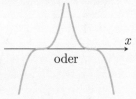

4) Die Funktion f hat höchstens n Nullstellen und für ungerades n mindestens eine.

123. Welche der vier notierten Polynomfunktionen mit Funktionsterm $p_i(x)$ hat die Nullstellen $x_1 = -1$, $x_2 = 2$, $x_3 = x_4 = 5$ (doppelte Nullstelle)?

- $p_1(x) = x^3 - 6x^2 + 3x + 10$
- $p_2(x) = x^4 + 21x^3 + 33x^2 + 5x - 50$
- $p_3(x) = x^4 - 11x^3 + 33x^2 - 5x - 50$
- $p_4(x) = x^4 + 11x^3 - 33x^2 + 5x + 50$

124. Von der Polynomfunktion f ist eine Nullstelle x_1 bekannt. Bestimme die restlichen Nullstellen.

a) $f(x) = 2x^3 + 12x^2 - 2x - 60$, $x_1 = 2$ b) $f(x) = x^3 - 39x + 70$, $x_1 = 5$

125. Gegeben sind die beiden Polynomfunktionen f und g mit $f(x) = x^3 - 2x^2 - 5x + 6$ und $g(x) = (x + 2)(x - 1)(x - 3)$. Wie lauten je die Nullstellen von f und g? Was fällt auf? Welcher Zusammenhang besteht zwischen f und g?

126. Zeige, dass $x_0 = 2$ eine Nullstelle des Polynoms $f(x) = 20x^3 - 36x^2 - 11x + 6$ ist, und bestimme in der Gleichung $f(x) = (x - 2) \cdot g(x)$ den Faktor $g(x)$.

127. Bestimme die Nullstellen der Polynomfunktion f mit $f(x) = x^4 - 15x^2 + 10x + 24$ und schreibe den Funktionsterm als Produkt.

128. Entwickle ausgehend von den gegebenen Nullstellen den Funktionsterm einer Polynomfunktion p, die von möglichst niedrigem Grad ist und nur ganzzahlige Koeffizienten aufweist.

a) $0, -5$ b) $1 \pm \sqrt{2}, 3$ c) $\pm\frac{\sqrt{3}}{3}, 2$ d) $-1, 4$ und Doppellösung 2

129. Bestimme alle Nullstellen und notiere den Funktionsterm als Produkt von Linearfaktoren.

a) $f(x) = x^3 + 5x^2 + 2x - 8$ b) $g(x) = x^4 - x^3 - 6x^2 + 4x + 8$

130. Bestimme alle Nullstellen der Polynomfunktion f. Gib zusätzlich an, ob es sich um eine einfache, doppelte, dreifache etc. Nullstelle handelt, und skizziere den Graphen G_f.

a) $f(x) = (x - 2)(x + 5)^4$ b) $f(x) = x^3(x - 1)(x + 1)^3$

c) $f(x) = x^2 + 8x + 16$ d) $f(x) = x^6 - x^5$

e) $f(x) = (x + 5)(x^2 - 2x + 1)$ f) $f(x) = -x^5 + x$

g) $f(x) = x^3 - 3x + 2$ h) $f(x) = (x^2 - 3x - 10)(x^3 - 3x + 2)$

131. Gegeben ist der Graph einer Polynomfunktion n-ten Grades. Gib in Produktform einen möglichen Funktionsterm an, der zum Graphen passt.

a) $n = 5$ b) $n = 4$ c) $n = 4$

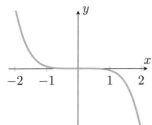 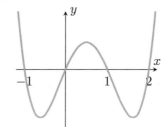 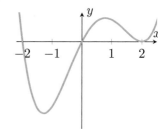

d) $n = 4$ e) $n = 7$ f) $n = 4$

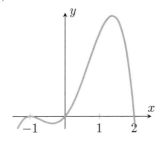 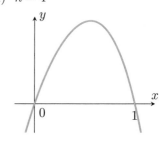

132. Wahr oder falsch? Die Polynomfunktion p mit $p(x) = x^3 + 2x - 3$ hat neben $x = 1$

a) 3 weitere Nullstellen.   b) eine doppelte Nullstelle.

c) keine weitere Nullstelle.   d) nur noch eine einfache Nullstelle.

e) eine einfache und eine doppelte Nullstelle.

133. Suche eine Polynomfunktion von möglichst kleinem Grad, welche die angegebenen Nullstellen $x_1, x_2, \ldots$ besitzt und deren Graph durch den vorgegebenen Punkt P verläuft.

a) $x_1 = 1, x_2 = -6, P(2 \,|\, 8)$ b) $x_1 = 0, x_2 = 3, P(-1 \,|\, 2)$

c) $x_1 = 3, x_2 = 4, x_3 = 7, P(-1 \,|\, -160)$ d) $x_1 = -1, x_2 = 0, x_3 = 2, x_4 = 3, P(1 \,|\, 8)$

e) $x_1 = -5, x_2 = x_3 = x_4 = 2$ (dreifache NS), $x_5 = 3, P(4 \,|\, -144)$

134. Die Polynomfunktion f von Grad 3 hat Nullstellen bei $x_1 = -6$, $x_2 = 1$ und $x_3 = 5$. Welche Nullstellen und welchen Grad n besitzt die Polynomfunktion g, wenn

a) $g(x) = f(x - 4)$ ist? b) $g(x) = f(x^2 + 1)$ ist?

X.4   Gebrochenrationale Funktionen (Pole, Lücken, Asymptoten)

Eine *gebrochenrationale Funktion* f ist eine Funktion, deren Funktionsterm sich als Bruch darstellen lässt, wobei Zähler p und Nenner q *Polynomfunktionen* sind: $f(x) = \frac{p(x)}{q(x)}$.

Beispiele: $f(x) = \dfrac{x^2 + 2}{2x}$, $\ g(x) = \dfrac{1}{x^2 + 2x + 4}$, $\ h(x) = \dfrac{3x^3 + 2x^2 + x - 10}{x^2 + 1}$

Definitionslücken, Polstellen, Asymptoten

Bei gebrochenrationalen Funktionen f können folgende Besonderheiten auftreten:

1) Die Funktion f hat einen *eingeschränkten Definitionsbereich* D, d. h., es können *Definitionslücken* auftreten. Bei einem eingeschränkten Definitionsbereich sind zwei Fälle möglich:

   a) Bei der Lücke x_h handelt es sich um eine *hebbare Definitionslücke*, falls der Grenzwert $\lim\limits_{x \to x_h} f(x)$ existiert. In diesem Fall kann $f(x_h) = \lim\limits_{x \to x_h} f(x)$ gesetzt werden.

   b) Bei der Lücke x_p handelt es sich um eine *Polstelle*, d. h., der Graph der Funktion f schmiegt sich an eine zur y-Achse parallele Gerade durch die Stelle x_p an.

      Diese zur x-Achse senkrechte Gerade wird *vertikale Asymptote* der Funktion f genannt.

      Sei x_p eine Polstelle der Funktion f, dann werden beim Anschmiegen des Graphen an die vertikale Asymptote zwei Fälle unterschieden:

      • An der Stelle x_p liegt ein *Pol ohne Vorzeichenwechsel* vor.

      • An der Stelle x_p liegt ein *Pol mit Vorzeichenwechsel* vor.

   Beispiel zu Definitionslücken: $f(x) = \frac{x}{x(x-1)}$ hat an den Stellen $x_1 = 0$ und $x_2 = 1$ zwei Definitionslücken. Da sich der Faktor x im Bruchterm für $x \neq 0$ kürzen lässt, handelt es sich bei $x_1 = 0$ um eine hebbare Definitionslücke. Im Gegensatz dazu ist $x_2 = 1$ eine Polstelle mit Vorzeichenwechsel.

2) *Asymptotisches Verhalten:* Der Graph der gebrochenrationalen Funktion f schmiegt sich für $x \to \pm\infty$ dem Graphen einer ganzrationalen Funktion g an. Man nennt g *asymptotische Näherungsfunktion*.

   Wenn das Zählerpolynom $p(x) = a_n x^n + a_{n-1} x^{n-1} + \ldots + a_1 x + a_0$ den Grad n und das Nennerpolynom $q(x) = b_m x^m + b_{m-1} x^{m-1} + \ldots + b_1 x + b_0$ den Grad m hat, dann können die folgenden drei Fälle für die Funktion $f(x) = \frac{p(x)}{q(x)}$ unterschieden werden:

   • Für $n < m$ besitzt die Funktion f die horizontale Asymptote $y = g(x) = 0$.

   • Für $n = m$ besitzt die Funktion f die horizontale Asymptote $y = g(x) = \frac{a_n}{b_m}$.

   • Für $n > m$ ist g eine nicht konstante Polynomfunktion. Die dazugehörige Funktionsgleichung von g kann mithilfe der Polynomdivision $p(x) : q(x)$ bestimmt werden.

     Für $n = m + 1$ ergibt sich eine lineare Näherungsfunktion g, deren Graph eine Gerade ist, die eine *schiefe Asymptote* von f darstellt.

135. Ordne dem Funktionsterm den passenden Graphen 1), 2), ... 6) zu.

a) $y = \dfrac{1}{x^2 - 4}$ b) $y = \dfrac{1}{(x-2)^2} + 1$ c) $y = \dfrac{1}{(x-4)^2}$

d) $y = \dfrac{1}{x-4}$ e) $y = x + \dfrac{1}{x-2}$ f) $y = x + \dfrac{1}{(x-2)^2}$

1)
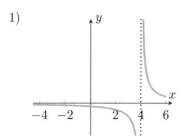

2)
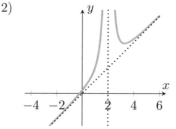

3)
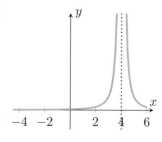

4)
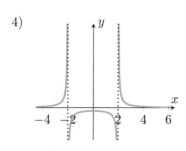

5)
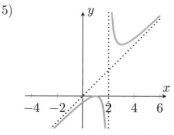

6)
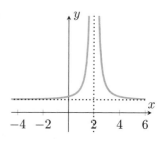

136. Bestimme Definitionsbereich, Polstellen (mit/ohne Vorzeichenwechsel) und hebbare Definitionslücken der gegebenen Funktion.

a) $y = \dfrac{1}{(x+9)^2}$ b) $y = \dfrac{x}{x^3 - x}$

c) $y = \dfrac{3x + 11}{x^2 - x - 6}$ d) $y = \dfrac{x+3}{(x-3)^2}$

e) $y = \dfrac{(2x+6)(x-2)}{(x-2)(x+8)}$ f) $y = \dfrac{1}{x^4 - 16}$

g) $y = \dfrac{(2x-7)(x-3)}{x^2 - 6x + 9}$ h) $y = \dfrac{x^3 - x^2 - 12x}{x^3 - 5x^2 - 8x + 48}$

137. Untersuche das Verhalten der Funktion f für $x \to \pm\infty$ durch Angabe der Gleichung der horizontalen oder schiefen Asymptote.

a) $f(x) = \dfrac{x-1}{3-2x}$ b) $f(x) = \dfrac{1-x}{(x-2)(x+1)}$ c) $f(x) = \dfrac{4x}{x^2 + 5} + x - 1$

d) $f(x) = \dfrac{x^2 - 6}{2x}$ e) $f(x) = \dfrac{2x^2 + 6x + 1}{x + 3}$ f) $f(x) = \dfrac{1 - x^4}{x^3 - 9x}$

138. Untersuche das Verhalten der Funktion f für $x \to \pm\infty$ durch Angabe der Gleichung der asymptotischen Näherungsfunktion.

a) $f(x) = \dfrac{4x - 5x^3}{\frac{1}{2}x^3 + x^2 + 5x - 100}$ b) $f(x) = \dfrac{5x^4 + x - 5}{x^2(1 + 2x + 3x^2)}$

c) $f(x) = \dfrac{x^3 - 4x^2 + 4x + 1}{x - 1}$ d) $f(x) = \dfrac{2x^3 + 3x^2 - 5x + 1}{x^2 + x + 2}$

139. a) Gib eine mögliche Funktionsgleichung einer gebrochenrationalen Funktion an, welche die schiefe Asymptote $y = 4x + 5$ besitzt und die einzige Polstelle (ohne Vorzeichenwechsel) bei $x = 3$ hat.

b) Bestimme eine mögliche Funktionsgleichung einer gebrochenrationalen Funktion mit folgenden Eigenschaften: Nullstelle bei $x = 1$, zweifache Nullstelle bei $x = -1$, einzige Polstellen bei $x = 0$ und $x = 2$. Für $x \to \pm\infty$ lautet die Gleichung der Asymptote $y = 1$.

140. Gegeben sind der Funktionsterm $f(x)$, die Parameter a und b und ein Funktionsgraph. Bestimme die Parameter so, dass der Funktionsterm zum Graphen passt.

a) $y = \dfrac{1}{(x-a)^2} + b$
b) $y = \dfrac{1}{x+a} + b$
c) $y = x + a + \dfrac{1}{4(x-b)^2}$

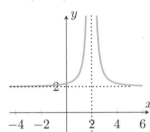
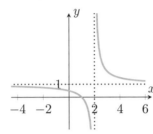
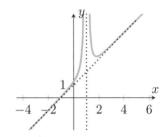

141. Gegeben sind der Funktionsterm $f(x)$, die Parameter a, b und ein Funktionsgraph. Untersuche, ob die Parameter gerade oder ungerade sind, sodass der Funktionsterm zum Graphen passt.

a) $f(x) = \dfrac{1}{(x-1)^a}$
b) $y = \dfrac{x}{(x-2)^a(x+2)^b}$
c) $y = x + \dfrac{1}{(x+2)^a(x-1)^b}$

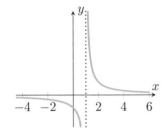
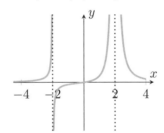
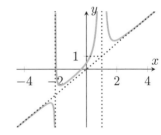

142. Der Graph der Funktion $f(x) = \dfrac{x^3 + ax^2}{bx^2 + 3}$ besitzt die schiefe Asymptote $y = x - 1$. Bestimme die Werte der Parameter a und b.

143. Zeige: Alle Funktionen f der Form $f(x) = \dfrac{ax+b}{cx+d}$ haben einen punktsymmetrischen Graphen.

Tipp: Bestimme den Pol (vertikale Asymptote) und die (waagrechte) Asymptote.

144. Gegeben ist der Graph einer gebrochenrationalen Funktion. Notiere eine mögliche Funktionsgleichung.

a)

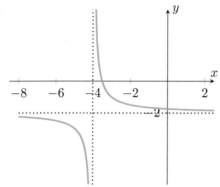

b)

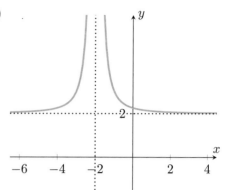

c)

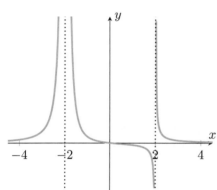

d)

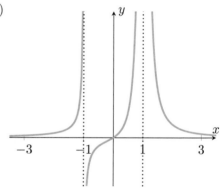

e)

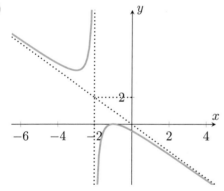

f)

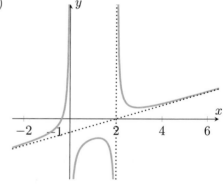

X.5 Winkel-, Exponential- und Logarithmusfunktionen

145. Welche Symmetrieeigenschaften hat der Graph der Funktion f?

    a) $f(x) = \sin(x)$ b) $f(x) = \cos(x)$ c) $f(x) = \tan(x)$

    d) $f(x) = \sin(x) + \cos(x)$ e) $f(x) = \sin(x^3)$ f) $f(x) = \cos^3(x)$

146. Welche Funktion ist gerade, welche ungerade?

    a) $t \mapsto \sin(t) - \tan(t)$ b) $t \mapsto \sin^2(t)$ c) $t \mapsto \sin(t^2)$ d) $t \mapsto \tan^3(t) + \sin^3(t)$

147. Skizziere die Graphen der Funktionen f und g ins gleiche Koordinatensystem.

    a) $f(x) = 3\sin(x)$, $g(x) = \sin(3x)$ b) $f(x) = \cos\left(x - \frac{3\pi}{2}\right)$, $g(x) = \cos(x) - \frac{3\pi}{2}$

> Zu **148–150**: Skizziere den Graphen der gegebenen Funktion.

148. a) $f(t) = 3 + \sin(3t)$ b) $f(t) = 2 - 3\tan(2t)$ c) $f(t) = 3 + 2\cos\left(\frac{t}{2}\right)$

149. a) $f(t) = \frac{1}{2}\tan\left(t - \frac{\pi}{4}\right)$ b) $f(t) = -\cos\left(\frac{t}{3} - \frac{\pi}{2}\right)$ c) $f(t) = -3\sin\left(2t + \frac{3\pi}{2}\right)$

150. a) $f(t) = \sin(t) - \sin(2t)$ b) $f(t) = \sin\left(\frac{t}{3}\right) + \cos\left(\frac{t}{4}\right)$

151. Gib eine zum Graphen passende Funktionsgleichung an.

a)

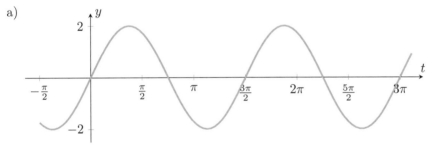

b)

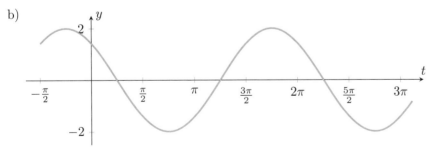

c)

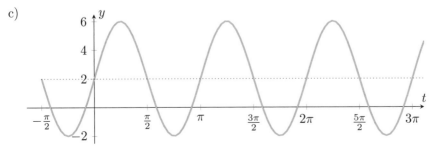

152. Beschreibe den gezeichneten
Graphen

a) als Sinusfunktion.

b) als Cosinusfunktion.

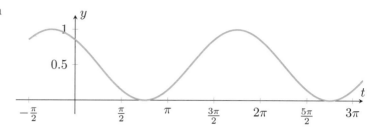

153. Anhand der folgenden Teilaufgaben soll das Verhalten der Funktion $f(x) = \sin\left(\frac{1}{x}\right)$ in der Nähe von $x = 0$ untersucht werden.

a) Für welche x-Werte ist $\sin(x) = 0$, $\sin(x) = 1$, $\sin(x) = -1$?

b) Bestimme anhand von a) die x-Werte, für die $\sin\left(\frac{1}{x}\right) = 0$, $\sin\left(\frac{1}{x}\right) = 1$, $\sin\left(\frac{1}{x}\right) = -1$ ist.

c) Beschreibe anhand von b) das Verhalten von $f(x) = \sin\left(\frac{1}{x}\right)$ in der Nähe der Stelle $x = 0$.

154. Ordne jedem der fünf Graphen die passende der sechs vorgegebenen Funktionsgleichungen zu.

i) $f_1(x) = 3 \cdot 3^x$

ii) $f_2(x) = \left(\frac{1}{4}\right)^x$

iii) $f_3(x) = 3^x$

iv) $f_4(x) = 3 \cdot 5^x$

v) $f_5(x) = 3 \cdot \left(\frac{1}{4}\right)^x$

vi) $f_6(x) = 1 + \frac{1}{2}x$

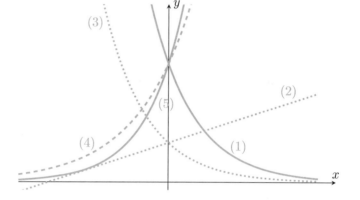

155. An welchen Stellen schneiden sich die Graphen von f und g?

a) $f : x \mapsto 2^x$, $g : x \mapsto 2^{4-x}$

b) $f : x \mapsto e^{x-1}$, $g : x \mapsto e^{-x}$

c) $f : u \mapsto e^{u-2}$, $g : u \mapsto e^u - 2$

d) $f : t \mapsto \ln(t+3)$, $g : t \mapsto \ln(t) + 3$

156. Gib für die folgende Funktion den grösstmöglichen Definitionsbereich D samt dazugehörigem Wertebereich W an.

a) $f(x) = e^{\sqrt{x}}$

b) $f(t) = \sqrt{\ln(t)}$

c) $f(u) = \ln(\sqrt{u})$

d) $g(x) = \ln\left(x^2\right)$

e) $g(t) = \ln^2(t)$

f) $g(x) = \ln(\ln(x))$

157. Bringe die Funktionsgleichung von f in die Form $f(x) = a \cdot b^x$.

a) $f(x) = 2^{x-1}$

b) $f(x) = 2^{2x+5}$

c) $f(x) = 3^{1-x}$

158. Bringe die Funktionsgleichung von f in die Form $f(t) = a \cdot e^{\lambda t}$.

a) $f(t) = 2^t$

b) $f(t) = 2^{t-5}$

c) $f(t) = 2^t - 5$

159. Wie lautet die Gleichung der Umkehrfunktion f^{-1} von f?

a) $f : x \mapsto \left(\frac{1}{2}\right)^{x-2}$

b) $f : x \mapsto \frac{1}{2} \cdot 5^x$

c) $f : t \mapsto 4 \cdot 2^{3t}$

d) $f : t \mapsto 2\ln\left(t^2 - 1\right)$ für $t > 1$

Ergebnisse

1 Folgen und Reihen

1. Mögliche Fortsetzungen:

a) 100'000, 1'000'000, ...

b) 19, 21, ...

c) 48, 63, 80, ...

d) 3, 5, ...

e) 0, 0, 0, 5, ...

f) 21, 34, ...

g) $\frac{1}{42}$, $\frac{1}{56}$, ...

h) Zusatzzahl 1 beim Lotto

i) 22, 29, ...

j) 15, 26, ... oder 16, 32, ...

k) 70, 92, ...

l) 30, 31, ...

m) 0, 7 (Datum)

n) 60, 120, ...

o) 19, 23, ...

p) 7, 10, ...

q) 40, 57, ...

r) 20, 50, ...

s) 4, 3, ...

t) 1, 1 (Telefonnummer)

u) 15'622, 78'122, ...

v) 1, 0, ...

2. a) 1, 3, 5, 7, 9, 11
12, 12, 14, 18, 24, 32
−1, 1, −1, 1, −1, 1

b) 13, 22, 40, 76, 148
4, 9, −6, 39, −96
2, 1, 3, 4, 7
7, 8, 10, 13, 17

3. a) $a_k = 2k$

b) $a_k = 2k - 1$

c) $a_k = 2^k$

d) $a_k = k^2$

e) $a_k = 7k$

f) $a_k = 7k + 1$

g) $a_k = 10k - 23$

h) $a_k = 3^k$

4. a) $a_k = \frac{1}{k}$

b) $a_k = \frac{k}{k+1}$

c) $a_k = \frac{(-2)^k}{2k+1}$

d) $a_k = \frac{8k-4}{8k-1}$

5. a) $a_{50} = \frac{99}{200}$, $a_{51} = \frac{101}{204}$

b) $a_{50} = \frac{52}{151}$, $a_{51} = \frac{53}{154}$

6. a) $a_1 = 3$, $a_{k+1} = a_k + 4$, $k \in \mathbb{N}$

b) $a_1 = 6$, $a_{k+1} = 2a_k$, $k \in \mathbb{N}$

c) $a_1 = 6$, $a_{k+1} = 2a_k + 1$, $k \in \mathbb{N}$

d) $a_1 = 4$, $a_{k+1} = 3a_k - 1$, $k \in \mathbb{N}$

7. a) 1, 3, 2, −1, −3, −2, 1, 3, 2, −1 $\Rightarrow$ $a_{100} = -1$, $a_{101} = -3$, $a_{102} = -2$ und $a_{107} = a_{101} = -3$

b) 2, 1, $\frac{1}{2}$, $\frac{1}{2}$, 1, 2, 2, 1, $\frac{1}{2}$, $\frac{1}{2}$ $\Rightarrow$ $a_{100} = \frac{1}{2}$, $a_{101} = 1$, $a_{102} = 2$ und $a_{107} = a_{101} = 1$

8. Es gilt für alle Teilaufgaben $k \in \mathbb{N}$.

a) 11, 15, 19, 23, 27 und $a_k = 4k - 1$

b) −1, −5, −9, −13, −17 und $a_k = 11 - 4k$

c) 2, 3, 4, 5, 6 und $a_k = k - 1$

d) −3, −2, −1, 0, 1 und $a_k = k - 6$

9. a) 16, 32, 64, 128, 256 und $a_k = 2 \cdot 2^k = 2^{k+1}$, $k \in \mathbb{N}$

b) 9, 3, 1, $\frac{1}{3}$, $\frac{1}{9}$ und $a_k = 243 : 3^k = 3^{5-k}$, $k \in \mathbb{N}$

c) 36, −54, 81, $-\frac{243}{2}$, $\frac{729}{4}$ und $a_k = 16 \cdot \left(\frac{-3}{2}\right)^{k-1} = \frac{-32}{3} \cdot \left(\frac{-3}{2}\right)^k$, $k \in \mathbb{N}$

d) −2, −2, −2, −2, −2 und $a_k = -2$, $k \in \mathbb{N}$

10. a) $a_1 = 36$, $a_{k+1} = a_k + 2$, $k \in \mathbb{N}$

b) $a_1 = -1$, $a_{k+1} = a_k - 2$, $k \in \mathbb{N}$

c) $a_1 = -3$, $a_{k+1} = -3a_k$, $k \in \mathbb{N}$

d) $a_1 = 1$, $a_{k+1} = a_k + 2k + 1$ oder
$a_{k+1} = (\sqrt{a_k} + 1)^2$, $k \in \mathbb{N}$

11. a) explizit: $a_k = (-1)^{k+1}$; rekursiv: $a_1 = 1$, $a_{k+1} = -a_k$, $k \in \mathbb{N}$

     b) explizit: $a_k = (-1)^k$; rekursiv: $a_1 = -1$, $a_{k+1} = -a_k$, $k \in \mathbb{N}$

     c) explizit: $a_k = \frac{1}{2} - (-1)^k \cdot \frac{1}{2}$; rekursiv: $a_1 = 1$, $a_2 = 0$, $a_{k+2} = a_k$, $k \in \mathbb{N}$

     d) explizit: $a_k = \sin\big((k-1) \cdot \frac{\pi}{2}\big)$; rekursiv: $a_1 = 0$, $a_2 = 1$, $a_{k+2} = -a_k$, $k \in \mathbb{N}$

12. a) $1, \frac{1}{2}, \frac{1}{6}, \frac{1}{24}, \frac{1}{120}, \frac{1}{720}$ und $a_k = \frac{1}{k!}$, $k \in \mathbb{N}$

     b) $1, \frac{3}{2}, \frac{7}{4}, \frac{15}{8}, \frac{31}{16}, \frac{63}{32}$ und $a_k = \frac{2^k-1}{2^{k-1}} = 2 - 2^{1-k}$, $k \in \mathbb{N}$

     c) $1, -4, 9, -16, 25, -36$ und $a_k = (-1)^{k-1} \cdot k^2$, $k \in \mathbb{N}$

     d) $2, 1, \frac{-1}{2}, \frac{-1}{4}, \frac{1}{8}, \frac{1}{16}, \frac{-1}{32}, \frac{-1}{64}, \frac{1}{128}, \ldots$ und $a_k = \sqrt{2} \cdot 2^{2-k} \cdot \sin\big((2k-1)\frac{\pi}{4}\big)$, $k \in \mathbb{N}$

13. a) $(a_k) = (b_k) = (c_k)$: $1, 11, 111, 1111, 11'111, \ldots$

     b) $(a_k) = (b_k) = (c_k)$: $1, \frac{1}{2}, \frac{1}{3}, \frac{1}{4}, \frac{1}{5}, \ldots$

14. a) $1, 4, 9, 16, 25, 36$; $s_{100} = 10'000$

     b) $1, -1, 2, -2, 3, -3$; $s_{100} = -50$

     c) $1, 3, 7, 15, 31, 63$; $s_{100} = 2^{100} - 1$

15. a) 60 b) 242 c) 350 d) 290 e) $n^2 + 11n$

16. a) $\displaystyle\sum_{k=1}^{7} 5k$ b) $\displaystyle\sum_{k=1}^{50} 5k$

     c) $\displaystyle\sum_{k=5}^{21} 5k = \sum_{k=1}^{17} (20 + 5k)$ d) $\displaystyle\sum_{k=1}^{5} 3^k$

     e) $\displaystyle\sum_{k=1}^{20} k^2$ f) $\displaystyle\sum_{k=1}^{116} 3(k-1) = \sum_{k=1}^{116} (3k-3)$

17. a) $s_3 = 1$, $s_8 = 2$ b) $s_4 = \frac{24}{25}$, $s_9 = \frac{99}{100}$ c) $s_{15} = \frac{3}{4}$

         $s_n = \sqrt{n+1} - 1$ $s_n = \frac{n(n+2)}{(n+1)^2}$ $s_n = \frac{\sqrt{n+1}-1}{\sqrt{n+1}}$

18. a) rekursiv: $a_1 = 1$, $a_{k+1} = a_k + 2$, $k \in \mathbb{N}$; explizit: $a_k = 2k - 1$, $k \in \mathbb{N}$

     b) $s_n = n^2$ c) –   d) $999'900$

19. a) $\frac{1}{6}, \frac{1}{12}, \frac{1}{20}, \frac{1}{30}, \frac{1}{42}$ b) $\frac{1}{2}, \frac{2}{3}, \frac{3}{4}, \frac{4}{5}, \frac{5}{6}$; $s_n = \frac{n}{n+1}$ c) $a_k = \frac{1}{k(k+1)}$

20. $s_n = \ln(n+1)$

21. Zur Überprüfung jeweils die Differenz zweier aufeinanderfolgender Glieder bilden: $a_{k+1} - a_k$.

     a) Ist eine AF. Rekursiv: $a_1 = 1$, $a_{k+1} = a_k + 3$; explizit: $a_k = 1 + (k-1) \cdot 3 = 3k - 2$.

     b) Ist eine AF. Rekursiv: $a_1 = 1$, $a_{k+1} = a_k + 1$; explizit: $a_k = 1 + (k-1) \cdot 1 = k$.

     c) Ist keine AF, da $18 - 13 = 5 \neq 7 = 25 - 18$.

     d) Ist eine AF. Rekursiv: $a_1 = 12$, $a_{k+1} = a_k + 8$; explizit: $a_k = 12 + (k-1) \cdot 8 = 8k + 4$.

     e) Ist keine AF, da $11 - 14 = -3 \neq -2 = 9 - 11$.

     f) Ist eine AF. Rekursiv: $a_1 = 50$, $a_{k+1} = a_k - 10$; explizit: $a_k = 50 + (k-1) \cdot (-10) = 60 - 10k$.

22. a) $a_5 = 38$ b) $a_5 = 19$ c) $a_5 = 33$ d) $a_5 = 54$

23. a) $a_1 = 2$, $a_2 = 191$ und $a_3 = 380$

b) rekursiv: $a_1 = 2$, $a_{k+1} = a_k + 189$, $k \in \mathbb{N}$; explizit: $a_k = 2 + (k-1) \cdot 189$, $k \in \mathbb{N}$

24. a) $a_{20} = \frac{27}{2} = 13.5$ b) $a_4 = \frac{42}{5} = 8.4$

25. $a_1 = 831$, $a_{k+1} = a_k + 31$, $k \in \{1, 2, \ldots, 24\}$

26. 6 Glieder

27. $m_1 = -\frac{3}{2}$ und $m_2 = 2$

28. Die AF lautet 7, 10, 13 oder 13, 10, 7.

29. 159'305

30. –

31. a) 5050   b) 2500

c) 18'430   d) $s_{50} = 2550$

e) $s_{45} = 220.5$ f) $a_1 = 50, d = -1.2, s_{50} = 1030$

32. a) 8, 15, 22, 29, 36, 43, 50   b) 351   c) 7485

33. a) 25'002'550   b) 24'750'999   c) 4'323'627

34. a) $s_{111} = 12'987$; $s_n = n^2 + 6n = n(n+6)$ b) $s_{111} = 13'542$; $s_n = n^2 + 11n = n(n+11)$

35. a) 19'160   b) 26   c) 2255   d) -25

36. a) $s_7 = \sum_{k=1}^{7} 3k = 84$ b) $s_8 = \sum_{k=1}^{8} (50 - 5k) = 220$

c) $s_6 = \sum_{k=1}^{6} \left(\frac{1}{2}k + \frac{13}{2}\right) = 49.5$ d) $s_{14} = \sum_{k=1}^{14} (17 - 5k) = -287$

e) $s_{45} = \sum_{k=1}^{45} \left(\frac{1}{3}k\right) = 345$ f) $s_{11} = \sum_{k=1}^{11} (8k - 39) = 99$

37. $a_1 = 3$, $d = 4$ oder $a_1 = -14$, $d = 12.5$

38. $13\,\mathrm{cm}$

39. nach 14 Jahren; Fr. 3000.–

40. $270\,\mathrm{m}$; $20\,\mathrm{s}$

41. Variante B ist vorteilhafter als Variante A.

42. a) Ist eine GF. Rekursiv: $a_1 = 1$, $a_k = 4 \cdot a_{k-1}$; explizit: $a_k = 4^{k-1}$.

   b) Ist keine GF, da $\frac{6.75}{4.5} = \frac{3}{2} \neq \frac{4}{3} = \frac{9}{6.75}$.

   c) Ist eine GF. Rekursiv: $a_1 = 2$, $a_k = 3 \cdot a_{k-1}$; explizit: $a_k = 2 \cdot 3^{k-1}$.

   d) Ist keine GF, da $\frac{54}{-18} = -3 \neq -3.5 = \frac{-189}{54}$.

   e) Ist eine GF. Rekursiv: $a_1 = 12$, $a_k = 0.5 \cdot a_{k-1}$; explizit: $a_k = 12 \cdot 0.5^{k-1}$.

   f) Ist eine GF. Rekursiv: $a_1 = 10$, $a_k = -2 \cdot a_{k-1}$; explizit: $a_k = 10 \cdot (-2)^{k-1}$.

43. a) $q = 1.5$, $a_8 = 1093.5$ b) $q = 3$, $a_8 = 5832$

   c) $q = -0.5$, $a_8 = -50$ d) $q = \pm\sqrt{2}$, $a_8 = 18$

44. a) Ja; $a_8 = 1.9487\ldots$ b) Ja; $a_8 = 12.8$ c) Nein

   d) Nein   e) Ja; $a_8 = 0.43047\ldots$ f) Ja; $a_8 = -205.03125$

45. 17, 34 und 68

46. Die GF lautet 3, -6, 12 oder 12, -6, 3.

47. 217 Glieder sind kleiner.

48. 907 Glieder sind kleiner.

49. Es liegen 24 Glieder $(a_{74}, \ldots, a_{97})$ dazwischen.

50. a) 7.18% b) 14.2 Jahre

51. a) $\approx 2.56\%$ b) berechneter Verbrauch: $113.8 \cdot 10^9$ kWh

52. 2 und 5; Münz- und Notenwerte

53. $\frac{2047}{512} = 3.998\ldots$

54. –

55. a) 665   b) -3280 c) 2730   d) $-2'391'484.\overline{4}$

56. a) $\frac{5115}{4}$ b) $\frac{245'745}{16}$ c) 531'440   d) $\frac{58'025}{13'122}$ e) $1093\sqrt{3}+3280$

57. a) 838'861   b) 6560   c) $\frac{129'009'091}{24}$ d) 13'107

58. Es müssen mindestens 238 Glieder addiert werden.

59. ≈ 14.491

60. a) $A_2 = 3.75$, $A_3 = 2.8125$ b) $A_k = 5 \cdot \left(\frac{3}{4}\right)^{k-1}$ c) ab dem 39. Glied

   d) $a_k = 3^{k-1}$, $k \in \mathbb{N}$ e) $b_k = \frac{3^{k-1}-1}{2}$

61. a) 490   b) ca. 0.9 mm

62. a) 9   b) $\frac{2}{3}$ c) 500   d) $3+3\sqrt{3}$ e) $\frac{1}{3}$ f) $\frac{8}{15}$ g) $\frac{1}{18'000}$ h) 54

63. a) $10\left(1 - 0.9^n\right)$ b) $9.999734\ldots$ c) 10

64. $\frac{120}{7} \approx 17.14$

65. a) $q = \frac{3}{4}$; $s = 16'384$ b) $q = \frac{-2}{3}$; $s = 36$

66. a) $q = \frac{5}{6}$ b) $q_1 = \frac{1}{3}$ und $q_2 = \frac{2}{3}$

67. $a_3 = 2 \cdot \sqrt{2} - 2$, $a_4 = \sqrt{2} - 2$, $a_5 = \sqrt{2} - 1$ und $s = 12 \cdot \sqrt{2} - 16 \approx 0.97$

68. a) $\frac{4}{9}$ b) $\frac{17}{99}$ c) 1 d) $\frac{167}{37}$

69. a) $0 < |x| < \frac{1}{5}$ b) $1 < x < 3$, $x \neq 2$

70. $16\,\text{cm}$; $585.14\,\text{cm}^3$

71. $s = \frac{3}{2}\,\text{m}$

72. $s = 25\pi\,\text{cm} \approx 78.5\,\text{cm}$

73. $s = 117$; $Z(27\,|\,18)$

74. Beide Wege haben die Länge $\pi \cdot r$.

75. Sie müssen mindestens um $70.4\,\%$ abnehmen.

76. –

77. –

78. $42.92\,\%$

79. a) 1. DF: 1, 4, 9, 16, 25, ... $\Rightarrow$ 36, 49   b) 1. DF: 7, 5, 3, 1, -1, -3, ... $\Rightarrow$ -5, -7
c) 1. DF: 2, 3, 5, 7, 11, 13, ... $\Rightarrow$ 17, 19   d) 1. DF: 1, -2, 3, 1, -2, 3, 1, ... $\Rightarrow$ -2, 3

80. a) 102, 111   b) $\frac{161}{60}$, $\frac{191}{60}$ c) 133, 138   d) 14, 12

81. niemandem

82. Sie unterscheiden sich durch eine Konstante.

83. a) 1. DF: -1, 3, -1, 3, -1, 3, -1, ...   2. DF: 4, -4, 4, -4, 4, -4, 4, ...
3. DF: -8, 8, -8, 8, -8, 8, -8, ...   4. DF: 16, -16, 16, -16, 16, -16, 16, ...
b) 6. DF: 64, -64, 64, -64, 64, -64, 64, ...   7. DF: -128, 128, -128, 128, -128, ...
c) $d_k = (-1)^{n+1+k} \cdot 2^n$ für $n \in \mathbb{N}$

84. a) –   b) $d_k = 2k$

85. $d_k = 2k - 1$, $k \in \mathbb{N}$

86. a) $a_k = k^2 - k + 1$ b) $a_k = -k^2 + 11$ c) $a_k = \frac{1}{2}k^2 - \frac{3}{2}k + 4$
   $a_{101} = 10'101$ $a_{101} = -10'190$ $a_{101} = 4953$

   d) $a_k = -\frac{3}{2}k^2 + \frac{7}{2}k + 10$ e) $a_k = k^2 - 5k + 6$ f) $a_k = -k^2 + 3k + 1$
   $a_{101} = -14'938$ $a_{101} = 9702$ $a_{101} = -9897$

87. a) $a_{22} = 10'626$ b) $a_{22} = 10'649$ c) $a_{22} = 1938$ d) $a_{22} = -8000$

88. a) 4, 7, 9, 12, 14, 17, 19, 22, ...   b) 1, 8, 27, 64, 125, 216, ...

89. $-10, -5, 15, 53, 112, 195$

90. Nein

91. a) Die 1. DF ist ebenfalls eine GF.   b) Nein

92. Ja

93. –

94. –

95. Die Ordnung verändert sich in allen drei Fällen nicht.

96. f ist linear.

97. explizit: $a_k = k^2 - k + 2$; rekursiv: $a_1 = 2$, $a_{k+1} = a_k + 2k$, $k \in \mathbb{N}$

98. a) 35, 51, 70   b) $F_{k+1} = F_k + 3k + 4$, $F_1 = 5$
   c) $F_k = 1.5k^2 + 2.5k + 1$ d) 15'251

99. a) $a_1 = 4$, $a_2 = \frac{16}{3}$ b) $a_k = 3 \cdot \left(\frac{4}{3}\right)^k$ c) Die Folge ist divergent.

100. a) $u_k = 3s \cdot \left(\frac{4}{3}\right)^k$, $k \in \mathbb{N}_0$; (u_k) ist divergent.   b) $A_k = A_0 \cdot \left(\frac{1}{9}\right)^k = \frac{\sqrt{3}}{4}s^2 \cdot \left(\frac{1}{9}\right)^k$, $k \in \mathbb{N}_0$
   c) $\frac{A_0}{3} \cdot \left(\frac{4}{9}\right)^{k-1}$, $k \in \mathbb{N}$ d) $F_k = A_0 \left(1 + \frac{3}{5}\left(1 - \left(\frac{4}{9}\right)^k\right)\right)$, $k \in \mathbb{N}_0$
   e) $F = \frac{8}{5}A_0 = \frac{2\sqrt{3}}{5}s^2$

101. a) Fr. 1628.90   b) Fr. 613.90

102. a) Fr. 3760.90   b) Fr. 3761.15

103. Fr. 14'284.–

104. a) Fr. 6643.20   b) Fr. 315.10

105. Fr. 6862.80

106. Fr. 7497.75

107. 14-mal

108. Fr. 313.55

109. Fr. 269'347.80

110. a) 1, 1, 2, 3, 5, 8, 13, 21, 34, 55, 89   b) $F_0 = F_1 = 1$ und $F_{k+2} = F_{k+1} + F_k$, $k \in \mathbb{N}_0$

111. $W_k = W_{k-2} + W_{k-1}$ für $k \geq 3$ mit $W_1 = 1$ und $W_2 = 2$

112. $M_k = M_{k-2} + M_{k-1}$ für $k \geq 3$ mit $M_1 = 1$ und $M_2 = 2$

113. $T_k = T_{k-2} + T_{k-1}$ für $k \geq 3$ mit $T_1 = 1$ und $T_2 = 2$

114. –

115. a) 1, 2, 3, 5, 8, 13, 21, 34, 55, 89   b) 2, 1, 3, 4, 7, 11, 18, 29, 47, 76

c) 3, 4, 1, -3, -4, -1, 3, 4, 1, -3 d) 2, -1, 1, 0, 1, 1, 2, 3, 5, 8

116. a) Beide: 1, $\frac{1}{2}$, $\frac{2}{3}$, $\frac{3}{5}$, $\frac{5}{8}$, $\frac{8}{13}$ b) –   c) $g = \frac{\sqrt{5}-1}{2}$

117. a) Sie stimmt.   b) $F_{31} + F_{32} = 2'178'309 + 3'524'578 = 5'702'887 = F_{33}$ c) –

118. a) 0, 1, 1, 2, 3, 5, 8, 13, 21, …

b) $T(4) = T(6) = T(10) = +1$ und $T(5) = T(13) = -1$

c) $s_4 = 7$, $s_7 = 33$, $s_8 = 54$, $s_{11} = 232$; $s_n = u_{n+2} - 1$

d) $U(2) = 3$, $U(3) = 8$, $U(4) = 21$, $U(8) = 987$, $U(11) = 17'711$; $U(n) = u_{2n}$

119. a) $2 + 4 + 6 + \ldots + 2n = n \cdot (n + 1)$

b) $1 + 2 + 3 + 4 + \ldots + n = \frac{n \cdot (n+1)}{2}$

c) $1 + \frac{1}{2} + \frac{1}{4} + \frac{1}{8} + \ldots + \frac{1}{2^{n-1}} = 2 - \frac{1}{2^{n-1}}$

120. –

121. a) $2 + 6 + 18 + 54 + \ldots + 2 \cdot 3^{n-1} = 3^n - 1$

b) $1 \cdot 2 + 2 \cdot 3 + 3 \cdot 4 + \ldots + n \cdot (n + 1) = \frac{n(n+1)(n+2)}{3}$

122. a) $s_n = n^2$ b) $s_n = \frac{n}{n+1}$

c) $s_n = \frac{n}{2n+1}$ d) $s_n = \frac{2n}{n+1}$

e) $s_n = (n + 1)! - 1$ f) $s_n = \left(\frac{n(n+1)}{2} \right)^2$

123. a) $a_k = k^2 + 1$ b) $a_k = \frac{k}{k+1}$

124. $P_n = \frac{1}{n}$

125. –

126. –

127. –

128. –

129. –

130. –

131. –

132. –

133. –

134. –

135. –

136. a) weder noch

b) GF: $a_1 = 40$, $a_{k+1} = 0.75a_k$;
$a_k = 40 \cdot 0.75^{k-1}$

c) AF: $a_1 = 3$, $a_{k+1} = a_k + 4$; $a_k = 4k - 1$

d) GF: $a_1 = 5$, $a_{k+1} = -3 \cdot a_k$; $a_k = 5 \cdot (-3)^{k-1}$

137. rekursiv: $a_1 = 3$, $a_{k+1} = 10a_k + 3$; explizit: $a_k = \frac{1}{3} \cdot 10^k - \frac{1}{3}$, $k \in \mathbb{N}$

138. $a_3 = 2a_2 - a_1 = 2m - 1$, $a_4 = 2a_3 - a_2 = 3m - 2$, $a_5 = 2a_4 - a_3 = 4m - 3$, $a_6 = 2a_5 - a_4 = 5m - 4$

$\Rightarrow a_k = (k-1)m - (k-2) = (m-1)k + (2-m)$ $\Rightarrow$ Es handelt sich um eine AF.

139. a) $\frac{1}{5}$, $\frac{1}{6}$, $\frac{1}{7}$, $\frac{1}{8}$, $\frac{1}{9}$; $a_k = \frac{1}{k+2}$, $k \in \mathbb{N}$

b) $\frac{1}{4}$, $\frac{1}{3}$, $\frac{1}{2}$, $\frac{1}{1}$, a_7 nicht def.; $a_k = \frac{1}{7-k}$, $k \le 6$

c) $\frac{1}{13}$, $\frac{1}{15}$, $\frac{1}{17}$, $\frac{1}{19}$, $\frac{1}{21}$; $a_k = \frac{1}{2k+7}$, $k \in \mathbb{N}$

d) $\frac{-1}{8}$, $\frac{-1}{13}$, $\frac{-1}{18}$, $\frac{-1}{23}$, $\frac{-1}{28}$; $a_k = \frac{1}{7-5k}$, $k \in \mathbb{N}$

140. $d_{\max} = 9$

141. AF: a), d), e), h), j);   GF: b), c), f), g), k);   weder noch: i), l)

142. a) (b_k) ist eine GF.

b) (b_k) ist eine AF.

143. –

144. 100

145. a) –

b) ca. 5.3 Mio. Franken

146. a) konvergiert; $\frac{3}{2}\,\mathrm{m}^2$

b) divergiert

147. –

148. $11.9747\ldots \approx 12\,\ell$

149. 80 km von U bzw. 39 km von V entfernt

150. Ja

151. spätestens im Jahr 2044

152. 720 Franken

153. $u = 4$, $v = 1$, $w = -2$

154. –

155. a) $5 + 8 + 11 + 14 + 17 + \ldots$

b) $2 + 2 + 4 + 8 + 16 + 32 + \ldots$

c) $1 + 0 + 1 + 0 + 1 + 0 + 1 + 0 + 1 + \ldots$

d) $1 + (-1) + 1 + (-1) + 1 + (-1) + 1 + \ldots = 1 - 1 + 1 - 1 + 1 - 1 + 1 \mp \ldots$

e) $32 + (-16) + 8 + (-4) + (-1) + \ldots = 32 - 16 + 8 - 4 - 1 \mp \ldots$

f) $1 + (-2) + 3 + (-4) + 5 + (-6) + 7 + \ldots = 1 - 2 + 3 - 4 + 5 - 6 + 7 \mp \ldots$

156. Die gegebene Reihe ist konvergent und hat den Grenzwert 4.

157. a) $\frac{2+5x}{1-x^2}$ \qquad b) $\frac{2-3x}{1-x^2}$ \qquad c) $\frac{x+x^2}{1+x^2}$

158. $a_{12} = -69$

159. a) a_7 \qquad b) b_5

160. a) 61.46 \qquad b) 916.82 \qquad c) 56.05 \qquad d) 30.44 \qquad e) 804.54 \qquad f) 45.87

161. a) $w_2(x) = 4x - 3$, $w_3(x) = 8x - 7$, $w_4(x) = 16x - 15$

b) – \qquad c) Ja \qquad d) –

162. –

163. a) Sie liegen: i) auf einer Geraden, ii) auf einer Exponentialkurve und iii) auf einer Parabel.

b) –

164. a) $17, 33, 65$ \qquad b) $\frac{1}{2}, -\frac{1}{4}, \frac{1}{8}$ \qquad c) $3, 8, 63$ \qquad d) $8, 19, 46$

165. a) $a_3 = 6$, $a_4 = 8$, $a_5 = 10$; $a_k = 2k$ \qquad b) $a_3 = -1$, $a_4 = -3$, $a_5 = -5$; $a_k = 5 - 2k$

166. 900 Zahlen

167. Für alle Teilaufgaben gilt $k \in \mathbb{N}$.

a) GF; $a_{15} = 49'152$; rek.: $a_1 = 3$, $a_{k+1} = a_k \cdot (-2)$; expl.: $a_k = 3 \cdot (-2)^{k-1} = \frac{-3}{2} \cdot (-2)^k$

b) weder noch

c) weder noch

d) AF; $a_{15} = -789$; rek.: $a_1 = 765$, $a_{k+1} = a_k - 111$; expl.: $a_k = 876 - 111k$

e) GF; $a_{15} = 9'565'938$; rek.: $a_1 = 2$, $a_{k+1} = a_k \cdot (-3)$; expl.: $a_k = 2 \cdot (-3)^{k-1} = -\frac{2}{3} \cdot (-3)^k$

f) weder noch

g) weder noch

h) AF; $a_{15} = 789$; rek.: $a_1 = -765$, $a_{k+1} = a_k + 111$; expl.: $a_k = -876 + 111k$

168. a) expl.: $a_k = 3k - 2$ \qquad b) expl.: $a_k = 7k - 1$ \qquad c) expl.: $a_k = 2^{k+1}$

rek.: $a_1 = 1$, $a_{k+1} = a_k + 3$ \qquad rek.: $a_1 = 6$, $u_{k+1} = u_k + 7$ \qquad rek.: $a_1 = 4$, $a_{k+1} = 2a_k$

169. a) $s_n = 37n - \frac{7}{2}n(n-1)$ b) $s_n = 64 \cdot \left(1 - \left(\frac{3}{4}\right)^n\right)$

170. a) $s_{24} = \sum\limits_{k=1}^{24} (12 + 3k) = 1188$ b) $s_6 = \sum\limits_{k=1}^{6} 4 \cdot 3^{k-1} = 1456$

     c) $s_{12} = \sum\limits_{k=1}^{12} 15'360 \cdot \left(-\frac{3}{2}\right)^{k-1} = -791'017.5$ d) $s_{10} = \sum\limits_{k=1}^{10} (23 - 6k) = -100$

171. a) $a_{48} = 103$, $s_{48} = 2688$ b) $i = 20$ c) $a_1 = -8.125$, $s_{24} - s_7 = 85$

172. a) 124 Glieder   b) 7997 Glieder

173. 103, 115, 127

174. Die Folge hat 20 Glieder.

175. Die Folge hat 100 Glieder.

176. Die AF umfasst höchstens 55 Glieder und es gilt: $a_n = a_{55} = 3$.

177. a) $a_1 = 1000$, $s_9 = 1428.54\ldots$ b) $i = 9$

     c) $q = \pm\sqrt{3}$, $a_1 = \frac{2}{3}$ d) $i = 17$

178. a) 6905 Glieder   b) 14 Glieder   c) mindestens 8 Glieder

179. $a_2 = 30$

180. $s = 512$

181. $2 \cdot \sqrt{6} + 4 \cdot \sqrt{3}$

182. a) $2500\,\text{cm}^2$; $625\,\text{cm}^2$; $156.25\,\text{cm}^2$ b) $Q_n = \frac{10'000}{4^n}$

     c) ab dem 64. Quadrat   d) $\approx 3333.28\,\text{cm}^2$

     e) $3333.\overline{3}\,\text{cm}^2$

183. a) 56.7   b) 13.5   c) 1   d) $\frac{30}{7}$

184. $0 < |m| < \frac{2}{3}$

2 Grenzwerte

1. Zahl 1

2. a) Die Zimmertemperatur in der Küche.   b) Die Zimmertemperatur in der Küche.

3. a) $\frac{1}{3}$ b) 2   c) $\frac{2}{3}$ d) 3

4. a) 0   b) 2   c) 0   d) 1

5. a) $0.12345678910111213\ldots$ b) $0.10100100010000100000\ldots$

     c) kein Grenzwert   d) 2

6. a) 2   b) 4   c) 3   d) 5   e) 6   f) 0

7. a) 0   b) 0   c) ∞; best. divergent

8. a) 0   b) 3   c) ∞; best. divergent

9. a) $a_k = 70 \cdot \left(\frac{2}{3}\right)^k$ b) Umgebungstemperatur, d. h. 24 °C

10. a) $a = 0$; $n = 10$ b) $a = 0$; $n = 3$

11. a) $n = 1001$; $n = 10^{10} + 1$ b) $n = 10^6 + 1$; $n = 10^{20} + 1$ c) $n = 501$; $n = 5 \cdot 10^9 + 1$

12. $n = 51$

13. a) $n = 10$ b) $n = 10^{(10^6) - 2}$ c) $n = 5 \cdot 10^{10} + 1$

14. a) Beispiel 1: $a_k = 2$; Beispiel 2: $a_k = 2 + \frac{1}{k} = \frac{2k+1}{k}$; Beispiel 3: $a_k = 2 + \left(\frac{1}{4}\right)^k$

     b) Beispiele: $a_k = \frac{1}{2} + \frac{1}{3k}$; $a_k = \frac{1}{2} + \left(-\frac{1}{4}\right)^k$

15. a) Nein   b) Ja   c) Nein   d) Ja   e) Nein

16. a) Nein   b) Nein

17. a) 2   b) 0   c) $\frac{-1}{5}$

     d) 0   e) 2   f) 5

     g) $\frac{7}{4}$ h) 8   i) -16

18. a) $\frac{-4}{5}$ b) $-\infty$; bestimmt divergent   c) unbestimmt divergent

19. a) 0   b) 1   c) 0

20. a) 1   b) 0   c) 0

     d) best. divergent gegen ∞ e) best. divergent gegen ∞ f) best. divergent gegen $-\infty$

21. a) Nein, unbestimmt divergent   b) Ja, 0   c) Ja, 1

     d) Nein, best. divergent, ∞ e) Ja, 0   f) Nein, best. divergent, $-\infty$

22. a) 0   b) 0   c) 1000

23. $\lim\limits_{k \to \infty} \frac{4 \cdot k^m}{7 \cdot k^\ell} = \begin{cases} \infty, & m > \ell \\ \frac{4}{7}, & m = \ell \\ 0, & m < \ell \end{cases}$

24. a) $a = 0$: Grenzwert 0; $a \neq 0$: Grenzwert 1   b) $a = 0$: Grenzwert 0; $a \neq 0$: Grenzwert $\frac{1}{a}$

25. $\lim\limits_{k \to \infty} a_k = 2 \Rightarrow$ z. B. $b_k = a_k + 2 = \frac{4k+5}{k+3}$; $b_k = 2 \cdot a_k = \frac{4k-2}{k+3}$; $b_k = (a_k)^2 = \frac{4k^2 - 4k + 1}{k^2 + 6k + 9}$

26. a) e^2 b) $\frac{1}{e} = e^{-1}$ c) e d) e^2

27. a) 4   b) $\frac{4}{5}$ c) $1 + \sqrt{2}$ d) 1

28. $\frac{1}{2}$

29. a) Nein   b) Ja

30. a) 0; 0   b) 0; 0   c) 0; 0

31. a) 0   b) 1   c) unbestimmt divergent   d) bestimmt divergent

32. a) Falsch   b) Wahr   c) Falsch

33. a) $\frac{1}{3}$ b) $-\infty$, best. divergent   c) $\frac{3}{2}$ d) $-\frac{1}{2}$
    e) 3   f) ∞, best. divergent   g) -1 h) $\frac{1}{3}$

34. a) $\sqrt{2}$ b) 2   c) 0   d) 5

35. $\lim\limits_{x \to \infty} \left(\sqrt{2x+1} - \sqrt{2x} \right) = \lim\limits_{x \to \infty} \left(\frac{\sqrt{2x+1} - \sqrt{2x}}{1} \cdot \frac{\sqrt{2x+1} + \sqrt{2x}}{\sqrt{2x+1} + \sqrt{2x}} \right) = \lim\limits_{x \to \infty} \frac{1}{\sqrt{2x+1} + \sqrt{2x}} = 0$

36. a) $\frac{3}{4}$ b) $\frac{3}{8}$

37. a) 1   b) 0   c) $\frac{3}{2}$

38. a) $\frac{2}{5}$, $\frac{2}{5}$ b) 0, 0   c) 0, existiert nicht   d) 0, existiert nicht

39. a) 4   b) 2   c) -128 d) $\frac{1}{2}$

40. Lösungen für $x \to \infty$ und $x \to -\infty$
    a) 0, divergent   b) 0, divergent   c) 0, divergent   d) 0, 0
    e) divergent, 0   f) divergent, 0   g) divergent, 0   h) beide divergent

41. a) divergent   b) 0   c) divergent   d) 0

42. Lösungen für $x \to \infty$ und $x \to -\infty$
    a) -1, -1 b) 1, -1 c) $\frac{2}{3}$, $\frac{2}{3}$ d) 0, existiert nicht

43. $a = -4$, $b = 5$, $c = 6$

44. a) $m = 4$ b) $m \geq 5$ c) kein m d) $m = 0, 1, 3$ e) $m = 2$

45. a) 0   b) 7   c) 0   d) -3 e) a f) 3

46. a) 2   b) 6   c) unbest. divergent
    d) 0   e) unbest. divergent   f) unbest. divergent

47. a) 4   b) -20 c) $\frac{4}{3}$ d) $\frac{1}{2}$

48. a) $\frac{1}{8}$, unbestimmt divergent   b) unbestimmt divergent, $\frac{1}{10}$
    c) 0, 14   d) 26, 0

49. a) 3   b) unbestimmt divergent   c) $\frac{11}{18}$

     d) -4 e) -6 f) $\frac{1}{2}$

50. a) 2   b) 12   c) $\frac{1}{4}$

51. a) 1   b) 2

52. a) 4   b) 12   c) -8 d) $-4p$

53. a) $-\frac{1}{2}$ b) $\frac{1}{6}$ c) $-\frac{4}{5}$

54. Die erste Gleichung ist nicht korrekt und die zweite Gleichung ist korrekt.

55. a) -2 b) $\frac{1}{2}$ c) 4   d) $-\frac{1}{2}$ e) $\frac{1}{3}$ f) 0

56. a) $\frac{1}{2}$ b) $\frac{1}{72}$ c) unbestimmt divergent

     d) $-\infty$, bestimmt divergent   e) $-\frac{1}{4}$ f) 48

57. a) 16   b) 100   c) $4m^2$

58. a) $\frac{\sqrt{2}}{4}$, $\frac{\sqrt{2}}{4}$ b) $\frac{\sqrt{m}}{2m}$, $\frac{\sqrt{m}}{2m}$

59. a) 10   b) 4, 4   c) $\frac{5}{4}$

60. a) $\frac{1}{8} = 0.125$ b) 0   c) –   d) $f(x) = \frac{1}{\sqrt{x^2+16}+4}$

61. a) –   b) (i) 0   (ii) 2   (iii) 1

62. a) Ja   b) Nein   c) Ja   d) Nein   e) Ja

63. a) Ja   b) Ja

64. a) (streng) monoton fallend   b) (streng) monoton wachsend

     c) (streng) monoton fallend   d) (streng) monoton wachsend

65. a) (a_k) ist streng monoton fallend und beschränkt durch 0 und $\frac{1}{7}$.

     b) (a_k) ist streng monoton fallend und beschränkt durch 0 und $\frac{1}{2}$.

66. a) (a_k) ist streng monoton fallend und beschränkt durch 0 und $\frac{1}{7}$.

     b) (a_k) ist streng monoton fallend und beschränkt durch 0 und $\frac{1}{2}$.

67. a) (streng) monoton fallend   b) (streng) monoton fallend

68. a) Falsch   b) Falsch   c) Wahr   d) Wahr

69. a) Falsch; Gegenbeispiel: $a_k = (-1)^k$ b) Falsch; Gegenbeispiel: $a_k = (-1)^k$

     c) Wahr nach Definition der Monotonie

70. a) z. B. $a_k = 5 + \frac{1}{k}$ b) z. B. $a_k = -1 + \left(-\frac{1}{2}\right)^k$

71. a) Falsch   b) Falsch   c) Falsch   d) Falsch   e) Falsch   f) Falsch   g) Falsch   h) Falsch

72. a) Grenzwert 6 b) Grenzwert 1

73. –

74. a) Nein b) Nein c) Nein d) Nein

75. a) Ja; 8 b) Ja; $\frac{1}{2}$ c) Ja; $\frac{1}{2}$

76. a) $\lim\limits_{x\to 4^+} f(x) = 3$ und $\lim\limits_{x\to 4^-} f(x) = 3$; $\lim\limits_{x\to 4} f(x) = 3$ existiert.

b) $\lim\limits_{x\to 2^+} f(x) = 2$ und $\lim\limits_{x\to 2^-} f(x) = 1$; $\lim\limits_{x\to 2} f(x)$ existiert nicht.

77. a) Nein; -1, 1 b) Nein; 0, ∞ (divergent)

78. a) ∞ bzw. $-\infty$ (divergent) b) 6 c) ∞ (divergent) bzw. 0

79. a) $-\infty$ bzw. ∞ (divergent) b) 0 c) ∞ (divergent) bzw. 0

d) 0 e) 1 f) $\frac{1}{2}$

80. a) Wahr b) Wahr c) Wahr d) Wahr e) Wahr f) Falsch

81. a) Ja, 2 b) Ja, $-\frac{1}{4}$ c) Nein d) Ja, 1 e) Nein f) Nein

82. a) konvergent, $\ln(2)$ b) divergent c) divergent

83. a) 1 b) -1 c) kein Grenzwert d) 0

84. unbestimmt divergent

85. b

86. $a_1 = 0$; $a_n = \frac{2}{n^2+n}$ für $n \geq 2$; $\lim\limits_{n\to\infty} s_n = 1$

87. a) $a_5 = \frac{1}{30}$, $a_7 = \frac{1}{56}$, $a_{15} = \frac{1}{240}$, $a_{99} = \frac{1}{9900}$ und $a_{110} = \frac{1}{12'210}$, $a_{1110} = \frac{1}{1'233'210}$,

$a_{11110} = \frac{1}{123'443'210}$, $a_{111110} = \frac{1}{12'345'543'210}$

b) $s_1 = \frac{1}{2}$, $s_2 = \frac{2}{3}$, $s_3 = \frac{3}{4}$, $s_4 = \frac{4}{5}$, $s_5 = \frac{5}{6}$ und $s_n = \frac{n}{n+1}$

c) $\lim\limits_{k\to\infty} a_k = 0$ und $\lim\limits_{n\to\infty} s_n = 1$ d) –

88. –

89. a) $\frac{\pi^2}{24}$ b) $\frac{\pi^2}{8}$

90. a) (f_n) : 1, 1, 2, 3, 5, 8, 13, 21, 34, 55, 89, 144, ...

b) (q_n) : $\frac{1}{1}$, $\frac{2}{1}$, $\frac{3}{2}$, $\frac{5}{3}$, $\frac{8}{5}$, $\frac{13}{8}$, $\frac{21}{13}$, $\frac{34}{21}$, $\frac{55}{34}$, $\frac{89}{55}$, ...

c) (q_n) : 1, 2, 1.5, $1.666\ldots$, 1.6, 1.625, $1.615\ldots$, $1.619\ldots$, $1.617\ldots$, $1.618\ldots$, ...

d) $q_n = 1 + \frac{1}{q_{n-1}}$, $n \geq 2$ und $q_1 = 1$ e) $\frac{1+\sqrt{5}}{2} = 1.618\ldots$ f) –

g) Nein h) 1, $1 + \frac{1}{1} = 2$, $1 + \frac{1}{1+\frac{1}{1}} = \frac{3}{2}$, $1 + \frac{1}{1+\frac{1}{1+\frac{1}{1}}} = \frac{5}{3}$

91. a) Falsch b) Falsch c) Falsch d) Wahr e) Falsch f) Falsch g) Falsch

92. a) $\lim\limits_{x \to -2} f(x) = 4$, $\lim\limits_{x \to -2} \frac{f(x)}{x} = -2$ b) $\lim\limits_{x \to 0} g(x) = 0$, $\lim\limits_{x \to 0} \frac{g(x)}{x} = 0$

93. a) 4 b) $-\frac{1}{2}$

94. Die drei Fälle in der Übersicht. Es ist $x_0 = 0$ in allen Fällen (für rechts- und linksseitige Grenzwerte siehe Kapitel 2.3 «Weitere Themen»):

$\lim\limits_{x \uparrow 0} 2^{\frac{1}{x}} = 0$	$\lim\limits_{x \uparrow 0} \frac{1}{1+2^{\frac{1}{x}}} = 1$	$\lim\limits_{x \uparrow 0} 2^{-\frac{1}{x^2}} = 0$
$\lim\limits_{x \downarrow 0} 2^{\frac{1}{x}} = \infty$	$\lim\limits_{x \downarrow 0} \frac{1}{1+2^{\frac{1}{x}}} = 0$	$\lim\limits_{x \downarrow 0} 2^{-\frac{1}{x^2}} = 0$
$\lim\limits_{x \to 0} 2^{\frac{1}{x}}$ existiert nicht	$\lim\limits_{x \to 0} \frac{1}{1+2^{\frac{1}{x}}}$ existiert nicht	$\lim\limits_{x \to 0} 2^{-\frac{1}{x^2}} = 0$ (hebbare Lücke)
Asymptote $y = 1$	Asymptote $y = \frac{1}{2}$	Asymptote $y = 1$

95. $\lim\limits_{g \to \infty} \left(\frac{1}{b} + \frac{1}{g} \right) = \frac{1}{b} = \frac{1}{f} \Leftrightarrow b = f$, d. h., das Bild liegt in der Brennebene der Linse.

96. a) $\lim\limits_{m_2 \to \infty} \frac{x_1 \cdot m_1 + x_2 \cdot m_2}{m_1 + m_2} = x_2$ b) $\lim\limits_{m_1 \to \infty} \frac{x_1 \cdot m_1 + x_2 \cdot m_2}{m_1 + m_2} = x_1$

97. a) 0.488 b) 2.120028 c) 0.73908

98. a) Grenzwert 0 b) Grenzwert -2

99. $n = 1001$

100. a) Nein b) Ja c) z. B. $a_k = k$

101. a) 10 b) $\frac{-5}{4}$ c) best. divergent
d) 3 e) unbest. divergent f) $\frac{-1}{2}$

102. a) 1 b) 0 c) 0 d) 1 e) 1 f) 1

103. a) Ja; Grenzwert 0 (GF mit $q = \frac{1}{3}$) b) Nein; best. div. gegen $-\infty$ (AF mit $d < 0$)

104. $\frac{1+\sqrt{5}}{4}$ (GR mit $q = \frac{1}{\sqrt{5}}$)

105. a) $\lim\limits_{x \to \infty} \frac{2x+3}{x+1} = 2$, $\lim\limits_{x \to -\infty} \frac{2x+3}{x+1} = 2$ b) $\lim\limits_{x \to -\infty} \frac{7x}{x-7} = 7$, $\lim\limits_{x \to \infty} \frac{7x}{x-7} = 7$

106. a) $\frac{1}{3}$ b) 1 c) 1

107. a) best. divergent, ∞ b) best. divergent, ∞ c) konvergent, $-\frac{1}{2}$ d) konvergent, $\frac{1}{3}$

108. a) $x \to \infty$: divergent; $x \to -\infty$: Grenzwert 0 b) $x \to \infty$: divergent; $x \to -\infty$: Grenzwert 0
c) beide divergent d) beide konvergent mit Grenzwert 0

109. a) 9 b) $\frac{9}{4}$

110. a) 6 b) -10

111. a) $2x$ b) h

112. a) 27   b) 27

113. a) $\frac{8}{9}$ b) bestimmt divergent, ∞

3 Differentialrechnung

1. a) $v_1 = 0.5\,\text{m/s}$ b) $v_2 = 0.25\,\text{m/s};\ v_3 = 0.75\,\text{m/s}$

     c) $v_4 \approx 0.6\,\text{m/s};\ v_5 \approx 0.7\,\text{m/s};\ v_6 \approx 0.8\,\text{m/s};\ v_7 = 1\,\text{m/s}$ d) $v = v(6) \approx 1.2\,\text{m/s}$

2. a) $\frac{f(4)-f(1)}{4-1} > 0$ b) $\frac{f(2)-f(1)}{2-1} < 0$

     c) $\lim\limits_{x\to 4} \frac{f(x)-f(4)}{x-4} > 0$ d) $\lim\limits_{x\to 6} \frac{f(x)-f(6)}{x-6} < 0$

     e) $\frac{f(2)-f(1)}{2-1} > \frac{f(6)-f(5)}{6-5}$ f) $\lim\limits_{x\to 3} \frac{f(x)-f(3)}{x-3} < \lim\limits_{x\to 4} \frac{f(x)-f(4)}{x-4}$

     g) $\lim\limits_{x\to 0.5} \frac{f(x)-f(0.5)}{x-0.5} = \lim\limits_{x\to 5} \frac{f(x)-f(5)}{x-5}$

3. a) –   b) $v_{\text{Mittel}} = 1\,\text{m/s}$ c) –

     d) –   e) $v_{\text{mom}} = 0.5\,\text{m/s}$ f) $v_{\text{mom}} = \lim\limits_{t\to 1} \frac{s(t)-s(1)}{t-1} = 0.5$

     g) –   h) $v(t_0) = 0.5 t_0$

t_0	0	2	3	4
$v(t_0)$	0	1	1.5	2

4. a) i) $m_{AB} = \frac{2}{25}$,   ii) $m_{CD} = \frac{3}{65}$,   iii) $m_{DE} = \frac{-1}{10}$,   iv) $m_{FG} = \frac{-1}{25}$

     b) grösste: AB; kleinste: DE c) steigend in $[0; 380]$, fallend in $[380; 600]$

     d) D und F e) $\approx 0.3\,\%$; Nein

5. a) $D = \mathbb{R};\ m_1 = -2;\ m_2 = 9$ b) $D = \mathbb{R};\ m_1 = 3;\ m_2 = -8$

     c) $D = [-2; \infty[;\ m_1 = \sqrt{2};\ m_2 = \frac{2}{5}$ d) $D = \mathbb{R}\backslash\{-3\};\ m_1 = -2;\ m_2 = \frac{-3}{25}$

6. a) $-1.4\,°\text{C/min}$ und $-0.8\,°\text{C/min}$ b) –   c) an deren Steigung

7. a) Bakterienzuwachs im Zeitintervall $[t_0; t_1]$

     b) durchschnittliche Zuwachsrate (durchschnittliche Wachstumsgeschwindigkeit) der Bakterien im Zeitintervall $[t_0; t_1]$

     c) momentane Zuwachsrate (momentane Wachstumsgeschwindigkeit) der Bakterien zur Zeit t_0

8. a) $L(x) = 0.25^x,\ x \geq 0$

     b) Es ist die effektive Änderung der Leuchtkraft beim Übergang von der Tiefe x_1 zur Tiefe x_2. $L(5) - L(2) = -0.061523\ldots$

     c) $\frac{\Delta L}{\Delta x} = -0.02050\ldots$

     d) Es ist die momentane Änderungsrate der Leuchtkraft in 5 Metern Tiefe.

9. a) $I_{[t_1; t_2]} = \frac{W(t_2)-W(t_1)}{t_2-t_1}$ b) $I(t_1) = \lim\limits_{t_2\to t_1} \frac{W(t_2)-W(t_1)}{t_2-t_1}$

10. a) $\nu_R = \frac{M(t_0+\Delta t)-M(t_0)}{\Delta t}$ 　　　　 b) $\nu_R(t_0) = \lim\limits_{\Delta t \to 0} \frac{M(t_0+\Delta t)-M(t_0)}{\Delta t}$

11. a) $\rho_{[z_0;z]} = \frac{m(z)-m(z_0)}{(z-z_0)\cdot Q}$ 　　　 b) $\rho_{z_0} = \frac{1}{Q} \cdot \lim\limits_{z \to z_0} \frac{m(z)-m(z_0)}{z-z_0}$

12. a) Wahr 　　　　　　 b) Wahr 　　　　　　 c) Wahr

13. a) $55\,\text{m/s}$; $50.5\,\text{m/s}$; $50.25\,\text{m/s}$; $50.005\,\text{m/s}$ 　 b) $50\,\text{m/s}$ 　 c) $v_0 = 10t_0$

14. a) $136\,\text{m}$ 　　　　　　 b) $52\,\text{m/s}$ 　　　　　　 c) $92\,\text{m/s}$

15. a) i) 10 　　　　　　 ii) $8+h$ 　　　　　　 iii) $2x_0 + h$

　　 b) i) 10 　　　　　　 ii) $x_1 + 4$ 　　　　　　 iii) $x_1 + x_0$

　　 c) i) 8 　　　　　　 ii) 8 　　　　　　 iii) $2x_0$

16. a) $f'(1) = -1$ 　　　 b) $f'(2) = \frac{-1}{4}$ 　　　 c) $f'(5.5) = \frac{-4}{121} \approx -0.033$

17. a) $f'(2) = 4$ 　　　 b) $f'(5) = \frac{-2}{125}$ 　　　 c) $f'(-1) = 3$

18. a) $f'(5) = 7$ 　　 b) $f'(-1) = -2$ 　　 c) $f'(0) = 0$ 　　 d) $f'(3) = m$

19. $\frac{\mathrm{d}}{\mathrm{d}x} f(1) = \frac{1}{4}$

20. a) $f(x) = \sqrt{x}$ und $x_0 = 49$ 　 b) $f(x) = 2^x$ und $x_0 = 5$ 　 c) $f(x) = \lg(x)$ und $x_0 = 100$
　　 d) $f(x) = \sin(x)$ und $x_0 = \frac{5\pi}{6}$ 　 e) $f(x) = x^4$ und $x_0 = 3$ 　 f) $f(x) = \frac{1}{x}$ und $x_0 = \frac{1}{5}$

21. a) $f'(x) = 1$ 　　　　　　 b) $f'(x) = 2x$ 　　　　　　 c) $f'(x) = 3x^2$
　　 d) $f'(x) = 6x$ 　　　　　 e) $f'(x) = \frac{1}{2}$ 　　　　　 f) $f'(x) = 6x^2 - 2x$
　　 g) $f'(x) = \frac{1}{2\sqrt{x}}$ 　　　　 h) $f'(x) = 2ax + b$ 　　　　 i) $f'(x) = \frac{-c}{x^2}$

22. a) $2x$; $2x$ 　　　　　　　　　 b) $3x^2 + h^2$; $3x^2$
　　 c) $\frac{-1}{x^2-h^2}$; $\frac{-1}{x^2}$ 　　　　　　 d) $2x - 1$; $2x - 1$

23. Sekantensteigungen: $\frac{1}{2}$, $\frac{2}{3}$, $\frac{3}{4}$, $\frac{4}{5}$, $\frac{5}{6}$; $m_0 = 1$

24. a) $F(a+\Delta a) - F(a) = 2a\Delta a + (\Delta a)^2$ 　 b) $\frac{\Delta F}{\Delta a} = 2a + \Delta a$ 　 c) $\frac{\mathrm{d}F}{\mathrm{d}a} = 2a$

25. $\frac{\mathrm{d}F}{\mathrm{d}r} = 2\pi \cdot r$

26. Nein

27. i) Wahr 　　　　　　 ii) Falsch 　　　　　　 iii) Falsch

28. I–c), II–a), III–b), IV–d)

29. –

30. –

31. –

32. –

33. a) Nein   b) Nein   c) Ja   d) Nein   e) Nein

34. Graph 2

35. Graph 2

36. $t = 4$

37. a) $f'(x) = 0$
   d) $f'(x) = 3$
   g) $f'(x) = \frac{-1}{2}x^4$
   j) $f'(x) = \frac{-5}{x^6}$

   b) $f'(x) = -9$
   e) $f'(x) = 3x^2$
   h) $f'(x) = \frac{3}{2}x^2 - 2$
   k) $f'(x) = \frac{1}{4}x^{-\frac{3}{4}} = \frac{1}{4\sqrt[4]{x^3}}$

   c) $f'(x) = 16x^{15}$
   f) $f'(t) = 14x + 2$
   i) $f'(x) = \frac{1}{3}x^3 - \frac{1}{3}x^2$
   l) $f'(x) = -3 \cdot \frac{1}{5}x^{-\frac{4}{5}} = \frac{-3}{5\sqrt[5]{x^4}}$

38. a) $g'(t) = -4t + 3$
   d) $g'(t) = 4at^3 + 2bt$

   b) $g'(t) = 2t + 15t^2$
   e) $g'(t) = \frac{a}{\sqrt{t}}$

   c) $g'(t) = -12t^3 - 3 + 6t^{-3}$
   f) $g'(t) = 9x^2 t^2$

39. a) $\frac{dy}{dx} = -20x^4 + 2$
   d) $\frac{dy}{dx} = x^{-\frac{1}{5}} - x^{-\frac{1}{3}}$

   b) $\frac{dy}{dx} = -\frac{18}{x^3}$
   e) $\frac{dy}{dx} = \frac{1}{3}x^{-\frac{2}{3}} + \frac{1}{5}x^{-\frac{4}{5}}$

   c) $\frac{dy}{dx} = \frac{3}{2}x^2$
   f) $\frac{dy}{dx} = \frac{1}{2\sqrt{x}} - \frac{2}{\sqrt[3]{x^2}}$

40. a) $\frac{dy}{dx} = 10x + 15$
   b) $\frac{dy}{dx} = 6x + 2$
   c) $\frac{dy}{dx} = \frac{7}{4}$

41. a) $y' = 3x^2 + 1$
   d) $y' = 8x + 3$

   b) $y' = 4x^3 - 6x^2$
   e) $y' = 2 - \frac{1}{x^2}$

   c) $y' = 18x - 6$
   f) $y' = 1 + \frac{12}{x^3}$

42. a) $V'(a) = 3a^2$ b) $O'(h) = 2\pi r$ c) $A'(r) = 2\pi r$ d) $V'(r) = 4\pi r^2$

43. a) 4
   d) -2

   b) $8x - 4$
   e) $4x$

   c) 4
   f) $2x + 2$

44. Im Folgenden ist $c \in \mathbb{R}$ eine beliebige Konstante.

   a) $f(x) = x^2 + c$ b) $f(x) = 2x^4 + 3x + c$ c) $f(x) = \frac{1}{6}x^6 - \frac{1}{4}x^4 + \frac{1}{2}x^2 + c$

45. Ja

46. $q = 1$

47. a) $f'(x) = -12x^3 + 2x$
   c) $h'(t) = -60t^4 - 48t^2 + 42t$
   e) $h'(x) = \frac{5x^2 - 1}{2\sqrt{x}}$
   g) $f'(z) = 16z^3 + \frac{7}{2}z^2\sqrt{z} - \frac{1}{\sqrt{z}} - 8$

   b) $g'(z) = -3z^2 + 4z - 2$
   d) $f'(x) = \frac{15}{2}x\sqrt{x}$
   f) $g'(u) = \frac{14u + 2}{5\sqrt[5]{u^3}}$
   h) $f'(x) = 16x^3 + 60x^2 + 74x + 30$

48. a) $f'(x) = a - 2x$
   d) $g'(t) = \frac{3t + a}{2\sqrt{t}}$

   b) $f'(x) = -a$
   e) $g'(t) = 2at + 1$

   c) $f'(x) = -4a^2 x^3 + 3ax^2$
   f) $g'(t) = 4t^3 + 4a^2 t$

49. In beiden Fällen: $f'(x) = 9x^2 - 8x + 3$

50. –

51. –

52. –

53. a) $P' = f' \cdot g \cdot h + f \cdot g' \cdot h + f \cdot g \cdot h'$; $P'(x) = 3x^2(x+1)(x^2-1) + x^3(x^2-1) + 2x^4(x+1)$

b) $P' = 3f^2 f'$; $P'(x) = 6(2x-1)^2$

54. –

55. a) $f'(x) = \frac{2}{(x+1)^2}$ b) $f'(x) = \frac{3x^2-1}{x^2}$ c) $f'(x) = \frac{-11}{(3x+4)^2}$ d) $f'(x) = \frac{x^2-1}{2x^2}$

e) $g'(x) = \frac{1}{3x^2}$ f) $g'(x) = \frac{3}{(1-x)^2}$ g) $g'(x) = \frac{-1}{(x+1)^2}$ h) $g'(x) = \frac{-6x}{(1+x^2)^2}$

i) $v'(t) = \frac{-6}{(2t-1)^2}$ j) $v'(t) = \frac{t(3t-2)}{(3t-1)^2}$ k) $v'(t) = \frac{9t^2}{(t^3+2)^2}$ l) $v'(t) = \frac{1+3t^2}{(1-3t^2)^2}$

m) $w'(t) = \frac{t^2-2t+2}{(t-1)^2}$ n) $w'(t) = \frac{9t^2}{(1-2t^3)^2}$ o) $w'(t) = \frac{t-2}{2t\sqrt{t}}$ p) $w'(t) = \frac{2(1+t^2)}{(1-t^2)^2}$

56. –

57. –

58. –

59. a) $f''(x) = 60x^3$ b) $f''(x) = x^2 - x + 1$ c) $f''(x) = 50$

60. a) $\frac{d^2 y}{dx^2} = 24x$ b) $\frac{d^2 y}{dx^2} = 6x - 8$

61. a) $90x^4$ b) $\frac{1}{2}x^2 + \frac{1}{3}x - \frac{1}{4}$ c) $84x^5 - 120x^4 - 36x^2 + 120x$

d) $6a^2(ax - b)$ e) $-2t$ f) $6x$

62. –

63. a) i) $3x^2$; $6x$; 6; 0; 0 ii) $4x^3$; $12x^2$; $24x$; 24; 0

iii) $5x^4$; $20x^3$; $60x^2$; $120x$; 120 iv) $6x^5$; $30x^4$; $120x^3$; $360x^2$; $720x$

b) $f^{(5)}(x) = n(n-1)(n-2)(n-3)(n-4)x^{n-5}$

c) Ja

64. a) $y = \frac{x^3}{3}$ b) $y = \frac{x^4}{12}$ c) $y = \frac{x^5}{60}$

65. a) $y' = n \cdot x^{n-1}$; $y'' = n(n-1) \cdot x^{n-2}$; $y''' = n(n-1)(n-2) \cdot x^{n-3}$

b) $y' = n(n-1) \cdot x^{n-2}$; $y'' = n(n-1)(n-2) \cdot x^{n-3}$; $y''' = n(n-1)(n-2)(n-3) \cdot x^{n-4}$

c) $y' = \frac{x^{n-1}}{(n-1)!}$; $y'' = \frac{x^{n-2}}{(n-2)!}$; $y''' = \frac{x^{n-3}}{(n-3)!}$

66. –

67. a) Nein; $v'' = f''g + 2f'g' + fg''$ b) Nein; $v''' = f'''g + 3f''g' + 3f'g'' + fg'''$

68. a) $p'''(x) = 0$ b) $p^{(4)}(x) = 0$ c) $p^{(6)}(x) = 0$ d) $(n+1)$-mal

69. a) $y' = 6(3x - 4)$ b) $y' = 6x(x^2 + 1)^2$ c) $y' = 4x(3x-2)(1-x^2+x^3)^3$

     d) $y' = 8x(3 - x^2)^{-2}$ e) $y' = -12x^2(x^3 + 21)^{-5}$ f) $y' = \frac{1000x^9}{(10-x^{10})^{11}}$

70. a) $w'(x) = \frac{3}{\sqrt{6x+1}}$ b) $w'(x) = \frac{3x}{\sqrt{x^2-1}}$ c) $w'(x) = \frac{2}{\sqrt{x}} \cdot (\sqrt{x} + 1)^3$

     d) $w'(t) = \frac{2t}{(2-t^2)\cdot\sqrt{2-t^2}}$ e) $w'(t) = \frac{1}{(t+1)\sqrt{t^2-1}}$ f) $w'(t) = \frac{1}{4\cdot\sqrt{t}\cdot\sqrt{1+\sqrt{t}}}$

71. a) $f'(x) = \frac{4(x-1)}{(1+x)^3}$ b) $g'(t) = \frac{2\cdot\left(t^2-1\right)}{(1+t^2)^2}$ c) $h'(u) = \frac{2(3u-2)}{(2u+1)^3}$

72. –

73. a) $p'(x) = 4(x + 1)^3$ b) $q'(x) = 4x(x^2 + 2)$

     c) $r'(x) = 4x(x^2 + 1)$ d) $s'(x) = 4(x + 1)(x^2 + 2x + 2)$

74. a) $f'(x) = 90x^9 + 252x^5 + 98x$ b) $g'(x) = \frac{-24x}{(1-2x^2)^4}$

     c) $f'(t) = 6t^2 - 140t^4 + 686t^6$ d) $g'(t) = \frac{-3(t+1)}{(t-1)^3}$

     e) $f'(x) = \frac{(x+2)\sqrt{x+1}}{2(x+1)^2}$ f) $g'(t) = \frac{4t^2-1}{3t^2}$

75. a) $a_1 = 0, \ a_2 = 4$ b) $a = \frac{1}{64}$ c) $a_1 = \frac{16}{3}, a_2 = 3$

76. a) $P'(x) = 2 \cdot f(x) \cdot f'(x)$ b) $P'(x) = 3 \cdot f^2(x) \cdot f'(x)$ c) $P'(x) = n \cdot f^{n-1}(x) \cdot f'(x)$

77. $w' = \frac{1}{2\sqrt{x}}$

78. $f'(x) = u'(v(w(x))) \cdot v'(w(x)) \cdot w'(x)$ bzw. $f' = (u' \circ v \circ w) \cdot (v' \circ w) \cdot w'$

79. a) $f'(x) = \frac{-v'(x)}{(v(x))^2}$ b) $f'(x) = \frac{u'(x)v(x)-u(x)v'(x)}{(v(x))^2}$

80. Beide Formeln sind falsch.

     a) $(f(-x))' = -f'(-x)$ b) $\left(f\left(\frac{1}{x}\right)\right)' = \frac{-f'\left(\frac{1}{x}\right)}{x^2}$

81. a) $f'(x) = \cos(x) + \sin(x)$ b) $f'(x) = 3\cos(x) - 5\sin(x)$ c) $f'(x) = \frac{1}{3}\cos(x)$

     d) $f'(x) = \sin(x)$ e) $f'(x) = 1 - \sin(x)$ f) $f'(x) = \frac{\cos(x)}{\pi}$

82. a) $f'(t) = -5\cos(t) + 2t$ b) $f'(t) = -\sqrt{2} \cdot \cos(t)$ c) $f'(t) = \frac{1}{\sqrt{t}} + \frac{1}{3}\sin(t)$

     d) $g'(t) = \sqrt{3} \cdot \cos(t)$ e) $g'(t) = \frac{-2}{t^3} - \pi \cdot \cos(t)$ f) $g'(t) = \frac{1}{\sqrt{2}} \cdot \sin(t)$

83. a) $y' = \sin(x) + x \cdot \cos(x)$ b) $y' = -2x^3 \cdot \sin(x) + 6x^2 \cdot \cos(x)$

     c) $y' = -\frac{2}{x^3} \cdot \sin(x) + \frac{1}{x^2} \cdot \cos(x) + 3$ d) $y' = (2x - 3)\cos(x) - (x^2 - 3x + 1)\sin(x)$

     e) $y' = \frac{1}{2\sqrt{x}}\cos(x) - \sqrt{x}\sin(x)$ f) $y' = \cos^2(x) - \sin^2(x) = 2\cos^2(x) - 1$

84. a) $y' = \frac{x\cos(x)-\sin(x)}{x^2}$ b) $y' = \frac{2\cos(x)+2x\sin(x)}{\cos^2(x)}$ c) $y' = \frac{2x\sin(x)+\cos(x)}{x\cdot\sqrt{x}}$

     d) $y' = \frac{-\pi\cdot\cos(t)}{\sin^2(t)}$ e) $y' = \frac{(3t^2+2)\cos(t)+(t^3+2t)\sin(t)}{\cos^2(t)}$ f) $y' = \frac{-1}{\sin^2(t)} + 2t$

85. –

86. a) $\frac{\mathrm{d}}{\mathrm{d}t}f(t) = -\tan^2(t)$
b) $\frac{\mathrm{d}}{\mathrm{d}t}f(t) = \frac{\sin(t)\cdot\cos(t)+t}{\cos^2(t)}$
c) $\frac{\mathrm{d}}{\mathrm{d}t}f(t) = \frac{-1}{\sin^2(t)}$

87. a) $f'(x) = 2\cdot\cos(2x)$
b) $f'(x) = (2x+1)\cos(x^2+x)$
c) $f'(x) = -\pi\cdot\sin(\pi\cdot x)$

   d) $f'(x) = -2x\cdot\sin(x^2)$
e) $f'(x) = \frac{2x}{\cos^2(x^2)}$
f) $f'(x) = \frac{\cos\left(\sqrt{x}\right)}{2\sqrt{x}}$

   g) $f'(x) = -2\cos(x)\sin(x)$
h) $f'(x) = \frac{2\tan(x)}{\cos^2(x)}$
i) $f'(x) = \frac{\cos(x)}{2\sqrt{\sin(x)}}$

88. a) $f'(x) = \frac{1}{1+\cos(x)}$
b) $f'(t) = \frac{\cos(t)-\sin(t)-1}{(1-\cos(t))^2}$
c) $f'(u) = \frac{-3}{2}\cdot\cos^2(u)\cdot\sin(u)$

   d) $f'(x) = \frac{x\cdot\sin(x)-\cos(x)}{x^2\cdot\cos^2(x)}$
e) $f'(t) = \sin\left(t^2\right)+2t^2\cdot\cos\left(t^2\right)$
f) $f'(u) = \sin\left(\frac{1-u}{1+u}\right)\cdot\frac{2}{(u+1)^2}$

89. a) $f'(x) = -2\mathrm{e}^{-2x}$
b) $g'(x) = 2x\mathrm{e}^{x^2}$
c) $h'(x) = -\frac{1}{x^2}\mathrm{e}^{\frac{1}{x}} + 2x$

   d) $f'(t) = -3t\cdot\mathrm{e}^{-\frac{t^2}{2}}$
e) $g'(t) = t\cdot(2-t)\cdot\mathrm{e}^{1-t}$
f) $h'(t) = \frac{1}{2}\cdot\sqrt{\mathrm{e}^t}$

90. a) $\frac{\mathrm{d}y}{\mathrm{d}x} = 6^x\cdot\ln(6)$
b) $\frac{\mathrm{d}y}{\mathrm{d}x} = -5^{-x}\cdot\ln(5)$
c) $\frac{\mathrm{d}y}{\mathrm{d}x} = 3^{2x}\cdot\ln(3)$

   d) $\frac{\mathrm{d}y}{\mathrm{d}x} = 3\cdot10^x\left(1+x\cdot\ln(10)\right)$
e) $\frac{\mathrm{d}y}{\mathrm{d}x} = \frac{2^x\cdot x\cdot\ln(2)-2^x}{x^2}$
f) $\frac{\mathrm{d}y}{\mathrm{d}x} = (2\mathrm{e})^x\cdot(\ln(2)+1)$

91. a) $y' = \frac{-3}{2-3x}$
b) $y' = \frac{1}{(x+1)\cdot\ln(10)}$
c) $y' = 6x + \frac{1}{2x\cdot\ln(2)}$

   d) $y' = \frac{\ln(t)-1}{(\ln(t))^2}$
e) $y' = \frac{\ln(t)+2}{2\sqrt{t}}$
f) $y' = \frac{1}{2(t+2\sqrt{t})}$

92. a) $f'(x) = \frac{-\mathrm{e}^x}{(1+\mathrm{e}^x)^2}$
b) $g'(x) = -x\cdot\mathrm{e}^{-x}$
c) $h'(x) = -\frac{1}{x}$

   d) $f'(u) = \frac{-1}{u(u-1)}$
e) $g'(u) = -\tan(u) - 3$
f) $h'(u) = 10^{\frac{2u}{u+1}}\cdot\frac{2\cdot\ln(10)}{(u+1)^2}$

   g) $f'(x) = \frac{\mathrm{e}^x\cdot(x^2-4)-\mathrm{e}^x\cdot2x}{(x^2-4)^2}$
h) $g'(x) = \frac{-\tan(x)}{\ln(3)}$
i) $h'(x) = \cos(x)\cdot\ln(x)+\frac{\sin(x)}{x}$

   j) $f'(u) = (\mathrm{e}-u)\cdot u^{\mathrm{e}-1}\cdot\mathrm{e}^{-u}$
k) $g'(u) = \frac{u-1}{(u+1)(u^2+1)}$

   l) $h'(u) = -\tan(u)\cdot\cos(\ln(\cos(u)))$

93. –

94. $(\ln(x))' = \frac{1}{x}$

95. $g'(x) = \frac{f'(x)}{f(x)}$

96. a) $y'(t) = A\,\omega\cdot\cos(\omega\cdot t)$
b) $y'(t) = \frac{A}{2\omega}\cdot\sin(\omega\cdot t) + \frac{A}{2}\,t\cdot\cos(\omega\cdot t)$

   c) $y'(t) = -a\,\lambda\cdot\mathrm{e}^{-\lambda\cdot t}$

97. $y' = 0$

98. a) $f'(x) = x^x\cdot(\ln(x)+1)$
b) $g'(x) = x^{\sin(x)}\cdot\left(\cos(x)\cdot\ln(x)+\sin(x)\cdot\frac{1}{x}\right)$

   c) $h'(x) = x^{\frac{1}{x}}\cdot\frac{1-\ln(x)}{x^2}$
d) $i'(x) = x^{\sqrt{x}}\cdot\frac{\ln(x)+2}{2\sqrt{x}}$

   e) $j'(x) = x^{(\mathrm{e}^x)}\mathrm{e}^x\left(\ln(x)+\frac{1}{x}\right)$
f) $k'(x) = \frac{-\ln(2)}{x\cdot\ln^2(x)}$

99. i) $f'(x) = (x+1)\cdot\mathrm{e}^x;\ f''(x) = (x+2)\cdot\mathrm{e}^x$
ii) $f^{(4)}(x) = (x+4)\cdot\mathrm{e}^x$

   iii) $f^{(n)}(x) = (x+n)\cdot\mathrm{e}^x,\ n\in\mathbb{N}$
iv) –

100. $f^{(n)}(x) = \mathrm{e}^x\left(x^2 + 2nx + n(n-1)\right)$

101. i) $y^{(3)} = -\cos(x)$, $y^{(4)} = \sin(x)$ und $y^{(5)} = \cos(x)$

ii) $y^{(11)} = -\cos(x)$, $y^{(101)} = \cos(x)$ und $y^{(1001)} = \cos(x)$

iii) $(y)^{(1001)} = -\sin(x)$

102. $y' = x \cdot \cos(x) + \sin(x) \ \Rightarrow \ y'' = -x \cdot \sin(x) + 2\cos(x) \ \Rightarrow \ y''' = -x \cdot \cos(x) - 3\sin(x)$
$\Rightarrow \ y^{(4)} = x \cdot \sin(x) - 4\cos(x) \ \Rightarrow \ y^{(5)} = x \cdot \cos(x) + 5\sin(x) \ \Rightarrow \ y^{(6)} = -x \cdot \sin(x) + 6\cos(x)$

$y^{(12)} = x \cdot \sin(x) - 12\cos(x)$; $y^{(13)} = x \cdot \cos(x) + 13\sin(x)$; $y^{(25)} = x \cdot \cos(x) + 25\sin(x)$

103. a) $v(t) = v_0 - g \cdot t$; $a(t) = -g$

b) $v(t) = -C\,\omega_0\,\sin(\omega_0\,t + \varphi)$; $a(t) = -C\,\omega_0^2\,\cos(\omega_0\,t + \varphi)$

104. a) $t \in [0; 6]$ b) $V'(t) = \frac{10^6}{8}(12t - 3t^2)$ c) –   d) –

105. a) $0\,\mathrm{s}$, $16\,\mathrm{s}$ b) $3\,\mathrm{m/s}$, $1.5\,\mathrm{m/s}$, $-2.5\,\mathrm{m/s}$ c) $-0.5\,\mathrm{m/s}^2$

106. a) $v(1) = 10\,\mathrm{km/h}$, $v(2) = 20\,\mathrm{km/h}$, $v(3) \approx 24.5\,\mathrm{km/h}$, $v(7) \approx 28.8\,\mathrm{km/h}$

b) $8.2\,\mathrm{km/h}$, $3.9\,\mathrm{km/h}$, $0.9\,\mathrm{km/h}$

c) $a(t) = \frac{120t}{(t^2+2)^2}$; $a(0.5) \approx 3.3\,\mathrm{m/s}^2$, $a(1) \approx 3.7\,\mathrm{m/s}^2$, $a(1.5) \approx 2.8\,\mathrm{m/s}^2$ und $a(5) \approx 0.2\,\mathrm{m/s}^2$

d) $\lim\limits_{t \to \infty} \frac{30t^2}{t^2 + 2} = 30\,\mathrm{km/h}$

107. $C \to s$, $A \to v$, $B \to a$

108. $B \to s$, $C \to v$, $A \to a$

109. a) $2 \leq s(t) \leq 4$, $t \in \mathbb{R}$ b) $\dot{s}(t) = -\pi \cdot \sin(\pi \cdot t)$; $\ddot{s}(t) = -\pi^2 \cdot \cos(\pi \cdot t)$

c) –   d) $\dot{s}(0) = 0$, $\dot{s}\left(\frac{1}{2}\right) = -\pi$, $\dot{s}(1) = 0$, $\dot{s}\left(\frac{3}{2}\right) = \pi$

110. a) 1000 Bakterien   b) ca. 6 Tagen und 6 Stunden   c) ca. 5200 Bakterien

111. $-0.1\,\mathrm{A/s}$; die Stomstärke nimmt ab.

112. a) $v(t) = s'(t) = \frac{\pi}{20}\left(100 + s^2(t)\right)$

b) $v_1 = 5\pi\,\mathrm{m/s} \approx 15.7\,\mathrm{m/s}$, $v_2 = 10\pi\,\mathrm{m/s} \approx 31.4\,\mathrm{m/s}$.

113. a) $v''(t) = a'(t) = j(t)$ b) $j(t) = -\sin(t)$ c) $v(t) = 0.2t^3$

114. a) $s'''(t) = j(t)$ b) $j(t) = 0$ c) $s(t) = \frac{1}{8}t^4$

115. a) $j(t) = 0$ b) –

116. –

117. –

118. –

119. a) Ja   b) Ja   c) Ja   d) Ja   e) Nein   f) Nein

120. a) $k = 12$ b) $k = 5$ c) $k = \frac{3}{2}$ d) $k = -1$ e) $k \in \mathbb{R}$ f) $k = \pm 3$

121. a) $m = 21$ b) $m = -2$ c) $m = 12$ d) keine L.   e) $m = 1001$ f) $m = 4$

122. a) $s' - v = 0;\ v' - a = 0;\ s'' - a = 0$ b) $\frac{\mathrm{d}}{\mathrm{d}t}s = gt \ \Rightarrow\ \frac{\mathrm{d}^2 s}{\mathrm{d}t} = \frac{\mathrm{d}}{\mathrm{d}t}gt = g$
$$\Rightarrow\ s'' - g = 0$$

123. –

124. a) $t\colon y = 6x - 5$ b) $t\colon y = -4x$

125. $t(x) = 12x - 42;\ n(x) = \frac{-1}{12}x - \frac{23}{4}$

126. $P_1(2\,|\,{-3})$ und $P_2(-2\,|\,21)$

127. $k = -20$

128. $t\colon y = -3x + 1$

129. $P(3\,|\,{-5})$

130. $t_1\colon y = -6$ und $t_2\colon y = 21$

131. $P_1(3\,|\,{-2})$, $P_2(9\,|\,2)$; $t_1(x) = 2x - 8$, $t_2(x) = 2x - 16$

132. a) $t_K\colon y = -5x + 3$ b) $E_1(0\,|\,1)$, $E_2\!\left(\frac{8}{3}\,\middle|\,\frac{-229}{27}\right)$ c) $P_1\!\left(\frac{-1}{3}\,\middle|\,\frac{14}{27}\right)$, $P_2 = (3\,|\,{-8})$

133. $t\colon y = 2x - 1$

134. –

135. Berührpunkt $B(2\,|\,4)$

136. $a = \pm 3$

137. $x = \begin{cases} \left(\frac{1}{n}\right)^{\frac{1}{n-1}}, & \text{falls } n \text{ gerade} \\ \pm\left(\frac{1}{n}\right)^{\frac{1}{n-1}}, & \text{falls } n \text{ ungerade} \end{cases}$ und $x = \begin{cases} 1, & \text{falls } n \text{ gerade} \\ \pm 1, & \text{falls } n \text{ ungerade} \end{cases}$

138. a) $B(0\,|\,1)$ b) $B(0\,|\,3)$

139. $K(4\,|\,8)$

140. a) $y = 3x - 1$ b) $y = -10x + 11$ c) $y = 6x$ d) $y = -99$ e) $y = a_1 x + a_0$

141. a) $T(0\,|\,4);\ N(0\,|\,{-1})$ b) $S\!\left(-3\,\middle|\,\frac{-5}{2}\right)$

142. $S(-1\,|\,{-4})$

143. $x_S = \frac{u^2 - v^2}{2u - 2v} = \frac{u + v}{2}$

144. $t_{1,2}\colon y = \pm 6x$

145. a) $t_1\colon y = -4x$ b) $t_1\colon y = 4$ c) $t_1\colon y = 2x + 3$
      $t_2\colon y = 4x$ $t_2\colon y = -8x - 12$ $t_2\colon y = 6x - 5$

146. a) $n\colon y = \frac{-1}{2}x + 3$ b) $n\colon y = \frac{1}{4}x + 9$ c) $n_{1,2}\colon y = \pm\frac{\sqrt{2}}{4}x + 5$

147. Die Winkel sind jeweils auf zwei Nachkommastellen gerundet.

     a) $\varphi_{1,2} = 75.96°$ b) $\varphi_{1,2} = 85.91°$

     c) $\varphi_1 = 80.54°$; $\varphi_2 = 45°$; $\varphi_3 = 50.19°$ d) $\varphi_1 = 45°$; $\varphi_{2,3} = 0°$

148. a) $\left(1\,\middle|\,\frac{1}{3}\right)$ und $\left(-1\,\middle|\,\frac{-1}{3}\right)$ b) $y' = x^2 \geq 0$ für alle $x \in \mathbb{R}$

149. a) $90°$ b) $2.7°$

150. a) $a = 1$ b) $a = 1$ c) $a = \frac{\sqrt{2}+1}{2}$

151. Die Aussagen sind beide wahr.

152. –

153. a) $t\colon y = -2x$ b) $t\colon y = \frac{-x}{8} + \frac{3}{8} = \frac{1}{8}(3 - x)$ c) $t\colon y = -\frac{1}{4}$

        $n\colon y = \frac{x}{2} + \frac{5}{2} = \frac{1}{2}(x + 5)$ $n\colon y = 8x - \frac{7}{3}$ $n\colon x = -2$

154. a) $t\colon y = \frac{3}{4}x + \frac{5}{4}$ b) $t\colon y = \frac{3}{16}x + \frac{3}{2}$ c) $t\colon y = \frac{4}{3}x - \frac{7}{3} = \frac{1}{3}(4x - 7)$

        $n\colon y = \frac{-4}{3}x + \frac{10}{3}$ $n\colon y = \frac{-16}{3}x + \frac{283}{12}$ $n\colon y = \frac{-3}{4}x + 6 = 6 - \frac{3}{4}x$

155. a) $t\colon y = 2x + 1 - \frac{\pi}{2}$ b) $t\colon y = \frac{x}{2} + \frac{\sqrt{3}}{2} - \frac{\pi}{6}$ c) $t\colon y = \frac{1}{2}$

        $n\colon y = \frac{-x}{2} + 1 + \frac{\pi}{8}$ $n\colon y = -2x + \frac{\sqrt{3}}{2} + \frac{2\pi}{3}$ $n\colon x = \frac{\pi}{4}$

156. a) $t\colon y = 2x + 3$ b) $t\colon y = \frac{1}{4}x - 1$ c) $t\colon y = x - 1$

        $n\colon y = \frac{-x}{2} + 3 = 3 - \frac{x}{2}$ $n\colon y = -4x + 16$ $n\colon y = -x + 1$

157. $t\colon y = 2 \cdot \sqrt{2}$

158. –

159. $M = \left(b\,\middle|\,\frac{1}{b}\right) = B$

160. $t\colon y = x + \frac{1 + \ln(3)}{3} \approx x + 0.70$

161. Schnittpunkt: $(1\,|\,0)$

162. Schnittstelle: $x_0 = -\mathrm{e}^2$

163. $q = \sqrt{2}$

164. a) $t\colon y = -x$ b) $t_1\colon y = 2x - 1$ und $t_2\colon y = \frac{1}{2}x - 4$

     c) $t\colon y = \frac{\mathrm{e}}{2}x$ d) $t\colon y = \frac{1}{3}x + 2$

165. a) $(0\,|\,0)$, $45°$ b) $(1\,|\,0)$, $26.57°$; $(-1\,|\,0)$, $26.57°$; $\left(0\,\middle|\,\frac{1}{2}\right)$, $90°$

     c) $(-1\,|\,0)$, $20.20°$; $(0\,|\,1)$, $26.57°$ d) $\left(\frac{\pi}{2}\,\middle|\,0\right)$, $11.74°$; $\left(-\frac{\pi}{2}\,\middle|\,0\right)$, $78.26°$; $(0\,|\,1)$, $45°$

166. a) zweimal $71.6°$ b) $70.5°$

167. a) $90°$ b) $25.9°$ und $59.2°$ c) $22.6°$

168. $\frac{1}{2}\sqrt[4]{2} \approx 0.6$

169. a) $m = 1 + \sqrt{2}$ b) –

170. –

171. a) $\sigma_x \approx 69.8°$ b) $\sigma_1 \approx 63.4°$ und $\sigma_2 \approx 20.2°$

172. –

173. a) –   b) $n\colon y = \frac{-1}{f'(x_0)} \cdot x + f(x_0) + \frac{x_0}{f'(x_0)}$

174. a) Falsch   b) Falsch   c) Wahr   d) Falsch

175. a) –

     b) 1) Steigen: $]0; 1.7[\ \cup \ ]3.9; 8.8[$ 2) Linkskrümmung: $]2.6; 4.8[\ \cup \ ]6; 7.9[$
            Fallen: $]1.7; 3.9[\ \cup \ ]8.8; 10[$ Rechtskrümmung: $]0; 2.6[\cup]4.8; 6[\cup]7.9; 10[$

         3) $x_1 = 1.7$, $x_2 = 8.8$ 4) $x_1 = 3.9$

         5) $x_1 = 2.6$, $x_2 = 4.8$, $x_3 = 6$, $x_4 = 7.9$ 6) nicht existierend

176. $(-5 \,|\, 119)$ und $(1 \,|\, 11)$

177. $T_1(-2 \,|\, -1)$, $T_2(2 \,|\, 3)$

178. a) Extremalstelle bei $x = -3$ b) $x_{\min} = -3$ und $x_{\max} = 1.5$

179. a) $H(-2 \,|\, 0)$, $T(0 \,|\, -4)$ und $W(-1 \,|\, -2)$ b) $\nearrow$ in $]-\infty; -2[\ \cup \ ]0; \infty[$ und $\searrow$ in $]-2; 0[$

     c) –   d) $x_{\min} = 0$ und $x_{\max} = 2.5$

180. • $D_p = \mathbb{R}$ und $W_p = \mathbb{R}$ • NS: $x_1 = -2$ und $x_2 = 1$

     • keine Symmetrie   • Extremalstellen: $x_3 = -2$, $x_4 = 0$

     • Wendestelle: $x_5 = -1$

181. a) $t_1\colon y = \frac{16}{9}x - \frac{5}{27}$ und $t_2\colon y = 1$ b) links: $]-\infty; \frac{1}{3}[\ \cup \ ]1; \infty[$; rechts: $]\frac{1}{3}; 1[$

182. a) $f(a) = 0$; $f'(a) < 0$; $f''(a) > 0$ b) $f(a) > 0$; $f'(a) > 0$; $f''(a) = 0$

     c) $f(a) < 0$; $f'(a) = f''(a) = 0$ d) $f(a) > 0$; $f'(a) = 0$; $f''(a) < 0$

183. VZ = Vorzeichenwechsel

     a) monoton fallend in $]-\infty; -2] \cup [-0.5; 2]$ b) monoton fallend in $[-2; 2.5]$
        monoton steigend in $[-2; -0.5] \cup [2; \infty[$ monoton steigend in $]-\infty; -2] \cup [2.5; \infty[$

        Tiefpunkt bei $x = -2$ $(-/+$ VZ$)$ Hochpunkt bei $x = -2$ $(+/-$ VZ$)$
        Hochpunkt bei $x = -0.5$ $(+/-$ VZ$)$ Tiefpunkt bei $x = 2.5$ $(-/+$ VZ$)$
        Tiefpunkt bei $x = 2$ $(-/+$ VZ$)$

184. a) linksgekrümmt in $]-2; 0.5[$ b) linksgekrümmt in $]4; \infty[$
        rechtsgekrümmt in $]-\infty; -2[\ \cup \ ]0.5; \infty[$ rechtsgekrümmt in $]-\infty; 4[$

        Wendestellen bei $x = -2$ und $x = 0.5$ Wendestelle bei $x = 4$

185. $a = \frac{3}{4}$

186. für $a \geq 0$

187. Der Punkt $(x_0 \mid f(x_0))$ könnte auch ein Terrassenpunkt sein.

188. a) Wahr   b) Falsch   c) Wahr

189. a) Falsch   b) Falsch   c) Falsch   d) Wahr

190. a) Ja   b) –

191. Ida

192. Nael

193. a) Nein   b) Nein

194. –

195. a) –   b) Nein

196. $S_0 = W = (0 \mid 1.5)$, $S_1 = (2.1 \mid 2.0)$, $S_2 = (-2.1 \mid 1.0)$

197. –

198. Ohne Graphen:

a) $D_f = \mathbb{R}$, $W_f = \mathbb{R}$

  NS: $x_1 = 0$, $x_{2,3} = \pm\sqrt{3}$

  $T\left(1 \mid -\frac{2}{3}\right)$, $H\left(-1 \mid \frac{2}{3}\right)$

  $W = (0 \mid 0)$

  symmetrisch zum Ursprung

b) $D_f = \mathbb{R}$, $W_f = [-1; \infty[$

  NS: $x_1 = \frac{-4}{3}$, $x_2 = 0$

  $T(-1 \mid -1)$

  $W\left(-\frac{2}{3} \mid -\frac{16}{27}\right)$, Terrassenpunkt: $(0 \mid 0)$

c) $D_f = \mathbb{R}$, $W_f = \left[\frac{103}{64}; \infty\right[$

  NS: keine

  $H(0 \mid 2)$, $T_{1,2}\left(\pm\frac{\sqrt{5}}{4} \mid \frac{103}{64}\right) \approx (\pm 0.56 \mid 1.61)$

  $W_{1,2}\left(\pm\frac{\sqrt{15}}{12} \mid \frac{1027}{576}\right) \approx (\pm 0.32 \mid 1.78)$

  symmetrisch zur y-Achse

d) $D_f = \mathbb{R}$, $W_f = \mathbb{R}$

  NS: $x_1 = 0$

  $H_1\left(\sqrt{2} \mid \frac{56}{15}\sqrt{2}\right) \approx (1.41 \mid 5.28)$,

  $H_2\left(-\sqrt{6} \mid -\frac{8}{5}\sqrt{6}\right) \approx (-2.45 \mid -3.92)$,

  $T_1\left(-\sqrt{2} \mid -\frac{56}{15}\sqrt{2}\right) \approx (-1.41 \mid -5.28)$,

  $T_2\left(\sqrt{6} \mid \frac{8}{5}\sqrt{6}\right) \approx (2.45 \mid 3.92)$

  $W_1(0 \mid 0)$, $W_2\left(2 \mid \frac{68}{15}\right) \approx (2 \mid 4.53)$,

  $W_3\left(-2 \mid -\frac{68}{15}\right) \approx (-2 \mid -4.53)$

  symmetrisch zum Ursprung

e) $D_f = \mathbb{R}$, $W_f = \mathbb{R}$

  NS: $x_1 = -1$, $x_2 = 2$

  $H(-1 \mid 0)$, $T\left(1 \mid -\frac{2}{3}\right)$

  $W\left(0 \mid -\frac{1}{3}\right)$

f) $D_f = \mathbb{R}$, $W_f = \mathbb{R}$

  NS: $x_1 = 1$, $x_2 = -2$

  $H(-2 \mid 0)$, $T(0 \mid -4)$

  $W(-1 \mid -2)$

g) $D_f = \mathbb{R}$, $W_f = \mathbb{R}$

NS: $x_1 = 0$, $x_2 = 1$

$T(1\,|\,0)$, $H\left(\frac{1}{3}\,\big|\,\frac{4}{27}\right)$

$W\left(\frac{2}{3}\,\big|\,\frac{2}{27}\right)$

h) $D_f = \mathbb{R}$, $W_f = \mathbb{R}_0^+$

NS: $x_1 = 0$

$T(0\,|\,0)$

$W_1\left(1\,\big|\,\frac{7}{8}\right)$, $W_2(2\,|\,2)$

199. $a = -2$

200. a) $D_k = \mathbb{R}$; $W_k = \,]0;4]$; keine NS; $H(0\,|\,4)$; $W_{1,2}(\pm 1\,|\,3)$; symmetrisch zur y-Achse; Asymptote: $y = 0$

b) $t_{1,2}: y = \mp 1.5x + 4.5$

201. a) $D_g = \mathbb{R}\backslash\{-1\}$; $W_g = \mathbb{R}\backslash\{1\}$; NS: $x_0 = 2$; Polstelle: $x_p = -1$; Asymptote: $y = 1$

b) – c) $t: y = 3x - 2$; $\varphi \approx 18.4°$

202. a) NS: $x_{1,2} = -1$, $x_3 = -3$; Polstellen: $x_4 = 0$, $x_5 = -4$; $E_1(1\,|\,0)$ und $E_2(6.52\,|\,-6.06)$; $W(-1.32\,|\,-1.28)$; vertikale Asymptoten: $x = 0$ und $x = -4$; schiefe Asymptote $y = \frac{x}{2} - \frac{3}{2}$

b) $S\left(\frac{-3}{7}\,\big|\,\frac{-12}{7}\right)$

203. a) NS: $x_1 = \frac{1}{2}$, $x_2 = 3$; $H\left(\frac{6}{7}\,\big|\,\frac{25}{12}\right)$; Asymptoten: $y = -2$, $x = 0$

b) $t_1: y = 20x - 10$, $t_2: y = -\frac{5}{9}x + \frac{5}{3}$ c) $m_1 \approx 2.68807$, $m_2 \approx -0.153092$

204. a) $D_f = \mathbb{R}$; NS: $x_1 = 0$; $W_1(0\,|\,0)$, $W_2(6\,|\,4.5)$, $W_3(-6\,|\,-4.5)$; Asymptote $y = x$; symmetrisch zum Ursprung

b) $d = \frac{6}{7}$

205. a) $0 < x < 4$ b) $x > 16$

206. $y' \neq 0$

207. a) $D_f = \mathbb{R}$, $W_f = [-1;1]$

NS: $x_1 = 0$

$H(1\,|\,1)$, $T(-1\,|\,-1)$

$W_1(0\,|\,0)$, $W_{2,3}\left(\pm\sqrt{3}\,\big|\,\pm\frac{\sqrt{3}}{2}\right)$

symmetrisch zum Ursprung

Asymptote: $y = 0$

b) $D_f = \mathbb{R}$, $W_f = \,]0;4]$

NS: keine

$H(0\,|\,4)$

$W_{1,2}\left(\pm\frac{\sqrt{3}}{3}\,\big|\,3\right)$

symmetrisch zur y-Achse

Asymptote: $y = 0$

c) $D_g = \mathbb{R}\backslash\{-1\}$, $W_g = \mathbb{R}\backslash\{1\}$

NS: $t_1 = 0$

Polstelle: $t = -1$

Asymptote: $y = 1$

d) $D_g = \mathbb{R}\backslash\{0\}$, $W_g = \mathbb{R}\backslash\{1\}$

NS: $t_1 = -1$

Polstelle: $t = 0$

Asymptote: $y = 1$

e) $D_h = \mathbb{R} \backslash \{-2, 2\}$, $W_h = \mathbb{R}$

   NS: $x_1 - 0$

   $H\left(-2\sqrt{3} \,\middle|\, -3\sqrt{3}\right)$, $T\left(2\sqrt{3} \,\middle|\, 3\sqrt{3}\right)$

   Terrassenpunkt: $(0 \,|\, 0)$

   Polstellen: $x = \pm 2$

   symmetrisch zum Ursprung

   Asymptote: $y = x$

f) $D_h = \mathbb{R} \backslash \{-1\}$, $W_h = \mathbb{R}_0^+$

   NS: $x_1 = 1$

   $T(1 \,|\, 0)$

   $W\left(2 \,\middle|\, \frac{1}{9}\right)$

   Polstelle: $x = -1$

   Asymptote: $y = 1$

208. a) $D_f = \mathbb{R}_0^+$, $W_f = \mathbb{R}_0^+$

   NS: $x_1 = 0$

b) $D_f = \mathbb{R}_0^+$, $W_f = \mathbb{R}_0^+$

   NS: $x_1 = 0$

   $W\left(\frac{1}{4} \,\middle|\, \frac{9}{16}\right)$

c) $D_g = \mathbb{R}^+$, $W_g = \mathbb{R}$

   NS: $t_1 = \frac{\sqrt[3]{4}}{4}$

   Polstelle: $t = 0$

   Asymptote: $y = 4t$

d) $D_g = \mathbb{R}^+$, $W_g = \left[-\frac{1}{4}; \infty\right[$

   NS: $t_1 = 1$

   $T\left(4 \,\middle|\, -\frac{1}{4}\right)$, $W\left(\frac{64}{9} \,\middle|\, -\frac{15}{64}\right)$

   Polstelle: $t = 0$

   Asymptote: $y = 0$

209. a) $D_f = \mathbb{R}$, $W_f = [-2.24; 2.24]$

   NS: $x_k = 2.03 + k \cdot \pi$

   $H_k(0.46 + k \cdot 2\pi \,|\, 2.24)$,

   $T_k(3.61 + k \cdot 2\pi \,|\, -2.24)$

   $W_k(2.03 + k \cdot \pi \,|\, 0)$

b) $D_f = \mathbb{R}$, $W_f = \left[-\frac{1}{2}; \frac{1}{2}\right]$

   NS: $x_k = k \cdot \frac{\pi}{2}$

   $H_k\left(\frac{\pi}{4} + k \cdot \pi \,\middle|\, \frac{1}{2}\right)$, $T_k\left(-\frac{\pi}{4} + k \cdot \pi \,\middle|\, -\frac{1}{2}\right)$

   $W_k\left(k \cdot \frac{\pi}{2} \,\middle|\, 0\right)$

   symmetrisch zum Ursprung

c) $D_g = \mathbb{R}$, $W_g = \left[-\frac{9}{8}; 2\right]$

   NS: $x_k = \pm\frac{\pi}{3} + k \cdot 2\pi$ und $\pi + k \cdot 2\pi$

   $H_k(k \cdot 2\pi \,|\, 2)$ und $(\pi + k \cdot 2\pi \,|\, 0)$,

   $T_k(\pm 1.82 + k \cdot 2\pi \,|\, -1.125)$

   $W_k(\pm 0.87 + k \cdot 2\pi \,|\, 0.49)$ und

   $(\pm 2.45 + k \cdot 2\pi \,|\, -0.58)$

   symmetrisch zur y-Achse

d) $D_g = \mathbb{R} \setminus \{k \cdot 2\pi\}$, $W_g = \left[-\frac{1}{2}; \infty\right[$

   NS: $x_k = \pm\frac{\pi}{2} + k \cdot \pi$

   $T_k(\pi + k \cdot 2\pi \,|\, -0.5)$

   Polstelle: $x_k = k \cdot 2\pi$

   symmetrisch zur y-Achse

210. a) $D_f = \mathbb{R}$, $W_f = \left]-\infty; \frac{1}{e}\right]$

   NS: $x_1 = 0$

   $H\left(1 \,\middle|\, \frac{1}{e}\right) \approx (1 \,|\, 0.37)$

   $W\left(2 \,\middle|\, \frac{2}{e^2}\right) \approx (2 \,|\, 0.27)$

   Asymptote: $y = 0$

b) $D_f = \mathbb{R}$, $W_f = \mathbb{R}_0^+$

   NS: $x_1 = 1$

   $H\left(-1 \,\middle|\, \frac{4}{e}\right) \approx (-1 \,|\, 1.47)$, $T(1 \,|\, 0)$

   $W_1\left(-\sqrt{2} - 1 \,\middle|\, 1.04\right)$, $W_2\left(\sqrt{2} - 1 \,\middle|\, 0.52\right)$

   Asymptote: $y = 0$

c) $D_g = \mathbb{R}$, $W_g = [-0.43; 0.43]$

NS: $t_1 = 0$

$T\left(\frac{-\sqrt{2}}{2} \,\middle|\, -0.43\right)$, $H\left(\frac{\sqrt{2}}{2} \,\middle|\, 0.43\right)$

$W_1(0\,|\,0)$, $W_{2,3}\left(\frac{\pm\sqrt{6}}{2} \,\middle|\, \pm0.27\right)$

symmetrisch zum Ursprung

Asymptote: $y = 0$

d) $D_g = \mathbb{R}$, $W_g = \mathbb{R}$

NS: $t_1 = -0.85$

Asymptote: $y = \frac{t}{2}$

211. a) $D_f = \mathbb{R}^+$, $W_f = \left[\frac{-1}{e}; \infty\right[$

NS: $x_1 = 1$

$T\left(\frac{1}{e} \,\middle|\, \frac{-1}{e}\right) \approx (0.37\,|\,-0.37)$

b) $D_f = \mathbb{R}^+$, $W_f = \left]-\infty; \frac{1}{e}\right]$

NS: $x_1 = 1$

$H\left(e \,\middle|\, \frac{1}{e}\right) \approx (2.72\,|\,0.37)$

$W\left(\sqrt{e^3} \,\middle|\, \frac{3}{2\sqrt{e^3}}\right) \approx (4.48\,|\,0.33)$

Polstelle: $x = 0$

Asymptote: $y = 0$

c) $D_f = \mathbb{R}^+$, $W_f = \mathbb{R} \setminus [0; e[$

NS: keine

$T(e\,|\,e) \approx (2.72\,|\,2.72)$

$W\left(e^2 \,\middle|\, \frac{e^2}{2}\right) \approx (7.39\,|\,3.69)$

Polstelle: $x = 1$

212. $f(x) = \frac{-1}{8}x^3 + \frac{3}{4}x^2 - \frac{3}{2}x + 2$

213. $f(x) = \frac{1}{3}x^4 - \frac{8}{3}x^3 + 6x^2$

214. $f(x) = x^3 - 3x^2 + 4$

215. $f(x) = \frac{1}{6}x^3 + \frac{1}{3}x + 2$

216. $y = f(x) = 3x^5 - 10x^3 + 15x$

217. $f(x) = \frac{1}{9}x^3 - 3x$

218. $f(x) = \frac{-1}{27}x^5 + \frac{5}{9}x^3$

219. $f(x) = \frac{-1}{2}x^4 + 3x^2$

220. $f(x) = \frac{-1}{27}x^5 + \frac{5}{9}x^3$

221. $f(x) = 0.04x^4 - 1.28x^2 + 10.24$

222. $82.9°$

223. $X_{1,2} = (\pm1\,|\,0)$ und $X_{3,4} = (\pm\sqrt{5}\,|\,0)$; $E_5 = (0\,|\,5) = H$ und $E_{6,7} = (\pm\sqrt{3}\,|\,-4) = T_{1,2}$

224. a) –

b) vier Angaben

225. $W_2 = \left(-1 \mid \frac{-5}{2}\right);\ H = (0 \mid 0)$ und $T_{1,2} = \left(\pm\sqrt{3} \mid \frac{-9}{2}\right)$

226. $f(x) = (x+2)(x-1)^2 = x^3 - 3x + 2$

227. $f(x) = \frac{-1}{2}x^3 + \frac{3}{2}x$

228. $f(x) = \begin{cases} \frac{1}{6}x^2 - \frac{2}{3} & \text{für } -2 \leq x \leq 2 \\ \frac{2}{3}x - \frac{4}{3} & \text{für } 2 < x \leq 5 \end{cases}$

229. $y = v(x) = \frac{-1}{8}x^3 + \frac{3}{8}x^2 + \frac{1}{8}x - \frac{3}{8} = \frac{-1}{8}(x-3)(x^2-1)$

230. Zeige: $h(0) = H$, $h(T) = 0$ und $h'(0) = h'(T) = 0$.

231. a) $f(x) = 2x^3 - 2x^2 - 2x + 2$ b) $f(x) = -6x^5 + 14x^4 - 8x^3 - 2x + 2$

232. $a = 3$, $b = \frac{1}{4}$

233. a) $a = \frac{1}{4}e^2$ b) –

234. $f(x) = \frac{11(x-3)^2}{15(x+1)}$

235. a) $a = -16$, $b = 48$ b) Pol: $x_{1,2} = 0$; $T(6 \mid -3)$; $W\left(9 \mid \frac{-5}{3}\right)$; Asymptote: $y = 9$

236. a) $a = 4$ b) $a = -3$

237. $f(x) = \frac{x(x-2)^2}{4(x+1)^2} = \frac{x^3 - 4x^2 + 4x}{4x^2 + 8x + 4}$

238. $b = 3$ und $a = 4b = 12$

239. a) $u = 1$, $v = -1$; b) $u = e + 1$, $v = 1 - e^{-1}$;
$\quad\ f(x) = e^{x-1} - 1$ $\qquad f(x) = e^{x-e-1} + 1 - e^{-1}$

240. a) $F(x) = \frac{-1}{2}x^3 + 3x^2$;

x	0	1	2	3	4	5	6
$F(x)$	0	2.5	8	13.5	16	12.5	0

b) $u(x) = -x^2 + 7x + x \cdot \sqrt{x^2 - 12x + 37}$

241. a) $B(v) = 0.125v^2 + \frac{2000}{v}$ b)

v in km/h	5	10	15	20	25	30	35	40
$B(v)$ in Fr./km	403	212	161	150	158	179	210	250

242. a) $s(x) = \frac{|x|}{2}$ b) $s(x) = 1$ c) $s(x) = 2x$
d) $s(x) = |x|$ e) $s(x) = \left|\frac{x}{n}\right|$ f) $s(x) = |\tan(x)|$

243. Länge $l = 20\,\text{cm}$ und Breite $b = 10\,\text{cm}$. Es handelt sich um ein Minimum.

244. a) $x = 2\,\text{cm}$ b) $x = 3\,\text{cm}$

245. a) Höhe: $21\,\text{cm}$; Breite: $14\,\text{cm}$ b) Höhe: $\sqrt{\frac{aA}{b}} + 2a\,\text{cm}$; Breite: $\sqrt{\frac{Ab}{a}} + 2b\,\text{cm}$

246. Für Variante 1:

    i) $u = 9\,\text{m}$; $v = 4.5\,\text{m}$ ii) $u = 12\,\text{m}$; $v = 9\,\text{m}$ iii) $u = 12\,\text{m}$; $v = 15\,\text{m}$

  Für Variante 2:

    i) $u = 12\,\text{m}$; $v = 3\,\text{m}$ ii) $u = 12\,\text{m}$; $v = 9\,\text{m}$ iii) $u = 13.5\,\text{m}$; $v = 13.5\,\text{m}$

247. $b = c = \sqrt{5}\,\text{m}$

248. $5\,\text{cm}$, $10\,\text{cm}$ und $15\,\text{cm}$; $V_{\max} = 750\,\text{cm}^3$

249. $2\,\text{dm}$ und $1\,\text{dm}$

250. a) $r = 10\sqrt[3]{\frac{1}{2\pi}} \approx 5.4\,\text{cm}$ b) $r = 10\sqrt[3]{\frac{1}{\pi}} \approx 6.8\,\text{cm}$

      $h = 10 \cdot \sqrt[3]{\frac{4}{\pi}} \approx 10.8\,\text{cm}$ $h = \frac{V}{\pi r^2} = 10\sqrt[3]{\frac{1}{\pi}} \approx 6.8\,\text{cm}$

251. a) $L_{\text{Kreis}} = \frac{\pi\ell}{4+\pi}$; $L_{\text{Quadrat}} = \frac{4\ell}{4+\pi}$ b) $L_{\text{Kreis}} = \ell$; $L_{\text{Quadrat}} = 0$

252. $u = 10$; $v = 150$

253. a) 3.00 b) 1.50 c) 0.00 d) $-1.00 \mathrel{\widehat{=}}$ Preiserhöhung

254. Die Grundkante misst $30\,\text{cm}$ und die Höhe des Lampenschirms $60\,\text{cm}$.

255. Die Seite des quadratischen Grundrisses misst $20\,\text{m}$ und die Gebäudehöhe $30\,\text{m}$.

256. $x_{\max} = 1$; $x_{\min} = -1$

257. $A = 169$

258. maximaler Flächeninhalt $F = 16\sqrt{2} \approx 22.63$; Länge $4\sqrt{2} \approx 5.66$ und Breite 4

259. $y_h = 8$ oder $y_h = 4$ (Randextremum)

260. $\frac{4 \cdot \sqrt{30}}{\sqrt{4+\pi}} \approx 8.20\,\text{m}$

261. a) $1 : 3$ b) $1 : 2$

262. $294°$

263. 36 Flächeneinheiten

264. Breite $b = 10\sqrt{3}\,\text{cm} \approx 17.3\,\text{cm}$; Höhe $h = 10\sqrt{6}\,\text{cm} \approx 24.5\,\text{cm}$

265. a) $a = 1$ b) $F_\triangle \leq \frac{2}{3}$

266. $r = \sqrt{\frac{2}{3}}R \approx 10.0\,\text{cm}$; $h = \frac{1}{\sqrt{3}}R \approx 7.1\,\text{cm}$

267. 26.4 Einheiten

268. Die minimalen Baukosten betragen $480'000$ Euro.

269. Fr. 75'915.–

270. $K_{1,2}\left(\pm\frac{\sqrt{2}}{2}\,\Big|\,\frac{1}{10}\right)$

271. $(-0.948\,|\,0.235)$

272. a) $P_{1,2}(\pm 2\,|\,1)$ b) $P(2\,|\,2)$

273. a) $44.7\,\mathrm{cm}$ b) $48.7\,\mathrm{cm}$

274. Y_1 liegt $2\sqrt{3}$ Einheiten oberhalb der x-Achse und Y_2 deren 3.

275. $F_{\max} = 769.0\,\mathrm{m}^2$

276. $4\,\mathrm{cm}$

277. $\varphi = 120°$

278. $\frac{13}{4}\sqrt{13} \approx 11.7\,\mathrm{m}$

279. $\varphi \approx 54.7°$

280. Länge: $100.0\,\mathrm{cm}$; Breite: $25.0\,\mathrm{cm}$

281. $111°$, $137°$ und $111°$

282. 7 Längeneinheiten

283. $P(3\,|\,1)$

284. a) –   b) Sie ist ertragsgesetzlich.   c) $x_1 = \frac{100}{3} = 33.\overline{3}$ d) $x_1 = 100$ e) –

285. a) $G(x) = \frac{-1}{50}x^3 + 4x^2 - 96x - 4000$ b) $x = 120$ Hektoliter
   c) $0 < x < 45.3$ oder $x > 167.85$

286. a) $x = 250$ Platten   b) $x = 181$ Platten

287. a) 2 Geldeinheiten   b) $x = 11$ c) • $x = 30$, • $x = 14$, • $x \approx 12$

288. –

289. a) $S_1(-1\,|\,-1)$ und $S_2(3\,|\,-5)$ b) –

290. a) $v\colon x = \frac{1}{2}$ b) –
   c) bezüglich der Achse $x = \frac{1}{2}m$ und in Richtung der Geraden g

291. a) –   b) –   c) –   d) $W_{1,2}\left(\pm\frac{2\sqrt{3}}{3}\,\Big|\,\frac{1}{3} \pm \frac{1}{3}\sqrt{3}\right)$
   e) G_f ist in Richtung der Doppeltangente d schiefsymmetrisch bezüglich der y-Achse.
   f) $\overline{LW_1} : \overline{W_1W_2} = \frac{1}{2}\left(\sqrt{5} - 1\right) = \tau \approx 0.618$

292. a) $y' = \frac{dy}{dx} = \frac{3x^2}{2y}$

b) $y' = \frac{dy}{dx} = \frac{x-2y}{2x-y}$

c) $y' = \frac{dy}{dx} = \frac{\cos(x)-2}{\sin(y)-3}$

d) $y' = \frac{dy}{dx} = -\sqrt{\frac{y}{x}}$

293. $y' = \frac{dy}{dx} = \frac{x^2-y}{x-y^2}$

294. $m_P = \frac{-1}{4}$ und $m_Q = \frac{1}{2}$

295. $m = y' = \frac{-a}{b}$

296. a) –

b) $m_1 = 8$ und $m_2 = \frac{7}{4}$

c) $m_t = \frac{-x}{y}$

297. a) Alle zehn Einsetzproben gelingen; bei k handelt es sich um eine Parabel.

b) $y' = \frac{x-y-1}{x-y+1}$; $m_A = \frac{5}{4} = 1.25$, $m_C = \frac{3}{2} = 1.5$, $m_D = 2$, $m_F = 0$, $m_G = \frac{1}{2} = 0.5$,
$m_I = \frac{3}{4} = 0.75$

c) $t_A: y = \frac{5}{4}x + 5$; $t_G: y = \frac{1}{2}x - 1$

d) $n_H: y = \frac{-3}{2}x + \frac{35}{2}$

e) $n_D: y = \frac{-1}{2}x + \frac{9}{2}$

f) Es gilt: $F(x,y) = F(y,x)$.

g) $S\left(\frac{1}{4} \mid \frac{1}{4}\right)$; $m_S = -1$

h) Nein

298. a) $(2 \mid 0)$

b) $y' = \frac{-1}{y}$

c) $\sigma \approx 63.4°$

d) $Q\left(\frac{3}{2} \mid -1\right)$; $R\left(\frac{1}{2} \mid \sqrt{3}\right)$

299. a) $x_1 = \frac{4}{5}$, $x_2 = \frac{333}{440}$

b) Startwert $x_0 = 1$: $x_1 = 2$, $x_2 = \frac{33}{20}$; Startwert $x_0 = -1$: $x_1 = \frac{-6}{7}$, $x_2 = \frac{-9313}{11'340}$

c) Startwert $x_0 = 2.5$: $x_1 = 2.512$, $x_2 = 2.51188\ldots$

300. $f(x) = x^3 - 4x^2 - 2$, $x_0 = 4$, $x_1 = \frac{33}{8} = 4.125$, $x_2 = \frac{3805}{924} = 4.1179\ldots$

301. a) NS $\approx -2.3553\ldots$

b) Das Verfahren versagt.

c) NS $\approx -2.3553\ldots$

302. $f(x) = e^x - 2$, $x_0 = 1$, $x_1 = 0.7357\ldots$, $x_2 = 0.6940\ldots$, $x_3 = 0.6931\ldots$ $(\ln(2) = 0.6931471\ldots)$

303. Das Verfahren scheitert.

304. a) Startwert $x_0 = 2$ $\Rightarrow$ $x_1 = -1.6268\ldots$, $x_2 = 0.8188\ldots$, $x_3 = -0.0946\ldots$, $x_4 = 0.00014\ldots$
$\Rightarrow$ Die Näherungswerte konvergieren gegen die Nullstelle $x = 0$.

Startwert $x_0 = 2.5$ $\Rightarrow$ $x_1 = -3.5502\ldots$, $x_2 = 13.8456\ldots$, $x_3 = -515'287.6282\ldots$
$\Rightarrow$ Die Näherungswerte driften auseinander, weshalb das Näherungsverfahren scheitert.

b) Der Startwert x_0 darf nicht zu weit entfernt von der Nullstelle $x = 0$ gewählt werden.

305. a) Wahr

b) Falsch

c) Wahr

306. a) Linearisierung: $e^x \approx 1 + x$ für $x \approx 0$, $e^{0.01} \approx 1 + 0.01 = 1.01$

b) Linearisierung: $(1 + x)^3 \approx 1 + 3x$ für $x \approx 0$, $1.1^3 \approx 1 + 0.3 = 1.3$

c) Linearisierung: $\sqrt{x} \approx 1 + \frac{x}{4}$ für $x \approx 4$, $\sqrt{4.05} \approx 1 + \frac{4.05}{4} = 2.0125$

d) Linearisierung: $\sin(x) \approx \pi - x$ für $x \approx \pi$, $\sin\left(\frac{5\pi}{6}\right) \approx \pi - \frac{5\pi}{6} = \frac{\pi}{6}$

307. a) Linearisierung von $\sqrt{x}$ an der Stelle $x_0 = 9$ liefert $\sqrt{9.5} \approx 3.083$.

     b) Linearisierung von x^3 an der Stelle $x_0 = 100$ liefert $99.9^3 \approx 997'000$.

     c) Linearisierung von $\sqrt{x}$ an der Stelle $x_0 = 4$ liefert $\sqrt{3.98} \approx 1.995$.

     d) Linearisierung von $\sqrt[3]{x}$ an der Stelle $x_0 = 1000$ liefert $\sqrt[3]{1001} \approx 10.003$.

308. iii)

309. Die Linearisierung von $f(x) = \sin(x)$ liefert den genauesten Näherungswert.

310. a) $1 - 6x$ b) $2 - 2x$ c) $1 - \frac{x}{2}$ d) $4^{\frac{1}{3}} + \frac{x}{4^{\frac{2}{3}}}$

311. a) Linearisierung von $\ln(x)$ an der Stelle $x_0 = 1$. Der Grenzwert hat den Wert -1.

     b) Linearisierung von $\sin(x)$ an der Stelle $x_0 = 0$. Der Grenzwert hat den Wert 1.

     c) Linearisierung von e^x an der Stelle $x_0 = 0$. Der Grenzwert hat den Wert 2.

     d) Linearisierung von $(1 + x)^n$ an der Stelle $x_0 = 0$. Der Grenzwert hat den Wert 90.

312. Näherungsformel $\ell_1 \approx \ell_0 \left(1 + \frac{\gamma}{3} \cdot \Delta T\right)$ für $\Delta T \approx 0$

313. a) $\sqrt{50} \approx \frac{99}{14}$ b) $\sqrt{2} \approx \frac{99}{70}$ c) $\sqrt{50} \approx \frac{10}{3} \cdot \frac{17}{8} = \frac{85}{12}$

     d) Der Näherungswert in a) ist im Allgemeinen genauer.

314. $\ln(2) \approx \frac{2}{e} \approx 0.7$

315. a) $f(0) = f_1(0) = f_2(0) = f_3(0) = 2$. Alle Graphen verlaufen durch $(0 \mid 2)$.

     b) $f'(0) = f_1'(0) = f_2'(0) = f_3'(0) = -1$. Alle Graphen berühren sich in $(0 \mid 2)$.

     c) $f''(0) = f_2''(0) = f_3''(0) = -10$. f, f_2 und f_3 haben in $(0 \mid 2)$ dieselbe Krümmung.

     d) $f'''(0) = f_3'''(0) = 6$. f_3 ist die beste Näherung von f.

     e) $f^{(4)}(0) = 72$, d. h. $3x^4 = \frac{f^{(4)}(0)}{4!} \cdot x^4$

     f) $f(x) = \frac{f^{(4)}(0)}{4!} \cdot x^4 + \frac{f'''(0)}{3!} \cdot x^3 + \frac{f''(0)}{2} \cdot x^2 + f'(0) \cdot x + f(0)$

316. –

317. $g'(x) = \left(x - \frac{x^3}{3!} + \frac{x^5}{5!} - \frac{x^7}{7!}\right)' = 1 - \frac{3x^2}{3!} + \frac{5x^4}{5!} - \frac{7x^6}{7!} = 1 - \frac{x^2}{2!} + \frac{x^4}{4!} - \frac{x^6}{6!}$

318. $g''(x) = -x + \frac{x^3}{3!} - \frac{x^5}{5!} \approx -\sin(x)$

319. $h(x) = x - \frac{x^3}{3!} + \frac{x^5}{5!} - \frac{x^7}{7!} + \frac{x^9}{9!}$ und $k(x) = x - \frac{x^3}{3!} + \frac{x^5}{5!} - \frac{x^7}{7!} + \frac{x^9}{9!} - \frac{x^{11}}{11!}$

320. $p(x) = 1 + x + \frac{x^2}{2!} + \frac{x^3}{3!} + \frac{x^4}{4!} + \frac{x^5}{5!} + \frac{x^6}{6!}$ und $e^x \approx 1 + x + \frac{x^2}{2!} + \frac{x^3}{3!} + \ldots + \frac{x^6}{6!}$

321. a) $T_2(x) = -2x^2 + 4$ b) $T_2(x) = 4x^2 - 16x + 16$

322. a) $f'(x) = \cos(x)$, $f''(x) = -\sin(x)$ und $f'''(x) = -\cos(x)$;

$f(0) = \sin(0) = 0$, $f'(0) = \cos(0) = 1$, $f''(0) = -\sin(0) = 0$ und $f'''(0) = -\cos(0) = -1$

$\Rightarrow T_3(x) = 0 + \frac{1}{1!}(x-0) + 0 + \frac{-1}{3!}(x-0)^3 = x - \frac{1}{6}x^3$

b) $f'(x) = -\sin(x)$, $f''(x) = -\cos(x)$, $f'''(x) = \sin(x)$ und $f^{(4)}(x) = \cos(x)$;

$f(0) = \cos(0) = 1$, $f'(0) = -\sin(0) = 0$, $f''(0) = -\cos(0) = -1$, $f'''(0) = \sin(0) = 0$ und

$f^{(4)}(0) = \cos(0) = 1$ $\Rightarrow T_4(x) = 1 + 0 + \frac{-1}{2!}(x-0)^2 + 0 + \frac{1}{4!}(x-0)^4 = 1 - \frac{1}{2}x^2 + \frac{1}{24}x^4$

Es kommt der gleiche Funktionsterm vor, nämlich $y = 1 - \frac{x^2}{2!} + \frac{x^4}{4!}$.

323. $T_1(27) = 5.2$; $T_2(27) = 5.196$; $T_3(27) = 5.19616$; $T_4(27) = 5.196152$

324. $T_1\left(\frac{5}{4}\right) = \frac{3}{4} = 0.75$; $T_2\left(\frac{5}{4}\right) = \frac{13}{16} = 0.8125$; $T_3\left(\frac{5}{4}\right) = \frac{51}{64} = 0.796875$; $T_4\left(\frac{5}{4}\right) = \frac{205}{256} = 0.80078125$

325. a) $1, 3, 2, -1, a+b, 2a+h$ b) –

326. a) $2.46\,\text{cm}^2/\text{s}$ b) $a = 32.7\,\text{cm}$

327. a) $\frac{f(x+h)-f(x-h)}{2h} = 2x$; $\frac{g(x+h)-g(x-h)}{2h} = 2x+1$; $\frac{k(x+h)-k(x-h)}{2h} = 2ax+b$

b) $\frac{f\left(x+\frac{h}{2}\right)-f\left(x-\frac{h}{2}\right)}{h}$ c) –

328. a) $f'(4) = 6$; $f'(-3) = -8$; $f'(1-\sqrt{2}) = -2\sqrt{2}$

b) $q'(2) = 1$; $q'(-1) = \frac{1}{25}$; $q'\left(\frac{3}{2} - \sqrt{2}\right) = \frac{1}{8}$

c) $w'(2) = 1$; $w'\left(\frac{11}{7}\right) = \sqrt{7}$; $w'(4) = \frac{1}{\sqrt{5}} = \frac{\sqrt{5}}{5}$

329. $\mathrm{d}F = 2s_1(s_2 - s_1)$

330. a) Wahr   b) Wahr   c) Wahr   d) Falsch

331. –

332. a) Falsch   b) Wahr   c) Falsch

333. a) $2ax+b$ b) $nx^{n-1} + n$ c) $e^x + e + \frac{1}{x^2}$

d) $t^5 + 2t^3x - 3tx^2$ e) 0 f) $2x - 2$

334. a) $F'(r) = 2\pi r \mathrel{\widehat{=}}$ Kreisumfang   b) $\frac{\mathrm{d}F}{\mathrm{d}t} = 2\pi r \cdot r'$; $\frac{\mathrm{d}F}{\mathrm{d}t} = 12.6\pi + 8.82t$

335. $\frac{\mathrm{d}V}{\mathrm{d}t} = -0.13\,\text{m}^3/\text{s}$

336. $\frac{\mathrm{d}V}{\mathrm{d}T} = \frac{\mathrm{d}}{\mathrm{d}T}(s^2 \cdot h) = 2s\frac{\mathrm{d}s}{\mathrm{d}T} \cdot h + s^2 \cdot \frac{\mathrm{d}h}{\mathrm{d}T}$

337. a) $-1\,\text{cm/min}$; $-2\,\text{cm/min}$ b) $V = 94.0\,\text{m}^3$

338. –

339. –

340. a) Wahr   b) Falsch   c) Wahr

341. 1

342. $f^{(99)}(x) = 3^{99} \cdot \sin(3x) + 100! \cdot x$

343. –

344. Der Schatten wird mit einer Geschwindigkeit von $0.6\,\text{m/s}$ kleiner.

345. Anna hat recht.

346. –

347. a) $X\left(1 - \frac{1}{m}\,\middle|\,0\right);\, Y(0\,|\,1-m)$ b) $X(m+1\,|\,0);\, Y\left(0\,\middle|\,1+\frac{1}{m}\right)$ c) $d = |F(\Delta_n) - F(\Delta_t)| = 2$

348. a) –   b) $m_t = 1$ c) $Q_1(-1\,|\,2) = P,\ Q_2(1\,|\,0)$

349. a) $y = \frac{-1}{2}x^2 + 3x$ b) $S^*(2\,|\,4)$; nach 1 Sekunde

350. Beide liegen falsch.

351. $\sqrt{2}$ Einheiten

352. –

353. a) $y = \frac{f(b)-f(a)}{b-a} \cdot (x-a) + f(a)$ b) $y = f'(a) \cdot (x-a) + f(a)$

354. –

355. a) $x = 1$ b) $x = \frac{3}{2}$ c) $x = \frac{s}{2}$

356. –

357. a) $p\colon y = -x^2 + 1$ b) $p\colon y = -ax^2 + c$ c) $g\colon y = \frac{1}{2}x + 1$ d) $g\colon y = \frac{b}{2}x + c$

358. $y = \frac{2}{3}x$

359. $x \in [-1, 3]$

360. bei $m = c$

361. a) $[0, 5]$ b) $t = 5 + 5\sqrt{2}$ c) $f(t) = \frac{-1}{50}t + \frac{1}{10}$

362. a) $k\colon y = f(x) = \frac{1}{8}x^3 - \frac{3}{2}x$ b) $k\colon y = f(x) = \frac{-3}{128}x^5 + \frac{5}{16}x^3 - \frac{15}{8}x$

363. i) $F(4\,|\,8)$; $\overline{PF} = 15$ ii) $x = 4$

364. a) $X\left(2u^3 + u\,\middle|\,0\right)$ b) –
c) $S\left(-u - \frac{1}{2u}\,\middle|\,u^2 + 1 + \frac{1}{4u^2}\right)$ d) $\overline{SP} = \frac{3}{2} \cdot \sqrt{3} \approx 2.60$

365. $C(-1\,|\,0)$

366. Emma hat recht.

367. Ja

368. $x = e$ mit $e^{\frac{1}{e}} = 1.44466\ldots$

369. –

370. a) lokales Maximum bei $x = 2$, lokale Minima bei $x = 1$ und $x = 3$

    b) lokales Maximum bei $x = 1$, lokales Minimum bei $x = 3$

    c) lokales Maximum bei $x = 0$, lokales Minimum bei $x = 2$

371. –

372. $\varphi = 60°$

373. a) $x = 1$ b) $x = \frac{1}{2}$ c) $a = 3$

374. a) $\frac{\Delta y}{\Delta x} = \frac{f(0)-f(-2)}{0-(-2)} = \frac{4-(-6)}{0-(-2)} = 5$ b) $f'(2) = -9$

375. a) $v = 7.2\,\text{m/s}; \quad 7.6\,\text{m/s}; \quad 7.92\,\text{m/s}; \quad 7.992\,\text{m/s}$ b) $8\,\text{m/s}$

376. a) $T(t_2) - T(t_1)$ b) $\frac{T(t_2)-T(t_1)}{t_2-t_1}$ c) $\lim\limits_{t_1 \to t_2} \left(\frac{T(t_2)-T(t_1)}{t_2-t_1} \right)$

377. a) $-19'000$ b) $V'(t) = 400t - 20'000$ c) $-18'000$

378. a) 3 b) $\frac{1}{9}$

379. a) $f'(x) = 2x - 2$ b) $f'(x) = \frac{1}{(1-x)^2}$

380. a) $f'(x) = \frac{1}{(x-2)^2}$ b) $x_1 = 1, \; x_2 = 3$

381. Ja

382. –

383. a) Falsch   b) Wahr   c) Falsch   d) Falsch

384. a) $f'(x) = 20x^4$ b) $f'(x) = 2x^5 - 2$ c) $f'(x) = \frac{6}{x^4}$

    d) $f'(x) = \frac{2}{x^3} - \frac{1}{x^2}$ e) $f'(x) = \frac{2}{\sqrt{x}}$ f) $f'(x) = \frac{1}{3 \cdot \sqrt[3]{x^2}}$

385. a) $y = \frac{1}{4} \cdot x^2 + 13$ b) $y = (-1) \cdot x^{-1}$ c) $y = \frac{1}{7} \cdot x^{\frac{1}{2}}$

    d) $y = 6 \cdot x^2 - 3 \cdot x$ e) $y = x^2 - 4 \cdot x + 4$ f) $y = \frac{5}{21} \cdot x^{-4} + \frac{1}{7} \cdot x$

386. a) $f'(x) = 4x^3 - 9x^2 + 2x$ b) $f'(x) = \frac{2}{(x+2)^2}$ c) $f'(x) = 3\sqrt{2x}$

387. –

388. a) $f'(x) = \cos(x) - \sin(x)$ b) $f'(x) = 1 - 2 \cdot \cos(x)$ c) $f'(x) = 6x + 10 \cdot \sin(x)$

389. a) $y' = \cos(x) - x \cdot \sin(x)$ b) $y' = 2 \cdot \cos(2x + 1)$ c) $y' = (x^2 + 2)\cos(x)$

390. a) $\frac{ds}{dt} = \frac{1}{\cos(t) - 1}$ b) $\frac{ds}{dt} = \tan^2(t) - 1$ c) $\frac{ds}{dt} = \frac{1 - \sin(t)}{\cos^2(t)}$

391. a) $y^{(4)} = y = 6 \cdot \cos(x)$

$\quad\quad\ y^{(5)} = y' = -6 \cdot \sin(x)$

b) $y^{(4)} = y = -5 \cdot \sin(x)$

$\quad\quad y^{(5)} = y' = -5 \cdot \cos(x)$

392. a) $f'(x) = 3 \cdot \mathrm{e}^{3x}$ b) $f'(x) = 1 - 2 \cdot \mathrm{e}^x$ c) $f'(x) = \ln(2) \cdot 2^x$

$\quad\quad$ d) $f'(t) = \frac{3}{t}$ e) $f'(t) = \frac{2 + \ln(t)}{\sqrt{t}}$ f) $f'(t) = \frac{1}{t \cdot (t-1)}$

393. a) $\frac{\mathrm{d}y}{\mathrm{d}x} = 2 \cdot 10^x (1 + x \cdot \ln(10))$ b) $\frac{\mathrm{d}y}{\mathrm{d}x} = \frac{3^x}{x^2}(x \ln(3) - 1)$ c) $\frac{\mathrm{d}y}{\mathrm{d}x} = x \cdot 2^x (2 + x \cdot \ln(2))$

394. $d'(x_0) = -5$, $p'(x_0) = 14$, $q'(x_0) = -10$

395. $y' = 60x^2 (2 + x^3)^3 (1 + (2 + x^3)^4)^4$

396. a) Falsch b) Falsch c) Wahr d) Falsch

397. a) Wahr b) Wahr c) Falsch

398. a) $\frac{\mathrm{d}}{\mathrm{d}x} F_1(x) = \frac{\mathrm{d}}{\mathrm{d}x} F_2(x) = 1$ b) –

399. a) $t\colon y = 4x$

$\quad\quad\ n\colon y = -\frac{1}{4}x$

b) $t\colon y = -2x + 18$

$\quad\quad n\colon y = \frac{1}{2}x + 3$

c) $t\colon y = 8$

$\quad\quad n\colon x = 4$

400. a) $t\colon y = -x + 1$

$\quad\quad\ n\colon y = x + 1$

b) $t\colon y = \frac{7}{9}x + \frac{1}{9}$

$\quad\quad n\colon y = -\frac{9}{7}x + \frac{89}{21}$

c) $t\colon y = \frac{1}{2}x - \frac{7}{2}$

$\quad\quad n\colon y = -2x - 11$

401. a) $x = 1$ b) $x_1 = -1$, $x_2 = 3$ c) an keiner Stelle

402. $P(2 \,|\, -8)$

403. $t\colon y = \frac{1}{4}x + 1$; $n\colon y = 18 - 4x$

404. $a = -7$

405. a) $t_1\colon y = -9x$ und $t_2\colon y = 7x$ b) $t_1\colon y = 3x + 12$ und $t_2\colon y = -13x - 20$

406. a) $12.0°$ b) $63.4°$

407. a) $26.6°$ b) $18.9°$

408. $71.6°$

409. $T_1(0 \,|\, 0)$ und $T_2(2 \,|\, 0)$

410. $T(0 \,|\, 1)$, $H(-2 \,|\, -3)$

411. a) Hochpunkt: keinen; Tiefpunkt: $T(-3 \,|\, -4.5)$; Terrassenpunkt: $W(0 \,|\, 0)$

$\quad\quad$ b) $x_{\min} = -3$ und $x_{\max} = 1$

412. a) $D_f = \mathbb{R}$, $W_f = \mathbb{R}$

NS: $x_1 = 0$, $x_{2,3} = \pm\sqrt{3}$

$H(-1\,|\,2)$, $T(1\,|\,-2)$

$W(0\,|\,0)$

symmetrisch zum Ursprung

b) $D_f = \mathbb{R}$, $W_f = [-1;\infty[$

NS: $x_1 = 0$, $x_{2,3} = \pm\sqrt{2}$

$H(0\,|\,0)$, $T_{1,2}(\pm 1\,|\,-1)$

$W_{1,2}\left(\pm\frac{\sqrt{3}}{3}\,\middle|\,-\frac{5}{9}\right)$

symmetrisch zur y-Achse

c) $D_f = \mathbb{R}$, $W_f = \mathbb{R}$

NS: $x_1 = 0$, $x_2 = 3$

$T(0\,|\,0)$, $H(2\,|\,4)$

$W(1\,|\,2)$

d) $D_f = \mathbb{R}$, $W_f =]-\infty; \frac{27}{16}]$

NS: $x_1 = 0$, $x_2 = 2$

$H\left(\frac{3}{2}\,\middle|\,\frac{27}{16}\right)$

$W(1\,|\,1)$, Terrassenpunkt: $(0\,|\,0)$

413. iv)

414. a) Falsch   b) Wahr   c) Falsch

415. $a = b = 1$, $c = 0$

416. $f(x) = \frac{9}{16}x^3 - \frac{27}{4}x$

417. $f(x) = \frac{-1}{4}x^3 + 3x$

418. $y = k(x) = \frac{-1}{3}x^3 + 2x^2$; $\sigma \approx 85.2°$

419. n ungerade

420. $f(x) = x^4 - 7x^2 + 15$

421. $x = -1$

422. $2\,\mathrm{cm}$

423. $25\,\mathrm{m}^2$ pro Kaninchenpaar

424. $(30\,|\,0)$

425. $42.0\,\mathrm{cm}$ auf $84.0\,\mathrm{cm}$

426. $F_{\mathrm{max}} = 24$

427. Zylinderhöhe: $R \cdot \sqrt{2}$

4 Integralrechnung

1. a) i)   z. B. $f(x) = x^2$ ii)   z. B. $f(x) = x^2 - x$
     iii)   z. B. $f(x) = x^4$ iv)   z. B. $f(x) = \frac{1}{n+1} \cdot x^{n+1}$
     v)   z. B. $f(x) = \sin(x)$ vi)   z. B. $f(x) = e^x$
     vii)   z. B. $f(x) = \frac{-1}{x}$ viii) z. B. $f(x) = \frac{1}{-m+1} \cdot x^{-m+1}$

    b) Nein   c) i) und ii)

    d) $f(x) = x^2 + C, \; C \in \mathbb{R}$ e) i) $f(x) = -\cos(x) + C$
                                      ii) $f(x) = x^3 + C$
                                      iii) $f(x) = e^x + x^2 + C$

2. a) $2x^2$ b) $\frac{x^4}{4}$ c) $-0.39x^6$ d) $\frac{x^{n+1}}{n+1}$

    e) $-\frac{t^9}{12}$ f) $1001t$ g) 0 h) $\frac{g}{2}t^2$

3. a) $2x^2 + 321x$ b) $2x^3 - 4x$ c) $3x + \frac{1}{x}$ d) $\frac{1}{4}x^4 - \frac{1}{2}x^{-2}$

4. a) $F(t) = \sqrt{t}$ b) $F(t) = -6\sqrt{t}$ c) $F(t) = 4t\sqrt[4]{t^3}$ d) $F(t) = 3\sqrt[3]{t}$

5. a) $-\cos(x) + \sin(x)$ b) $-3\cos(x) - 2\sin(x)$ c) $\tan(x)$

    d) $2e^x$ e) $\frac{1}{\ln(2)} \cdot 2^x$ f) $\frac{1}{\ln(a)} \cdot a^x, \; a > 0, \, a \neq 1$

6. a) $x^3 + 2x^2 - x$ b) $x^3 - x$ c) $\frac{1}{2-x} - \frac{1}{2}$

7. a) $f(x) = x^3 - 14x + 12$ b) $f(x) = x + \frac{1}{x} + \frac{2}{3}$ c) $f(x) = -\frac{1}{2}x^2 + 5x + 2$

    d) $f(x) = x - \cos(x) + 1$ e) $f(x) = 4 - 3\sin(x)$ f) $f(x) = \pi e^x + 1 - \pi e$

8. a) $F(x) = 2\sqrt{x} - 4$ b) $F(x) = \frac{1}{6}x^3 - x^2 + \frac{19}{6}$ c) $F(x) = x^2 + 5x - \frac{27}{2}$

9. $f(x) = 2x\sqrt{x} - 50$

10. a) Kurve b b) Kurve a

11. –

12. –

13. –

14. a) $2x^2 + C$ b) $x + C$ c) C

    d) $\frac{3}{2}x^4 + C$ e) $x^3 - x + C$ f) $x^4 + \frac{1}{3}x^3 - 7x + C$

    g) $x^5 + \frac{1}{8}x^4 - \frac{7}{9}x^3 + C$ h) $\frac{3}{4}x^4 + \frac{4}{3}x^3 - \frac{3}{2}x^2 - 4x + C$ i) $\frac{9}{5}x^5 - 2x^3 + x + C$

15. a) $\frac{-1}{x} + C$ b) $\frac{-1}{x^2} + C$ c) $\frac{-2}{x^3} + \frac{1}{x} + C$

    d) $6\ln|x| + \frac{5}{x} - \frac{2}{x^2} + C$ e) $\frac{1}{3}x^3 - x + 5\ln|x| + C$ f) $10\ln|x+2| + C$

16. a) $\frac{2}{3}x\sqrt{x} + C$ b) $\sin(x) + C$ c) $\frac{1}{\ln(5)} \cdot 5^x + C$

    d) $\frac{2}{5}x^2\sqrt{x} + \frac{10}{3}x\sqrt{x} + C$ e) $e^x - \cos(x) + C$ f) $2\sqrt{x} + C$

    g) $\frac{1}{2}x^2 + \frac{4}{5}x\sqrt[4]{x} + C$ h) $-2\cos(x) - 3\sin(x) + C$ i) $\pi \cdot x\ln(x) - \pi \cdot x + C$

    j) $\tan(x) + C$ k) $\frac{1}{2}t^2 + \sin(t) + C$ l) $\frac{1}{2-2t}x^{2-2t} + C$

17. Die rechte Seite abgeleitet ergibt jeweils den Integranden der linken Seite.

18. Die rechte Seite abgeleitet ergibt den Integranden der linken Seite.

19. a) Ja   b) Ja

20. a) Richtig   b) Falsch (C fehlt)

21. a) $\int x e^x \, dx = x e^x - e^x + C$ b) $\int \ln(x) \, dx = x \ln(x) - x + C$

22. a) $F(x) = \frac{1}{12}(2x + 3)^6 + C$ b) $F(x) = \frac{1}{3}(3x - 1)^7 + C$ c) $F(x) = \frac{-1}{4}(12 - x)^4 + C$

     d) $F(x) = \frac{-1}{2}\left(3 - \frac{1}{2}x\right)^4 + C$ e) $F(x) = (3x - 9)^4 + C$ f) $F(x) = \frac{-\sqrt{2}}{6}\left(3 - x\sqrt{2}\right)^3 + C$

23. a) $F(x) = \frac{-1}{4}(4x + 3)^{-1} + C$ b) $F(x) = (1 - x)^{-2} + C$ c) $F(x) = \frac{2}{3}\left(4 - \frac{1}{2}x\right)^{-3} + C$

     d) $F(x) = \frac{-1}{(2x-1)^2} + C$ e) $F(x) = \frac{3}{2\left(2 - \frac{1}{3}x\right)^4} + C$ f) $F(x) = \sqrt{2x + 1} + C$

24. a) $F(t) = \frac{-1}{2}\cos(2t) + C$ b) $F(t) = \frac{1}{\pi}\sin(\pi t) + C$ c) $F(t) = \frac{1}{2}\sin(10t) + C$

25. a) $F(x) = -e^{-4x} + C$ b) $F(x) = e^x + e^{-x} + C$ c) $F(x) = \frac{-3}{\ln(2)} \cdot 2^{-3x} + C$

     d) $F(x) = \frac{1}{2} \cdot \ln|2x - 1| + C$ e) $F(x) = -\ln|3 - 2x| + C$ f) $F(x) = 12x\ln(3x) - 12x + C$

26. –

27. a) $v(t) = a \cdot t + v_0$, $s(t) = \frac{a}{2} \cdot t^2 + v_0 \cdot t + s_0$

     b) $v(1) = 5\,\text{m/s}$, $s(1) = 2.5\,\text{m}$, $t \approx 2.83\,\text{s}$

     c) $v(1) = -9.81\,\text{m/s}$, $s(1) \approx 15.10\,\text{m}$, $t \approx 2.02\,\text{s}$

28. –

29. a) $s(t) = \frac{1}{2}at^2$ b) $s(t) = \frac{1}{2}at^2 + v_0 t$

30. a) $s_{[0;14]} = 280\,\text{m}$ b) $s_{[14;20]} = 60\,\text{m}$

     c) $s_{[0;14]} = \text{Rechtecksfläche} = 280\,\text{m}$ d) $s_{[20;30]} \approx 60\,\text{m}$

        $s_{[14;20]} - \text{Dreiecksfläche} = 60\,\text{m}$

31. a) Arbeit $\widehat{=}$ Fläche unter der Kraftkurve   b) $W \approx 212\,\text{J}$

32. a) $x_0 = a = 0$, $x_1 = \frac{1}{2}$, $x_2 = 1$,   b) $O_4 = 3.75$

        $x_3 = \frac{3}{2}$, $x_4 = b = 2$; $\Delta x = \frac{1}{2}$

     c) $O_4 = 3.75$ d) $O_{50} = \frac{1717}{625} \approx 2.75$

     e) $O_n = \frac{4}{3} \cdot \left(1 + \frac{1}{n}\right) \cdot \left(2 + \frac{1}{n}\right)$ f) $F(0, 2) = \frac{8}{3} \approx 2.67$

33. $U_4 = 12.25$, $O_4 = 16.25$

34. a) $U_6 = \frac{163}{54} \approx 3.02$ b) $O_6 = \frac{199}{54} \approx 3.69$ c) $3.02 \leq A \leq 3.69$

35. a) i) $U_5 = 16$ ii) $U_{10} = 20.25$ iii) $U_n = 25\left(1 - \frac{1}{n}\right)^2$

     b) i) $O_5 = 36$ ii) $O_{10} = 30.25$ iii) $O_n = 25(1 + \frac{1}{n})^2$

     c) i) –   ii) $\lim\limits_{n \to \infty} U_n = 25$, $\lim\limits_{n \to \infty} O_n = 25 \Rightarrow A = 25$

36. a) $O_n = \frac{b^3}{12} \cdot \left(1 + \frac{1}{n}\right) \cdot \left(2 + \frac{1}{n}\right) + b$ 　　　　　b) $A = \frac{b^3}{6} + h$

37.

$n =$	3	5	10	20	100
a) $U_n =$	0.6167	0.6456	0.6688	0.6808	0.6907
$O_n =$	0.7833	0.7456	0.7188	0.7058	0.6957
b) $U_n =$	0.5326	0.5710	0.6010	0.6164	0.6290
$O_n =$	0.7433	0.6974	0.6643	0.6481	0.6353
c) $U_n =$	0.7152	0.8347	0.9194	0.9602	0.9921
$O_n =$	1.2388	1.1488	1.0765	1.0388	1.0078
d) $U_n =$	0.8404	0.8684	0.8891	0.8994	0.9075
$O_n =$	0.9756	0.9495	0.9297	0.9196	0.9116

38. a) $U_n = \pi r^2 \left(1 - \frac{1}{n}\right)$, $O_n = \pi r^2 \left(1 + \frac{1}{n}\right)$ 　　　b) $\lim\limits_{n \to \infty} U_n = \lim\limits_{n \to \infty} O_n = \pi r^2$, $A(\text{Kreis}) = \pi r^2$

39. Untersumme $= 55.0\,\text{m}^2$, Obersumme $= 83.8\,\text{m}^2$ $\Rightarrow$ $55.0\,\text{m}^2 < A < 83.8\,\text{m}^2$

40. a) 8 　　　　　　　　　　　　　　　　　b) $\frac{74}{3} = 24.\overline{6}$

41. a) $x_1 = -1$, $x_2 = 3$ 　　　　b) $x \geq 1$ 　　　　c) $U_{10} = 8.96$
　　　d) $U_n = 16 - \frac{8}{3}\left(1 + \frac{1}{m}\right)\left(2 + \frac{1}{m}\right)$, wobei $n = 2m$ ist.
　　　e) $A = \frac{32}{3} = 10.\overline{6}$ 　　　　　　f) $A = 2 \cdot \int\limits_{1}^{3} \left(-x^2 + 2x + 3\right) \mathrm{d}x$

42. i) 17 　　　　　　　ii) -4 　　　　　　iii) -5

43. i) -5 　　　　　　ii) 3 　　　　　　iii) 0 　　　　　　iv) -8

44. i) $-p$ 　　　　　　ii) $p + q$ 　　　　　iii) 0 　　　　　　iv) $-2q$

45. a) 7.5 　　　　　　b) -1 　　　　　　c) 6.5 　　　　　　d) 8.5

46. a) 3 　　　　　　　b) -10.5 　　　　　c) -7.5

47. a) $O_n = \frac{x^2}{2}\left(1 + \frac{1}{n}\right) - x$ 　　　　　b) $F_0(x) = \frac{x^2}{2} - x$
　　　c) $O_n = \frac{x^3}{6}\left(1 + \frac{1}{n}\right)\left(2 + \frac{1}{n}\right)$, $F_0(x) = \frac{x^3}{3}$

48. a) $F_0(x) = x$ 　　　　　b) $F_0(x) = 2x$ 　　　　　c) $F_0(x) = c \cdot x$
　　　d) $F_0(x) = \frac{x^2}{2}$ 　　　　　e) $F_0(x) = x^2$ 　　　　　f) $F_0(x) = \frac{m \cdot x^2}{2}$
　　　g) $F_0(x) = \frac{x^2}{2} + x$ 　　　　h) $F_0(x) = x^2 + x$ 　　　i) $F_0(x) = \frac{m \cdot x^2}{2} + c \cdot x$

49. a) $f(t) = t^2$; $F_0(x) = \frac{1}{3}x^3$ 　　b) $f(t) = t^3$; $F_0(x) = \frac{1}{4}x^4$ 　　c) $f(t) = t^4$; $F_0(x) = \frac{1}{5}x^5$
　　　d) $f(t) = t^5$; $F_0(x) = \frac{1}{6}x^6$ 　　e) $f(t) = \frac{1}{2}t^2 + 1$; $F_0(x) = \frac{1}{6}x^3 + x$

50. $\frac{\mathrm{d}}{\mathrm{d}x}F_0(x) = f(x)$

51. a) $\int_0^2 x^2\,\mathrm{d}x = \frac{8}{3}$ i) $\int_0^2 (x^2+1)\,\mathrm{d}x = \frac{14}{3}$ ii) $\int_0^2 (x+1)^2\,\mathrm{d}x = \frac{26}{3}$ iii) $\int_{-1}^1 (x+1)^2\,\mathrm{d}x = \frac{8}{3}$

    b) $\int_0^4 \sqrt{x}\,\mathrm{d}x = \frac{16}{3}$ i) $\int_0^4 \sqrt{x+1}\,\mathrm{d}x = \frac{10}{3}\cdot\sqrt{5}-\frac{2}{3}$ ii) $\int_{-1}^3 \sqrt{x+1}\,\mathrm{d}x = \frac{16}{3}$ iii) $\int_1^5 \sqrt{x-1}\,\mathrm{d}x = \frac{16}{3}$

52. a) $\int_{-2}^3 (-(x-3)(x+2))\,\mathrm{d}x = \frac{125}{6} = A$ b) $\int_{-3}^3 (3-x)^2\,\mathrm{d}x = 72 = A$

    c) $\int_0^3 (3-x)^2\,\mathrm{d}x = 9 = A$ d) $\int_{-2}^2 x(x-2)(x+2)\,\mathrm{d}x = 0 \neq A(=8)$

    e) $\int_{-1}^2 (6+3x-3x^2)\,\mathrm{d}x = \frac{27}{2} = A$ f) $\int_{-1}^2 (6x+3x^2-3x^3)\,\mathrm{d}x = \frac{27}{4} \neq A(=\frac{37}{4})$

53. a) 16   b) 12   c) 12   d) 0   e) -9 f) 24

54. a) $\frac{1}{4}$ b) -11.25 c) $3-2\ln(2) \approx 1.61$

    d) $\frac{52}{3} - 3\ln(3) \approx 14.04$ e) $2\ln(\frac{3}{5})+2 \approx 0.98$ f) $3\ln(\frac{3}{2})+\frac{13}{2} \approx 7.72$

55. a) 14   b) 2   c) 12   d) $\frac{2}{5}$ e) 43   f) $\sqrt{3}$

56. a) 1   b) 0   c) -1 d) 8   e) 1   f) $\frac{1}{2}\ln(2)$

57. a) $e^2 - 1 \approx 6.39$ b) $\frac{1}{e} - 2 \approx -1.63$ c) $\pi(e-1) \approx 5.40$

    d) $e^2 - \frac{2^{e+1}}{e+1} - 1 \approx 2.85$ e) $\ln(2) + e^2 - e \approx 5.36$ f) $\frac{9}{\ln(10)} \approx 3.91$

58. a) 1705   b) 0   c) 2

    d) $\frac{1}{3}$ e) $\frac{\sqrt{2}}{\pi}$ f) 1

    g) $\frac{1}{6}(e^{20} - 1)$ h) $e^{12} - 1$ i) 0

    j) 2   k) $3\ln(10)$ l) 3

59. a) 13   b) 2

60. a) $3t^2 - \frac{3}{2}$ b) $3x^2 - 3x$

61. a) $k - 3$ b) $k = 5$

62. a) 2   b) -6 c) 10

63. a) $x = 0,\ x = 2$ b) $x = 3;\ x = k\cdot\frac{\pi}{3}$ für $k \in \mathbb{Z}$

64. a) Ja; $f(x) = 3x^2 - 4x + 1$ b) Nein

    c) Nur für $c = -2$; $f(x) = 3x^2 - 4x + 1$

65. $F(x) = -\frac{1}{2}\cos(2x) + C$, wobei gilt:

    a) $C > \frac{1}{2}$ b) $C = \pm\frac{1}{2}$

66. a) Auto A ist vorne.   b) Vorsprung von A gegenüber B nach 1 min.

    c) Auto B ist vorne.   d) nach etwa 2 min.

67. a) Wahr   b) Falsch   c) Falsch

68. a) 5   b) 2   c) -15

69. a) keine Nullstellen, $A = 30$ b) Nullstellen: $x_{1,2} \approx \pm 5.57 \notin [-1; 5]$, $A = 144$
    c) Nullstelle: $x \approx -2.67 \notin [-2; 0]$, $A = 90$ d) Nullstellen: $x_{1,2} \approx \pm 1.73 \notin [2; 6]$, $A = 3$
    e) Nullstelle: $x = \frac{1}{4} \notin [4; 5]$, $A \approx 11.33$ f) Nullstelle: $x = 2 \notin [3; 6]$, $A \approx 6.60$

70. a) $A = 36$ b) $A = 20$
    c) $A \approx 3.32$ d) $A = 1$

71. a) $A = 72$ b) $A = \frac{1}{2}$
    c) $A = \frac{4}{3}$ d) $A = \frac{128}{15} = 8.5\overline{3}$
    e) $A = \frac{784}{15} = 52.2\overline{6}$ f) $A = 4\sqrt{3} - \ln(7 + 4\sqrt{3}) \approx 4.29$

72. $a = 6$

73. a) $k = 8$ b) $k = \frac{3 + 3\sqrt{5}}{2} \approx 4.85$ c) $k = \sqrt[3]{4} \approx 1.59$ d) $k \approx 1.51$

74. a) $\frac{9}{2}$ b) 2   c) $\frac{37}{12}$ d) $\frac{8\sqrt{2}}{3}$ e) 24

75. $a = 9$

76. a) $A(t) = \frac{t}{2}$, $t = 16$ b) $A(t) = \frac{4}{3}t^3$, $t = 3$

77. $y = -2x^3 + 6\sqrt{2}x$

78. $y = -x^2 + 3x$

79. a) $y = -x^3 + 4x^2 = x^2(4 - x)$ b) $A = \frac{64}{3}$

80. $y = \frac{-1}{2}x^4 + \frac{9}{2}x^2$

81. a) $A = \frac{64}{3}$ b) $A = \frac{256}{3}$ c) $A = 9$ d) $A = \frac{5}{3}$

82. a) $A = 18$ b) $A = 18$

83. a) $A = \frac{39}{5} = 7.8$ b) $A = \frac{221}{12} = 18.41\overline{6}$

84. a) $A = \frac{8}{3}$ b) $A = \frac{1}{3}$

85. a) $x_{1,2} = \pm a$ b) $f_a(-x) = f_a(x)$, $h_a(-x) = h_a(x)$
    c) $x_{1,2} = \pm a$ d) Für $a = 2$ ist $A(a)$ maximal.

86. a) $A = 1 + \ln(3) \approx 2.10$ b) $A = 4\ln(2) \approx 2.77$ c) $A = 22 - 16\ln(2) \approx 10.91$

87. a) $A = \sqrt{3} - \frac{\pi}{3}$ b) $A = 2 - \frac{\pi}{2}$ c) $A = 3\sqrt{3} - \frac{\pi}{2} - 2$

88. a) $A = 2\sqrt{2} - 2$ b) $A = \frac{2}{\pi} + \frac{1}{6}$ c) $A = \frac{2}{\pi}$

89. a) $a = \frac{-\pi^2}{4}$, $A = 2 + \frac{\pi^3}{6}$ b) $a = e$, $A = \frac{4}{3}e - 2$
    c) $A = \frac{4}{3}$ d) $a = \frac{e^3 - e}{2}$, $b = \frac{3e - e^3}{2}$, $A = 2e$

90. $t_a\colon y = 2ax - a^2, \quad t_b\colon y = 2bx - b^2, \quad A = \frac{(b-a)^3}{12}$

91. $A = e^2 - 1$

92. $A = \frac{1}{12}$

93. $A = \frac{\pi^2}{4} - 2$

94. $A = \frac{25}{8}$

95. $A = \frac{11}{12}$

96. $x = e$

97. a) $a = \frac{1}{12}$ b) $m = \frac{1}{3}$

98. a) $A = \frac{4}{3}$ b) $A = \frac{b^3}{6}$

99. a) $p = \frac{1}{2(e-1)} \approx 0.29$ b) $q = \frac{1}{2(e-1)} \approx 0.29$ c) $r = \ln(\frac{3}{2}) \approx 0.41$ d) $p = q$

100. $x = \sqrt[3]{4}$

101. $m = 12 - 6\sqrt[3]{4} \approx 2.48$

102. $A_1 : A_2 = 1 : 1$

103. A_k beansprucht 45 % der Rechtecksfläche.

104. $A : A_S = 1 : 18 = 0.0555\ldots$, das weggeschnittene Stück ist etwas mehr als 5 %.

105. $a = 1$

106. $v = 3$, unabhängig von der Wahl von a

107. a) $s = \frac{a}{h} \cdot x$ b) $Q(x) = \frac{a^2}{h^2} \cdot x^2$ c) $\Delta V = \frac{a^2}{h^2} \cdot x^2 \cdot \Delta x$

     d) $V_T - \sum \frac{a^2}{h^2} \cdot x^2 \cdot \Delta x$ e) $V_P = \frac{1}{3}a^2 h$

108. a) $V = \frac{56\pi}{3}$ b) $V = \frac{32\pi}{15}$

109. a) $V = \frac{512}{15}\pi \approx 107.23$ b) $V = \frac{324}{5}\pi \approx 203.58$ c) $V = \frac{128}{105}\pi \approx 3.83$

     d) $V = \frac{256}{315}\pi \approx 2.55$ e) $V = \frac{64}{3}\pi \approx 67.02$ f) $V = \frac{4}{3}\pi \approx 4.19$

110. a) $V = \frac{192}{35}\pi$ b) $V = 2\pi$

111. $V = \frac{191}{480}\pi \approx 1.25 \,\mathrm{cm}^3$

112. $V = \frac{16}{63}\pi$

113. $V = \frac{2448}{5}\pi \approx 1538.12$

114. $V = \frac{\pi^2}{8}$

115. a) $V = 2\pi(\tan(1) - 1) \approx 3.50$ b) $V = \pi \approx 3.14$

116. a) $V = \frac{9}{2}\pi$ b) $V = \frac{3}{8\ln(2)}\pi$ c) $V = (e^2 - 3)\pi$

117. a) $V = 20\pi$ b) $V = \frac{1}{3}\pi r^2 h$

118. a) $V = \frac{3}{2}\pi$ b) $V = \frac{4}{15}\pi$

119. a) $V = \frac{3}{10}\pi$ b) $V = 24\pi$

120. $V = \frac{\pi}{96}$

121. a) $V = \pi \int\limits_0^H R^2 \, dx, \quad V = \pi \int\limits_0^H (R^2 - r^2) \, dx$

     b) $V = \pi \int\limits_0^H (\frac{R}{H}x)^2 \, dx, \quad V = \pi \int\limits_{\frac{rh}{R-r}}^{\frac{Rh}{R-r}} (\frac{R-r}{h}x)^2 \, dx$

     c) $V = \pi \int\limits_{-R}^{R} (R^2 - x^2) \, dx, \quad V = \pi \int\limits_{R-h}^{R} (R^2 - x^2) \, dx$

122. $h = \sqrt{\frac{60}{\pi}} \approx 4.37$

123. a) $A_1 : A_2 = 45 : 19$ b) $V_1 - V_2 = \frac{316}{15}\pi \approx 66.18$ c) $h = 4 - 2\sqrt[3]{2} \approx 1.48$

124. a) $-$ b) $T_M = 12\,\text{h}$

     c) $y_M \cdot (b - a) = \int\limits_a^b f(x) \, dx$ d) $T_M = 12\,\text{h}$ wie in b)

125. a) $\overline{f} = \frac{16}{3}, \; x_M = \frac{4}{\sqrt{3}}$ b) $\overline{f} = 7, \; t_M = 3$

     c) $\overline{f} = \frac{8}{3}, \; u_M = \frac{32}{9}$ d) $\overline{f} = \frac{e}{5}(e^5 - 1), \; x_M = 2\ln\left(\frac{e^5 - 1}{5}\right)$

126. a) $\overline{f} = 5$ b) $\overline{f} = 2$

127. a) $\overline{f} = 1$ b) $c_1 = 4, \, c_2 = 2$ c) $-$

128. z. B. $f(x) = c \cdot e^x$

129. Ja

130. a) $\overline{I} = 600$ Kisten   b) $\overline{K} = 18$ Franken

131. a) $\overline{I} = 300$ Fässer   b) $\overline{K} = 6$ Franken

132. a) $A(t) = \ln(t), \; V(t) = \pi(1 - \frac{1}{t})$

     b) $\lim\limits_{t\to\infty} A(t)$ existiert nicht, $\lim\limits_{t\to\infty} V(t) = \pi$ existiert.

     c) A ist unendlich, V ist endlich.

133. a) $\frac{1}{3}$ b) $-\frac{1}{2}$ c) 4 d) $\frac{3}{32}$

134. a) 2 b) divergent   c) $-\frac{1}{2}$ d) $\frac{11}{18}$

135. a) 1   b) divergent   c) $\frac{e^3}{2}$ d) 2

136. a) $A = 2$ b) $A = \frac{1}{2}$ c) $A = \frac{2}{\sqrt{e}}$

137. a) $A = 2$ b) $A = 2e$

138. –

139. a) $A = 1$ b) $A = e$

140. $A = \frac{4}{\pi} + 2$

141. $A = \frac{2}{3}\sqrt{e} \approx 1.10$

142. a) $A = 1$ b) $x = \frac{3}{2}$, $x = 3$

143. a)

a	$\left(\int_1^a e^{-x}\,dx\right) / \left(\int_1^\infty e^{-x}\,dx\right)$
2	$63.212\ldots\%$
5	$98.168\ldots\%$
10	$99.987\ldots\%$
20	$99.999\ldots\%$
50	$\approx 100\%$
100	$\approx 100\%$

b)

a	$\left(\int_1^a \frac{1}{x^2}\,dx\right) / \left(\int_1^\infty \frac{1}{x^2}\,dx\right)$
2	50%
5	80%
10	90%
20	95%
50	98%
100	99%

144. $A = \frac{1}{2}$

145. i) $a = \frac{1}{4}e^2$ ii) –   iii) $A = \frac{1}{3}e^2 \approx 2.46$ iv) $V = \frac{\pi}{10}e^4 \approx 17.15$

146. 16 m

147. 50 m

148. $\int_0^\infty f(x)\,dx \;\widehat{=}\;$ Gesamtpopulation

$\dfrac{\int_0^\infty x\cdot f(x)\,dx}{\int_0^\infty f(x)\,dx} \;\widehat{=}\;$ mittleres Einkommen pro Person in der Schweiz

149. a) $k: y = \frac{1}{2}x^3 - x^2 - x + 2$; $x_1 = 2$, $x_{2,3} = \pm\sqrt{2}$ b) $A_t : A_s = 1 : 16$

150. $V \approx 0.44\,\text{cm}^3$, $d \approx 1.9\,\text{cm}$

151. Abnahme um 21.3%

152. i) $t_1: y = 2x - 2$; $S_1(1\,|\,0)$, $S_2(-1\,|\,-4)$ ii) $t_2: y = 6x + 2$; $S_3(3\,|\,20)$
     iii) $t_3: y = 22x - 46$; $S_4(-5\,|\,-156)$ iv) $A_1 : A_2 = A_2 : A_3 = 1 : 16$

153. a) –   b) $A_n = \frac{1}{2} - e^{-n}$, $\displaystyle\lim_{n\to\infty} A_n = \frac{1}{2}$

154. $A_1 : A_2 = 1 : 1$

155. $\alpha \approx 20.3°$

156. a) $V = 1280\,\ell$ b) $V \approx 632\,\ell$ c) $h \approx 43\,\text{cm}$

157. $s(t) = -3t^2 + 120t + s_0$ mit $s_0 \leq 800\,\text{m}$

158. a) $v(t) = -2t^3 + 6t^2$ b) $s(3) = 13.5\,\text{m}$

159. a) $d_a = 69.\overline{4}\,\text{m}$ b) $d_b = 102.\overline{7}\,\text{m}$ c) $d_c = 60\,\text{m}$

160. a) $\overline{v} = 26.4\,\text{m/s} \approx 95.0\,\text{km/h}$
    b) $h(t) \approx (2785.71 - 50t - 285.71 \cdot e^{-0.175t})\,\text{m}$
    c) $A \stackrel{\wedge}{=}$ Höhenunterschied zwischen den beiden Springern

161. $W = \dfrac{Q_1 Q_2}{4\pi\epsilon}\left(\dfrac{1}{r} - \dfrac{1}{R}\right), \quad a(r) = \dfrac{Q_1 Q_2}{4\pi\epsilon \cdot m} \cdot \dfrac{1}{r^2}$

162. $W(x) = 1000 \cdot x^2$ (in Nm)

163. a) $W = G m_1 m_2 \left(\dfrac{1}{a} - \dfrac{1}{b}\right)$ b) $W \approx 8.496 \cdot 10^9$ J   c) $W \approx 6.262 \cdot 10^{10}$ J
    d) $v_0 = \sqrt{\dfrac{2GM}{R}}$ e) $v_0 \approx 11'200\,\text{m/s} \approx 40'000\,\text{km/h}$
    f) Nie, die Rakete kann die Erdanziehung nicht überwinden.

164. a) $t \approx 3.66\,\text{h}$ b) $t \approx 7.32\,\text{h}$
    c) $\dfrac{1}{30}\int\limits_0^{30} K(t)\,dt \approx 13.11\,\text{ng/ml}$ d) Weil $K(t) > 0$ ist.

165. a) $h_{\max} = \dfrac{45}{4}b^2$ b) $\dfrac{8}{3}$ Monate   c) z. B. $g_{a,b}(x) = a \cdot f_b(x)$

166. $K(2000) = \text{Fr.}\,38'000$

167. $E(x) = -8x^2 + 64x, \;\; E_{\max} = \text{Fr.}\,128$

168. a) $p(x) = -0.2x + 1100$ b) $E(x) = -0.2x^2 + 1100x$
    c) $G'(x) = -0.4x + 800$ d) Rabatt $= \text{Fr.}\,200$
    e) $G(x) = -0.2x^2 + 800x - 138'000$

169. a) Ja   b) Ja
    c) Ja   d) Nein
    e) unendlich viele   f) z. B. $y'' + 9y = 0$, $y^{iv} - 81y = 0$ usw.
    g) z. B. $y_1(x) = x^2$ und $y_2(x) = x^2 + 100$; nein   h) z. B. $y_1(x) = e^x$ und $y_2(x) = 100e^x$; nein

170. a) $y' = -x \cdot y$
    b) $y' = \dfrac{2y}{x}$, Lösungskurve erfüllt die Gleichung $y = ax^2$, $a \in \mathbb{R}$.
    c) $y' = \dfrac{y}{x}$, Lösungskurve erfüllt die Gleichung $y = mx$, $m \in \mathbb{R}$.
    d) $y' = \dfrac{-x}{y}$, Lösungskurve erfüllt die Gleichung $x^2 + y^2 = r^2$, $r \in \mathbb{R}^+$.

171. a) $P(t) = A \cdot e^t,\ A \in \mathbb{R}$ b) $P(t) = A \cdot e^{2t},\ A \in \mathbb{R}$

c) $P(t) = A \cdot 2^t,\ A \in \mathbb{R}$ d) Verdoppelung pro Zeiteinheit

172. a) –   b) –   c) –   d) –   e) $k = \pm 3$ oder $k = 0$ f) –

173. Gleichgewichtslösungen: $y = 0$, $y = 2$, $y = -2$

174. a) iv   b) ii   c) iii   d) i

175. –

176. Für $m > 0$ sind Isoklinen Kreise um $(0 \,|\, 0)$ mit Radius $\sqrt{m}$.

177. a) –

b) –

c) i) schneller   ii) schneller   iii) höher   iv) nähert sich   v) direkt

d) $\frac{dT}{dt} = k(T - U)$

e) Es ist eine Differentialgleichung.

178. Ableiten, in die Differentialgleichung und die Anfangsbedingung ($t = 0$) einsetzen.

179. a) $\frac{dT}{dt} = k(T(t) - U)$ b) $\approx 6.61\,\text{min}$

180. a) $I(t+1) - I(t) = k \cdot (N - I(t))$ b) $\frac{dI}{dt} = k \cdot (N - I(t))$ c) $\approx 23\,\text{Tage}$

181. $\approx 15\,\text{Tage}$

182. a) $\approx 3.23 \cdot 10^7\,\text{kg}$ b) $\approx 1.5\,\text{Jahre}$

183. a) –

b) –

c)

$P(t) = \dfrac{S}{1 + \frac{S - P_0}{P_0} \cdot e^{-kSt}}$	P_0	0	100	200	300	400	500
		0	$\frac{500}{1 + 4 \cdot e^{-t}}$	$\frac{500}{1 + \frac{3}{2} \cdot e^{-t}}$	$\frac{500}{1 + \frac{2}{3} \cdot e^{-t}}$	$\frac{500}{1 + \frac{1}{4} \cdot e^{-t}}$	500

184. $\approx 6.55\,\text{Mio.}$

185. a) $u = x^2;\ \sin(x^2) + C$ b) $u = x^3 + 1;\ \frac{2}{9}\sqrt{(1 + x^3)^3} + C$

c) $u = 1 + x^2;\ \frac{1}{2}\ln(1 + x^2) + C$ d) $u = h(x);\ \ln|h(x)| + C$

e) $u = \cos(x);\ \ln|\cos(x)| + C$ f) $u = \cos(x);\ -\ln|\cos(x)| + C$

186. a) $F(x) = \frac{1}{21}(3x - 5)^7$ b) $F(u) = \frac{5}{3}\ln|3u - 4|$

c) $G(u) = 2\sqrt{u + 2}$ d) $F(u) = \frac{4}{5a}\sqrt[4]{(au + b)^5}$

187. a) $F(x) = \frac{1}{8}(x^2 + 1)^4$ b) $G(x) = \frac{1}{3}\sqrt{(x^2 + 1)^3}$

c) $F(x) = -3\sqrt[3]{(1 - x^2)^2}$ d) $H(t) = \frac{3}{4} \cdot \ln(1 + t^4)$

188. a) $F(x) = e^{x^2}$ b) $G(x) = -\frac{a}{2b}e^{-bx^2}$

c) $H(t) = \ln(|\ln(t)|)$ d) $G(u) = au$

189. a) $F(x) = \frac{-1}{3} \cdot \cos^3(t)$ b) $G(z) = \frac{1}{2} \cdot \sin^2(z)$ oder $G(z) = \frac{-1}{2} \cdot (\cos(z))^2$

    c) $F(x) = -2\cos(\sqrt{x})$

190. a) $\frac{1}{18}(3t^3 - 4)^2 + C$ b) $\frac{1}{2}\ln(|u^2 - 2u + 2|) + C$ c) $2\sqrt{x^2 - x - 1} + C$

191. a) $e^{x^2 + x} + C$ b) $2 \cdot e^{\sqrt{z} - 1} + C$ c) $\frac{1}{2}(\ln(t))^2 + C$

192. a) $\frac{3}{8}$ b) $\frac{-3}{2}\ln(2)$ c) $\frac{49}{3}$

193. a) $\frac{\sqrt{3}+1}{4}$ b) $\frac{1}{2}(\frac{1}{e^6} - 1)$ c) $1 - \frac{1}{e^2}$

194. i) Falsch   ii) Falsch   iii) Wahr   iv) Falsch

195. $\int\limits_1^3 \frac{\sin(2x)}{x}\,dx = F(6) - F(2)$

196. –

197. Alle drei Flächeninhalte sind gleich gross.

198. i) Falsch   ii) Wahr

199. $a_1 = 1$, $a_2 = 6$

200. Falsch

201. a) Produktregel beidseitig integrieren und dann umformen.

    b) $-x \cdot \cos(x) + \sin(x) + C$

    c) $\frac{1}{2}x^2 \cdot \sin(x) - \int \frac{1}{2}x^2 \cdot \cos(x)\,dx$. Das neue Integral ist noch komplizierter als das ursprüngliche.

202. a) i) $F(x) = \frac{1}{2}x^2 \cdot \ln(x) - \frac{1}{4}x^2$ ii) $F(x) = \frac{1}{3}x^3 \cdot \ln(x) - \frac{1}{9}x^3$ iii) $F(x) = \frac{1}{4}x^4 \cdot \ln(x) - \frac{1}{16}x^4$

    b) $F(x) = \frac{1}{n+1}x^{n+1} \cdot \ln(x) - \frac{1}{(n+1)^2}x^{n+1}$ für $n \in \mathbb{Z} \setminus \{-1\}$

    c) Formel in b) gilt für $n = 0$, aber nicht für $n = -1$.

203. i) $(x - 1)e^x$ ii) $(x^2 - 2x + 2)e^x$

    iii) $(x^3 - 3x^2 + 6x - 6)e^x$ iv) $(x^4 - 4x^3 + 12x^2 - 24x + 24)e^x$

204. a) $\frac{1}{2} \cdot e^x(\sin(x) - \cos(x))$ b) $\frac{1}{2} \cdot e^x(\sin(x) + \cos(x))$

205. a) 1   b) 2   c) $\frac{-1}{2}$

206. $A = \frac{1}{16}$

207. $A = e$

208. a) –

    b) $\int\limits_2^3 \ln(x)\,dx = 3\ln(3) - 2\ln(2) - 1$; $\int\limits_0^3 \sqrt{x}\,dx = 2\sqrt{3}$

    c) Ja, die Beziehung gilt auch für streng monoton fallende Funktionen.

209. a) –

b) –

c) • Zerlege den Bogen durch die Punkte $P_0, \ldots, P_{100}$ in 100 Teilbögen.

• Messe die Strecken $\Delta s_k = \overline{P_k P_{k+1}}$, $k = 0, \ldots, 99$.

• Gesamtbogen $\hat{=} \sum_{k=0}^{99} \Delta s_k$. Dividiere durch 100, um eine weitere Messung von b zu erhalten.

d) i) – ii) – iii) $L = \int_a^b \sqrt{1 + (f'(x))^2}\, dx$

e) $b = \frac{10\pi}{3} \approx 10.47\,\text{cm}$. Die Werte b_1 und $\frac{b_2}{2}$ sollten in der Nähe von b sein.

f) i) $\alpha = 60°$ ii) $b = \frac{10\pi}{3}$ iii) Wie in e).

210. a) – b) $L = \frac{2(11\sqrt{22}-4)}{27} \approx 3.53$ c) –

211. a) $L = \frac{14}{3}$ b) $L = e^3 - \frac{1}{e^3}$

212. $w \approx 73.40\,\text{cm}$

213. a) $f(x) = \frac{1}{3}x^3 + \frac{1}{2}x^2 + x + \frac{1}{3}$ b) $f(x) = \frac{1}{2}x^3 + \frac{5}{2}x^2 - 5x - 78$

c) $f(x) = 4x^2\sqrt{x} + 4x\sqrt{x} - 4x + 5$ d) $f(x) = \frac{1}{3}x^3 - \frac{16}{3}x + 5$

e) $f(x) = \frac{2}{x^2} - \frac{3}{2x} - \frac{x}{54} + \frac{1}{3}$

214. Die beiden Terme sind bis auf die verschiedenen Integrationskonstanten äquivalent.

215. Nein

216. –

217. Alle Funktionsterme gehören zu einer Stammfunktion von f.

218. $F(x) = \begin{cases} \frac{1}{4}x^2, & 0 \leq x \leq 2 \\ x^2 - 3x + 3, & x > 2 \end{cases}$

219. a) $s = \frac{3}{2}t^2 - 4t$ b) $s - \frac{a}{2}t^2 + v_0 t$ c) $s = 7t$ d) $s = \frac{1}{3}t^3 - \frac{3}{2}t^2$

220. a) $v(t) = 9.81t + 3$ b) $v(t) = 4$ c) $v(t) = 0.75 \cdot t^2$ d) $v(t) = -\frac{3}{8}t^2 + 82$

$s(8) = 337.92$ $s(11) = 44$ $s(20) = 2000$ $s(4) = 320$

221. a) $O_n - U_n = \frac{b-a}{n} \cdot (f(b) - f(a))$

b) $n \geq 2 \cdot (b - a) \cdot (f(b) - f(a))$

c) 0

222. a) $\int_a^b f(x)\, dx$ b) z.B. f mit $f(x) = mx + q$ $(m, q > 0)$

223. a) Wahr b) Falsch c) Falsch d) Falsch

224. a) Falsch b) Wahr c) Falsch

225. f ist ungerade, also $f(-x) = -f(x)$ für alle x.

226. $\int\limits_0^1 f'(x)\,\mathrm{d}x = 1$

227. Gleichungen ii) und iii)

228. a) $k = \frac{2}{9}$ b) $k_1 = \frac{\pi}{6} + 2\pi n$, $k_2 = \frac{5\pi}{6} + 2\pi n, n \in \mathbb{Z}$

c) $k = (2n+1)\pi$, $n \in \mathbb{Z}$ d) $k_{1,2} = \pm e^4$

e) $k_1 = 0$, $k_2 = \ln(2)$

229. –

230. –

231. a) Hochpunkt bei $t_1 = 0$, Tiefpunkte bei $t_2 = 1$ und $t_3 = -1$

b) Randminimum bei $x = -1$

c) Terrassenpunkt bei $x_{1,2} = 0$, Tiefpunkt bei $x_3 = \frac{3}{2}$

d) Tiefpunkt bei $u = 1$

232. a) Wahr   b) Falsch

233. a) $\frac{2}{3}$ b) $\frac{2}{3}$ c) 1 d) $\frac{1}{27}$

234. a) 2 b) 0 c) 2 d) 2

235. a) 4 b) 0 c) -4 d) 4

236. Die Fläche unterhalb des Graphen von $y = e^x$ bis zur x-Achse über dem Intervall $[r; r+3]$ ist e^r-mal so gross wie die entsprechende Fläche über dem Intervall $[0; 3]$.

237. a) -3 b) 3 c) 0

238. Term i)

239. a) $g\colon y = \frac{1}{2}x$ b) $A = \frac{37}{4} = 9.25$

240. a) $m \approx 1.3\,\mathrm{t}$ b) $m \approx 222.3\,\mathrm{t}$

241. $A = \frac{24}{5}\sqrt{3}$

242. a) $A = \frac{2}{3}\pi - 2 \approx 0.094$ b) $A = \frac{1}{30}\pi^2 + \frac{8}{15}\pi - 2 \approx 0.005$

243. a) $\theta(x) = \arccos\left(\dfrac{\left(2.7 + x\cos\left(\frac{\pi}{9}\right)\right)^2 + \left(9.3 - x\sin\left(\frac{\pi}{9}\right)\right)^2 + \left(2.7 + x\cos\left(\frac{\pi}{9}\right)\right)^2 + \left(1.8 - x\sin\left(\frac{\pi}{9}\right)\right)^2 - 56.25}{2\cdot\sqrt{\left(2.7 + x\cos\left(\frac{\pi}{9}\right)\right)^2 + \left(9.3 - x\sin\left(\frac{\pi}{9}\right)\right)^2}\cdot\sqrt{\left(2.7 + x\cos\left(\frac{\pi}{9}\right)\right)^2 + \left(1.8 - x\sin\left(\frac{\pi}{9}\right)\right)^2}}\right)$

b) maximaler Winkel $\approx 48.5°$ bei $x \approx 2.5\,\mathrm{m}$, minimaler Winkel $\approx 21.6°$ bei $x = 18\,\mathrm{m}$

c) maximaler Winkel $\approx 48.5°$

d) durchschnittlicher Winkel $\theta_{\text{mittel}} \approx 35.8°$, also $21.6° \leq \theta_{\text{mittel}} \leq 48.5°$

244. $\int\limits_0^r u(t)\,\mathrm{d}t = \pi r^2 \mathbin{\widehat{=}}$ Flächeninhalt des Kreises; $\int\limits_0^r A(t)\,\mathrm{d}t = \frac{4\pi}{3}r^3 \mathbin{\widehat{=}}$ Rauminhalt der Kugel

245. a) Rotation um x-Achse:

n	5	10	20	40	80
U_n	$\frac{2\pi}{5} \approx 1.26$	$\frac{9\pi}{20} \approx 1.41$	$\frac{19\pi}{40} \approx 1.49$	$\frac{39\pi}{80} \approx 1.53$	$\frac{79\pi}{160} \approx 1.55$
O_n	$\frac{3\pi}{5} \approx 1.88$	$\frac{11\pi}{20} \approx 1.73$	$\frac{21\pi}{40} \approx 1.65$	$\frac{41\pi}{80} \approx 1.61$	$\frac{81\pi}{160} \approx 1.59$

Rotation um y-Achse:

n	5	10	20	40	80
U_n	$\frac{354\pi}{3125} \approx 0.36$	$\frac{15'333\pi}{100'000} \approx 0.48$	$\frac{281'333\pi}{1'600'000} \approx 0.55$	$\frac{4'805'333\pi}{25'600'000} \approx 0.59$	$\frac{79'381'333\pi}{409'600'000} \approx 0.61$
O_n	$\frac{979\pi}{3125} \approx 0.98$	$\frac{25'333\pi}{100'000} \approx 0.80$	$\frac{361'333\pi}{1'600'000} \approx 0.71$	$\frac{5'445'333\pi}{25'600'000} \approx 0.67$	$\frac{84'501'333\pi}{409'600'000} \approx 0.65$

b) Die Volumen sind verschieden: $V_x = \frac{\pi}{2} \neq V_y = \frac{\pi}{5}$.

246. $13 - 6 \cdot \ln(3)$

247. Verschiebung um $a = \sqrt{2}$; Flächeninhalt $A = \sqrt{2} \cdot 2\pi$

248. $A = \frac{4}{3}\sqrt{a} \cdot a$, unabhängig von u

249. $b_1 = 1$ (triviale Lösung), $b_{2,3} = 1 \pm \sqrt{3}$

250. a) $V = \pi \int\limits_{-a}^{a} (b^2 - \frac{b^2}{a^2}x^2)\,\mathrm{d}x$, $V = \pi \int\limits_{-b}^{b} (a^2 - \frac{a^2}{b^2}y^2)\,\mathrm{d}y$

b) $V = \int\limits_{0}^{H} (\frac{x}{H})^2 \cdot G\,\mathrm{d}x$, $V = \int\limits_{a}^{a+h} (\frac{x}{H})^2 \cdot G\,\mathrm{d}x$, $a = \frac{\sqrt{D}}{\sqrt{G}-\sqrt{D}} \cdot h$, $a + h = \frac{\sqrt{G}}{\sqrt{G}-\sqrt{D}} \cdot h$

c) $V = \pi \int\limits_{-r}^{r} ((R + \sqrt{r^2 - x^2})^2 - (R - \sqrt{r^2 - x^2})^2)\,\mathrm{d}x$

251. $\frac{15}{4}$

252. $A = \frac{1}{2}$ für alle $a \in \mathbb{R}$

253. a) $\int\limits_{0}^{1} \ln(x)\,\mathrm{d}x = -1$ b) $\lim\limits_{x\to 0^+} (x\ln(x)) = 0$

254. a) $12.4\,°C$ b) ≈ 94.5 Minuten

255. a) $\frac{\mathrm{d}K}{\mathrm{d}t} = 0.075 \cdot (20 - K(t))$ b) $K(t) = 20 - 10 \cdot e^{-0.075t}$ c) $\lim\limits_{t\to\infty} K(t) = 20\,\mathrm{mg}$

256. a) $F(x) = \frac{1}{3}x^3$ b) $F(x) = x^4 - x^2 + x$ c) $F(x) = \frac{1}{n+1} \cdot x^{n+1}$ d) $F(x) = 2\ln|x|$

e) $F(t) = 2 \cdot \sin(t)$ f) $F(t) = \pi \cdot e^t$ g) $F(t) = \frac{1}{\ln(3)} \cdot 3^t$ h) $F(t) = t^{\frac{3}{2}}$

257. a) $f(x) = x^3 - 41x + 9$ b) $f(x) = 3x + 2 - \frac{1}{x}$

c) $f(t) = 2 - 2 \cdot \cos(t)$ d) $f(t) = \frac{1}{2}t^2 + 4t - 8$

258. a) $3x^4 + C$ b) $14x - x^3 + C$ c) $x^4 - x^3 + 2x^2 - 3x + C$

d) $\frac{-2}{x} + C$ e) $\frac{-1}{x^3} + \frac{1}{x^2} + C$ f) $\frac{1}{3}x^3 + 4x - 5\ln|x| + C$

g) $2t\sqrt{t} + C$ h) $\sin(t) - \cos(t) + C$ i) $\frac{1}{\ln(12)} \cdot 12^t + C$

259. a) Wahr   b) Wahr

260. a) Wahr   b) Wahr   c) Falsch

261. –

262. a) $F(x) = \frac{1}{12} \cdot (4x+3)^3$ b) $F(x) = \frac{-2}{5}(3 - \frac{1}{2}x)^5$ c) $F(x) = \frac{-1}{5(5x+43)}$

d) $F(x) = \frac{3}{2} \cdot (3 - \frac{x}{3})^{-2}$ e) $F(t) = \frac{-1}{7} \cdot \cos(21t)$ f) $F(t) = 3 \cdot \sin(\frac{t}{3})$

g) $F(x) = -e^{-2x}$ h) $F(x) = \frac{1}{3} \ln|3x - 2|$

263. $U_6 = 13$, $U_{12} = 15.625$ und $O_6 = 22$, $O_{12} = 20.125$

Aussage: $U_6 < U_{12} \leq A \leq O_{12} < O_6$ oder zahlenmässig $15.625 \leq A \leq 20.125$

264. i) 3   ii) $3\sqrt{5}$ iii) -3 iv) -3

265. a) 12   b) 10   c) -10 d) -7

266. $F_0(x) = \frac{x^2}{2} + 2x$ für alle $x \in \mathbb{R}$

267. a) 170   b) 54   c) $\frac{13}{2} = 6.5$ d) 0

268. a) 3   b) 10   c) $2\sqrt{3} \approx 3.46$

269. a) $e^\pi - 1$ b) $e^2 - 1 \approx 6.39$ c) $\frac{6}{\ln(3)} \approx 5.46$ d) 1

270. a) Ja   b) Ja   c) Nein   d) Ja

271. a) Falsch   b) Richtig   c) Falsch

272. a) Wahr   b) Wahr   c) Wahr   d) Falsch

273. a) A ist wie F eine Stammfunktion von f, mit der Bedingung $A(0) = 0$.

b) $\int (3x^2 - 4x + 10)\,\mathrm{d}x = x^3 - 2x^2 + 10x + C$

274. $a = -6$, $a = 4$

275. –

276. Term i)

277. Integrand und Differential sind beide nicht positiv $\Rightarrow \; - \cdot - = +$.

278. a) für $a = k \cdot \pi$ mit $k \in \mathbb{Z}$ b) für alle $a \in \mathbb{R}$

279. –

280. Hochpunkt $H(-1\,|\,2)$, Tiefpunkt $T(1\,|-2)$

281. a) $\frac{40}{3} = 13.\overline{3}$ b) $\frac{27}{4} = 6.75$ c) $\frac{131}{4} = 32.75$

282. Es ist der Vorsprung von Susanne gegenüber Katharina nach 1 Minute.

283. a) $V = \frac{8}{3} \cdot \pi$ b) $V = 32\pi$ c) $V = \frac{8}{3} \cdot \pi$ d) $V = 32\pi$

284. $c = \pm\frac{1}{3}$

285. Lili hat recht.

286. a) $\overline{f} = 3$; $x_M = \sqrt{3} \approx 1.73$ b) $\overline{f} = \frac{2}{\pi} \approx 0.64$; $t_M = \arcsin\left(\frac{2}{\pi}\right) \approx 0.69$

287. a) 3   b) 2   c) $\frac{1}{8}$

288. $A = \frac{3}{8}$

289. $V = \frac{3\pi}{4}$

290. –

291. –

292. a) Natürliches Wachstum: $\frac{\mathrm{d}P}{\mathrm{d}t} = k \cdot P(t)$; relative Wachstumsrate ist $\frac{P'(t)}{P(t)} = k$.

     b) Geeignet für Populationen mit unbeschränkten Ressourcen (Nahrung und Habitat).

     c) Die Lösung der Differentialgleichung ist $P(t) = P_0 \cdot e^{kt}$, wobei P_0 die Anfangspopulation ist.

293. a) Differentialgleichung für logistisches Wachstum: $\frac{\mathrm{d}P}{\mathrm{d}t} = k \cdot P(t) \cdot (S - P(t))$

     b) Geeignet für Populationen mit beschränkten Ressourcen (Nahrung und Habitat).

294. a) Wahr   b) Wahr

X Funktionen

1. a) 0, 25, $\frac{1}{25}$, 2 b) 2, $\frac{3}{4}$, $\frac{41}{20}$, $\frac{-\sqrt{2}}{4} + 2$ c) 1, $\frac{-1}{624}$, $\frac{625}{624}$, $\frac{-1}{3}$

     d) 1, 4, $\frac{\sqrt{10}}{5}$, $\sqrt{1 + 3\sqrt{2}}$ e) 0, $\ln(6)$, $\ln\left(\frac{4}{5}\right)$, $\ln\left(\sqrt{2} + 1\right)$ oder 0, 2.77, -0.22, 0.88

     f) $\frac{1}{243}$, 1, $3^{-\frac{26}{5}}$, $3^{\sqrt{2}-5}$ oder 0.0041, 1, 0.0033, 0.0195

2. a) 0.1 b) 250

3. a) $f(2) = \frac{1}{2}$ b) $f\left(\frac{1}{3}\right) = 3$ c) $f(0.2) = 5$ d) $f(2.5 \cdot 10^{12})$ $= 4 \cdot 10^{-13}$

     e) $f\left(\frac{3}{2}\right) = \frac{2}{3}$ f) $f(4) = 0.25$ g) $f\left(-\frac{4}{7}\right) = \frac{-7}{4}$ h) $f(-2 \cdot 10^{-7})$ $= -5 \cdot 10^6$

4. a) $f\left(\frac{p}{q}\right) = \frac{q}{p}$ b) $f\left(\frac{n}{2}\right) = \frac{2}{n}$ c) $f(f(8)) = 8$ d) $f\left(f\left(-\frac{1}{5}\right)\right) = -\frac{1}{5}$

5. a) 25 b) a^2 c) $\frac{a^2}{b^2}$ d) $4a^2$

     e) $(n + 2)^2$ f) 32 g) $2 \cdot x^4$ h) 7

     i) $m^2 + 3$ j) $x^2 - 20x$ k) 99 l) $a \cdot (x - c)^2 + d$

6. a) $m - 1$, $2x - 1$, $-x - 1$, $x^2 - 1$, x, h, $\frac{1-x}{x}$, $\sqrt{x} - 1$

     b) m^2, $4x^2$, x^2, x^4, $x^2 + 2x + 1$, $2xh + h^2$, $\frac{1}{x^2}$, x

     c) $m^2 - 1$, $4x^2 - 1$, $x^2 - 1$, $x^4 - 1$, $x^2 + 2x$, $2xh + h^2$, $\frac{1-x^2}{x^2}$, $x - 1$

     d) $1 + \frac{1}{m}$, $1 + \frac{1}{2x}$, $1 - \frac{1}{x}$, $1 + \frac{1}{x^2}$, $1 + \frac{1}{x+1}$, $\frac{1}{x+h} - \frac{1}{x}$, $1 + x$, $1 + \frac{\sqrt{x}}{x}$

7. a)

x	-2	-1	0	1	2.2	10
$f(x)$	-6	-3	0	3	6.6	30

b)

x	-6	-3	0	1.7	3	6
$f(x)$	-4	-2	0	$\frac{17}{15}$	2	4

c)

x	-1	-0.5	0	1	1.5	2
$f(x)$	-9	-4	0	5	6	6

d)

x	-4	-2	0	1	2	3
$f(x)$	0	0	0	2	4	6

e)

x	-1	0	2	3	6	8
$f(x)$	0	1	$\sqrt{3}$	2	$\sqrt{7}$	3

8. –

9. –

10. a) $(0\,|-2)$; $\left(-\frac{2}{9}\,|\,0\right)$ b) $(0\,|-25)$; $(\pm 5\,|\,0)$ c) $(0\,|\,1)$

d) $(7\,|\,0)$ e) $(0\,|\ln(2))$; $(-1\,|\,0)$ f) $(0\,|\,2)$

11. a) $\left(\frac{5}{3}\,\middle|\,\frac{7}{3}\right)$ b) $\left(-\frac{9}{5}\,\middle|-\frac{22}{5}\right)$, $(1\,|\,4)$

c) $(0\,|\,8)$ d) $(-1\,|\,3)$, $\left(\frac{9}{10}\,\middle|\,\frac{131}{50}\right)$

e) $\left(\frac{\sqrt{11}+4}{2}\,\middle|\,\frac{\sqrt{11}+1}{2}\right) \approx (3.66\,|\,2.16)$ f) $x = \frac{\lg(4)}{2\lg(5)-\lg(2)} \;\Rightarrow\; (0.55\,|\,5.85)$

12. a) $a = \frac{1}{4}$ b) $a = -20$ c) $a \in \mathbb{R}$ beliebig

d) $a \geq 0$ (a ist Basis einer Potenz mit reellen Exponenten)   e) $a = 5$

f) $a = 0$

13. -71

14. $a = 1$, $a = 2$

15. a) $D = \mathbb{R}$ b) $D = [3; \infty[$ c) $D = \mathbb{R}\backslash\{-3, 3\}$ d) $D = \mathbb{R}$

16. a) $W = \,]-\infty; 4]$ b) $W = [-5; 4]$ c) $W = \,]-\infty; -12]$

17. a) $W = \,]-2; \infty[$ b) $W = \,]\frac{-17}{9}; 2]$ c) $W = \,]-2; 1]$

18. a) $[4; 25]$ b) $[0; 16]$ c) $[0; 16]$ d) $[0; 9]$ e) $[0; 9[$ f) $\mathbb{R}_0^+$

19. a) $D = \mathbb{R}$, $W = [0; \infty[$ b) $D = \mathbb{R}$, $W = \mathbb{R}$

c) $D = \mathbb{R}\backslash\{-1, 1\}$, $W = \mathbb{R}\backslash[0; 1[$ d) $D = [-\frac{1}{3}; \infty[$, $W = [0; \infty[$

e) $D = \,]-1; \infty[$, $W = \mathbb{R}$ f) $D = \mathbb{R}$, $W = \mathbb{R}^+$

20. Mögliche Beispiele:

a) $f(x) = \sqrt{x}$ b) $f(x) = \sqrt{x-3}$ c) $f(x) = x^2$ d) $f(x) = \frac{1}{(x+1)(x-2)}$

21. a) 4   b) 9   c) irgendeine Primzahl   d) 1

    e) 7   f) 4   g) 4   h) (eine Primzahl)^2

    i) $D = \mathbb{N}$ j) –

22. a) 3, 0, 2, 3   b) $W_d = \{0, 1, 2, 3\}$ c) $d(n)$, 3, 1   d) $s(n) = 6$

23. a) $C \in [-273.15; \infty[$ b) $F \in [-459.67; \infty[$

    c) Zunahme in Fahrenheit pro Grad Celsius   d) Fahrenheit-Temperatur bei 0 Grad Celsius

    e) $C = \frac{5}{9}(F - 32)$

24. a)

t	0	0.5	1	1.5	2
$h(t)$	1	4.5	5.5	4	0

    b) –   c) nach 2 Sekunden   d) $D = [0; 2]$, $W = [0; 5.5125]$

25. a) $6.9\,°C$, $13.8\,°C$, $20.9\,°C$, $15.3\,°C$ b) $13\,h$, $19\,h$

    c) $[12\,h; 21\,h]$ d) $[0\,h; 12\,h]$ und $[21\,h; 24\,h]$

    e) $D = [0\,h; 24\,h]$, $W = [3.2\,°C; 21.2\,°C]$

26. a) $G(d) = 95 - 0.7d$ b) $53\,kg$ c) 30 Konserven   d) ab 108 Dosen

27. 1d, 2b, 3c, 4a

28. –

29. –

30. $d(t) = \sqrt{61} \cdot t$

31. $\frac{\pi}{12}h^3$

32. a) $y = 5x$ b) $y = 6x + 2$ c) $y = \frac{5}{6}x - \frac{5}{2}$ d) $y = \frac{8}{3}x$

    e) Wähle z. B. den Scheitel in $(-3 \mid -8)$. Mit dem Ansatz $y = f(x) = a(x+3)^2 - 8$ und $f(3) = 8$ folgt $y = \frac{4}{9}(x + 3)^2 - 8$.

33. a) Nein   b) Nein

34. –

35. –

36. –

37. –

38. a) Auf $\left[-\frac{\pi}{2} + k \cdot 2\pi; \frac{\pi}{2} + k \cdot 2\pi\right]$, $k \in \mathbb{Z}$ streng monoton wachsend; auf $\left[\frac{\pi}{2} + k \cdot 2\pi; \frac{3\pi}{2} + k \cdot 2\pi\right]$, $k \in \mathbb{Z}$ streng monoton fallend.

    b) Auf $]-\infty; 2]$ streng monoton fallend und auf $[2; \infty[$ streng monoton wachsend.

    c) Auf $\mathbb{R}$ monoton wachsend.

39. a) –   b) –   c) z. B. $f: x \mapsto y = \sin^2(x)$

40. Die Funktion ist stetig in den Intervallen $[-5; -2[,\ ]-2; 2[,\ ]2; 4[,\ ]4; 6[,\ ]6; 8[$.

41. a) stetig   b) stetig   c) unstetig   d) unstetig

42. a) stetig   b) unstetig   c) stetig

43. Wahr

44. a) unstetig   b) stetig   c) stetig   d) unstetig

45. a) $x = 0$ b) keine   c) $x = \pm 1$

46. Ja

47. $c = \frac{2}{3}$

48. a) $m(x) = 3x + 2$ b) $m(x) = 2x - x^2$ c) $m(x) = (x+2) \cdot \frac{1}{x} = 1 + \frac{2}{x}$
   d) $m(x) = x^2 : \frac{1}{x} = x^2 \cdot x = x^3$ e) $m(x) = 2x^2$ f) $m(x) = (2x)^2 = 4x^2$

49. a) $(2x+7)^2$; $2x^2 + 7$ b) $\sqrt{3-4x}$; $3 - 4\sqrt{x}$ c) $\frac{2}{x^2+3}$; $\frac{4}{x^2} + 3$

50. a) $1 - x$ b) $2x^2 - x^4$ c) $\sin^2(x)$ d) $\cos(1 - x^2)$
   e) $\sin(x)$ f) $\cos(1 - x)$ g) $2x - x^2$ h) $1 - \sin^4(x)$

51. Hier muss die Lösung nicht eindeutig sein.
   a) $f(x) = x^3$, $g(x) = 3x + 10$ b) $f(x) = \frac{1}{x}$, $g(x) = 2x + 4$
   c) $f(x) = \sqrt{x}$, $g(x) = x^2 - 3x$ d) $f(x) = 6 \cdot \sin(x)$, $g(x) = 1 - x$
   e) $f(x) = \frac{10}{x^3}$, $g(x) = 3x - x^2$ f) $f(x) = \cos(x)$, $g(x) = \sqrt{x} + 1$
   g) $f(x) = x^5$, $g(x) = \tan(x)$ h) $f(x) = 8 \cdot e^x$, $g(x) = \sqrt{x}$
   i) $f(x) = 5 \cdot \ln(x) - 14$, $g(x) = \tan(x)$

52. –

53. a) $g(x) = 4x + 4$ b) $g(x) = \frac{1}{2}(x-1)^2$
   c) $g(x) = \sqrt{-\frac{x}{4}} + 9$ oder $g(x) = -\sqrt{-\frac{x}{4}} + 9$ d) $g(x) = \frac{1}{6}\left(e^{\frac{x-1}{10}} - 13\right)$

54. a) z. B. $g(x) = x^2 - 1$, $h(x) = x^3$, $f(x) = h(g(x))$
   b) z. B. $g(x) = x^2$, $h(x) = x - 1$, $i(x) = x^3$, $f(x) = i(h(g(x)))$
   c) z. B. $g(x) = x^2$, $h(x) = x - 1$, $i(x) = x^{\frac{1}{3}}$, $j(x) = x^9$, $f(x) = j(i(h(g(x))))$

55. Bei der Verkettung mit $t_1(x)$ wird der Funktionsgraph um 1.5 Einheiten nach rechts, d. h. in positive x-Richtung verschoben und bei $t_2(x)$ mit dem Faktor 2 entlang der x-Achse gestreckt.

56. a) $D = \mathbb{R}_0^+$ und $W = \mathbb{R}_0^+$ b) $D = \mathbb{R}\backslash\{0\}$ und $W = \mathbb{R}\backslash\{0\}$
   c) $f(g(x)) = \sqrt{\frac{1}{x}} \Rightarrow D = \mathbb{R}^+$ und $W = \mathbb{R}^+$

57. –

58. –

59. a) $x - 12, \quad x - 4$
    b) $9x - 36, \quad 9x - 12$
    c) $\frac{x-12}{9}, \quad \frac{x-36}{9}$
    d) 0

60. a) $P_1\left(2\,\middle|\,\frac{1}{3}\right), \; P_2\left(\frac{1}{3}\,\middle|\,\frac{1}{3}\right), \; P_3\left(\frac{1}{3}\,\middle|\,\frac{3}{4}\right), \; P_4\left(\frac{3}{4}\,\middle|\,\frac{3}{4}\right), \; P_5\left(\frac{3}{4}\,\middle|\,\frac{4}{7}\right)$
    b) $P_1(x_0\,|\,f(x_0)), \; P_2(f(x_0)\,|\,f(x_0)), \; P_3(f(x_0)\,|\,f(f(x_0))),\; P_4(f(f(x_0))\,|\,f(f(x_0))),$
       $P_5(f(f(x_0))\,|\,f(f(f(x_0))))$
    c) –

61. $-12, -8, -4, 0$

62. $\frac{-1}{1999}$

63. a) Verschiebung um -3 in y-Richtung
       Verschiebung um 3 in y-Richtung
    b) Verschiebung um 3 in x-Richtung
       Verschiebung um -3 in x-Richtung

    c) Spiegelung an der x-Achse
       Spiegelung an der y-Achse
    d) Streckung um Faktor 3 in y-Richtung
       Streckung um Faktor $\frac{1}{3}$ in x-Richtung

64. a) Stauchung entlang der y-Achse mit dem Faktor 3

    b) Verschiebung um 5 nach links

    c) Verschiebung um 3 nach oben

    d) Streckung entlang der x-Achse mit dem Faktor 3

    e) Spiegelung an der y-Achse

    f) Spiegelung an der x-Achse und Stauchung entlang der x-Achse mit dem Faktor 2

65. • Verschiebung um 2 in x-Richtung

    • Spiegelung an der x-Achse

    • Streckung entlang der y-Achse mit dem Faktor 3

    • Verschiebung um 7 in y-Richtung

66. –

67. a) $w(x+6) = \sqrt{(x+6) - 8} = \sqrt{x-2}$
    b) $w(-x) + 1 = \sqrt{-x-8} + 1$
    c) $2.5 \cdot w(x) - 3 = 2.5\sqrt{x-8} - 3$
    d) $-w(8x) = -\sqrt{8x-8}$

68. $-\sqrt{\frac{1}{2}x}$

69. Gemäss $p(x) = q(4x+1)$ wird der Graph
    • zuerst um 1 Einheit nach links verschoben,
    • dann mit dem Faktor $\frac{1}{4}$ entlang der x-Achse gestreckt.

70. a) Verschiebung um 3 nach links, Streckung mit dem Faktor 2 in y-Richtung und Spiegelung an der x-Achse, Verschiebung um 5 nach oben

    b) Verschiebung um 2 nach rechts, Streckung mit dem Faktor 3 in x-Richtung, Spiegelung an der x-Achse

71. –

72. –

73. a) $y = x^3$ b) $y = -x^3$ c) $y = -x^3$ d) $y = \begin{cases} -\sqrt[3]{-x} = -\sqrt[3]{|x|}, & \text{für } x < 0 \\ \sqrt[3]{x}, & \text{für } x \geq 0 \end{cases}$

74. a) $f(x) = \frac{1}{2}(x+1)^2$ b) $f(x) = -(x-3)^3 + 2$

    c) $f(x) = \frac{1}{4}x^4 - 4$ d) $f(x) = 3 \cdot \sqrt{-x+3}$

    e) $f(x) = 2 \cdot 2^x - 5$ f) $f(x) = -\ln(x+4)$

75. –

76. a) gerade   b) gerade   c) weder noch

    d) ungerade   e) weder noch   f) ungerade

    g) gerade   h) gerade   i) ungerade

77. –

78. –

79. Für $x < 0$ gilt:

    a) $y = \sqrt{-x}$ b) $y = -\sqrt{-x}$

80. a) gerade   b) gerade   c) gerade   d) ungerade   e) weder noch   f) ungerade

81. f_1 gerade, f_2 ungerade

82. $y = f(x) = 0$

83. –

84. Mia hat recht.

85. –

86. $g(x) = \frac{x^2}{x^2-1}$ und $u(x) = \frac{x^3}{x^2-1}$, wobei $x \neq \pm 1$.

87. a) ungerade, Periode 2π b) ungerade, nicht periodisch

    c) gerade, Periode π d) weder gerade noch ungerade, Periode π

    e) ungerade, Periode 2π

88. a) $T = 3\pi$ b) $T = \frac{2\pi}{3}$ c) $T = \pi$ d) Es gibt kein T.

89. $f(2021) = f(7 \cdot 288 + 5) = f(5) = f(-2) = (-2)^3 = -8$

90. $a = \frac{6-9}{2} = -\frac{3}{2}$, $b = \frac{2\pi}{12} = \frac{\pi}{6}$, $c = 3$, $d = \frac{9+6}{2} = 7.5$

91. $h(t) = 30 - 25 \cdot \cos\left(\frac{2\pi}{8} \cdot t\right) = 30 - 25\cos\left(\frac{\pi}{4} \cdot t\right)$ (Zeit t in Minuten)

92. a) $y(t) = 5 \cdot \sin\left(\pi\left(t + \frac{1}{2}\right)\right) = 5\sin\left(\pi t + \frac{\pi}{2}\right) = 5\cos(\pi t)$

    b) nach $\frac{3}{2} = 1.5$ Sekunden   c) Ja, denn $5\cos\left(\frac{7}{4}\pi\right) = 5 \cdot \frac{\sqrt{2}}{2} > \frac{5}{2}$

93. a) 14 Lösungen   b) 6 Lösungen   c) 24 Lösungen   d) 18 Lösungen

94. $g(x) = 2\cos\left(3x - 4 + \frac{\pi}{2}\right)$

95. $g(x) = f(ax) = f(ax + T) = f\left(a\left(x + \frac{T}{a}\right)\right)$

96. –

97. a) $V(h) = \frac{\pi}{4}h \approx 0.785h$; $h(V) = \frac{4}{\pi}V \approx 1.27V$

    b) $V(r) = \frac{\pi}{3}r^2 \approx 1.05r^2$; $r(V) = \sqrt{\frac{3V}{\pi}} \approx 0.977\sqrt{V}$

    c) $h(r) = \frac{100}{\pi r^2} \approx \frac{31.8}{r^2}$; $r(h) = \frac{10}{\sqrt{\pi h}} \approx \frac{5.64}{\sqrt{h}}$

98. a) umkehrbar: b) nicht umkehrbar   c) umkehrbar:

      $f^{-1}(x) = -\frac{2}{3}x$ $f^{-1}(x) = \begin{cases} \sqrt[3]{x}, & x \geq 0 \\ -\sqrt[3]{|x|}, & x < 0 \end{cases}$

    d) umkehrbar: e) nicht umkehrbar   f) umkehrbar:

      $f^{-1}(x) = x^2$, $x \geq 0$ $f^{-1}(x) = f(x) = \frac{1}{3x}$

99. a) $f^{-1}(x) = 4x$ b) $f^{-1}(x) = \sqrt[3]{x}$ c) $f^{-1}(x) = \frac{1}{3}x - \frac{2}{3}$

    d) $f^{-1}(x) = 1 - x$ e) f nicht umkehrbar   f) $f^{-1}(x) = -\sqrt{x}$, $x \geq 0$

100. –

101. Die Funktionen sind auch auf Teilintervallen der gegebenen Bereiche umkehrbar.

    a) $D_f = [0; \infty[\Rightarrow f^{-1}(x) = \sqrt{x}$ bzw. $D_f =]-\infty; 0] \Rightarrow f^{-1}(x) = -\sqrt{x}$

    b) $D_f = [2; \infty[\rightarrow f^{-1}(x) = 2 + \sqrt{x}$ bzw. $D_f =]-\infty; 2] \Rightarrow f^{-1}(x) = 2 - \sqrt{x}$

    c) $D_f = \mathbb{R} \Rightarrow f^{-1}(x) = \frac{3}{2}x + \frac{1}{2}$

    d) $D_f = [4; \infty[\Rightarrow f^{-1}(x) = x^2 + 4$

    e) $D_f = \mathbb{R}^+ \Rightarrow f^{-1}(x) = \mathrm{e}^x$

    f) $D_f = \mathbb{R} \Rightarrow f^{-1}(x) = \log_2(x)$

    g) $D_f = [0; \infty[\Rightarrow f^{-1}(x) = x$ bzw. $D_f =]-\infty; 0] \Rightarrow f^{-1}(x) = -x$

    h) $D_f = \left[-\frac{\pi}{2}; \frac{\pi}{2}\right] \Rightarrow f^{-1}(x) = \arcsin(x)$

102. $D_1 = \{1, 2, 3, 4\}$, $D_2 = \{99, 100, 101, 102\}$, allgemein: $D = \{n, n+1, n+2, n+3\}$, mit $n \in \mathbb{N}$.

103. –

104. a) $w(x) = 12x + 1$ b) $w^{-1}(x) = \frac{x-1}{12}$ c) $w^{-1}(x) = v^{-1}(u^{-1}(x))$

105. $w^{-1} \circ v^{-1} \circ u^{-1}$

106. Beispiele: $f\colon y = x$, $f\colon y = \frac{1}{x}$ auf $]0;\infty[$, $f\colon y = -x + c$, $f\colon y = \sqrt{1-x^2}$ auf $[0;1]$.

107. a) $(2\,|\,2)$ b) $\left(\frac{-1+\sqrt5}{2}\,\middle|\,\frac{-1-\sqrt5}{2}\right)$ und $\left(\frac{-1-\sqrt5}{2}\,\middle|\,\frac{-1+\sqrt5}{2}\right)$ c) $(1\,|\,1)$.

108. a) Falsch   b) Falsch   c) Falsch

109. a) Ja;   b) Ja; $f(x) = \frac{5}{2}x^2 + x$ c) Nein
$\qquad f(x) = -\frac{1}{2}x^4 - 2x^2 + x - \frac{9}{7}$

   d) Ja; $f(x) = 4$ e) Ja; $f(x) = 4x^2 + 4\cdot\sqrt2\cdot x + 2$ f) Nein

   g) Nein   h) Ja; $f(x) = x^2 - 1$ i) Nein

110. a) $Q(x) = 8x^3 + 4x^2 + 2x + 1$ b) $Q(x) = -x^3 + x^2 - x + 1$

   c) $Q(x) = x^6 + x^4 + x^2 + 1$ d) $Q(x) = x^3 - 2x^2 + 2x$

111. a) 7   b) 6   c) 14   d) 8   e) 5

112. a) 24   b) 12   c) 12   d) 9

113. $P \cdot Q$ hat den Grad $m + n$ und der Grad von $P + Q$ ist höchstens gleich gross wie die grössere der beiden Zahlen m und n.

114. a) $n = 1$ und $n = 4$ b) $n = 3$

115. a) $a = 0$, gerade   b) $a = 0$, ungerade

   c) $a = -8$, gerade   d) a kann eine beliebige ungerade Zahl sein.

116. a) $1, 0, -1, 0, 3, 0, 0$ b) $x^4 - 1$

117. a) $1, 0, -3, 0$ b) $1, -1, -3, 0, 0, 0$

   c) $1, 0, -1, 0, -3, 0, 0$ d) $1, -2, -5, 6, 9, 0, 0$

118. a) $p(x) = 2x^2 - 7x + 1$ b) $p(x) = -\frac{1}{2}x^2 + \frac{5}{2}x$

   c) $p(x) = \frac{1}{2}x^3 - x^2$ d) $p(x) = x^3 + x^2 - 4x + 2$

119. Typ 1: $f(x) = 4x^{12} - 32x$, Typ 2: $f(x) = -x^8 + x$, Typ 3: $f(x) = x^5 - 2x^4 + 56x^3 + 2x^2 + 2x + 2$, Typ 4: $f(x) = -0.1x^9 + 13x^7 - 90$

120. a) Typ 4   b) Typ 1   c) Typ 3   d) Typ 2

121. –

122. a) $4x^2 + 5x - 1$ b) $4x - 5$

   c) $3x^2 - 2x + 4$ d) $x^2 - x + 1$

   e) $4x^2 - 5x + 6$ (Rest 3)   f) $x^4 - x^3 + x^2 - x + 1$

   g) $5x^2 + 4x - 2$ (Rest -16)   h) $x^4 + x$ (Rest $x - 1$)

123. p_3

124. a) $x_2 = -3$, $x_3 = -5$ b) $x_2 = -7$, $x_3 = 2$

125. NS der Funktion f: $\{-2, 1, 3\}$, NS der Funktion g: $\{-2, 1, 3\}$

126. $20x^2 + 4x - 3$

127. NS: $\{-4, -1, 2, 3\}$ $\Rightarrow$ $f(x) = (x+4)(x+1)(x-2)(x-3)$

128. a) $p(x) = x^2 + 5x$ b) $p(x) = x^3 - 5x^2 + 5x + 3$
     c) $p(x) = 3x^3 - 6x^2 - x + 2$ d) $p(x) = x^4 - 7x^3 + 12x^2 + 4x - 16$

129. a) NS: $\{-4, -2, 1\}$ $\Rightarrow$ $f(x) = (x-1)(x+4)(x+2)$
     b) NS: $\{-2, -1, 2\}$ $\Rightarrow$ $g(x) = (x+2)(x-2)^2(x+1)$

130. a) $x_1 = 2$ (einfache NS)   b) $x_1 = -1$ (dreifache NS)
       $x_2 = -5$ (vierfache NS) $x_2 = 0$ (dreifache NS)
                                             $x_3 = 1$ (einfache NS)

     c) $x_1 = -4$ (zweifache NS)   d) $x_1 = 0$ (fünffache NS)
                                             $x_2 = 1$ (einfache NS)

     e) $x_1 = -5$ (einfache NS)   f) $x_1 = -1$ (einfache NS)
       $x_2 = 1$ (zweifache NS) $x_2 = 0$ (einfache NS)
                                             $x_3 = 1$ (einfache NS)

     g) $x_1 = -2$ (einfache NS)   h) $x_1 = -2$ (zweifache NS)
       $x_2 = 1$ (zweifache NS) $x_2 = 1$ (zweifache NS)
                                             $x_3 = 5$ (einfache NS)

131. a) $y = -x^5$ b) $y = x(x+1)(x-1)(x-2)$ c) $y = x(x+2)(x-2)^2$
     d) $y = -x(x+1)^2(x-2)$ e) $y = x^5(x+1)(x-1)$ f) $y = -x(x-1)(x^2+2)$

132. $p(x) = x^3 + 2x - 3 = (x-1)(x^2+x+3)$

    a) Falsch   b) Falsch   c) Wahr   d) Falsch   e) Falsch

133. a) $y = x^2 + 5x - 6$ b) $y = \frac{1}{2}x^2 - \frac{3}{2}x$
     c) $y = x^3 - 14x^2 + 61x - 84$ d) $y = 2x^4 - 8x^3 + 2x^2 + 12x$
     e) $y = -2x^5 + 8x^4 + 30x^3 - 212x^2 + 392x - 240$

134. a) Nullstellen bei -2, 5 und 9; Grad $n = 3$ b) Nullstellen bei -2, 0 und 2; Grad $n = 6$

135. a) $\to 4)$ b) $\to 6)$ c) $\to 3)$ d) $\to 1)$ e) $\to 5)$ f) $\to 2)$

136. a) $D = \mathbb{R}\backslash\{-9\}$, Polstelle ohne Vorzeichenwechsel (VZW) bei $x = -9$
     b) $D = \mathbb{R}\backslash\{-1, 0, 1\}$, Polstellen mit VZW bei $x = \pm 1$, hebbare Definitionslücke bei $x = 0$
     c) $D = \mathbb{R}\backslash\{-2, 3\}$, Polstellen mit VZW bei $x = -2$ und $x = 3$
     d) $D = \mathbb{R}\backslash\{3\}$, Polstelle ohne VZW bei $x = 3$
     e) $D = \mathbb{R}\backslash\{-8, 2\}$, Polstelle mit VZW bei $x = -8$, hebbare Definitionslücke bei $x = 2$
     f) $D = \mathbb{R}\backslash\{-2, 2\}$, Polstellen mit VZW bei $x = -2$ und $x = 2$
     g) $D - \mathbb{R}\backslash\{3\}$, Polstelle mit VZW bei $x - 3$
     h) $D = \mathbb{R}\backslash\{-3, 4\}$, Polstelle mit VZW bei $x = 4$, hebbare Definitionslücke bei $x = -3$

137. a) $y = \frac{1}{-2} = -\frac{1}{2}$ b) $y = 0$ c) $y = x - 1$

    d) $y = \frac{1}{2}x$ e) $y = 2x$ f) $y = -x$

138. a) $y = -10$ b) $y = \frac{5}{3}$ c) $y = x^2 - 3x + 1$ d) $y = 2x + 1$

139. a) $f(x) = 4x + 5 + \frac{1}{(x-3)^2}$ b) $f(x) = \frac{(x-1)(x+1)^2}{x^2(x-2)}$

140. a) $f(x) = \frac{1}{(x-2)^2} + 2$ b) $f(x) = \frac{1}{x+(-2)} + 1$ c) $f(x) = x + 1 + \frac{1}{4(x-1)^2}$

141. a) a ungerade,   b) a gerade und b ungerade,   c) a ungerade und b gerade,

    z. B. $f(x) = \frac{1}{x-1}$ z. B. $f(x) = \frac{x}{(x-2)^2(x+2)}$ z. B. $f(x) = x + \frac{1}{(x+2)(x-1)^2}$

142. $a = -1$ und $b = 1$

143. –

144. a) $y = \frac{1}{x+4} - 2$ b) $y = \frac{1}{(x+2)^2} + 2$

    c) $y = \frac{x}{(x+2)^2(x-2)}$ d) $y = \frac{x}{(x+1)(x-1)^2}$

    e) $y = -x - \frac{1}{x+2}$ f) $y = \frac{1}{2}x - 1 + \frac{1}{(x-2)x}$

145. Im Folgenden gilt immer $k \in \mathbb{Z}$.

    a) G_f ist achsensymmetrisch bzgl. $x = \frac{\pi}{2} + k\pi$, punktsymmetrisch bzgl. $(k\pi \,|\, 0)$.

    b) G_f ist achsensymmetrisch bzgl. $x = k\pi$, punktsymmetrisch bzgl. $\left(\frac{\pi}{2} + k \cdot \pi \,\middle|\, 0\right)$.

    c) G_f ist punktsymmetrisch bzgl. $\left(k \cdot \frac{\pi}{2} \,\middle|\, 0\right)$.

    d) G_f ist achsensymmetrisch bzgl. $x = \frac{\pi}{4} + k\pi$, punktsymmetrisch bzgl. $\left(\frac{3\pi}{4} + k\pi \,\middle|\, 0\right)$.

    e) G_f ist punktsymmetrisch bzgl. $(0 \,|\, 0)$.

    f) G_f ist achsensymmetrisch bzgl. $x = k \cdot \pi$, punktsymmetrisch bzgl. $\left(\frac{\pi}{2} + k \cdot \pi \,\middle|\, 0\right)$.

146. a) ungerade   b) gerade   c) gerade   d) ungerade

147. –

148. –

149. –

150. –

151. a) $f(t) = 2 \cdot \sin\left(\frac{4t}{3}\right)$ b) $f(t) = 2 \cdot \cos\left(t + \frac{\pi}{4}\right) = 2 \cdot \sin\left(t + \frac{3\pi}{4}\right)$ c) $f(t) = 2 + 4 \cdot \sin(2t)$

152. a) $f(t) = \frac{1}{2} + \frac{1}{2}\sin\left(t + \frac{3\pi}{4}\right)$ b) $f(t) = \frac{1}{2} + \frac{1}{2}\cos\left(t + \frac{\pi}{4}\right)$

153. a) $x = k\pi$, $x = \frac{\pi}{2} + k2\pi$, $x = -\frac{\pi}{2} + k2\pi$; $k \in \mathbb{Z}$ b) $x = \frac{1}{k\pi}$, $x = \frac{1}{\frac{\pi}{2} + k2\pi}$, $x = \frac{1}{-\frac{\pi}{2} + k2\pi}$; $k \in \mathbb{Z}$

    c) –

154. i) $f_1 \rightarrow (4)$ ii) $f_2 \rightarrow (3)$ iii) f_3

    iv) $f_4 \rightarrow (5)$ v) $f_5 \rightarrow (1)$ vi) $f_6 \rightarrow (2)$

155. a) $x = 2$ b) $x = \frac{1}{2}$

       c) $u = \ln\left(\frac{2\mathrm{e}^2}{\mathrm{e}^2-1}\right) \approx 0.83856$ d) $t = \frac{3}{\mathrm{e}^3-1} \approx 0.15719$

156. a) $D = \mathbb{R}_0^+$, $W = [1;\infty[$ b) $D = [1;\infty[$, $W = \mathbb{R}_0^+$ c) $D = \mathbb{R}^+$, $W = \mathbb{R}$

       d) $D = \mathbb{R}\backslash\{0\}$, $W = \mathbb{R}$ e) $D = \mathbb{R}^+$, $W = \mathbb{R}_0^+$ f) $D =]1;\infty[$, $W = \mathbb{R}$

157. a) $f(x) = \frac{1}{2} \cdot 2^x$ b) $f(x) = 32 \cdot 4^x$ c) $f(x) = 3 \cdot \left(\frac{1}{3}\right)^x$

158. a) $f(t) = \mathrm{e}^{\ln(2)\cdot t}$ b) $f(t) = \frac{1}{32} \cdot \mathrm{e}^{\ln(2)\cdot t}$ c) nicht möglich

159. a) $f^{-1} : x \mapsto \dfrac{\log(x)}{\log\left(\frac{1}{2}\right)} + 2$ b) $f^{-1} : x \mapsto \dfrac{\log(2x)}{\log(5)}$

       c) $f^{-1} : t \mapsto \dfrac{\log\left(\frac{t}{4}\right)}{3\log(2)}$ d) $f^{-1} : t \mapsto \sqrt{\mathrm{e}^{\frac{t}{2}} + 1}$